现代设施园艺装备与技术丛书

番茄采摘机器人快速无损作业研究

刘继展　李智国　李萍萍　著

科 学 出 版 社

北　京

内 容 简 介

在我国农业快速步入全面机械化的背景下，果蔬生产作业的机械化仍存在大量空白，而鲜食果蔬的采收更占用高达40%的劳动力，采摘机器人技术研究具有重要的科学价值和现实意义。本书阐述全球采摘机器人研究的进展与进程，并针对困扰机器人采摘作业中果实损伤与作业效率的关键矛盾，提出机器人快速采摘中的夹持碰撞与快速无损收获问题，进而通过力学特性与互作规律、建模仿真、设计方法、样机开发、控制优化的有机结合，系统开展番茄果实宏微本构特征、无损采摘机器人系统开发、黏弹对象的夹持碰撞规律、快速柔顺夹持建模仿真、真空吸持拉动的植株-果实响应、植物体激光切割、快速无损采摘控制优化等研究，有力地推动机器人采摘技术的进步。

本书内容面广，体系鲜明，反映我国智能农业领域的最新研究进展，而又注重读者广度与学术深度的结合，值得广大机器人技术爱好者和研发人员阅读。

图书在版编目(CIP)数据

番茄采摘机器人快速无损作业研究/刘继展，李智国，李萍萍著. —北京：科学出版社，2018.2

（现代设施园艺装备与技术丛书）

ISBN 978-7-03-056435-1

Ⅰ.①番… Ⅱ.①刘… ②李… ③李… Ⅲ.①机器人-应用-番茄-采收-作业研究 Ⅳ.①S641.209

中国版本图书馆 CIP 数据核字(2018) 第 017899 号

责任编辑：惠 雪 曾佳佳／责任校对：彭 涛
责任印制：张克忠／封面设计：许 瑞

科学出版社 出版
北京东黄城根北街16号
邮政编码：100717
http://www.sciencep.com

北京汇瑞嘉合文化发展有限公司 印刷
科学出版社发行 各地新华书店经销
*
2018年2月第 一 版 开本：720×1000 1/16
2018年2月第一次印刷 印张：23
字数：460 000

定价：199.00元

(如有印装质量问题，我社负责调换)

《现代设施园艺装备与技术丛书》编辑委员会

丛 书 序

近 40 年来，我国设施园艺发展迅猛，成就巨大，目前已成为全球设施园艺生产最大的国家。设施园艺产业的发展，不仅极大地丰富了我国城乡人民的“菜篮子”，摆脱了千百年来冬季南方地区只有绿叶菜、北方地区只有耐贮蔬菜供应的困境，而且也充分利用了农业资源和自然光热资源，促进了农民增收，增加了就业岗位。可以说设施园艺产业是一个一举多得的产业，是人们摆脱自然环境和传统生产方式束缚，实现高产、优质、高效、安全、全季节生产的重要方式。设施园艺对于具有近 14 亿人口的中国来说必不可少。

然而，由于设施园艺是一个集工程、环境、信息、材料、生物、园艺、植保、土壤等多学科科学技术于一体的技术集合体，也就是设施园艺产业的发展水平取决于这些学科的科学技术发展水平，而我国在这些学科的许多领域仍落后于部分发达国家，因此我国设施园艺产业的发展水平与部分发达国家相比还有很大差距，距离设施园艺现代化还相差甚远。缩小这一差距并赶上和超过发达国家设施园艺产业发展水平是今后一段时期内的重要任务。要完成好这一重任，必须联合多学科的科技人员协同攻关，以实现设施园艺产业发展水平的大幅度提升，加快推进设施园艺的现代化。

自 20 世纪 90 年代起，李萍萍教授就以江苏大学特色重点学科——农业工程学科为依托，利用综合性大学的多学科优势，组建了一个集园艺学、生物学、生态学、环境科学、农业机械学、信息技术、测控技术等多个学科领域于一体的科技创新团队，在设施园艺装备与技术的诸多领域开展了创新性研究，取得了一系列研究成果。一是以废弃物为原料研制出园艺植物栽培基质，并开发出基质实时检测技术与设备；二是研制出温室环境调控技术及物联网在温室环境测控中的应用技术；三是深入分析温室种植业的生态经济，研究建立温室作物与环境的模拟模型；四是明确设施果菜的力学特性，研制出采摘机器人快速无损作业技术，并研发果蔬立柱和高架栽培的相应机械化作业装备；五是研制出茶果园防霜技术和智能化防霜装备以及田间作业管理中的智能化装备。这些研究成果，无不体现了多学科的交叉融合，已经完全超越了传统意义上的“农机与农艺结合”。近年来，她又利用南京林业大学大生态、大环境的办学特色和优势，在设施园艺精准施药技术与装备、设施土壤物理消毒技术与装备等领域开展了多校协同的创新性研究。这些研究不仅体现了李萍萍教授的科技创新能力，也充分体现了她的组织协调能力和团结协作精神。这些创新成果已与许多生产应用企业合作，通过技术熟化和成果转化后，开展了大规模的推广应用，其中基质配制与栽培模式、温室环境检测控制、清洁生产技术、自动生产作业的完整技术链，已成为设施园艺工程领域的样板。

为深入总结上述研究成果，李萍萍教授组织她的科技创新团队成员编著了一套《现代设施园艺装备与技术丛书》，丛书共包括《园艺植物有机栽培基质的开发与应用》《温室作物模拟与环境调控》《温室物联网系统设计与应用》《设施土壤物理消毒技术与装备》《番茄采摘机器人快速无损作业研究》《温室垂直栽培自动作业装备与技术》《果园田间作业智能化装备与技术》《茶果园机械化防霜技术与装备》八部。这套丛书既体现了设施园艺领域理论与方法上的研究成果，又体现了应用技术和装备方面的研发成果，其中的一些研究成果已在学术界和产业界产生了较大影响，可以说，这套丛书是李萍萍教授带领团队 20 余年不懈努力工作的结晶。相信这套丛书的问世，将成为广大设施园艺及其相关领域的科技工作者和生产者的重要参考书，也将对促进我国设施园艺产业的技术进步发挥积极的推动作用。

这套丛书问世之际，我受作者之约，很荣幸为丛书作序。说实话，丛书中的有些部分对我来说也是学习，本无资格为其作序。但无奈作者是我多年朋友，她多年来带领团队努力拼搏开展设施园艺生产技术创新研究令我钦佩，所以当她提出让我作序之时，我欣然接受了。写了上述不一定准确的话，敬请批评指正。

中国工程院院士

2017 年 9 月

序

机器人技术的快速发展使人类生产生活发生了深刻的变化。农业，特别是大量依赖人工的果蔬产业中，采摘、移栽、施药、运输等农业机器人的研发应用将带来产业的巨大变革。

由于环境的非结构化和对象个体的差异性显著，机器人化果蔬采摘被公认为最具挑战性的机器人技术之一，其研究更需要通过生物力学、优化设计、先进感知与智能控制等的高度融合来有力推动。作者是我国率先开展该领域研究并具有重要影响的青年专家，对该领域的研究进展与发展趋势具有深刻的认识和把握。作者十几年如一日倾力于相关的理论研究与应用开发，在采摘机器人基础理论研究与装备研发方面取得了丰硕的成果，在该领域形成了鲜明特色并产生了重要影响，为推动该领域的发展做出了重要贡献。特别是作者率先提出了机器人采摘中的夹持碰撞与快速无损收获问题，并在国家自然科学基金等项目的支持下，围绕“快速无损收获”主题形成了力学特性与互作规律、建模仿真、设计方法、样机开发、控制优化的技术体系。

该书是作者十余年采摘机器人技术研究成果的结晶。书中系统梳理了全球采摘机器人研究的进展与进程，并提出了不同国家 (地区) 的采摘机器人发展特色与各自社会经济条件和农业经营模式的内在联系。集中介绍了作者推动开展的机器人快速无损采摘研究的有关成果和发现，反映了采摘机器人研究的多学科高度融合特征，其关于黏弹对象的夹持碰撞、植物体激光切割、真空吸持拉动的植株–果实响应、基于个体差异性的性能概率分布等研究，具有突出的创新性和重要价值。该书内容面广，体系鲜明，反映了我国智能农业领域的最新研究进展，而又注重读者广度与学术深度的结合，值得从事机器人研发和使用的科研及工程技术人员和广大学生阅读。

作者曾赴我所领导的美国密歇根州立大学机器人与自动化实验室进行访学，和我有多年的学术交流和技术合作。此次赴江苏大学访问期间，承作者之邀，我很高兴为该书作序并向读者推荐。

席　宁

香港大学讲座教授、IEEE 机器人与自动化学会主席

2018 年 1 月

前　　言

我出生于北方农村，年幼便成为母亲身边的重要劳力，麦田里三更既起的弓腰挥镰，盛夏日头当空的锄禾灌水，老茧和汗水伴随整个童年。从 18 岁远走江南投身工学，便冥冥注定将工学和农业结合而成为终生的事业。

从事农业装备研究的十数年，弓腰挥镰早已成为历史的追忆，而土地流转和机械化正共扶迎来中国农业的盛世。但是，在土地密集型的粮油生产机械化盛景下，却无法回避劳动密集型的果蔬生产所面临的劳动力骤缺和生产水平低下的困境。绿叶繁枝几数果，众里寻她，却在丛中笑，联合收割机远无法将一个个鲜嫩的瓜果送到消费者的篮子里。毫无疑问，智能化装备是实现果蔬生产中人力替代的不二选择。

番茄，俗称西红柿，是中国人餐桌上的最爱，也是全球需求量最大的果菜，然其鲜果的非人力收获为最难实现的作业之一。蒙师弟纪章与俄亥俄州立大学 Peter Ling 教授之陪，亲赴美国 $10hm^2$ 大型番茄生产温室，见其高度机械化作业下仍需数十劳力以完成周年采收之任务。番茄采摘机器人，在日、美等国应运而生，中国亦后起而势头可畏，无人采收愿景美妙却仍任重道远!

2006 年初，我和智国从零起步开始第一台装备的研发，并系统展开番茄机器人采摘的理论与工程研究。伴随着内外合作和多名研究生的陆续参与，建立起番茄采摘机器人研究的果实宏微观结构、黏弹力学特性、机器人–果实互作规律、夹持–变形损伤的数学建模与虚拟仿真、设计方法、样机开发、果实识别定位、控制优化的完整技术链条。特别是关注到机器人收获作业的“无损伤”与“高效率”要求的突出矛盾问题，提出并围绕“快速无损采摘”主题开展了黏弹对象的夹持碰撞、植物体激光切割、真空吸持拉动的植株–果实响应、基于个体差异性的性能概率分布等特色研究，在国内外同行中产生了重要影响。

十年磨一剑，在恩师李萍萍教授的支持下，番茄机器人收获的研究小有所成，我获得了博士学位，从年轻的讲师成为年逾 40 的研究员、博士生导师。智国从读研攻博继而获得玛丽 · 居里奖学金奔赴英伦，也成长为今日的青年翘楚。本书不仅是番茄“快速无损采摘”研究工作的集成，更是那段青春岁月的写录。

书里汇报了我、智国、李老师和王凤云、白欣欣、徐秀琼、倪军、倪齐、胡杨等研究生与本科生的研究工作，亦梳理阐述了全球采摘机器人研究的进展与进程，探讨了对采摘机器人技术未来发展的看法。尽我所能反映采摘机器人研究的多学科高度融合特征，构建鲜明严谨的逻辑体系，同时尽力兼顾读者广度与学术深度，既供同行专家读阅批评，也希望对广大机器人技术爱好者能有所裨益。

感谢国家自然科学基金委员会的持续资助，感谢江苏大学农业装备工程学院、教育部现代农业装备与技术重点实验室、江苏省农业工程优势学科的鼎力支持，同时感谢毛罕平教授、尹建军教授、王新忠教授等的诸多帮助！

前路漫漫却时不我待，秉承铭志而忘我之心，愿和同仁为无人采收美妙愿景而孜孜共求！

刘继展

2018 年 1 月

目　　录

第 1 章　采摘机器人技术发展的历史与现状

1.1　鲜食果蔬产业与收获问题

水果和蔬菜既是人类生活中必不可少的食物，也是重要的经济作物。据统计，2017 年全球的水果和蔬菜产量分别达 6.8 亿 t 和 12.6 亿 t，其中全球鲜食果蔬与加工果蔬的比例约为 7:3。中国蔬菜、水果的种植面积和产量均稳居世界首位，但其加工果蔬的比例仅占 5%左右。

通常情况下，加工用果蔬可以不必区分果蔬的成熟度，容许收获中有一定的损伤，如番茄等可整株收获，苹果等林果可通过振动树干、树冠等进行收获。在发达国家用于加工型果蔬的无选择性机械化收获已经逐渐普及，而对于占更大比重的鲜食果蔬，由于无选择性机械化收获方式无法适应其果实个体的成熟上市期差异以及无损收获的严苛要求，迄今为止，仍然依赖于人力劳动来进行选择性收获 (selective harvesting)。随着果蔬栽培生产各环节的逐步机械化，收获问题亦成为突破全程机械作业的最后一环。据调查，日本草莓生产的劳动力消耗达 20 000h/hm^2[1]，其中仅收获就占其总劳动量的 40%左右 [1,2]。同时农业劳力紧缺、劳动力成本不断上升，已严重影响了果蔬产业的发展。在我国，近年来农业劳动力特别是青壮年劳动力也迅速向其他行业转移，农忙季节广大农村开始出现劳力荒，农村留守老人、妇女的劳动强度大大增加，生产效率明显降低。

果蔬生产的快速发展和农业劳动力短缺、劳动强度过大的矛盾日益显现，而替代选择性收获这一复杂人力劳动只有通过采摘机器人技术的深入研究才能实现。果蔬采摘机器人的研究开发，对于减轻农业从业者的劳动强度、解放农业劳动力和提高果蔬的集约化生产水平，都具有重要的意义。

1.2　全球采摘机器人装备开发的历程与现状

果蔬采摘机器人通常是由移动平台、机械手、末端执行器、视觉系统和控制系统组成。果蔬种类和品种庞杂，栽培模式也纷繁各异，国内外先后针对性地开发了各类采摘机器人及其末端执行器，其动作原理、结构形式、复杂程度、作业效果和性能也有很大差别。

1.2.1 番茄采摘机器人

1. 鲜食番茄及其机器人采摘

深受人们喜爱的鲜食蔬果番茄，其机器人采摘研究较早得到全球研究者的重视，多年来得到持续的开展，并产生了一系列的成果。

同时，番茄亦是机器人采摘难度最大的果蔬种类之一。目前面对鲜食需要，通常对普通番茄实施单果采摘，而对樱桃番茄实施成串采摘。对目前绝大多数普通番茄品种及栽培方式而言，与黄瓜、茄子、苹果等果蔬相比，番茄果实每穗达 3~5 个，密集生长，相互触碰，且果实生长方位差异更为显著 (图 1.1)，因而对实施机器人的智能化采摘提出了更大的挑战。

(a) 番茄 (b) 黄瓜 (c) 茄子

图 1.1 番茄与黄瓜、茄子果实的生长姿态及分布差异

1) 目标果实的识别

果实之间的靠拢与重叠遮挡更加严重，对采摘机器人的视觉系统而言，尽管对成熟番茄果实可以通过颜色差别而轻松辨别，但是由于多个果实图像连成一体而难以分割，甚至被完全遮挡，造成对目标果实识别和定位的困难 [3,4]。

2) 采摘动作的实施

番茄成穗生长，相互触碰，造成采摘机器人对目标果实的夹持空间受限，夹持动作失败或把相邻果实碰伤；番茄果实的生长方位差异极大，每次采摘的姿态和作用力关系都有所变化；果梗较短且梗长不一，造成机械式刀头难以顺利实施果梗的切割，而扭断、折断果梗的力学作用规律变化很大，成功率受限，进一步加大采摘的难度。

因此末端执行器成为番茄机器人收获的研究关注点，其形式各异、功能相差极大。功能单一的剪断式末端执行器无法满足机器人采摘作业的要求，因而相继衍生出夹剪一体式和夹果断梗式两大类末端执行器。

2. 日本的番茄采摘机器人

植株的种植模式对机器人采摘的性能影响很大，对传统的杯形种植，果实非常分散，机器人需要很大的工作空间，同时枝干的空间分布使采摘作业非常困难。而日本的鲜食番茄一般采用单架栽培模式，由支柱和绳索支撑, 在与地面垂直的方向栽培，数个果实成串悬挂生长，由于叶柄很短，果实识别大大简化，同时采摘作业性能得到保证 [5]。

日本早在 20 世纪 80 年代初就开始了番茄采摘机器人的研究，数十年来京都大学、冈山大学、岛根大学、神奈川工科大学、大阪府立大学等高校以及武丰町设施生产部等均推出了番茄采摘机器人样机，近藤直、门田充司等专家引领了番茄采摘机器人技术的研究热潮。

各样机多针对温室采用电动轮式底盘或轨式底盘，少数对露地栽培而采用履带式底盘 [6]。对通常栽培模式，由于冠层的复杂性和果实分布的随机性，其机械臂从早期的 3 自由度发展到以 6 和 7 自由度关节式机械臂为主；而近藤直等针对使番茄果实倒垂生长，从而使采摘难度大大降低的单架式栽培模式，应用直角坐标机械臂实施采摘；Chiu 等则将商用关节式机械臂与剪叉式升降机结合，从而扩大竖直方向的工作空间 [7−10]。

1) 番茄果实的逐个采摘

京都大学的川村登等较早进行番茄采摘机器人的开发 [11,12](图 1.2)，采用速度分别为 0.52m/s 和 0.25m/s 的双速电动轮式底盘和 5 自由度机械臂，利用固定于底盘的单相机的移动两位置检测来实现对果实的定位。该机器人从整机结构到目标检测技术方法仍较为简单，但已成为初期对机器人采摘技术的重要探索。

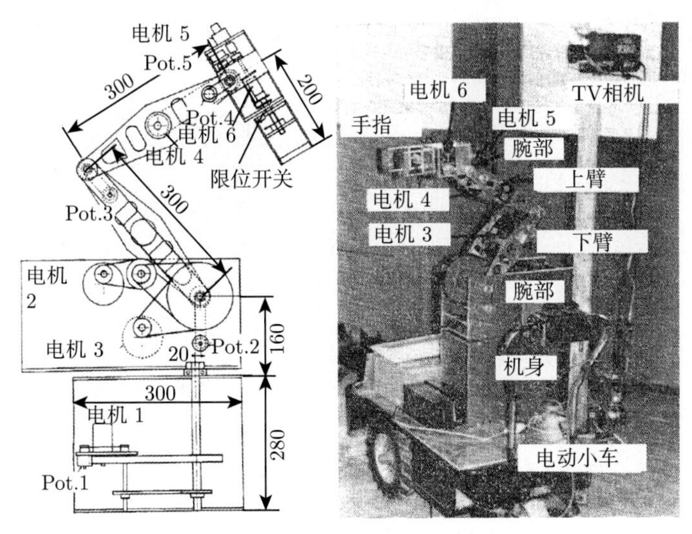

图 1.2　京都大学的番茄采摘机器人 (单位: mm)

神奈川工科大学的 Yoshihiko Takahashi 等针对老年人或残疾人的需求，提出了人工操作直角坐标型番茄采摘机器人 [13](图 1.3)，通过屏幕显示遥控操纵机器人作业。其末端执行器为剪刀式，直接剪断果梗，果实落地或落入事先放置的果箱，末端执行器本身无法实现果实的回收。该采摘机器人结构功能较简单，适用于植株冠层内枝叶较稀疏规则、空间较大、果实具有一定抗冲击能力的果蔬，但对于大多数果蔬，则无法满足机器人采摘的要求。复杂的冠层空间使果实下落过程中更容易被碰伤，且下落位置不可预知，影响果实的回收。

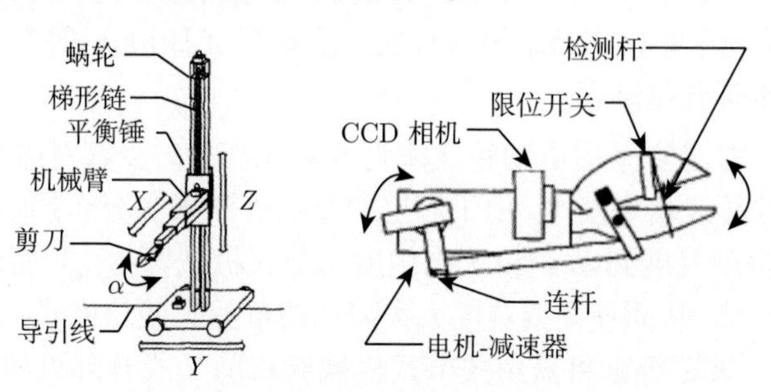

图 1.3　神奈川工科大学的人工操作型番茄采摘机器人

国际农业机器人研究领域最为权威的学者、日本 Naoshi Kondo 等开发的番茄采摘机器人 [14−18](图 1.4) 采用轮式底盘和 7 自由度冗余机械臂，具有 5 自由度垂直多关节和能够上下、前后移动的 2 自由度直动关节，使机械臂的工作空间和姿态多样性能够有效满足番茄果实采摘的避障和到达要求；分别研发了两指和柔性四指末端执行器 [19−21]，均安装有真空吸持系统，并采用相似的动作原理，即首先由吸盘吸持拉动果实将目标果实从果穗中相邻果实之间隔离出来，再夹持果实，通过扭断或折断果梗的方式实现采摘。

图 1.4　Naoshi Kondo 等开发的番茄采摘机器人

Naoshi Kondo 和 Mitsuji Monta 等针对单架逆生番茄栽培模式提出不同的机器人结构 [22](图 1.5)。该模式中番茄的根部在上部的水培槽内，而果串下垂生长，枝叶修剪后机器人能够更容易发现和到达果串。由于水培槽可以移动，采摘机器人无须移动底盘。同时由于果串下垂生长，亦无须复杂的机械臂结构，因而采用直角坐标机械臂，并采用与单架番茄栽培模式相同的末端执行器。经试验验证末端执行器对果实的采摘效果，总成功率为 78%，其中过成熟果实会造成夹持的滑脱而无法施加弯折，并由于果梗开始木质化而难以顺利折断；由于未成熟果实的离层发育不充分，折断率也受到影响。

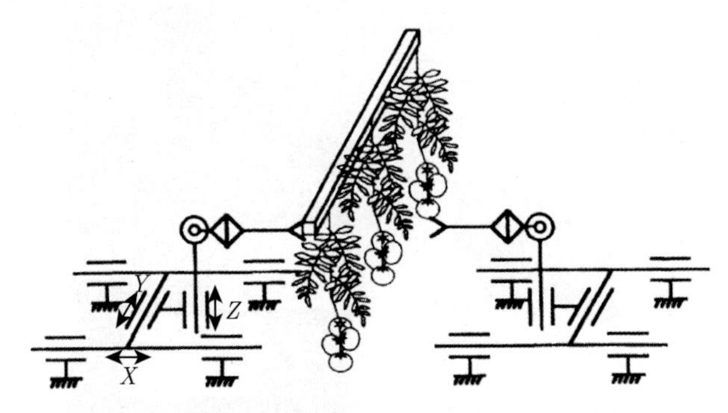

图 1.5　针对单架逆生栽培模式的番茄采摘机器人

爱知县知多郡武丰町设施生产部的 Shigehiko Hayashi 等开发的番茄采摘机器人 (图 1.6)，由双目视觉进行果实的识别与定位，采用了 2900mm×1400mm 的履带式底盘和三菱 5 自由度垂直多关节型机械臂，其末端执行器通过一真空吸盘吸持果实并向后拉动一定距离，直流电机驱动两指夹持住果实后末端执行器翻转一定角度，使盘形刀具切断果梗 [6]。该末端执行器完成一次采摘和放入果篮的周期为 22s[6]。末端执行器作业时，由压力开关检测真空负压，以确定成功吸持与否，真空吸盘吸持并拉动果实后移 30mm[6]。试验发现，当果梗过短时，吸盘吸持拉动过程中拉力可能会超过真空吸力，从而造成脱落 [6]。试验结果表明，单果的采摘周期为 41s，其中成熟果实的识别耗时和正确识别率分别为 7s 和 92.5%，其中 83.8% 能采下，但其中约 1/3 受到损伤。因此，总的成功采摘率仅为 52.5%。

图 1.6　武丰町设施生产部的番茄采摘机器人

九州工业大学 Shinsuke Yasukawa 等开发了简易的轨道式番茄采摘机器人样机 [23](图 1.7)，包括商用 6 自由度串联式机械臂和末端执行器，并由 KinectV2 体感摄像头的彩色与红外信息融合实现果实的识别。该样机尚需进行室内与田间的试验验证。

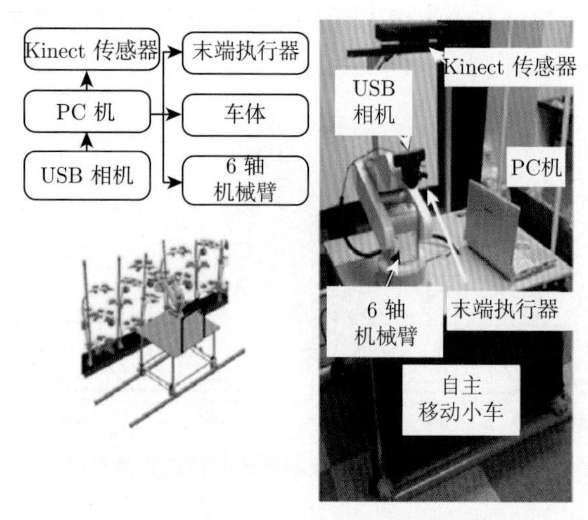

图 1.7　九州工业大学的番茄采摘机器人

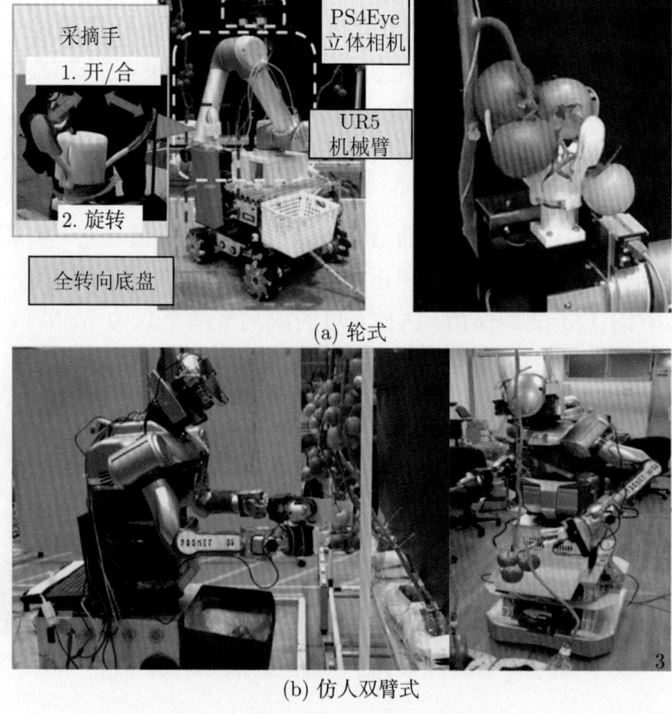

(a) 轮式

(b) 仿人双臂式

图 1.8　东京大学的番茄采摘机器人

东京大学 Hiroaki Yaguchi 等利用电动轮式全方位底盘、UR5 通用 6 关节机械臂、Sony 的 PS4 双目立体相机，并配备夹持扭转式 2 自由度末端执行器组成的番茄采摘机器人 [24](图 1.8(a))，可实现自然光下温室浅通道内的采摘作业，经过优化使每果的识别采摘周期从 85s 下降为 23s，但作业中会出现夹持失败、花萼受损和夹持多果而采摘失败的现象。

该研究组还开发了仿人型双臂式番茄采摘机器人[25] (图 1.8(b))，该机器人装备了全方位底盘，并在头部和腕部分别安装 Xtion 和 Carmine 体感摄像头，每臂有 7 个自由度，并安装夹剪一体式末端执行器。该机器人完成了室内悬挂番茄的采摘试验，目前仅能由人发送命令来完成采摘，证实了仿人作业的可行性，但识别定位和作业中均有待完善和改进。

2) 樱桃番茄果实的逐个采摘

Naoshi Kondo 等开发的樱桃番茄采摘机器人 [26−28]，采用了电动 4 轮底盘和与普通番茄单果采摘相同的 7 自由度冗余度机械臂，但开发了针对樱桃番茄的吸入—切断—软管回收式末端执行器，通过真空将樱桃番茄吸入软管，并由电磁阀通过弹簧驱动钳子合拢夹断果梗，番茄经软管输送到果箱中 (图 1.9)。由于果实由采摘位置通过软管输送跌落入果箱，通常这类末端执行器只适用于樱桃番茄、草莓等小果实的采摘，且软管必须经过精心设计，以避免果实的损伤 [27]。安装于底盘的单相机，通过其水平与竖直移动获得两幅图像，从而实现目标果实定位。试验发现采摘成功率为 70%，对于较短和较粗果梗的果实，吸入环节出现困难。同时，该机器人对单架栽培樱桃番茄具有较好的采摘效果，而对于有两个以上长梗的多架栽培，由于会出现果串定位错误，初期试验成功率仅 23%[26]。

图 1.9 Naoshi Kondo 开发的樱桃番茄采摘机器人

大阪府立大学的 Kanae Tanigaki 等认为，植株的种植模式对机器人采摘的性能影响很大，对传统的杯形种植，果实非常分散，机器人需要很大的工作空间，同时枝干的空间分布使采摘作业非常困难 [29]；为此提出了面向单枝栽培模式的樱桃

番茄采摘机器人 (图 1.10)，由于叶柄很短，果实识别大大简化。

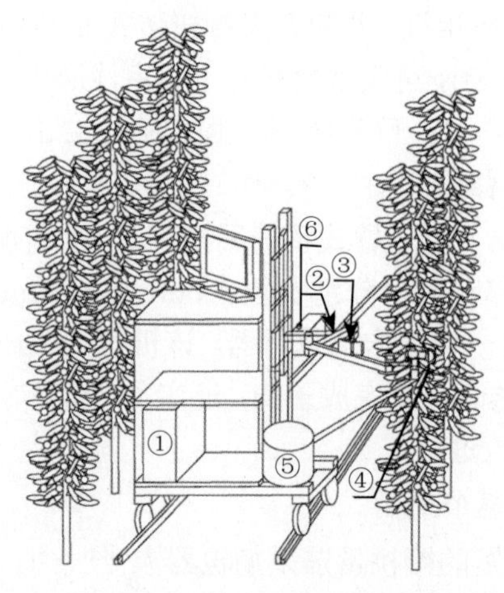

图 1.10　大阪府立大学的樱桃番茄采摘机器人

①计算机；②机械臂；③3D 视觉传感器；④末端执行器；⑤真空吸尘器；⑥果箱

3) 番茄果实的成穗采摘

Naoshi Kondo 认为，采摘机器人技术未能得到商业化应用的原因之一，是其单果逐个采摘的作业效率低于人工作业。现有的番茄采摘机器人末端执行器均面向鲜食番茄的单果收获。Naoshi Kondo 针对越来越多成串采摘的需要，设计了由标准 SCARA 机械臂配置成串采摘末端执行器的采摘系统 [30−32](图 1.11)。作业时，上下两指同时合拢，当两指接触到番茄穗所在主枝干后，限位开关发出信号，气缸驱动的上下两指并拢夹住并切断果穗，而后推板接触果穗，以防止果穗在运输过程中的抖动。试验表明末端执行器的采摘成功率仅为 50%，原因是末端执行器难以稳定进入枝叶间夹住主穗轴、气压不足以产生足够夹持力和果实掉落。成穗采摘方式无法适应同一果穗上番茄成熟期的差异，其适用性依赖于番茄新品种和新栽培技术的进展以及特定的市场需求。

图 1.11　Naoshi Kondo 等开发的番茄成串采摘机器人

岛根大学和大阪府立大学的藤浦建史等提出并开发了樱桃番茄采摘机器人[33−36](图 1.12)，也采用 4 驱电动轮式底盘，配置 4 自由度直角坐标机械臂，在末端执行器前部安装近红外立体视觉传感器，初期采用软管吸入折断和回收方式，后改为通过吸持–摆动剪断并由开口布袋回收入果箱。在大阪南区农家温室的试验表明，135 粒果实的收获成功率为 85%，其中花萼未受损率为 92%，完成 22 粒果实收获的总时间为 252s。而在校内栽培设施内进行的试验中，129 粒果实的收获成功率为 81%，其中花萼未受损率达到了 98%。

图 1.12 藤浦建史等开发的樱桃番茄成穗采摘机器人

3. 其他国家和地区的番茄采摘机器人

美国、中国大陆和台湾地区亦相继开展了番茄采摘机器人的研究。美国俄亥俄州立大学 Peter P. Ling 等开发的番茄采摘机器人，采用了液压底盘和商用的安川 6 自由度机械臂，开发了配置掌心相机的柔性四指末端执行器[37](图 1.13)，通过真空吸盘吸持将目标果实拉离果束，进而由四指包络和拉断果梗完成采摘。但未见进一步整机开发和试验的报道。

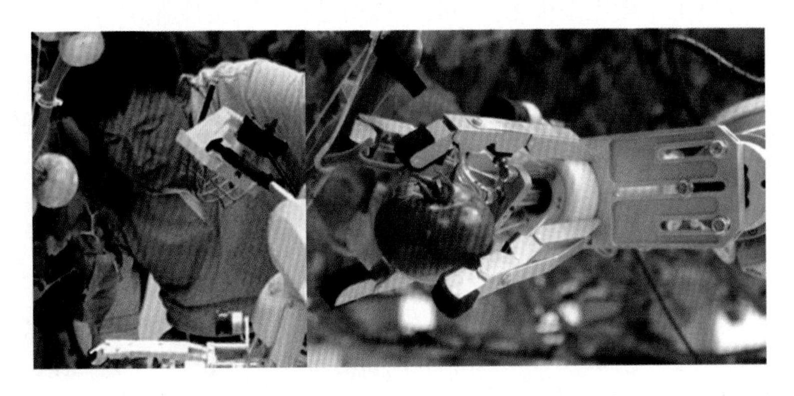

图 1.13 俄亥俄州立大学的番茄采摘机器人

中国台湾宜兰大学 Chiu 等开发的番茄采摘机器人 [7−10](图 1.14)，将三菱 5 自由度关节式机械臂和剪叉式升降移动底盘相结合，并加装了电磁铁驱动的四指欠驱动末端执行器，通过单 CCD 相机的位置移动对目标果实进行识别和定位，样机的总体尺寸为 1650mm×700mm×1350mm。试验结果采摘成功率为 73.3%，采摘中未出现损伤，主要失败原因是吸盘不能对番茄果实完成吸持，以及果梗无法扭断。采摘的平均耗时达 74.6s。

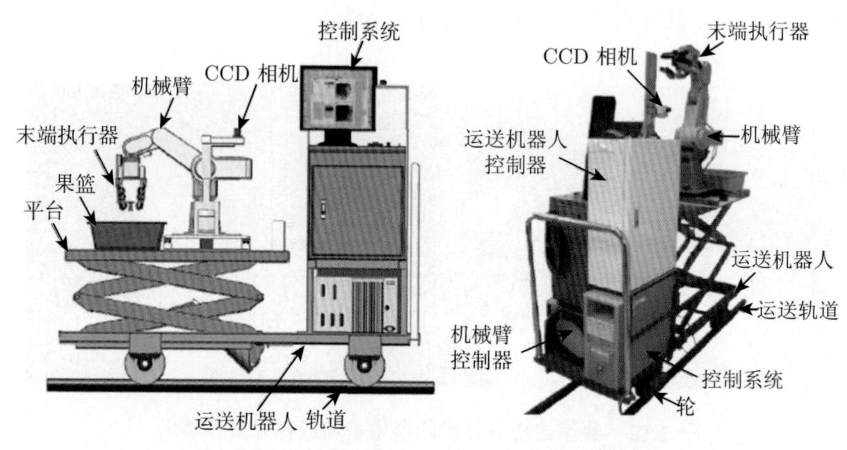

图 1.14　中国台湾宜兰大学的番茄采摘机器人

中国大陆开展番茄采摘机器人研究的时间较晚，但目前科研力量的投入和成果数量已走在世界的前列。中国农业大学纪超、李伟等开发的机型 [38](图 1.15)，以商用履带式平底盘为基础，开发了 4 自由度关节型机械臂和夹剪一体式两指气动式末端执行器，并配置了固定于底盘的双目视觉系统。试验结果表明，每一果实采摘平均耗时为 28s，采摘成功率为 86%，其中阴影、亮斑、遮挡对识别效果造成影响，且在茂盛冠层间机械臂会剐蹭到茎叶并造成果实偏移，同时可能会出现末端执行器无法实施夹持、较粗果梗无法剪断或拉拽过程中果实掉落。

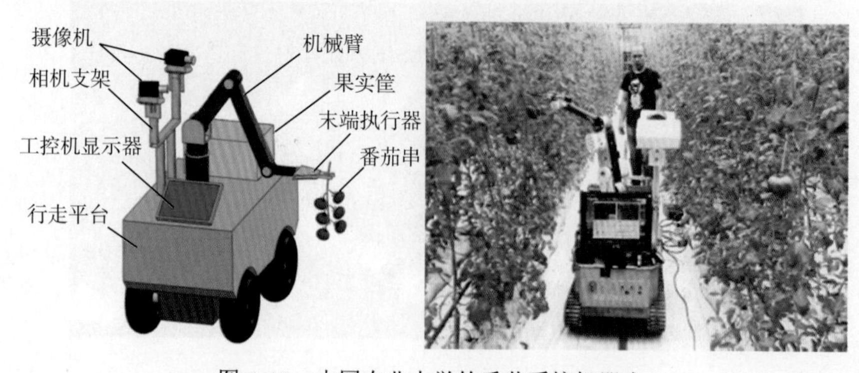

图 1.15　中国农业大学的番茄采摘机器人

国家农业智能装备工程技术研究中心冯青春、河北工业大学王晓楠等针对吊线栽培番茄开发的采摘机器人 [40,41](图 1.16)，采用轨道式移动升降平台，配置 4 自由度关节式机械臂，并设计了吸持拉入套筒、气囊夹紧进而旋拧分离的末端执行器结构，对单果番茄的一次采摘作业耗时约 24s，并配置了线激光视觉系统，分别由 CCD 相机和激光竖直扫描实现果实的识别和定位。试验结果表明，在强光和弱光下的成功率分别达 83.9% 和 79.4%。

图 1.16 国家农业智能装备工程技术研究中心的番茄采摘机器人

上海交通大学赵源深等为提高作业效率，开发了双臂式番茄采摘机器人 [42](图 1.17)，利用温室内的加热管作为底盘行进轨道，安装了 2 只 3 自由度 PRR 式机械臂，并分别开发了带传动滚刀式末端执行器和吸盘筒式末端执行器，利用双目立体视觉系统实现果实的识别与定位。

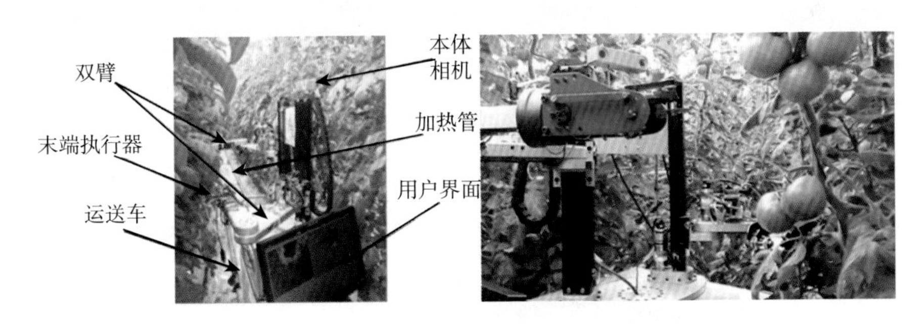

图 1.17 上海交通大学的番茄采摘机器人

此外，江苏大学、浙江大学、东北农业大学、中国计量学院等单位也在番茄果实的识别定位、机械臂设计和分析甚至与识别系统配套的夜间照明系统设计等方面开展了诸多研究 [43−45]。

关于番茄采摘机器人的研发年历表见表 1.1。

表 1.1　番茄采摘机器人研发年历表

作物	国家或地区	单位	样机	底盘	机械臂自由度	末端自由度	识别定位手段	研究阶段	文献起始时间
番茄	日本	京都大学	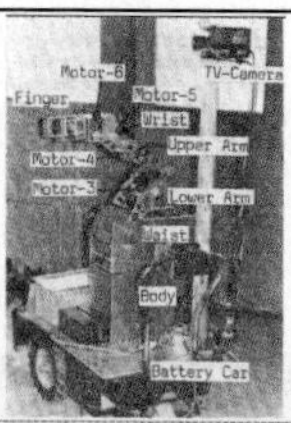	轮式	5	2	单相机，位置变换定位	试验	1984
番茄	日本	冈山大学		轮式	7	2	—	试验	1992
樱桃番茄	日本	冈山大学		四轮电动	7	1	相机移动	试验	1996
番茄	日本	武丰町设施生产部		履带	5（商用）	1	双目视觉	试验	1997
番茄	日本	冈山大学，生物技术研究促进机构	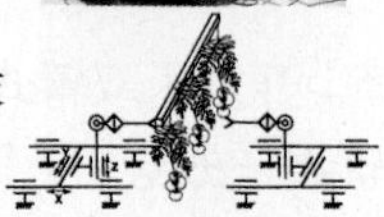	—	5(直角)	1(柔性）	多色LED、立体相机	试验	1998
番茄	日本	神奈川工科大学	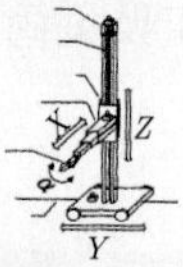	—	3 直角	1	单相机	—	2001
番茄	日本	大阪府立大学		—	5	—	3D视觉传感器	部分样机	2003
番茄	美国	俄亥俄州立大学	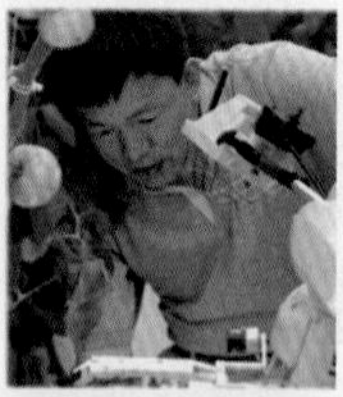	—	6 (商用)	2	掌上相机	样机	2004
番茄	日本	冈山大学		电动轮式	7	2			1998

续表

作物	国家或地区	单位	样机	底盘	机械臂自由度	末端自由度	识别定位手段	研究阶段	文献起始时间
番茄	中国	中国农业大学				1			2006
樱桃番茄	日本	大阪府立大学	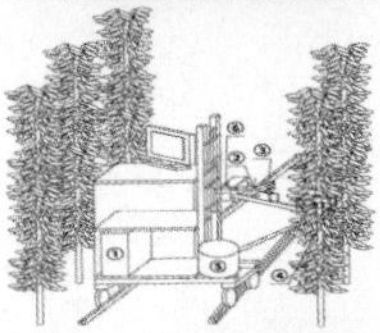	—	4	3	3D视觉传感器	试验	2008
成串番茄	日本	京都大学		—	4(SCARA)	3	双相机、偏振光源、偏振滤波器	试验	2007
樱桃番茄	日本	岛根大学，大阪府立大学		电动轮式	4(直角坐标)	1	红外立体视觉	试验	1999
球形果实	中国台湾	宜兰大学	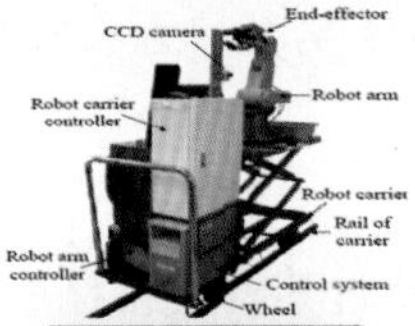	轨道式	7(含臂、台)	4	相机升降	试验	2012
番茄、樱桃番茄	中国	中国农业大学		磁导航小车	4	1	双目视觉系统	试验	2013
番茄	中国	国家农业智能装备工程技术研究中心		轨道式	4	3	CCD相机+激光扫描	试验	2015
番茄	中国	上海交通大学		轨道式	3(双臂)	2	双目视觉	试验	2016
番茄	日本	东京大学		全向	6	2	PS4双目立体相机	试验	2016

续表

作物	国家或地区	单位	样机	底盘	机械臂自由度	末端自由度	识别定位手段	研究阶段	文献起始时间
番茄	日本	东京大学		全向	7(双臂)	1	Xtion与Carmine体感摄像头	室内试验	2015
番茄	日本	九州工业大学		轨道式	6		Kinect摄像头	样机	2017

1.2.2　林果采摘机器人

1. 柑橘采摘机器人

柑橘是受到广泛欢迎的水果，除了为果汁生产提供大量原料的机械化收获外，鲜食柑橘的机器人选择性采摘也受到了重视。作为柑橘的主要生产国，美国和意大利在柑橘的智能化采摘上开展了较多的研究，另外日本、英国、中国大陆及台湾地区也开展了相关研究。

1) 意大利的柑橘采摘机器人

意大利是全球主要柑橘生产国之一，同时其鲜食柑橘的比重大大高于加工柑橘，也是开展柑橘机器人采摘技术研究较早和较多的国家。

卡塔尼亚大学 G. Blandini 和机器人与人工智能部 P. Levi 等针对振动式收获仅能用于加工柑橘，而且会造成收获不净和果实损伤的问题，开发了柑橘采摘机器人 [46,47](图 1.18)，采用轮式底盘、3 自由度直角坐标机械臂和回转切断式末端执行器。试验结果平均采摘耗时为 10s，70% 果实得到识别，而其中仅有 65% 被成功收获。

图 1.18　卡塔尼亚大学等早期开发的柑橘采摘机器人

卡塔尼亚大学 G. Muscato、L. Fortuna 等开发的柑橘采摘机器人[47−49] (图 1.19)，采用了独特的结构，在坦克式履带式底盘上安装大型主液压臂，进而在该主液压臂的平台上安装了两只独立电动遥控 3 自由度机械臂，在末端上安装带有广角镜头的微型相机，两相机构成立体视觉，实现对树冠内果实的定位。作业时，首先人工将主臂和平台定位于树冠附近，进而开始全自动作业。

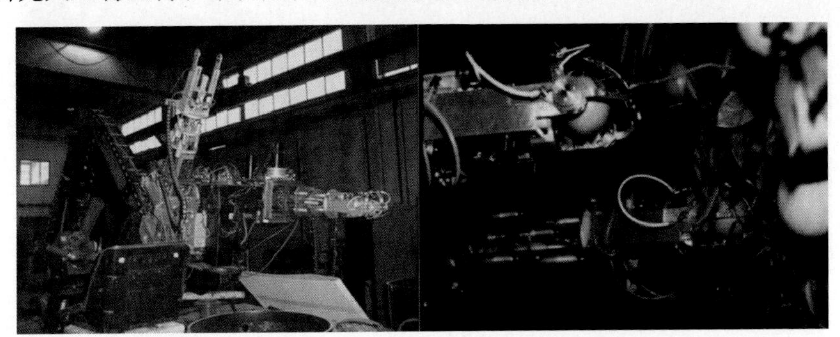

图 1.19 卡塔尼亚大学的主从臂式柑橘采摘机器人

随后英国伦敦大学学院 Michael Recce 和意大利卡塔尼亚大学 Alessio Plebe 针对该柑橘采摘机器人 (OPR) 进行的试验发现，当果实被部分遮挡或存在和果实颜色相近的叶子时会出现错误识别。在每幅图像内 86%的果实被定位，但其中 16%的果实被多次定位，需进一步处理才能找到正确中心，同时光线条件对识别定位效果具有较大影响。完成每一果实采摘的平均耗时为 5∼10s[48]。

卡塔尼亚大学 G. Muscato 在新型柑橘采摘机器人的开发中，以结构的简化为重要目标，采用了直线滑轨，两滑台分别安装气动伸缩机械臂，采摘系统的高度超过 3.5m，重量超过 2t，必须由大型履带底盘来带动 [47](图 1.20)。

图 1.20 卡塔尼亚大学的直角坐标柑橘采摘机器人

此外，意大利有关机构在各类原理的柑橘采摘末端执行器开发上做了很多的工作。ARTS 实验室的 B. Allotta 开发了气压驱动可弯曲三指夹持末端执行器 [47,50] (图 1.21)，三指抓紧果实后，机械手后退拉紧果梗，由腕部 6 维力/力矩传感器检测力/力矩信息，从而确定果梗位置，腕部旋转将果梗送入切割位置，由圆形锯将之切断。该装置作业效果良好，但成本较高。

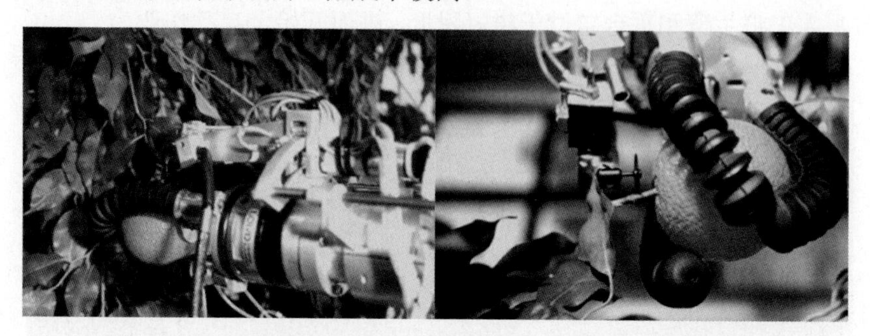

图 1.21　ARTS 实验室的气压驱动可弯曲三指夹持末端执行器

随后 G. Muscato等在回转切断式末端执行器的基础上进行了改进[47] (图 1.22)。在果实进入中心位置后，气压驱动下钳口转动包住果实，由上部细杆形成的锥角引导果梗进入切割位置，由剪刀将之切断。在此基础上，新的末端执行器加长了下钳口的长度，并增加了一个气压驱动可伸缩托盘，使果实在果梗被切断后，能够被末端执行器抱住运送至放果区，托盘收回释放果实。但试验结果并未对其成功率进行检验。

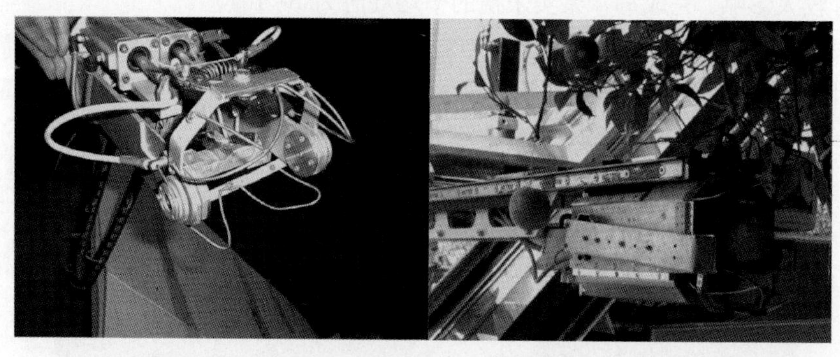

图 1.22　卡塔尼亚大学的钳口式柑橘采摘末端执行器

都灵理工大学 T. Raparelli 等开发的柑橘采摘机器人末端执行器 [51](图 1.23)，其环形管上安装有刀具，由气缸驱动器带动转刀和固定刀一起将果梗切断，环形管后的活动板打开，果实进入管的后方，完成输送。活动板上安装了接近传感器用以判断果实是否到达采摘位置 [51]。果梗切断力测定结果显示，6mm 果梗的切断力需要 160N，而对极少数更粗的果梗，其切断力可达 290N[51]。果梗切割试验发现，该末端执行器无法切断 8mm 或更粗果梗，同时发现由于叶子的阻碍等原因，果梗切断后果实的捕获存在一定问题 [51]。

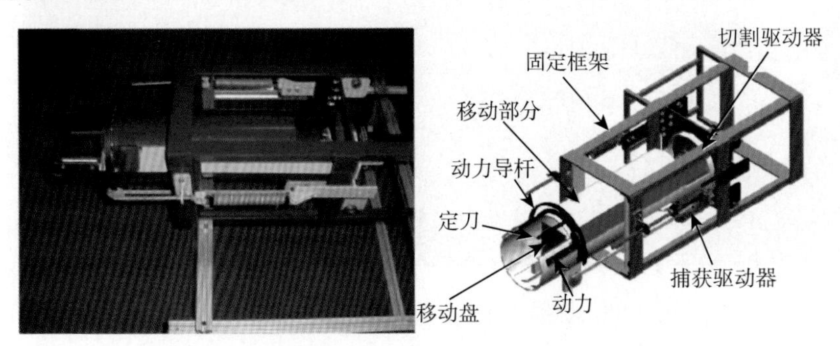

图 1.23 都灵理工大学的筒式转刀柑橘末端执行器

2) 美国的柑橘采摘机器人

美国是另一个开展柑橘采摘机器人技术研究的主要国家，世界著名的“柑橘之州”佛罗里达的柑橘产量占美国全国总产量的 75%，佛罗里达大学更是从柑橘的机械化收获到机器人收获，持之以恒开展了数十年的研究，产生了丰硕的成果，其研究目前领全球之先。1987 年佛罗里达大学 Roy Harrell 推出的柑橘采摘机器人 [52−55]，液压驱动的机械手和末端执行器由拖拉机拖动，末端执行器为包络拉断式，果实直接落地或落入接收装置 (图 1.24)。由于液压驱动系统的精度不够，而且系统和操作者之间响应速度的不匹配，因而试验结果并不理想 [47]。更关键的是视觉系统难以在高度非结构化和多变的环境下解决果实图像分割问题 [47]。

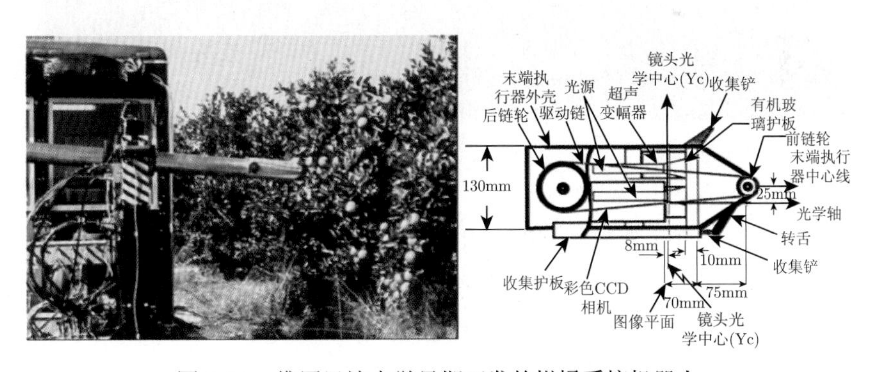

图 1.24 佛罗里达大学早期开发的柑橘采摘机器人

近年来以 T. F. Burks 领衔，推出的柑橘采摘机器人采用了 7 自由度机械臂，前期在商用气动夹持器的基础上，安装了 1 对超声传感器来进行范围信息检测，安装摄像机实现视觉伺服控制 [56](图 1.25)。随后重新设计了单电机驱动并配置掌心相机与红外和超声传感器的三指式末端执行器 [57]。相关研究仍在持续开展中。

图 1.25 佛罗里达大学的新型柑橘采摘机器人

此外，加州大学戴维斯分校 B. S. Lee 所开发的柑橘采摘机器人，在叉车上安装钢架，由两气压缸驱动分别沿水平 x、y 方向将剪刀移动至果梗位置，另一气缸驱动剪刀将果梗切断 [58,59](图 1.26)。由于其位置和姿态受到限制，即使设置 x、y 方向移动也只能实现水平位移，其剪刀切割方向无法根据果梗方位改变。该末端执行器结构笨重，运动缺乏灵活性，无法实现采后果实的回收。

图 1.26 加州大学戴维斯分校的叉车式柑橘采摘机器人

圣地亚哥视觉机器人公司则推出了面向柑橘机器人采摘的自动检测样机 [60](图 1.27)，在四轮拖车上安装肩部、肘部关节和两个腕部关节组成的机械臂，带动 4 组相机同时获取 8 幅图片，从而构建柑橘植株的三维模型。该样机已完成软硬件的构建，计划尽快用于柑橘园的检测。

美国 Energid 技术公司也推出了新一代视觉导引的柑橘采摘机[61](图 1.28)，由卡车带动改进的机械臂，并开发了蛙舌式末端执行器，两指分别由往复式气缸，并由 2 自由度转向器控制各指的开闭。在末端执行器的框架前安装了 6 相机阵列用于果实的识别与定位。试验表明 98%以上的果实可以由移动相机阵列所发现，并且 98%以上被发现的果实可以完成采摘。

图 1.27 圣地亚哥视觉机器人公司的柑橘采摘机器人配套自动检测机

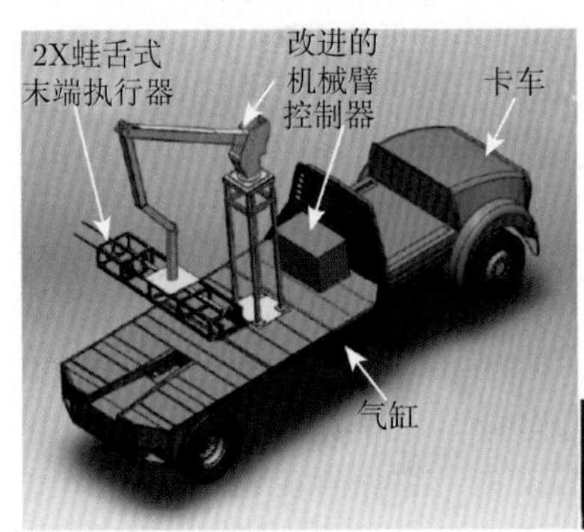

图 1.28 Energid 技术公司的柑橘采摘机器人

3) 其他国家和地区的柑橘采摘机器人

1990 年日本岛根大学 Fujiura 等开发的柑橘采摘机器人采用了履带底盘和液压机械臂，并开发了具备气动柔性指的末端执行器，柔性指抓住果实后，由剪刀剪断果梗。但试验发现当有枝叶阻挡时，柔性指在到达果实之前即发生弯曲，从而导致夹持的失败 [62](图 1.29)。

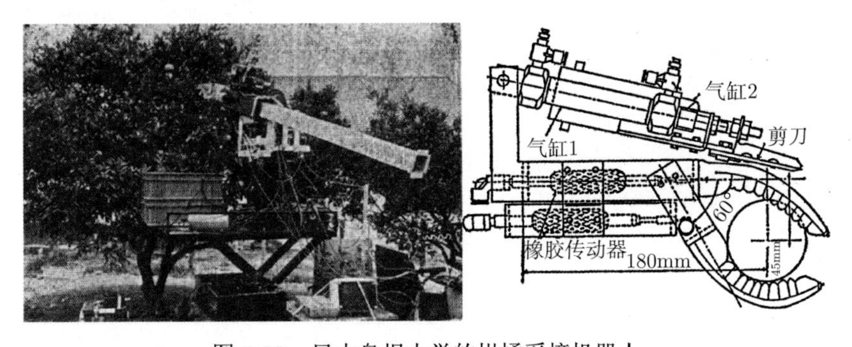

图 1.29 日本岛根大学的柑橘采摘机器人

1988 年日本久保田株式会社开发的柑橘采摘机器人，在移动台车上安装了可升降悬臂，悬臂前端安装 3 自由度垂直关节机械臂 [5]。其末端执行器上装有一接近传感器，由真空泵产生吸力并通过一真空吸盘吸持住果实，将其向后拉动，同时末端执行器的梳状罩前移，使果实进入笼体内而与其他果实分开，随后由理发推子形状的切刀将果梗切断，完成收获 (图 1.30)。但该末端执行器对果实个体尺寸差异的适应能力较差，动作速度较慢，收获成功率仅有 30%[5]。在末端执行器上装有频闪光源和微型相机，进行果实检测。

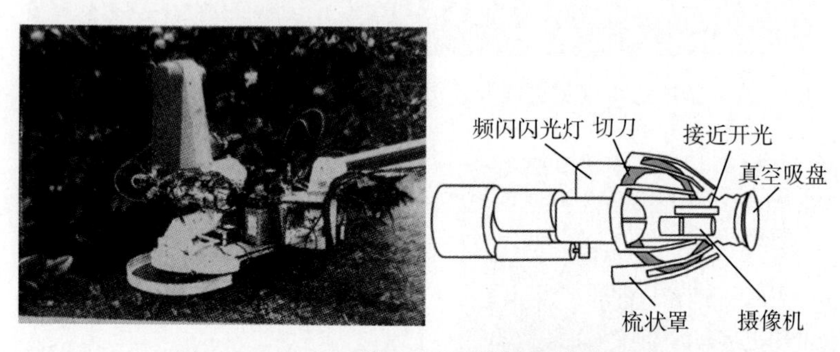

图 1.30　久保田株式会社的柑橘采摘机器人

中国台湾中兴大学李芳繁等开发了柑橘采摘的机械手系统 [63]，由 3 自由度关节式机械臂配置 3 指手爪和双目视觉系统构成，由一直流电机带动，在 3 指并拢抓住果实的同时向后运动，同时由滑块机构带动切刀运动将果梗切断 (图 1.31)。试验结果表明视觉伺服的机械臂定位误差较大，末端执行器对单果适应性良好，但对多粒果而言，手爪会碰到目标果物以外的果实，导致目标果物与其他果实一起移动，因此采果爪抓不到果实 [63]。另外，由于末端执行器构造较为复杂，采果时小树枝会缠住末端执行器，影响采果动作的正常进行，因而有待进一步的改良 [63]。

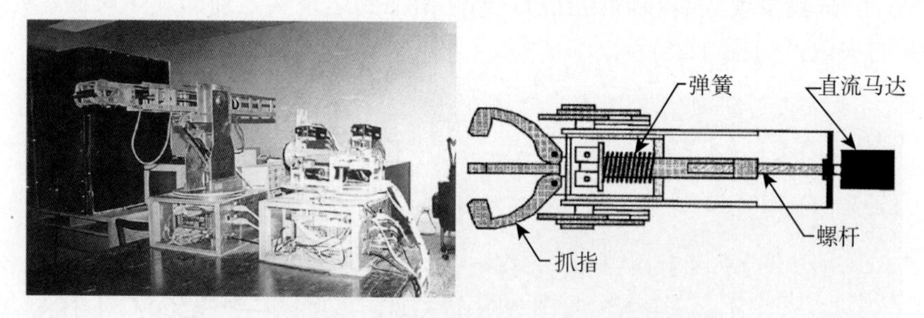

图 1.31　中国台湾中兴大学的柑橘采摘机械手系统

东南大学卢伟等开发的自动采摘系统，包括 5 自由度机械臂和由吸盘、赶果环、圆盘锯刀、收集囊组合成的末端执行器 [64](图 1.32)。浙江农林大学姚吉园等制作了三关节平面折叠机械臂和剪断后软管回收末端执行器构成的简易采摘机械手模型[65](图 1.33)。浙江工业大学张水波等开发的柑橘采摘末端执行器，采用气动关节三指抓握和圆盘锯刀切断方式[66](图 1.34)。总体上，目前国内在柑橘采摘机器人研究上较为薄弱，亟待在现有研究基础上，推进整机的开发和试验研究。

关于柑橘采摘机器人的研发年历表见表 1.2。

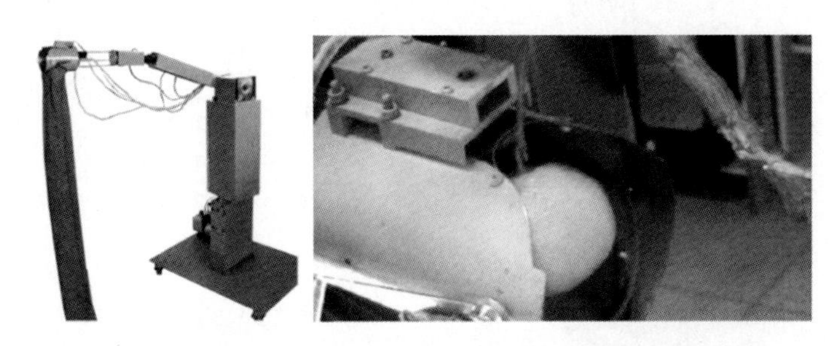

图 1.32　东南大学–江苏大学的柑橘采摘系统

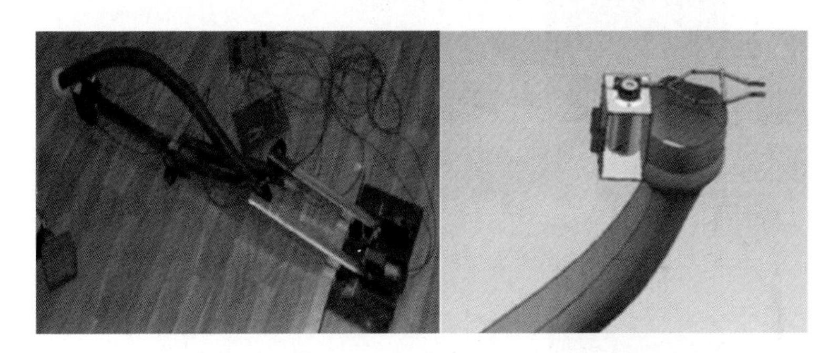

图 1.33　浙江农林大学的柑橘简易采摘机械手模型

图 1.34　浙江工业大学的柑橘采摘末端执行器

表1.2　柑橘采摘机器人研发年历表

国家或地区	单位	样机	底盘	机械臂自由度	末端自由度	识别定位手段	研究阶段	文献起始时间
意大利	卡塔尼亚大学		轮式	3	1	CCD视觉系统	试验	1989
美国	佛罗里达大学		拖车	3	1	超声传感器、相机、光源、自调焦镜头	试验	1987
日本	岛根大学		履带式	3(液压)	2	—	—	1990
意大利	卡塔尼亚大学		履带式	主臂+双3自由度副臂	—	广角镜头 双掌心相机	试验	1996
中国台湾	中兴大学	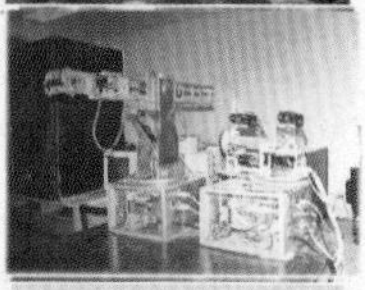	—	3	1	双目视觉	—	1999
意大利	卡塔尼亚大学		履带式	3	—	—	—	2005
美国	佛罗里达大学		—	7	1	掌心相机 超声传感器	局部试验	2004
美国	加州大学戴维斯分校		叉车	2(液压直角)	—	—	—	2006
美国	圣地亚哥视觉机器人公司		绞车驱动四轮拖车	4	—	8 相机组	部分样机	2008

续表

国家或地区	单位	样机	底盘	机械臂自由度	末端自由度	识别定位手段	研究阶段	文献起始时间
美国	Energid技术公司		卡车	—	6	掌上6相机矩阵	末端试验	2012
中国	东南大学，江苏大学		—	3	1	—	部分样机	2011

2. 苹果采摘机器人

苹果是全球最主要的水果之一，在亚洲、欧洲、美洲、大洋洲各地均有广泛种植。中国是苹果第一大生产国，产量占全球的比重达 46%。苹果的自动收获技术在世界主要国家和地区也得到了普遍重视。

1) 美国的苹果采摘机器人

美国农业部阿帕拉契亚水果研究站的 D. L. Peterson 等针对窄倾斜棚架式苹果栽培系统开发了多量而非逐个收获机器人系统 [67](图 1.35)，在汽油发动机三轮式底盘上安装倾斜移动框架和水平滑轨，带动液压缸式振动头，利用 Sony 摄像机和抓帧器构成图像系统，并设置了塑料接果篷。作业时先移动三轮底盘使摄像机对准果枝，当获取图像并完成振动头定位后 (或人工点击鼠标定位)，果实振动脱落完成收获。果园试验发现自动果枝识别定位较为困难，仅 10% 果枝能够一次完成识别定位，而人工鼠标定位更能保证成功率。95% 的果实能够被采下，其中 63% 的果实被接果篷接住。

图 1.35　美国农业部阿帕拉契亚水果研究站的苹果多量收获机器人系统

美国卡梅隆大学、麻省理工学院、华盛顿州立大学等高校针对 V 架栽培合作开发的苹果采摘机器人 [68−71](图 1.36)，以约翰迪尔的轮式电动车搭载 7 自由度串联式机械臂和腱驱动多指手，并配置了彩色相机与 PMD 深度相机构成的视觉系统。果园试验结果表明，果实采摘成功率达 84.6%，完成每果识别和采摘的平均耗时为 7.6s。由于采取了夹持果实扭下的采摘方式，较细而没有被很好地绑定的枝干上的果实不容易采下，同时需通过增加末端的力感知和果–梗方位识别判断来进一步提高采摘作业效率与可靠性。

图 1.36 美国卡梅隆大学的苹果采摘机器人 [72]

2) 欧洲的苹果采摘机器人

比利时林堡天主教大学学院开发的自动苹果采摘机 (AFPM)[73](图 1.37)，将松下 6 自由度工业机械臂与竖直滑轨组合，安装于农用拖拉机上，开发了配有掌心相机的 10.5cm 大漏斗形硅胶吸头吸盘式末端执行器，以具有人机界面的平板电脑和 PLC 组合成为控制器。在机械臂和拖拉机之间增加了三点浮动水平稳定单元，通过两水平传感器的控制可以有效保证采摘过程中的机械臂可靠定位。果园试验表明约 80% 的果实可以被检测到并被采摘，而果梗连接强度较高造成依靠吸持采摘的失败，同时机械臂和末端难以到达部分果实，影响了作业成功率。采摘的平均周期为 8~10s，视觉系统和机器人本体之间经中心控制器的通信瓶颈对作业效率造成影响，通过改进通信带宽和优化图像处理有望将平均采摘耗时减少到 5s 以内，同时进一步考虑果实的姿态差异来改进分离方式，将有助于提高作业成功率。

图 1.37 比利时林堡天主教高等专业大学的苹果采摘机器人

比利时鲁汶大学 Tien Thanh Nguyen 和慕尼黑工业大学合作开发的苹果采摘机器人 [74](图 1.38)，由拖拉机带动，开发了复杂的 9 自由度升降式冗余机械臂，并配置了由 3D 相机、RGB 相机和成熟度传感器构成的复杂感知系统。目前仅进行了 9 自由度机械臂的试验验证。

图 1.38 比利时鲁汶大学的新型苹果采摘机器人

3) 中国的苹果采摘机器人

北京林业大学 Luo 等开发的苹果采摘机器人 [75](图 1.39)，采用了主–从控制模式，利用 SCARA 机械臂的肩部、肘部回转，并在末端增加一个转动关节，构成平面 3 自由度回转，进而将其安装于竖直滑轨上，构成 4 自由度机械臂。末端执行器包含姿态调整自由度，并分别由一微型气缸带动夹持–剪切一体式手指同时完成对果梗的夹持和剪切。分别在末端执行器的中心和框架上安装 CCD 相机，用于近景的视场切换。作业时，操作者通过显示器观测果实，并通过手柄控制机械臂和末端执行器完成采摘。

图 1.39 北京林业大学的苹果采摘机器人

江苏大学赵德安等和中国农业机械化科学研究院张小超合作开发的苹果采摘机器人 [76−79](图 1.40)，采用了 GPS 导航的履带式底盘和底部升降、3 回转和腕部伸缩的 5 自由度机械臂结构，末端执行器由气缸驱动两球面夹持果实，由直流电机经软管钢丝驱动刀片旋转切割果柄并经过软管回收。在腕部安装单相机，通过随同手部的移动实现果实识别与定位。实验室内仿真试验结果显示采摘成功率达 86%，每果采摘平均耗时为 14.3s，田间试验的采摘成功率和平均耗时分别为 77% 和 15.4s。

图 1.40 江苏大学与中国农业机械化科学研究院的苹果采摘机器人

南京农业大学顾宝兴等将安川工业 6 自由度机械臂通过加装的横向滑移机构安装于开发的轻型履带式智能移动平台上，以扩大采摘范围，并在工业夹持器内侧安装力传感器和滑觉传感器，进而搭载双目视觉系统构成苹果采摘机器人 [80,81](图 1.41)。果园试验表明，果实识别成功率在 60%～88%，晴天逆光的影响较大；其中 37%～47% 能够成功采摘，夹持滑动、枝叶遮挡、碰撞造成果实偏移、风力摇摆都影响了采摘的成功率。

图 1.41 南京农业大学的苹果采摘机器人

4) 日本和澳大利亚的苹果采摘机器人

日本北海道大学 D. M. Bulanon 等开发的苹果采摘机器人 [82−84](图 1.42)，由

3 自由度直角坐标机械臂安装于移动升降机上，从而有效扩大作业空间。在末端执行器上安装有激光范围传感器和摄像机，由摄像机发现图像中的大果实，由激光范围传感器探测确定果实的位置，直流电机驱动两指夹持住果梗，步进电机驱动腕部转动将之扭断。该末端执行器采用了岩手大学 Takashi Kataoka 等的苹果采摘末端执行器方案 [83](图 1.43)，为防止夹持果梗作业时果实由于重力脱落，其改进的末端执行器还增加了底部的倾斜支撑棒。果园试验表明，D. M. Bulanon 等开发的机器人能够实现 89% 果实的成功采摘，而果梗位置、长度和果实识别问题是影响成功率的主要因素 [85]。

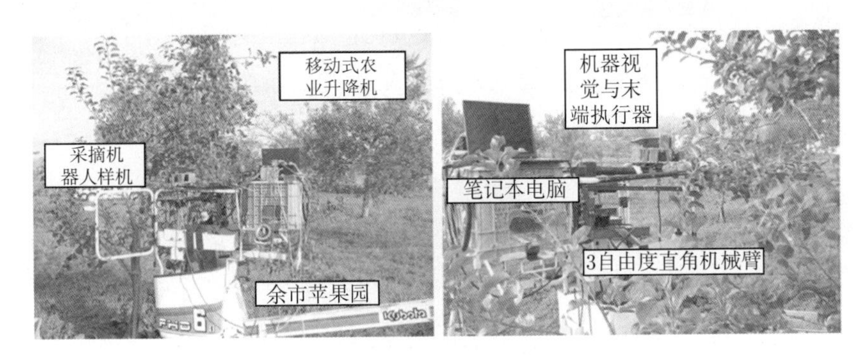

图 1.42 北海道大学的苹果采摘机器人

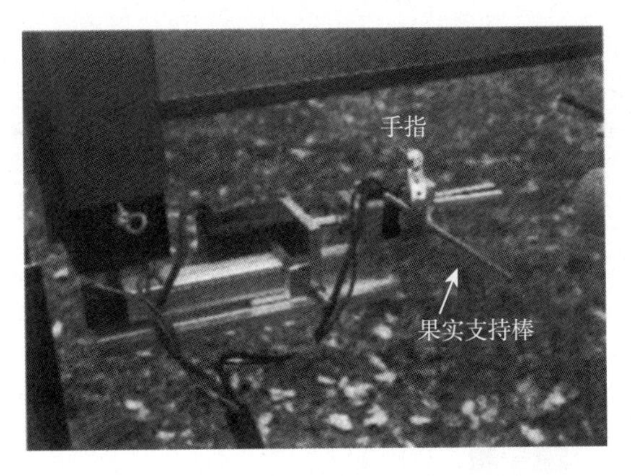

图 1.43 岩手大学的苹果采摘末端执行器

澳大利亚西南威尔士大学 Achmad Irwan Setiawan 等利用约翰迪尔拖拉机为底盘，采用 Denso 6 自由度工业机械臂，并配置相机和内含充气气囊的圆杯式低成本末端执行器构成苹果采摘机器人 [86](图 1.44)。但仅在实验室内完成了末端执行器对特定悬挂果实的夹持试验，而未见整机性能及试验的介绍。

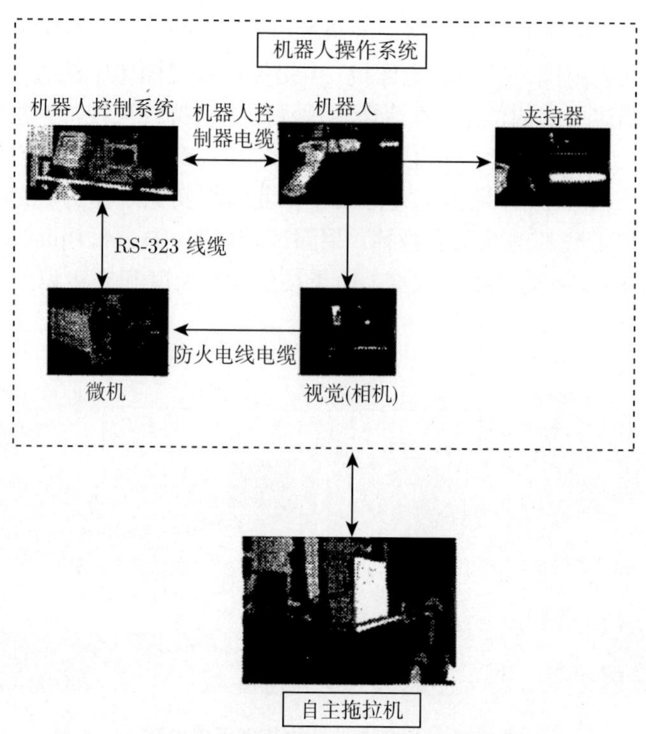

图 1.44　澳大利亚西南威尔士大学的苹果采摘机器人

关于苹果采摘机器人的研发年历表见表 1.3。

表 1.3　苹果采摘机器人研发年历表

国家或地区	单位	样机	底盘	机械臂自由度	末端自由度	识别定位手段	研究阶段	文献起始时间
美国	农业部阿帕拉契亚水果研究站		汽油机三轮	3	1	摄像机	试验	1999
澳大利亚	西南威尔士大学		拖拉机	6	1	—	—	2004
日本	北海道大学		移动升降机	3	2	相机、激光测距仪	试验	2004

续表

国家或地区	单位	样机	底盘	机械臂自由度	末端自由度	识别定位手段	研究阶段	文献起始时间
比利时	林堡天主教高等专业大学		拖拉机	6(商用)	1	掌心相机	试验	2008
中国	南京农业大学		履带	7	1	双目视觉	试验	2012
中国	江苏大学		履带式	5	2	掌上单相机	试验	2010
比利时	鲁汶大学		拖拉机	9	—	3D相机、RGB相机、成熟度传感器	样机	2013
中国	北京林业大学		—	4	3	掌上单相机	部分样机	2015
美国	卡梅隆大学		轮式电动车	7	3，欠驱动多指手	彩色相机+深度相机	试验	2017

3. 猕猴桃采摘机器人

猕猴桃又名奇异果，表皮覆盖浓密绒毛，质地柔软，口感酸甜，营养丰富，受到消费者的广泛欢迎。而新西兰出产的奇异果更是风行世界，新西兰奇异果在世界市场上的销售份额约占 70%，高居世界第一。目前猕猴桃的机器人采摘技术研究也主要在中国和新西兰得到开展。

1) 新西兰猕猴桃采摘机器人

新西兰梅西大学 A. J. Scarfe 等开发的猕猴桃采摘机器人[87,88](图 1.45)，在 GPS 与机器视觉导航的液压控制四轮自主移动底盘上，安装 4 只定制的自由度机械臂，并配置了 8 台带自动光圈镜头的彩色网络摄像头进行树冠的果实识别定位，但尚未见试验结果的报道。

图 1.45　新西兰梅西大学的猕猴桃采摘机器人

2) 中国猕猴桃采摘机器人

我国西北农林科技大学在猕猴桃的机器人采摘领域开展了集中的研究，在猕猴桃力学特性的基础上，先后开发了 3 自由度末端执行器 [89,90](图 1.46)，通过 2 指夹持腕部扭动实施采摘，并配置了红外位置开关和指面压力传感器进行果实位置判断和夹持压力检测，实验室内悬挂果实采摘试验的成功率为 90%[90,91]；而后针对猕猴桃栽培的果实底部空间大、遮挡少和果实簇生的特点，设计了从底部接近果实、手指旋转包络分离毗邻果实并抓取、向上旋转分离果柄的新型末端执行器(图 1.47)。该末端执行器仍配置了红外位置开关和指面压力传感器，果园现场试验的采摘成功率达 89%，单果平均耗时 22s[92,93]。

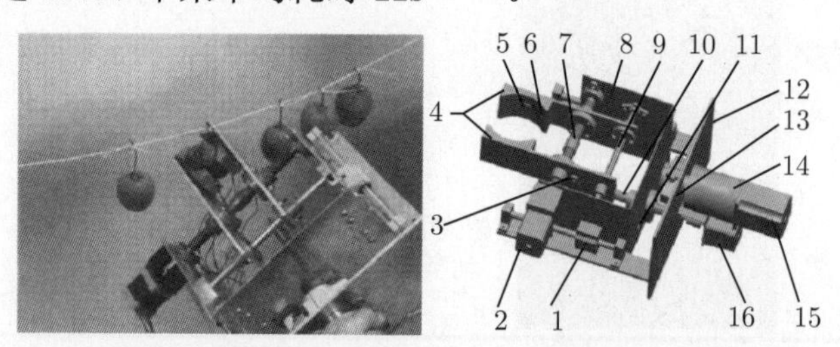

图 1.46　西北农林科技大学的夹持扭动式猕猴桃采摘末端执行器

1. 导航滑块组合；2. 电机工；3,11,13. 霍尔接近传感器；4. 手指；5. 压力传感器；6. 红外位置开关；7. 左右旋丝杠副；8. 内壳；9. 撑杆；10. 滚珠丝杠副；12. 外壳；14. 套筒；15. 电机III；16. 电机II

图 1.47　西北农林科技大学的底部夹持扭断式猕猴桃采摘机器人

1.2.3 蔬果采摘机器人

1. 草莓采摘机器人

1) 日本的草莓采摘机器人

日本是草莓生产和销售大国，近几十年来其年产量一直居于世界前列，其在草莓采摘机器人的研究上也遥遥领先，先后推出了多种样机。根据草莓种植的地面栽培、高垄栽培、架式栽培等不同模式，其识别与采摘机构的原理与结构差异极大，不同研究者提出了形色各异的机器人装备。

(1) 高垄栽培的草莓采摘机器人。

在日本，传统地面栽培已逐渐被高垄栽培和高架栽培所替代。高垄 (ridge top) 栽培是把栽培行做成 20~30cm 高的垄，作物种在垄上的一种栽培方式。通过抬高栽培行，能增强通风、节省用水、扩大土壤表面积、防止污染果实，从而有效提高产量和品质。同时，高垄间留下的过道大大方便了田间管理作业的实施。

日本的高垄栽培分为外培和内培两大类，外培是在高垄上种植两行草莓，使果实垂在垄地两侧斜面上生长；内培 (annual hill top) 是使果实生长在垄内，即垄地水平面上 [5]。由于内培的果实结在高垄的水平面上，更适合机器行进采收。目前也主要针对内培发展了各类采摘机器人，并针对梗–果的平躺生长方式多采用竖直向下采摘作业。

Kondo 等针对高垄内培草莓开发的第一代采摘机器人样机，在龙门式移动平台上安装 3 自由度直角坐标机械臂，并开发了吸入旋转切断式末端执行器 [94] (图 1.48)。作业时，由末端执行器上安装的超声传感器测量到高垄面的竖直距离，

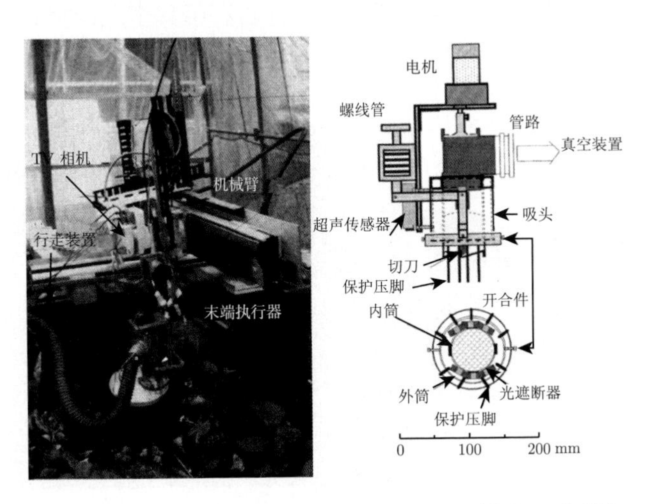

图 1.48 Kondo 等开发的第一代内培草莓采摘机器人样机

并由彩色 CCD 相机拍摄图像检测果实。进而机械臂移动使末端的吸筒对准果实并下行吸持果实，直到三对光电开关检测到果实。然后内筒转动将果梗切断采下并被机械臂移送到果盘内。试验发现，吸持方式对较小果实非常有效，但 34%的果实不能被吸持或不能切断果梗。

Seiichi Arima 和 Naoshi Kondo 等随即又开发了多功能作业机器人，采摘仍采用了龙门行走、直角坐标和彩色 CCD 相机，但改用了“勾取切断式”末端执行器 [95](图 1.49)，设置了一个钩子，采摘时钩子接近并勾住目标果实的果梗，并上提将目标果实拉离附近果实，然后手指夹住果梗，切刀将果梗切断。对该末端执行器的采摘效果未见试验验证。

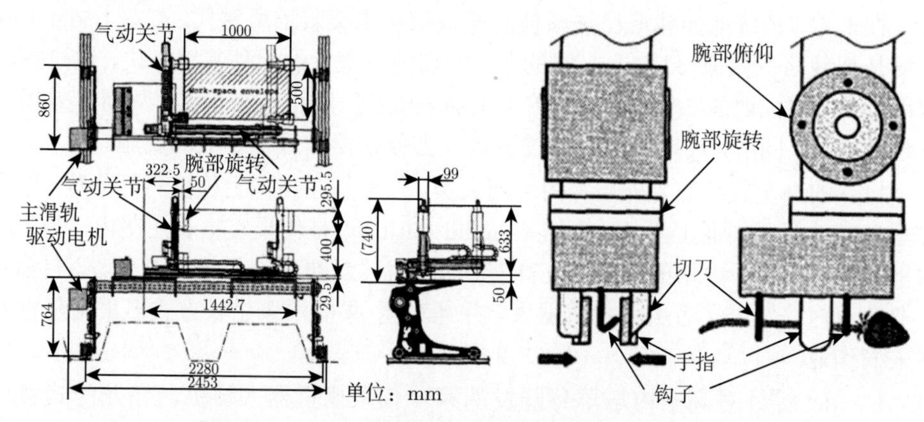

图 1.49　Kondo 等改进的内培草莓采摘机器人样机

Kondo 等随后开发了第二代采摘机器人样机，其在第一代基础上主要改进了末端执行器结构 [96−98](图 1.50)，该末端执行器利用真空系统将草莓吸入吸头内，吸头转动切断果梗。为提高分离成功率，又增加了张合爪勾住果梗将之切断。这类

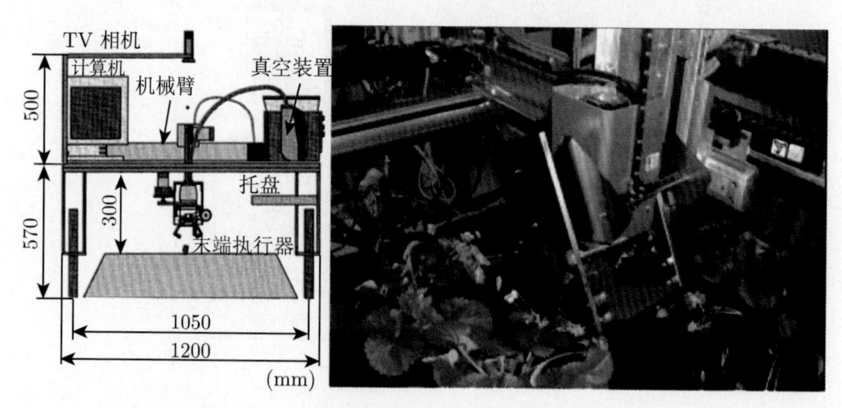

图 1.50　Kondo 等开发的第二代内培草莓采摘机器人样机

末端执行器可以认为是上述两类末端执行器的结合，可以有效提高采摘成功的概率，但相应结构复杂性也有所增加。对于果实娇嫩、果梗柔软细长的草莓等果实，吸持和勾取可能比夹持的获取方式更为可行。

日本宫崎大学的 Yongjie Cui 等开发的采摘机器人，则由 3 自由度直角坐标机械臂带动气动的夹剪一体式末端执行器 [99−101](图 1.51)，竖直向下夹持并剪断果梗。该机器人配置了固定–移动双相机，在白色或黑色塑料膜背景上进行果实的识别与定位。在该作业条件下，识别定位与采摘作业的难度都显著降低，试验表明该机器人识别与采摘的平均耗时分别为 1s 和 6s，果梗检测成功率达 93%，部分由于遮挡而检测失败。在黑色膜上的采摘成功率达 96%，不存在误采但出现少量漏采。在白色膜上由于出现反射亮斑而影响检测，成熟度较低的果实无法采到，但成功率也超过了 90%。

图 1.51　宫崎大学的内培草莓采摘机器人

(2) 高架栽培的草莓采摘机器人。

高架栽培是近年来发展的一种新型栽培模式，通过竖立支撑或悬挂使栽培床离开地面，果实在栽培床两侧悬垂式生长。由于其具有省力、洁净、高产等优势，得到了迅速发展和推广。高架栽培对机器人采摘极其有利：①果实悬挂生长，果、叶分离 [5]；②果梗较长且姿态简单；③果、叶、梗间的交杂、遮挡很少。高架栽培的大规模普及为采摘机器人应用提供了条件 [5]，相关研究也产生了诸多成果。

爱媛大学由马诚一、近藤直等开发的悬挂式栽培床草莓采摘机器人[102](图 1.52)，采用 4 轮独立驱动式电动底盘，由于机械臂不需躲避障碍物且控制简单，因而开发了 5 自由度极坐标机械臂，由单 CCD 相机得到果实的二维信息，而近似认为果实在相同床侧竖直平面内。开发了配备光电开关的气动水平吸持扭转切断式末端执行器和储果盘。试验表明机器人能够无损采下所有果实，但部分未成熟果实也被采下。单果采摘的平均耗时为 14~20s。同时，认为因为高架栽培大大方便了机器人采摘，因而机器人的结构和控制算法可以大大简化。

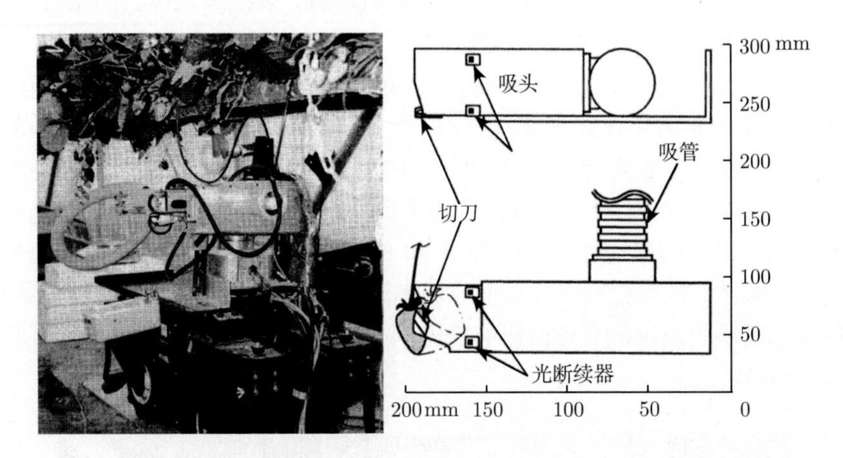

图 1.52　Naoshi Kondo 等初期开发的高架草莓采摘机器人

Seiichi Arima、Naoshi Kondo 在上述研究基础上，对机器人结构进行了简化改进，在栽培床下安装 3 坐标平动和 1 转动直角坐标机械臂，并沿用 “吸入切断式” 末端执行器结构，由真空泵产生真空，吸头将果实吸入末端执行器，由 3 光电传感器确定果实的位置，腕部转动将果梗引导进入切割位置将之切断 [97,103](图 1.53)。机器人仍由单 CCD 相机进行果实的识别和定位。试验发现果实能够无损采下，但仍存在邻近的未成熟果实容易随同目标果实被一同吸入采下的不足。由于结构和控制算法的简化，每果的采摘耗时缩短到 10s 左右 [97,103−106]。

图 1.53　Naoshi Kondo 等改进的高架草莓采摘机器人 [51,52]

Naoshi Kondo 与农研机构 Shigehiko Hayashi 等联合开发的第二代采摘机器人样机 (图 1.54)，在导轨移动平台上安装龙门式横移、上下直动和水平旋转 3 自由度直角坐标机械臂，配置气动夹剪一体式末端执行器，并用 5 个 120 粒发光二极管式 LED 光源和 3 相机构成机器视觉单元，两侧相机用来对果实识别和定位，而中心相机则用于识别果梗和判断其倾角。开发了“吸持–夹持切断式”草莓采摘机器人末端执行器 [1,97,107](图 1.54)，则在夹剪一体夹持器的基础上，增加了吸持装置。吸持装置由吸气流量为 200L/min 的真空泵提供真空 [1,97,107,108]。采摘时，吸持装置前进吸持住草莓，用以补偿由于草莓尺寸、形状和环境差异造成的三维位置误差，然后夹持器前进夹住并切断果梗 [1,97,107,108]。试验结果表明，果梗检测成功率为 60%，有无吸盘时的采摘成功率分别为 41.3%和 34.9%，每果采摘的平均耗时为 11.5s。失败主要源自左右相机图像的匹配失败，吸盘对采摘成功率的影响不显著，仅有助于采后移送中防止晃动，同时存在尽管果梗未被检出仍成功采摘的情况和未成熟果实被误采的情况。

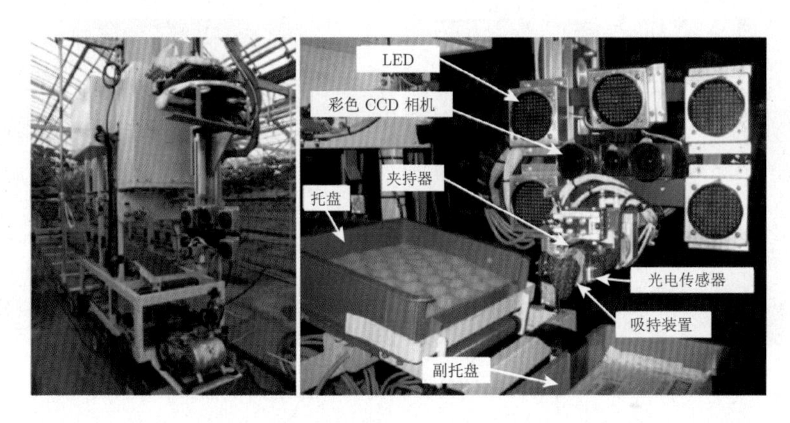

图 1.54 Naoshi Kondo 与农研机构联合开发的第二代高架草莓采摘机器人样机

Shigehiko Hayashi 等在此第二代样机基础上改进推出了第三代和第四代样机(图 1.55, 图 1.56)，均沿用了轨道移动平台和龙门式机械臂，但末端执行器上根据第二代样机试验结果去除了吸盘装置，并由透射式光电传感器确认果实的存在 [109]。第三代样机沿用了二代样机的视觉系统结构。第四代样机则在沿用轨道移动平台和龙门式机械臂的基础上，进行了轻量化设计，并改用长条形 LED 点阵光源和 3 相机构成机器视觉单元，将末端执行器上的透射式光电传感器改为反射式光电传感器。整机重量从第三代样机的 345kg 缩减为 245kg[109]。试验结果第三代样机的采摘成功率和平均耗时分别为 60.0%~65.6%和 8.8s，第四代样机通过去除等待时间而使采摘平均耗时下降为 6.3s，但采摘成功率仅有 52.6%，其中存在多次作业完成采摘的情况 [109]。失败绝大多数来自于被部分遮挡的果实的无法成功检测，少量来自于果梗检测误差造成的切断失败，并存在未成熟果实被误采的情况 [109,110]。采摘成功率的下降主要是由于新光源的光照不均匀性，需进一步对光源排列和机器视觉算法进行优化 [109]。

图 1.55　农研机构的第三代高架草莓采摘机器人样机

图 1.56　农研机构的第四代高架草莓采摘机器人样机

Satoshi Yamamoto 和 Shigehiko Hayashi 还针对沿轨道的移动栽培床系统，开发了机器人基座固定的草莓采摘机器人 [111−113](图 1.57)，采用了由下向上检测和采摘的方式。该机器人配置了 7 自由度工业机械臂，开发了吸–吹–夹–拉式末端执行器，首先从下部接近并由吸盘吸住果实，由喷嘴吹开相邻果、叶，进而两指包住果实，最后倾斜一定角度将果实拉下。试验发现采摘成功率达 67.1%，相邻果实会造成影响，存在果实损伤、相邻果实被采下和未成熟果实被采下的情况，每果的采摘平均耗时为 31.5s。

前川制作所 Tomoki Yamashita 等针对悬挂架式栽培开发的 “M-3” 型草莓采摘机器人 [114,115](图 1.58)，采用轨道式移动平台和 3 转动关节机械臂，并配置了掌心相机和双目立体视觉系统，开发了夹剪一体双刀对称型末端执行器，可以实现对两侧高架草莓的收获。试验表明，红颊草莓的识别和采摘成功率分别为 68.7%和 50.6%，而 Amaotome 品种草莓识别和采摘成功率则分别可达到 75.0%和 63.0%，平均采摘耗时超过 37s。

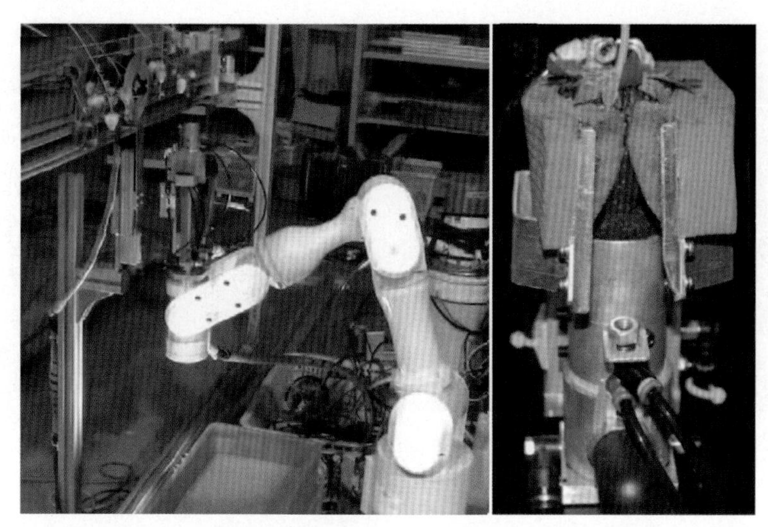

图 1.57 农研机构的移动高架草莓配套台式采摘机器人

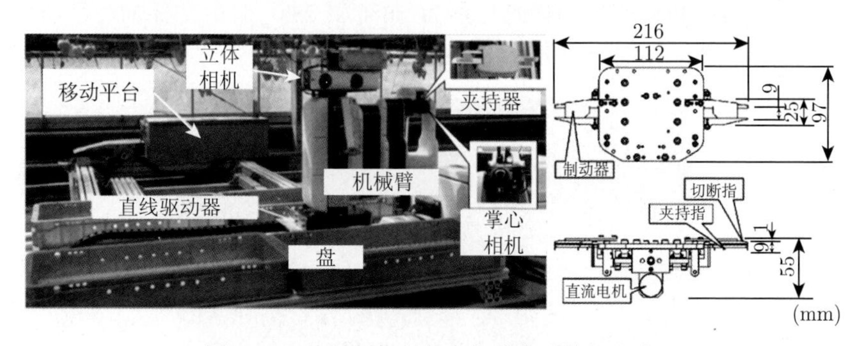

图 1.58 前川制作所的高架草莓采摘机器人

2) 中国的草莓采摘机器人

中国在草莓的机器人采摘领域也起步较早，并在多家机构得到持续开展。

中国农业大学张铁中团队最早开展了草莓采摘机器人的研究，分别对垄作和高架草莓栽培推出了草莓采摘机器人样机。针对垄作草莓开发的机器人采摘系统 [116](图 1.59(a))，由 3 直动直角坐标机械臂配置夹持剪切式末端执行器，并分别在机架和臂上安装 CCD 相机构成视觉系统。针对高架草莓推出的采摘机器人 "采摘童 1 号" 样机 [117](图 1.59(b))，采用微型履带底盘，配置 3 直动的直角坐标机械臂和夹剪一体式末端执行器，末端执行器下方安装摄像头用以检测果实并判断位置偏差，爪上安装光纤传感器用以检测果柄的存在。试验结果采摘成功率达 88%，单果采摘平均耗时为 18.54s。该 "采摘童 1 号" 样机在第七届世界草莓大会和 CCTV 上等进行了展示。

(a) 机器人采摘系统

(b) “采摘童1号”样机

图 1.59　中国农业大学张铁中团队开发的高架草莓采摘机器人

中国农业大学李伟团队，以同样的机器人硬件结构分别用于番茄和草莓采摘，论文显示其成功率和采摘平均耗时分别为 86%和 28s，但论文并未对番茄和草莓的不同作业效果进行详细介绍 [38](图 1.60)。

图 1.60　中国农业大学李伟团队开发的高架草莓采摘机器人

国家农业智能装备工程技术研究中心冯青春等针对高架栽培草莓开发的采摘机器人 [118,119](图 1.61)，采用声呐导航四轮自主移动平台，6 自由度关节式工业机械臂和双目视觉系统，并开发了由吸盘吸持拉动、两指夹持果梗，进而通过电热丝烧断果梗的末端执行器。整机的尺寸为 1500mm×700mm×1600mm。100 个草莓样本的试验表明，所有果实都被成功检测出，但通过 121 次作业仅成功采下 86%的果实，每次采摘平均耗时为 22.3s，而每次成功采摘的耗时为 31.3s。其中采摘失败主要源于吸持失败和采后掉落。该机器人样机也在多类展览会上进行了展示。

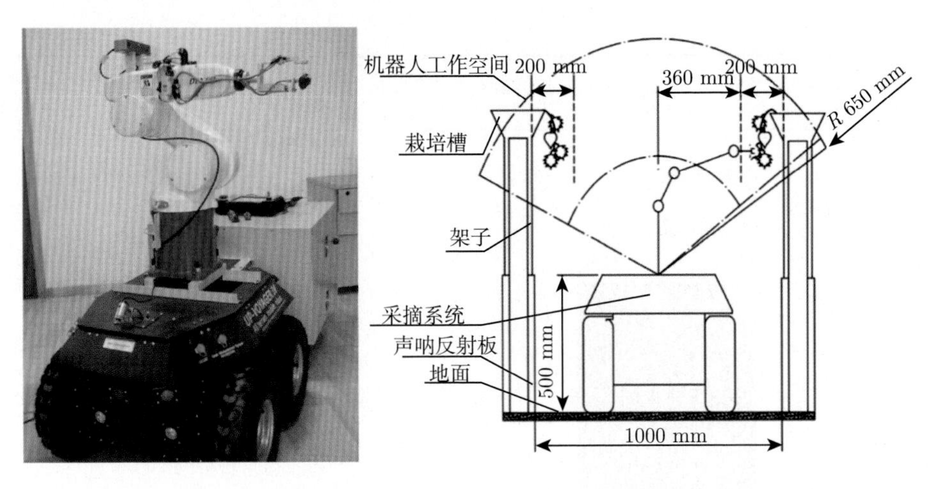

图 1.61　国家农业智能装备工程技术研究中心的高架草莓采摘机器人

表 1.4 列出了各个国家或地区草莓采摘机器人研发情况。

表 1.4　草莓采摘机器人研发年历表

国家或地区	单位	样机	底盘	机械臂自由度	末端自由度	识别定位手段	研究阶段	文献起始时间
日本	爱媛大学		电动四轮	5(极坐标)	1	单 CCD	试验	2001
日本	冈山大学		龙门式	3(直角坐标)	1	单 CCD	试验	2000
日本	石井工业(株)技术开发部		龙门式	3(直角坐标)	3	单 CCD	试验	2001
日本	冈山大学、爱媛大学		悬挂式	4(直角坐标)	1	单 CCD	试验	2001

续表

国家或地区	单位	样机	底盘	机械臂自由度	末端自由度	识别定位手段	研究阶段	文献起始时间
日本	爱媛大学	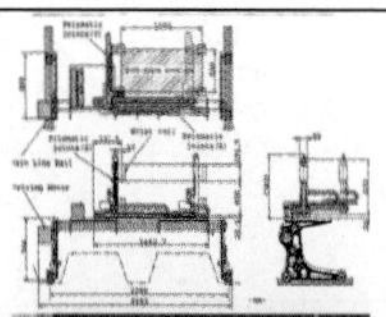	龙门式	3(直角坐标)	2	单CCD	试验	2003
中国	中国农业大学		—	3(直角坐标)	2	固定+臂上双相机	部分样机	2005
日本	农研机构	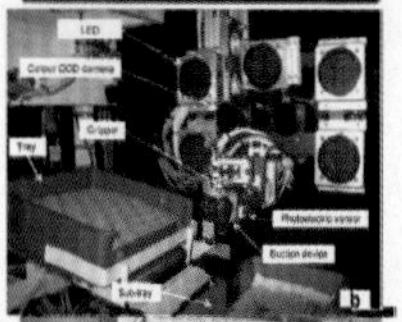	轨道式	3(直角坐标)	2	LED光源+3CCD	试验	2005
日本	宫崎大学	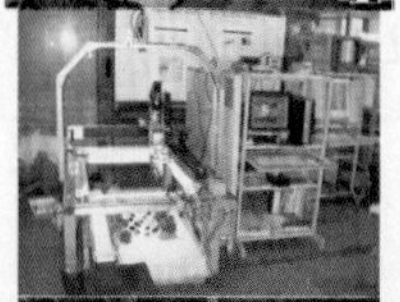	—	3(直角坐标)	1	固定-移动双CCD	试验	2005
日本	农研机构		轨道式	7(关节式)	3	双目视觉	试验	2009
日本	前川制作所		轨道式	垂直3关节	1	掌心CCD+双目视觉	试验	2012
中国	国家农业智能装备工程技术研究中心		四轮电动	6(关节式)	2	双目视觉	试验	2012
中国	中国农业大学		履带	3(直角坐标)	1	单CCD	试验	2012

续表

国家或地区	单位	样机	底盘	机械臂自由度	末端自由度	识别定位手段	研究阶段	文献起始时间
日本	农研机构		轨道式	3(直角坐标)	1	LED 光源+3CCD	试验	2012
中国	中国农业大学		磁导航履带式	4	1	双目视觉系统	试验	2014

2. 黄瓜采摘机器人

黄瓜是全球最受欢迎和产量最大的菜果品类之一，其中亚洲黄瓜和小黄瓜产量为总产量的 84.3%，欧洲产量占全球产量的 9.6%，是全球的最主要产区。目前黄瓜采摘机器人的研究也主要在荷兰、日本和中国得到重视和开展。

1) 日本的黄瓜采摘机器人

日本东京大学早在 20 世纪 80 年代就开发了黄瓜采摘机器人的末端执行器样机 [120](图 1.62)，当电机驱动两指夹持器夹持果实，然后微动接触开关随同切刀沿果实向上移动，直到直径小于 8mm 时触发微动接触开关，使电机驱动切刀完成剪切。实验室内手持黄瓜对该末端执行器进行了检验，证实了其有效性，但对过弯的果实无法作业。

图 1.62 东京大学早期开发的黄瓜采摘末端执行器

日本近藤直等针对黄瓜的 V 形架栽培开发的采摘机器人 [121−124](图 1.63)，由 4 轮电动平台配置 1 沿 V 形架倾斜移动关节和 5 转动关节构成的机械臂，并开发了双波长视觉传感器进行黄瓜的识别定位。其末端执行器在东京大学所开发末端执行器原理基础上，改由电位计进行果梗检测，并进行了机械结构的优化。

图 1.63 近藤直等开发的 V 形架栽培黄瓜采摘机器人

E. J. Van Henten 报道了日本爱媛大学针对 V 形架栽培黄瓜的采摘机器人研发情况，采用沿加热管道行进的移动底盘结构，利用激光扫描测距和超声传感器结合进行黄瓜的识别与定位 [125](图 1.64)。但报道未描述该机器人的更多信息。

图 1.64 日本爱媛大学开发的黄瓜采摘机器人

2) 荷兰的黄瓜采摘机器人

荷兰瓦格宁根大学 E. J. Van Henten 等对黄瓜的机器人收获进行了长期和深入研究。针对黄瓜的吊蔓栽培所开发的采摘机器人 [126,127](图 1.65)，自主移动平台利用温室通道地面的加热管道为轨道，将三菱商用 6 自由度机械臂置于底盘的直线滑轨上，进而利用气动夹持器加装了吸盘和热切割装置，并由底盘滑轨带动的CCD 相机、掌上相机和氙闪光管构成视觉系统。试验表明其采摘成功率达 74.4%，而单果平均采摘耗时也达到了 124s。采摘失败主要由于末端执行器不能对果梗精确定位从而无法完成热切割，同时枝叶遮挡、识别定位失败等也是造成采摘失败的主要原因。在完成单果采摘时，夹切和移送放果、识别定位、多自由度机械臂的运动规划等环节分别耗时超过 25s、20s 和 12s，造成作业效率过低。

图 1.65　瓦格宁根大学的吊蔓栽培黄瓜采摘机器人

3) 中国的黄瓜采摘机器人

中国农业大学汤修映、张铁中等也开发了 V 形架栽培黄瓜的采摘手–臂系统，机械臂由 4 转动 (摆动) 关节和 2 个竖直与水平直动关节构成，采用了果梗夹剪一体式末端执行器结构 [128](图 1.66)。

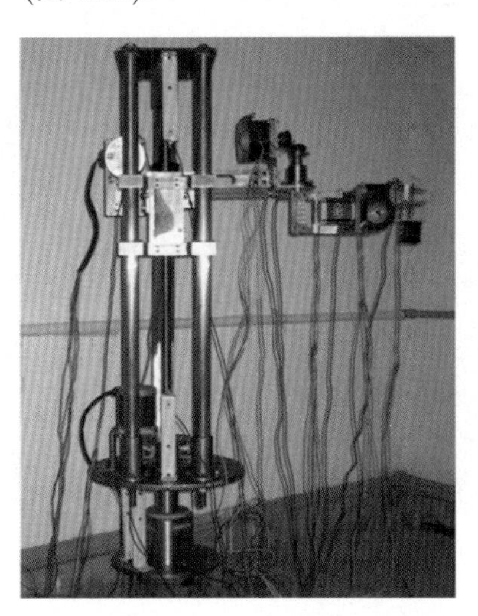

图 1.66　中国农业大学开发的 V 形架栽培黄瓜采摘手–臂系统

中国农业大学和浙江工业大学等开发了黄瓜采摘机器人[38,129−131](图 1.67)，由视觉导航的履带式底盘，配置 4 自由度关节机械臂，由双目摄像机、卤素灯、近红外滤光片等构成视觉系统，基于近红外图像实现果实的识别，并在末端执行器上配置微型相机进行近景定位。当末端执行器靠近黄瓜时触动微动开关，使两个气动柔性弯曲关节手指夹持黄瓜，压力反馈后驱动刀片旋转 180° 切割果梗，完成采摘。对枝叶遮挡进行人为干预后的试验结果采摘成功率达 85%，单果采摘平均耗时达 45s。

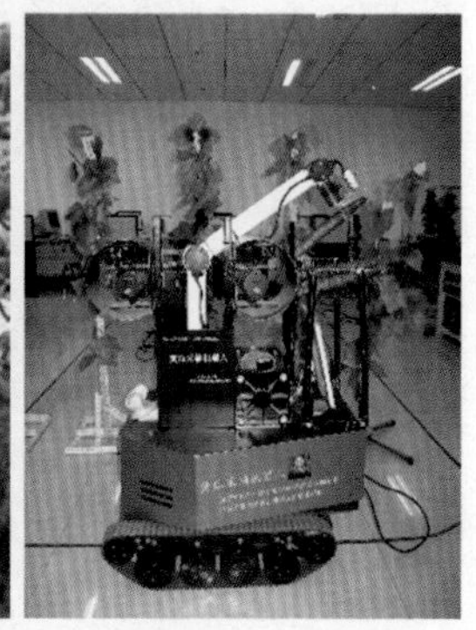

图 1.67　中国农业大学等开发的黄瓜采摘机器人

上海交通大学刘成良、金理钻等开发了基于双目视觉的黄瓜机器人采摘系统，基于颜色和纹理特征进行黄瓜果实的识别定位，开发了 1 转动和 2 直动的 3 自由度圆柱坐标机械臂，配置夹持果实并剪切果梗的 2 自由度末端执行器。该工作仍处于前期阶段 [132](图 1.68)。

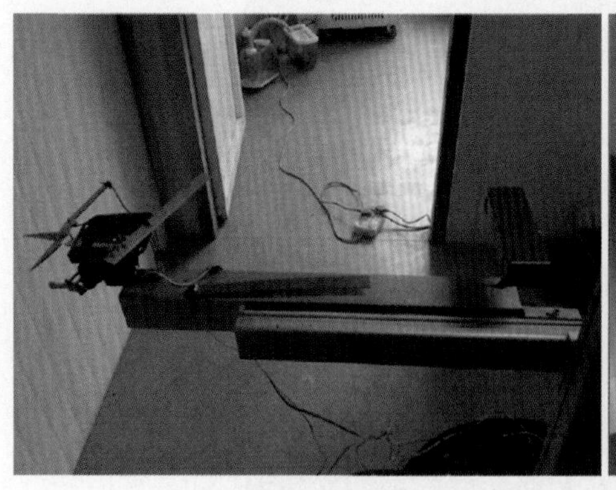
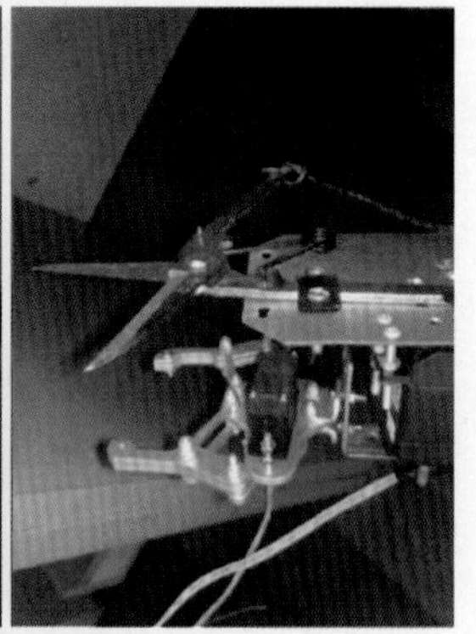

图 1.68　上海交通大学的黄瓜采摘机器人系统

表 1.5 列出了各个国家或地区黄瓜采摘机器人的研发情况。

表 1.5 黄瓜采摘机器人研发年历表

国家或地区	单位	样机	底盘	机械臂自由度	末端自由度	识别定位手段	研究阶段	文献起始时间
日本	东京大学		—	—	3	—	部分开发	1989
日本	ISEKI公司、冈山大学		4 轮电动	6	3	双波长视觉传感器	试验	1994
荷兰	瓦格宁根大学		轨道式电动	6	3	双相机+补光	试验	2002
中国	中国农业大学	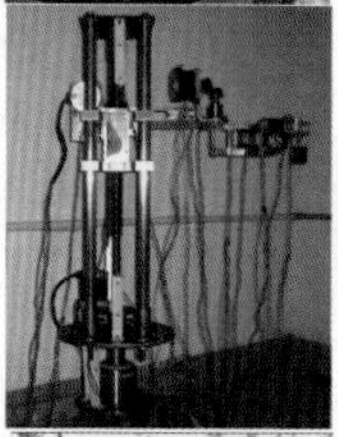	—	4	1	—	部分研发	2009
中国	中国农业大学、浙江工业大学		履带	4	2(柔性)	双目近红外+掌上相机	试验	2010
中国	上海交通大学		—	3	2	双目视觉	部分研发	2013
日本	爱媛大学		轨道式	—	—	激光扫描测距+超声	试验	2013

3. 茄子采摘机器人

茄子原产于亚洲热带，目前茄子的种植和消费集中在亚洲，产量超过全球的 90%，茄子的机器人收获技术研究也主要在亚洲的日本、中国等国家得到开展。

爱知县野菜茶叶研究所 S. Hayashi 等开发了针对 V 形架式栽培茄子的采摘机器人 [133,134](图 1.69)，该机器人应用履带式底盘，配置工业 5 自由度机械臂，其末端执行器包括四指夹持器、尺寸判断机构和果梗切断机构，并安装了掌心相机利用颜色特征来完成对果实的识别，通过相机随末端移动的果实像素面积比例变化实现对机械臂和末端的引导。末端执行器上安装了真空吸持系统，和四指配合实现对茄子的柔性抓持。在实验室内人为去除枝叶遮挡后进行了非移动的采摘试验，采摘成功率为 62.5%，失败主要是果实识别错误所导致，且切割的留梗过长。平均采摘耗时达 64.1s，其中果实识别和尺寸判断占用时间达 46.1s。

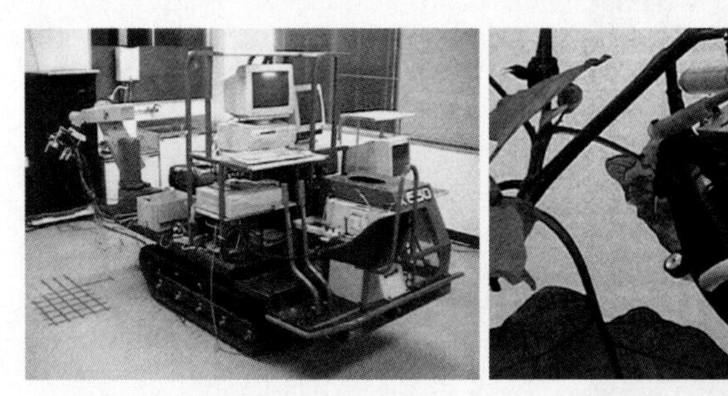

图 1.69　爱知县野菜茶叶研究所的 V 形架式栽培茄子采摘机器人

S. Hayashi 等随即在此基础上进行了改进，主要将末端执行器改为果梗夹剪一体式结构，并在保留掌心相机的同时增加超声距离传感器，同时将机械臂自由度增加到 7 个。温室现场试验表明，其采摘成功率仅为 29.1%，其中部分未达尺寸果实也被采摘，枝叶的遮挡对果实的识别定位造成很大干扰。单果采摘平均耗时为 43.2s[135,136](图 1.70)。

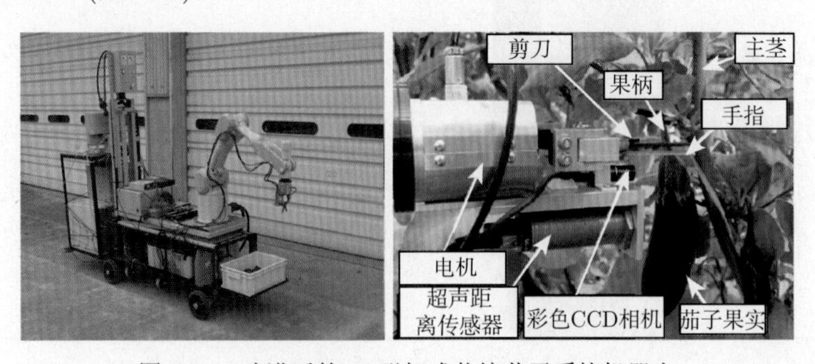

图 1.70　改进后的 V 形架式栽培茄子采摘机器人

此外，潍坊学院的宋健和中国农业大学的张铁中、刘长林等也介绍其开放式茄子采摘机器人系统的设计[137−139](图1.71)，采用4自由度关节式机械臂，开发了单电机驱动的夹持果实、剪切果梗末端执行器，并配置掌心CCD摄像机，采摘试验的成功率和单果平均耗时分别为89%和37.4s，但未见具体的试验条件与方法介绍。

图 1.71　中国农业大学的茄子采摘机械手

表 1.6 列出了各个国家关于茄子采摘机器人研发情况。

表 1.6　茄子采摘机器人研发年历表

国家或地区	单位	样机	底盘	机械臂自由度	末端自由度	识别定位手段	研究阶段	文献起始时间
日本	爱知知县野菜茶叶研究所、爱媛大学		履带式	5	2	掌心相机	部分试验	2001
日本	爱知县野菜茶叶研究所、爱媛大学		履带式	7	1	掌心相机＋距离传感器	部分试验	2003
中国	潍坊学院、中国农业大学		—	4	1	掌心相机	—	2008

4. 甜椒采摘机器人

目前全球干、鲜辣椒总产量已超过 6000 万 t，成为世界上仅次于豆类、番茄的第三大蔬菜作物。其中甜椒作为重要的鲜食蔬菜，在欧美、亚洲、大洋洲等均受到广泛的欢迎。甜椒的机器人研究在日本及欧盟得到了更多的推动。

日本高知技术大学针对甜椒的机器人收获开展了持续的研究。Shinsuke Kitamura 等首先开发的甜椒采摘机器人总体尺寸为 1000mm×550mm×1400mm，采用 4 轮电动底盘，3 直动自由度直角坐标机械臂带动双目视觉系统和末端执行器同步移动，进而由电机带动剪刀式末端执行器水平转动定位，果实直接被剪切落下。视觉系统由 LED 进行补光。试验表明当没有枝叶遮挡时效果良好，但枝叶遮挡会干扰识别和剪刀的作业 [140−144](图 1.72)。

图 1.72 日本高知技术大学的直角坐标甜椒采摘机器人

高知技术大学的 Shivaji Bachche 随后针对 V 形架式栽培甜椒开发了关节臂式采摘机器人 [145−147](图 1.73)，在配备线跟踪系统的履带式底盘安装 2 自由度机

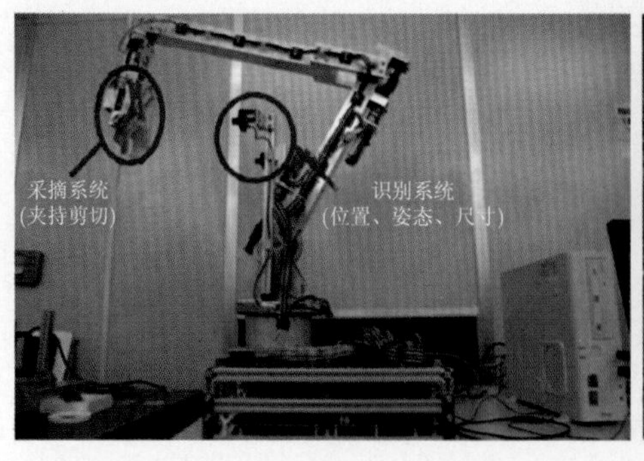

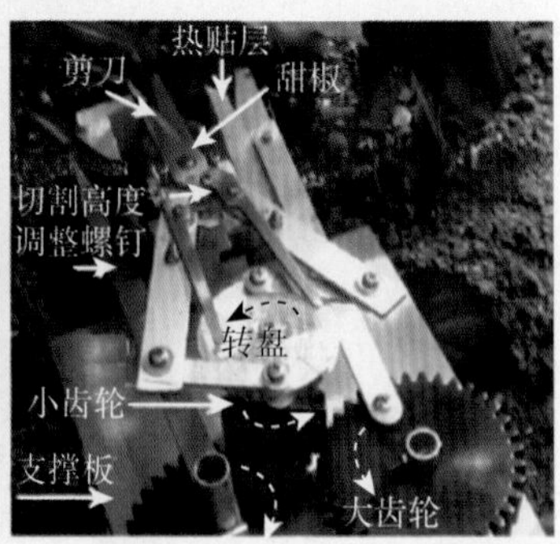

图 1.73 高知技术大学的 V 形架栽培甜椒采摘机器人

械臂，仍采用 LED 补光的双目视觉系统进行识别和定位。该机器人起先配置了单自由度夹持剪切式末端执行器，而后又开发了新型的热切割式末端执行器 (图 1.74)，两电极通过镍铬线连接，由电机驱动末端执行器夹持并烧断果梗。该系统尚待进行整机的试验。

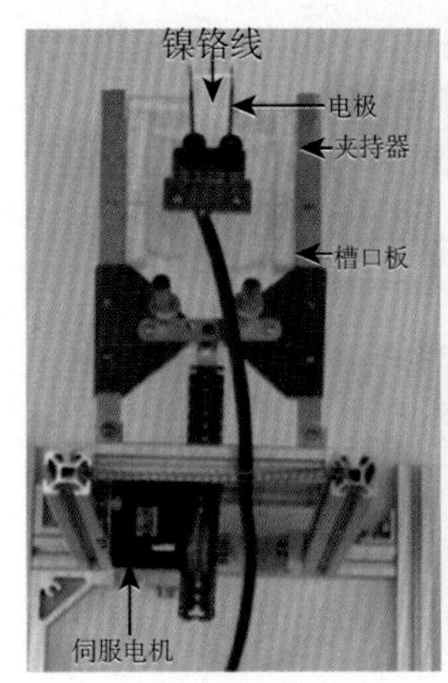

图 1.74 热切割式末端执行器

欧盟 2010~2014 年间启动了大型 CROPS 项目，由各成员国的 14 个单位联合开展作物先进机器人的开发，瓦格宁根大学与研究中心的温室园艺研究所领导了甜椒采摘机器人的开发。轨道式移动平台利用温室加热管道行进，由竖直移动滑轨和 8 转动关节构成 9 自由度机械臂，并配置了 Festo 公司的两类末端执行器：一类是气动夹持果实和剪刀剪切果梗的组合结构；一类是由吸盘吸持甜椒果实，并由两刀唇合拢切断果梗。这两类末端执行器均同时配置 ToF 相机和彩色 CCD 相机，由色彩信息和深度信息匹配来实现果实的识别与定位。样机在实验室简化条件下试验的检测和采摘成功率分别达到 97%和 79%，而在商业化温室内进行的实地试验中，夹持式末端执行器的夹持和剪切成功率分别为 80%和 15%，总采摘成功率仅为 2%；而吸持式末端执行器则分别仅有 52%和不足 10%，总采摘成功率仅为 6%，但吸持式末端执行器造成较小的枝叶损伤。同时，单果采摘平均耗时达到 106s，大大超出商业化应用的可行时间，特别是运动规划和执行的时间耗时过长 [148,149](图 1.75)。

澳大利亚昆士兰科技大学 Christopher Lehnert 等开发的甜椒采摘机器人，由轮式底盘配置商业化 6 自由度关节机械臂 [150](图 1.76)，并开发了吸持–剪切式末端执行器，在末端执行器上安装了 RealSense 小型 RGB-D 传感器进行果实的识别和定位。实验室内试验证实了其有效性，但尚待进行实际作业的性能检验。

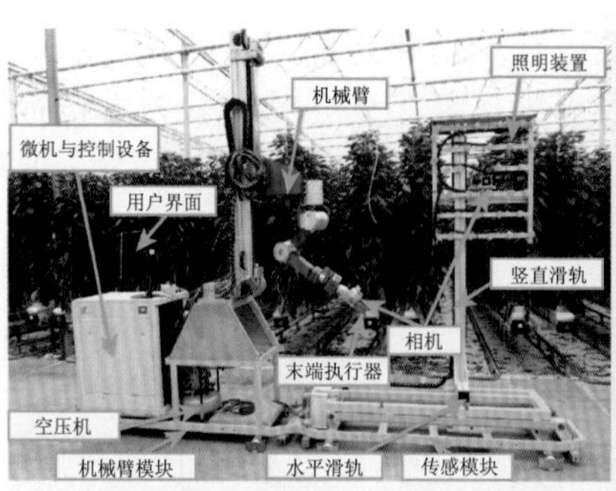

图 1.75　欧盟 CROPS 工程的甜椒采摘机器人

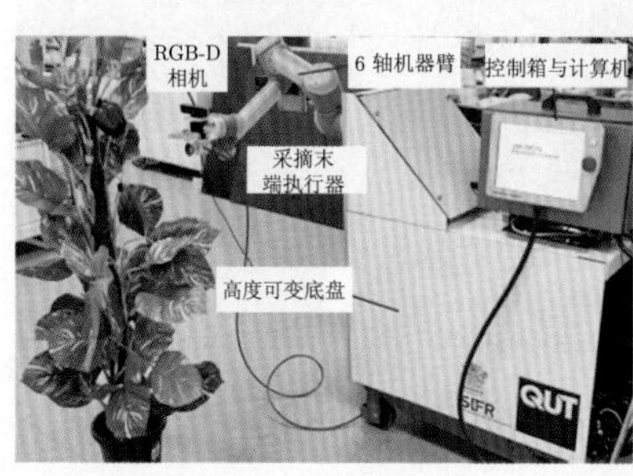

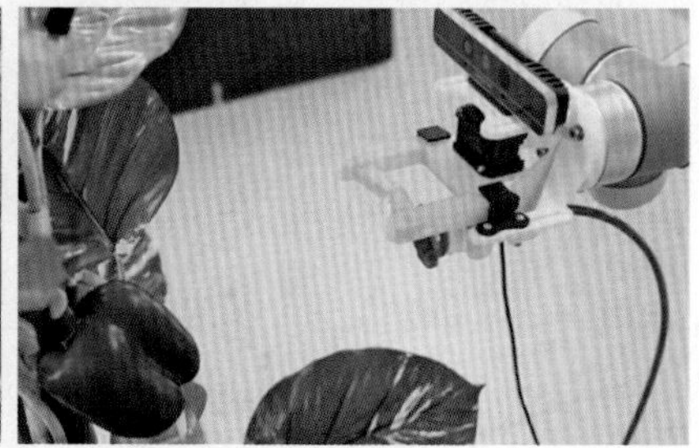

图 1.76　澳大利亚昆士兰科技大学的甜椒采摘机器人

以色列本古里安大学 E. Vitzrabin 等介绍其甜椒采摘机器人的研究[151] (图 1.77)，该机器人基于 Kinect 体感摄像头的色彩与深度信息融合实现果实的识别与定位，并由 6 自由度 Cyton gamma 多关节机器人完成果实的采摘，但未介绍更多该机器人及作业试验的细节。

图 1.77　以色列本古里安大学的甜椒采摘机器人

表 1.7 列出了各个国家或地区关于甜椒采摘机器人研发情况。

表 1.7 甜椒采摘机器人研发年历表

国家(地区)	单位	样机	底盘	机械臂自由度	末端自由度	识别定位手段	研究阶段	文献起始时间
日本	高知技术大学		轮式	3(直角坐标)	1	LED补光+双目视觉	局部试验	2005
日本	高知技术大学		履带式	2	1+热切割	LED补光+双目视觉	局部试验	2013
欧盟	瓦格宁根大学等		轨道式	9	2	ToF+CCD	试验	2014
澳大利亚	昆士兰科技大学		轮式	6	2	RealSense	局部试验	2016
以色列	本古里安大学		—	6	—	Kinect	局部试验	2016

1.2.4 其他果实采摘机器人

各国研究人员也陆续进行其他各类林果、蔬果的采摘机器人开发，为推动该技术的进步奠定了重要的基础。

1. 林果采摘机器人

在日本，Kondo 等早在 20 世纪 90 年代就开展了葡萄采摘机器人的研发 [152−154](图 1.78)。该装备采用履带式底盘，并设计了 5 自由度极坐标机械臂，腕部配置了复杂的 3 自由度穗轴夹剪式末端执行器，由竖直推板防止葡萄果穗的晃动，进而完成穗轴的剪断和夹持。为实现绿色果实与枝叶背景的区分，其视觉系统由若干图像传感器和滤镜构成，从而通过反射的近红外图像来实现果实的区分。实验表明推板和夹剪装置能够顺利完成采摘，但果穗的识别耗时过长，同时受到田间光照条件的影响。

日本在 20 世纪 90 年代开展了西瓜采摘机器人的研究。京都大学 Michihisa lida 等先开发了液压驱动的西瓜采摘机器人 (图 1.79)，在轮式底盘上安装大型 5

关节机械臂和四指包络式末端执行器，作业成功率达到 65%[155−157]。随后该团队又开发了 “STORK” 机器人，在发动机轮式底盘上，安装 4 杆式机械臂，并配置了吸盘式末端执行器，由两台相机构成立体视觉系统进行识别定位。试验表明采摘成功率为 66.7%[158]。

图 1.78　日本冈山大学开发的葡萄采摘机器人

图 1.79　日本京都大学的西瓜采摘机器人

韩国成均馆大学 Heon Hwang 等也开发了多功能遥控式机器人系统 [159] (图 1.80)，采用龙门式结构，配置可更换剪枝刀具、吸盘翻转器、灌溉和施药喷头等工具，并在龙门架上安装 4 自由度直角坐标机械臂和 CCD 相机，由吸盘和剪刀组合成采摘末端执行器，试验显示西瓜的平均采摘效率达 15s。

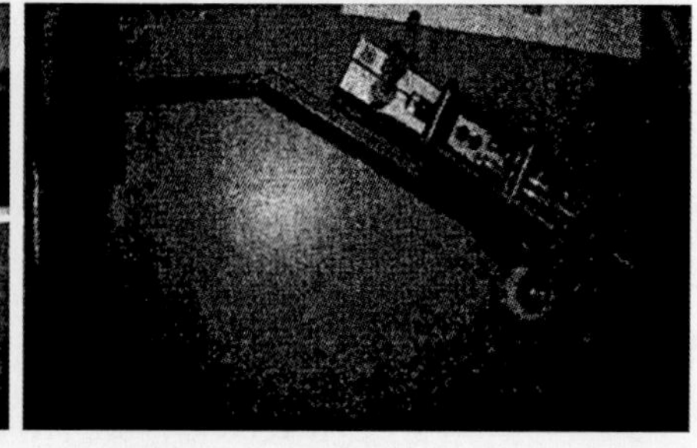

图 1.80　韩国成均馆大学的西瓜采摘机器人

华南农业大学夏红梅、国家农业智能装备工程技术研究中心王海峰、仲恺农业工程学院张日红等分别进行了菠萝自动采摘机、自动采摘末端执行器的设计或开发，但尚未形成完整样机和开展实验 [160−162]。

椰子是东南亚地区的重要热带木本油料作物，但植株高大，高度可达 15~30m，传统只能依靠人工攀爬采摘，难度和危险系数极大。因而椰子采摘机器人的研究得到了重视和开展。马来西亚布特拉大学从 20 世纪 90 年代开始椰子采摘机器人的研发。Wan Ishak Wan Ismail 等先后开发了人工驾驶的半自动椰子采摘机 [163,164] (图 1.81(a))，并通过在无人 Kubota L3010 静液压传动拖拉机上进行无人驾驶改造，安装大型液压机械臂和液压驱动双指夹持式、夹持切断式、液压马达驱动 V 形切断式等不同结构的末端执行器和双目视觉系统构成椰子采摘机器人 (图 1.81(b))，并陆续进行了单 CCD 识别和基于网络摄像头的空间定位等研究。

(a) 半自动椰子采摘机　　(b) 椰子采摘机器人

图 1.81　马来西亚布特拉大学开发的椰子采摘机器人

海枣盛产于西亚和北非，树高可达 35m，沙特阿拉伯国王大学 A. A. Aljanobi 等用 Caterpillar Telehandlers 叉车搭载升程达 7.2m 的 Caterpillar Telehandlers TH62 升降机，并在升降台上安装 Neuronics 公司的直流 6 自由度机械臂，构成海枣采摘机器人 MRUDH，但果实的检测和控制方法未知 [165](图 1.82)。

图 1.82　沙特阿拉伯国王大学的海枣采摘机器人

伊朗德黑兰大学 Elyas Razzaghi 等针对海枣进行升降式采摘机器人的研发 [166] (图 1.83)，由 U 形框架作为固定轨道，上方配置轨道式移动升降机，并在升降台上安装 3 直动机械臂，从而实现对高空海枣的采摘。但具体的检测与控制方式未知。

图 1.83　伊朗德黑兰大学的海枣采摘机器人

马来西亚布特拉大学 Hamed Shokripour 等 [167](图 1.84(a))、印尼苏腊巴亚电子工程技术学院的 Teguh Satrio Wibowo 等 [168](图 1.84(b))、印度安娜大学的 A. Mani [169]、PSG 技术学院的 S. K. Senthilkumar 等 [170] 和印度韦洛尔大学的 Akshay Prasad Dubey[171] 等分别开发了椰子爬树采摘机器人 (图 1.85(a),(b), 图 1.86)，Hamed Shokripour 在爬树机器人上安装了齿轮齿条往复式锯刀，S. K. Senthil kumar 在爬树机器人上直接安装电机驱动的圆盘锯刀，A. Mani 在爬树机器

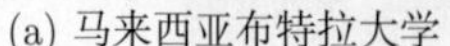

(a) 马来西亚布特拉大学　　(b) 印尼苏腊巴亚电子工程技术学院

图 1.84　椰子爬树采摘机器人 1

人上安装 3 自由度机械臂和圆盘锯刀；Teguh Satrio Wibowo 则在爬树机器人上安装电机驱动的竖直滑杆，并在滑杆顶端安装圆盘锯刀和无线摄像头；Akshay Prasad Dubey 等在爬树机器人上通过锥齿轮带动竖杆转动，并在竖杆顶端安装电机驱动的圆盘锯刀 [171]；印度甘露大学 Rajesh Kannan Megalingam 等也提出在爬树机器人上安装 2 关节机械臂和圆盘锯刀，通过遥控实现对椰子的采摘 [172]。

(a) 印度安娜大学

(b) PSG 技术学院

图 1.85 椰子爬树采摘机器人 2

图 1.86 印度韦洛尔大学的椰子爬树采摘机器人

印度东方工程技术学院则提出了新的昆虫式爬行采摘机器人的思路 [173,174] (图 1.87)，该机器人在机器人前端安装双摄像头作为眼睛，身上有 6 足，其中 4 足用于搂住树干向上爬行，其前端两足则用于采摘。每只前足有 3 个自由度，其中一足上安装圆盘锯刀用于切断椰子果实的梗，另一足上的 3 指末端执行器则用于采摘时将椰子推离，从而有助于避开障碍物和避免椰子掉落砸到机器人。

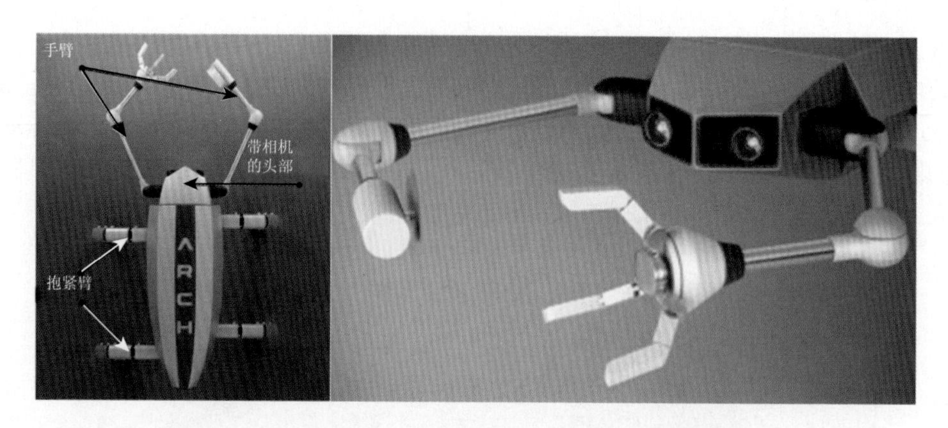

图 1.87　印度东方工程技术学院的椰子爬树采摘机器人

2. 蔬菜收获机器人

华盛顿州立大学 C. D. Clary 等开发了芦笋选择性收获机 [175](图 1.88)，利用上部脉冲激光检测芦笋是否达到收获高度，用下部脉冲激光确定芦笋的位置，进而实施单笋的选择性收获。

图 1.88　华盛顿州立大学的芦笋选择性收获机

日本长崎工业技术中心 N. Irie 等开发了轨道式芦笋采摘机器人 [176](图 1.89)，加装了由两个片激光发射器和一个相机构成的 3D 视觉传感器用于芦笋的定位，并安装了 4 自由度伸缩回转式机械臂和 2 自由度夹持剪切末端执行器。试验表明不考虑芦笋识别定位的耗时，单只芦笋的平均采摘周期为 11.9s。

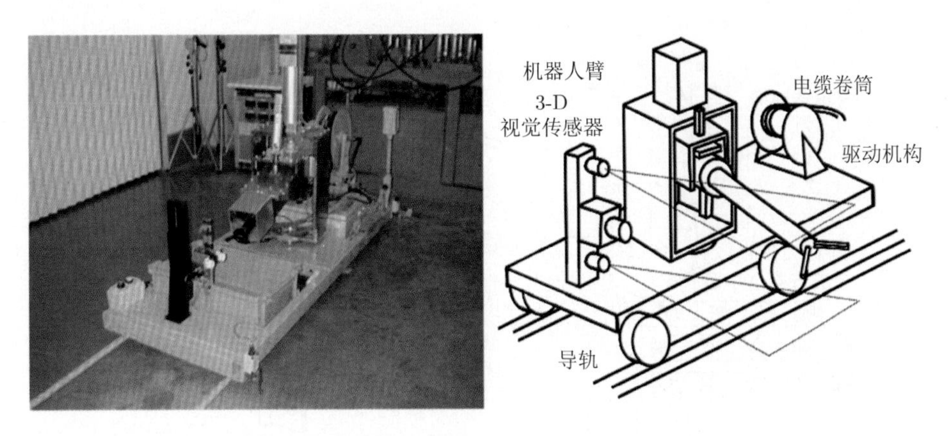

图 1.89 日本长崎工业技术中心的芦笋采摘机器人

日本国家农业研究中心的 Noriyuki Murakami 等先后开发了两代甘蓝采摘机器人 [177−179](图 1.90)，其第二代样机采用 BRAIN 公司的液压马达履带式底盘，并加装编码器进行行进距离测定，加装两只液压泵分别驱动机械臂和末端执行器。机械臂具有 3 个自由度，由液压马达和滚珠丝杠实现臂的伸缩。设计的四指式末端执行器中，两指用于夹持甘蓝，另两指用于实现梗的切割。通过顶部的 CCD 进行检测，并通过指端的限位开关触碰叶子或地面来启动末端执行器的动作。实验表明其采摘成功率为 39.2%，平均耗时为 55s。

图 1.90 日本国家农业研究中心的两代甘蓝采摘机器人

韩国首尔国家大学 S. I. Cho 等提出，在植物工厂内，流水线输送的盆栽莴苣，利用视觉系统获取莴苣图像并判断其叶面积和形状，利用 6 个光电开关组成的竖直条来检测莴苣的高度，进而通过夹持剪切式末端执行器采摘莴苣，并由 3 自由度机械臂将被采莴苣移送到采后输送带上，但未见样机的更多细节 [180](图 1.91)。

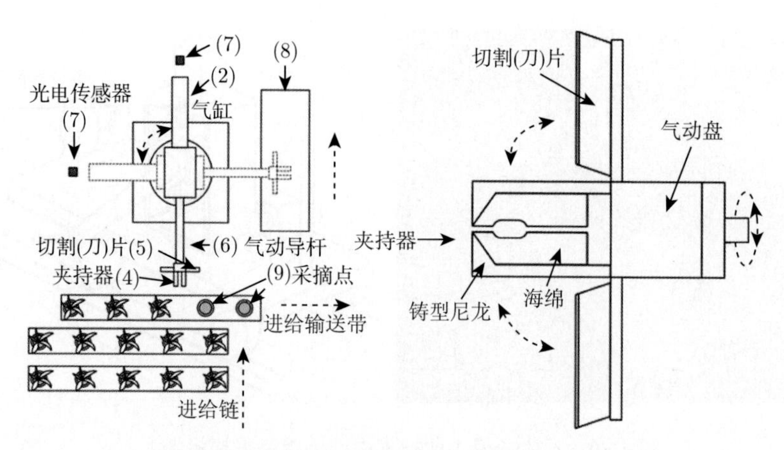

图 1.91　韩国首尔国家大学的莴苣采摘机器人

日本岛根大学 Suk Hyun Chung 等开发了地面栽培莴苣的采收机器人[181] (图 1.92)，该机器人包括轮式底盘、立体视觉系统、采收末端执行器、搬送系统和收获箱。其末端执行器由上方的两 U 形指实施夹持，由下方 V 形指对地面的力反馈实现位置判断，进而由下方刀刃部切断根部。

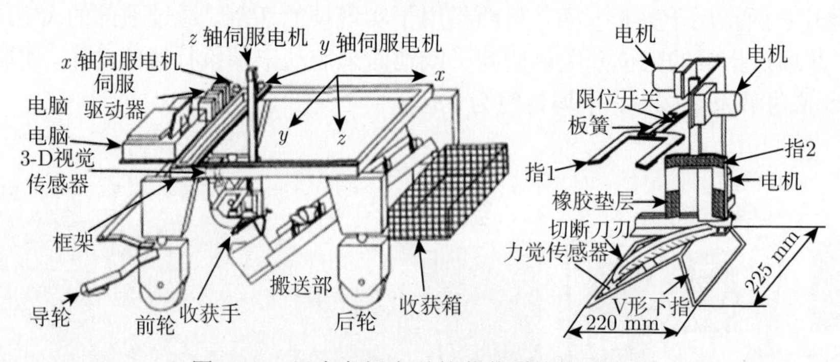

图 1.92　日本岛根大学的莴苣采摘机器人

1.2.5　通用型及其他采摘机器人

除了各类果蔬的机器人采收以外，在茶叶、花卉等特色作物的机器人采收作业方面也陆续开展了研究，但总体上与果蔬采摘机器人研究相比，其他特色作物的采摘机器人研究成果有限，开展的延续性和深度仍有不足，所开发样机距离完整系统和作业应用仍有相当距离。

1. 茶叶采摘机器人

茶叶是一种用开水直接泡饮的饮品，与咖啡、可可并称为世界三大饮料，在全球范围内被广泛消费。但目前机械化采收仅适用于低档茶，而高档茶的芽、叶采收完全依赖人工作业。由于传统消费习惯上，欧美以袋泡碎茶为主，而中国则具有冲饮原叶茶的传统，因此面向高档茶采收的机器人研究主要在中国有所开展。

合肥工业大学陈君等提出，通过并联机器人加装两指夹持器，并分别通过 CCD 相机获取的颜色特征来识别叶芽、利用边缘投影进行叶芽的 3D 重构与测量 [182] (图 1.93)。南京林业大学高凤等则针对该型并联采摘机器人结构进行了仿真和分析 [183,184]。

图 1.93　合肥工业大学的茶叶采摘机器人

中国农业大学李恒、陆鑫、徐丽明等开发了鲜茶采收机器人的整机系统 [185] (图 1.94)，以履带式拖拉机为底盘，在顶部安装相机，加装了 4 自由度直角坐标机械臂，舵机驱动的齿轮传动双指夹持器，由指端的刀片实现茶叶的切断。该团队还进行了双臂式茶叶采摘机器人的改进设计，左右对称双臂以 3 自由度直角坐标的悬臂方式布置，并安装舵机驱动的末端执行器 [186]。

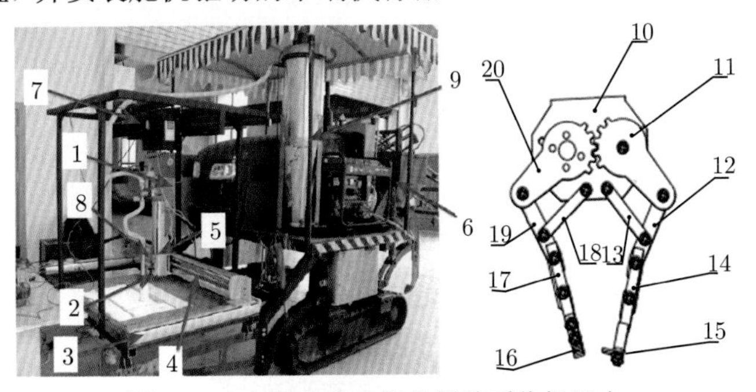

图 1.94　中国农业大学的鲜茶采收机器人

1. 控制板；2. 夹持器；3. X 向滑轨；4. Y 向滑轨；5. Z 向滑轨；6. 履带底盘；7. 相机；8. 吸管；9. 收集箱；10. 夹持器支架；11. 右齿轮；12. 右指；13. 右连杆；14. 刀座；15. 刀片；16. 刀垫；17. 刀垫座；18. 左连杆；19. 左指；20. 左齿轮

农业部南京农业机械化研究所秦广明等开发了 4CZ-12 自走式智能采茶机器人 [187](图 1.95)，采用履带式底盘，通过液压油缸将 3 自由度直角坐标机械臂抬升到茶蓬顶部高度，配置单目相机和光栅投影机配合实现对茶树嫩梢的轮廓曲面获取，采摘手爪采用了与中国农业大学鲜茶采收机器人的相同结构，切断后由剪切口上部安装的负压茶叶收集管完成嫩茶的实时收集。

图 1.95　农业部南京农业机械化研究所的智能采茶机器人

2. 花卉采摘机器人

高效益的花卉产业在国际范围内迅速崛起，其种植和产值规模增长迅猛，花卉采收机器人的研究尽管起步较晚，但已开始受到更多的重视。

荷兰瓦格宁根大学E. J. Van Henten等报道了荷兰农业技术与创新部的玫瑰采摘机器人研发情况，花卉由传送线输送，分别由双目视觉和移动线激光实现成熟度判别和定位，由竖直直动机械臂带动末端执行器下行，切断果梗进而将花拔出。该系统对高大复杂玫瑰花的三维检测定位与采收动作达到了较高的水平[188](图1.96)。

图 1.96　荷兰农业技术与创新部的玫瑰采摘机器人

德国汉诺威莱布尼兹大学 Rath Thomas 针对盆栽非洲菊开发了机器人采摘系统 [189](图 1.97)，花卉沿流水线输送，由双目立体视觉系统完成检测，将三菱 RV-E3NLM 的 6 自由度工业机械臂安装于固定滑动单元上以扩大其工作空间，在机械臂腕部安装了夹持器和气动的切刀完成采收。试验结果表明其成功率达 80%，单花的采摘周期达到 10min。

图 1.97　德国汉诺威莱布尼兹大学的非洲菊采摘机器人

伊朗伊斯兰自由大学 Armin Kohan 等针对大马士革玫瑰的采摘所开发的机械手系统具有 4 个自由度，前端采用夹剪一体式弯口剪刀，应用水平移动的双目视觉系统进行检测和定位 [190](图 1.98)。

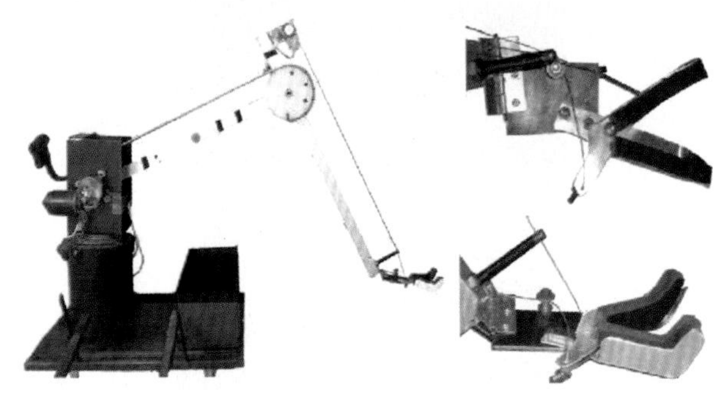

图 1.98　伊朗伊斯兰自由大学的大马士革玫瑰采摘机械手

意大利拉奎拉大学 M. G. Antonelli 等针对藏红花开发了移动式采收机器人系统 [191](图 1.99)，在 Reda Elettronica 研发的 Zaffy 移动机器人上配置了采收模块。该采收模块包括由光检测器和扫描盘构成的视觉系统、弹性驱动器的竖直移动夹持器、用于吹开叶子的气动系统和用于剪切后移走花卉的真空吸持系统。该机设计巧妙，藏红花的自动移动采收成功率达到了 60%。

图 1.99 意大利拉奎拉大学的藏红花移动采收机器人

土耳其安提里姆大学 Cahit Gürel 对玫瑰花的机器人采摘进行了预研，认为机器人应具备玫瑰花检测、剪切、移动花盆和操作控制 4 个功能，并搭建了试验平台 [192](图 1.100)，但尚未进行实际样机的开发和进一步研究。

图 1.100 土耳其安提里姆大学的玫瑰花机器人采摘试验台

3. 多适型与多功能机器人

除了各类专用采摘机器人的研究蓬勃开展以外，还出现了若干多适型与多功能采摘机器人的研究。

1) 多适型机器人

机器人结构、检测与控制方法能够适用于多类果实的采摘作业，将大大提高机器人装备的通用性，即使目前开发的苹果、番茄等多种专用采摘机器人，其装备结构和检测控制方案的整体或关键部分将能有效拓展而应用于相近作物品类上。机器人的多适或通用性，对于农户和装备制造商都具有重要的意义。

西班牙马德里自动工业学会的 R. Ceres 等开发的适用于苹果、柑橘、番茄等球形果实采摘的 Agribot [193,194](图 1.101)，利用云台和激光扫描测距仪实现果实的识别与空间定位，采摘时末端执行器前进，使果梗沿 V 形槽进入预定中心位置，吸盘吸持住果实，锯刀将果梗切断，果实落入软管进行收集。该末端执行器应用真空吸盘以防止在果梗切断过程中果实的运动，同时避免夹持对果实造成的损伤。作业时由压力传感器监测真空负压的变化，以确定果实是否被吸盘成功吸持 [194]。

图 1.101 球形果实采摘末端执行器

土耳其纳米克 · 凯末尔大学 Erhan Kahya 等针对猕猴桃、苹果等开发的通用采摘机械手系统 [195](图 1.102)，采用 4 自由度机械臂搭配带真空吸盘的气动剪刀，用单相机和超声传感器配合实现果实识别与定位，并完成了初步试验验证。

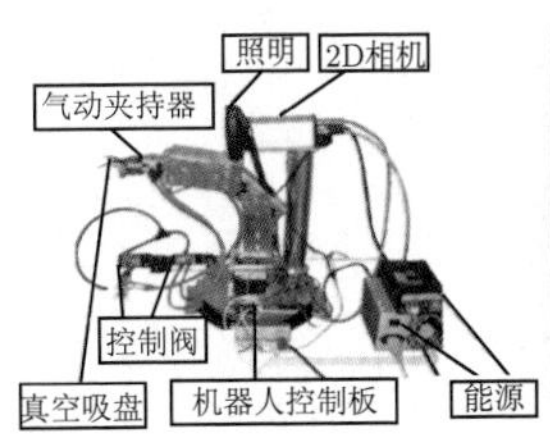

图 1.102 土耳其纳米克 · 凯末尔大学的多适型采摘机器人

华南农业大学熊俊涛等开发了多类型水果采摘机器人 [196](图 1.103)，以实现对单果类和串型类水果的采摘。该机器人是由 GPS 导航小车、4 自由度机械臂、夹持剪切式末端执行器和双目立体视觉系统构成，并进行成串荔枝与单个柑橘果实的采摘试验，成功率分别达到 80%和 85%。

图 1.103　华南农业大学熊俊涛等开发的多类型水果采摘机器人

此外，日本京都大学农学部 Noboru Kawamura、Noriaki Yukawa 等提出的果实采摘机器人实现结构 [12,197](图 1.104)、岛根大学 Tateshi Fujiura 等提出的果树采摘机器人结构 [198−200](图 1.105)、冈山大学 Naoshi Kondo 等提出的 8 自由度机械臂结构 [201](图 1.106)、中国农业大学何蓓等基于视觉的采摘机器人果园自动导航技术 (图 1.107)、西班牙莱里达大学 Davinia Font 等低成本立体视觉系统和机械臂构成的自动采摘系统等 (图 1.108)，并未明确针对特定果蔬对象，而对采摘机器人的通用技术获得了一定的研究成果。

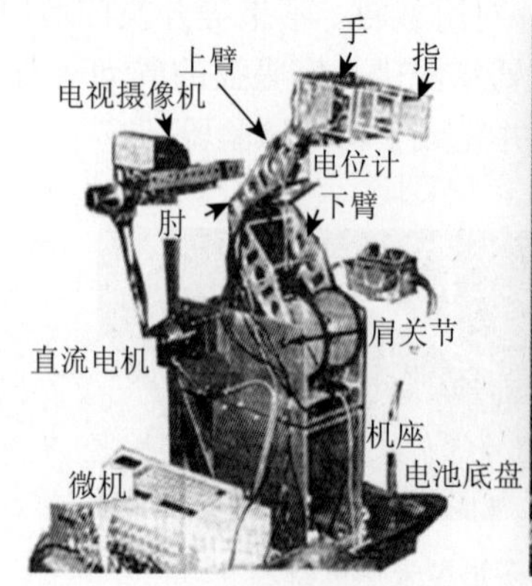

图 1.104　日本京都大学农学部的两类果实采摘机器人结构

图 1.105　日本岛根大学的果树采摘机器人

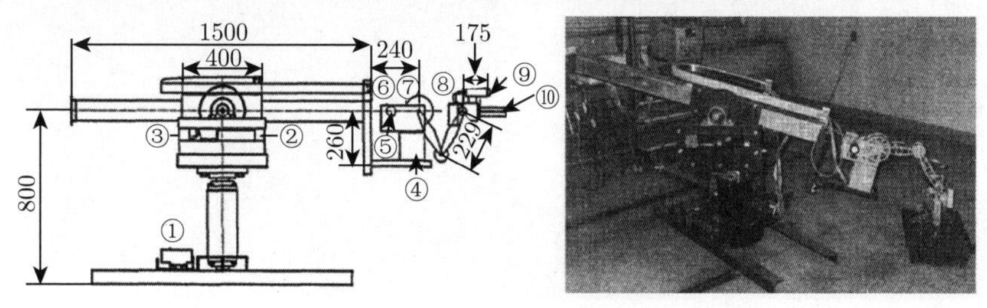

图 1.106　日本冈山大学的 8 自由度机械臂 (单位：mm)

①腰部电机 (直动)；②肩部电机 (直动)；③臂电机 (直动)；④腰部电机 (转动)；⑤肩部电机 (转动)；⑥肘部电机 (转动)；⑦腕部回旋电机 (转动)；⑧腕部旋转电机 (转动)；⑨视觉传感器；⑩手

图 1.107　中国农业大学的果园采摘机器人及自动导航

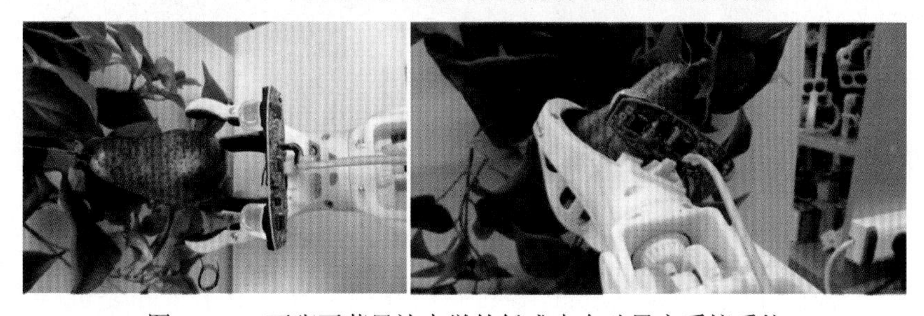

图 1.108　西班牙莱里达大学的低成本自动果实采摘系统

2) 多功能机器人

在同一机器人本体上，将包括采摘在内的若干功能集成于一体，或通过更换作业部件而适应多种作业功能的需要。此种机器人能更好地适应农业作业的环节多而季节性强的实际情况，有效提高装备利用率和市场竞争力，但无疑其技术难度也显著加大。

日本冈山大学 M. Monta 等针对葡萄作业，分别在统一的履带式底盘、5 自由度机械臂、视觉系统上，开发了采摘、蔬果、喷药和套袋 4 种末端执行器，通过更换末端执行器满足了葡萄种植管理的多环节作业需要 [153](图 1.109)。

图 1.109　日本冈山大学的葡萄多功能机器人

韩国成均馆大学 Heon Hwang 等针对温室西瓜开发的多功能遥控式模块化机器人 [159](图 1.110)，在轨道移动龙门架和 4 自由度直角坐标机械手上，设计和加装了剪枝剪刀、吸盘翻转部件，并可将两者结合实现对西瓜的采摘。这一设计思路使装置设计更为高效集成。

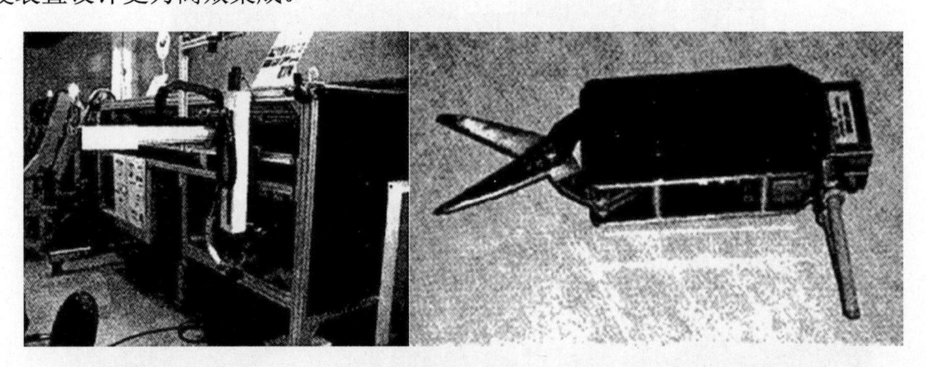

图 1.110　韩国成均馆大学的西瓜多功能遥控式模块化机器人

日本爱媛大学 Seiichi Arima 等对高垄栽培草莓开发了多功能机器人 [95](图 1.111)，在四轮龙门式跨垄移动平台上，可更换安装喷嘴和采摘单元分别实现施药和草莓采摘，其中采摘单元包括直角坐标机械臂、单 CCD 视觉系统和钩取切断式末端执行器。该机器人同时可与移动式分选系统协调作业，实现随采随分。

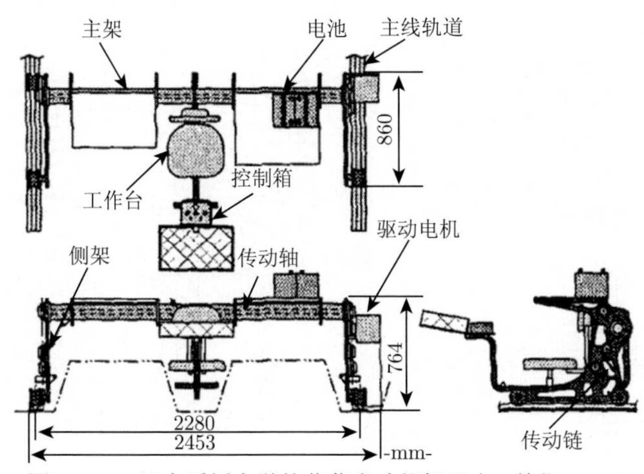

图 1.111 日本爱媛大学的草莓多功能机器人 (单位：mm)

大阪府立大学 Tateshi Fujiura 等面向吊蔓栽培番茄，在轨道式底盘上配置了 5 自由度机械臂、腕部三维视觉传感器，并分别开发了整枝、打叶和采摘末端执行器，从而实现对番茄的多功能管理作业 [202](图 1.112)。

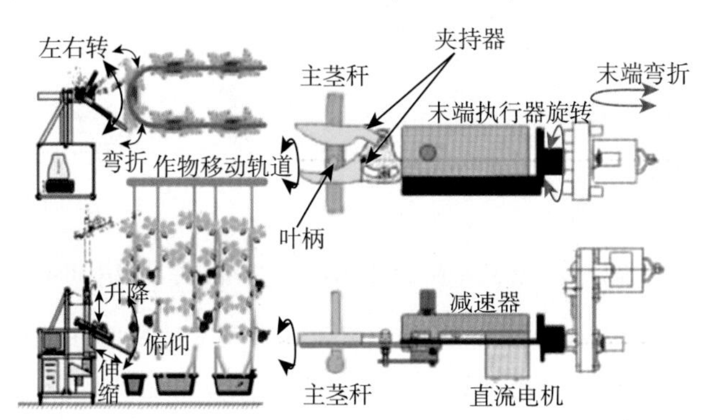

图 1.112 大阪府立大学的吊蔓番茄多功能作业机器人

日本兵库县立中央农业技术中心 Makoto Dohi 开发了移栽、采摘两用型机器人 [203](图 1.113)，通过光纤传感器进行苗的检测和高度判断，并分别在车体上搭载育苗箱和移栽末端执行器实现了卷心菜和菠菜苗的移栽，搭载采摘末端执行器实现了叶菜的收获。

转至兵库县立农业学院的 Makoto Dohi 随后在采摘、移栽的基础上，在该机基础上改进增加了除草功能 [204](图 1.114)。该机采用电动 4 轮底盘，配置竖直回转螺旋式除草刀，并分别由彩色相机获取杂草的彩色图像，由立体相机进行杂草定位。

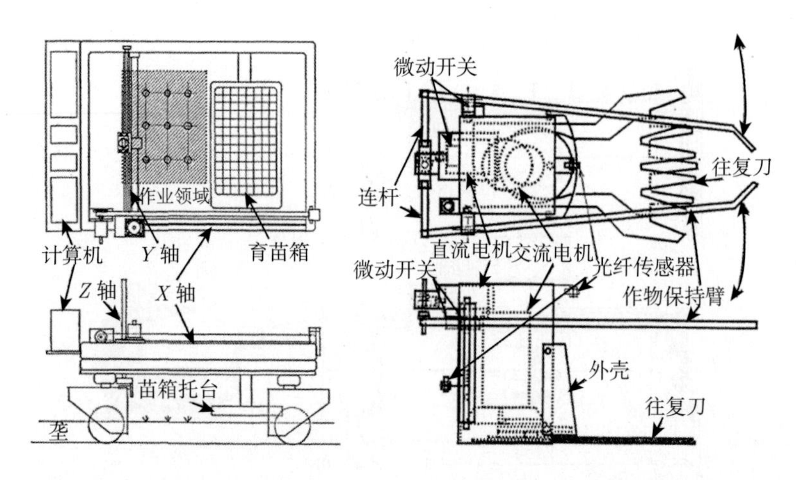

图 1.113　日本兵库县立中央农业技术中心的移栽、采摘两用型机器人

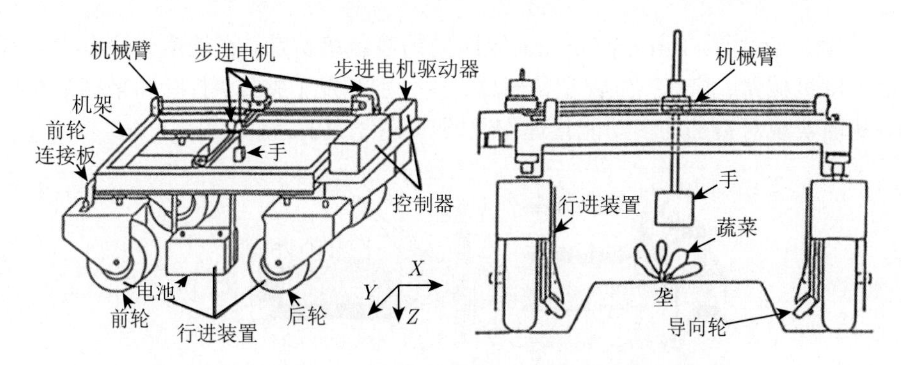

图 1.114　兵库县立农业学院的移栽、采摘、除草多用机器人

慕尼黑工业大学 Joerg Baur 等针对甜椒、苹果、葡萄等作物采摘及其他作业的果实分布、避障需要等，开发了 9 自由度模块化多用途机械臂 [205](图 1.115)。

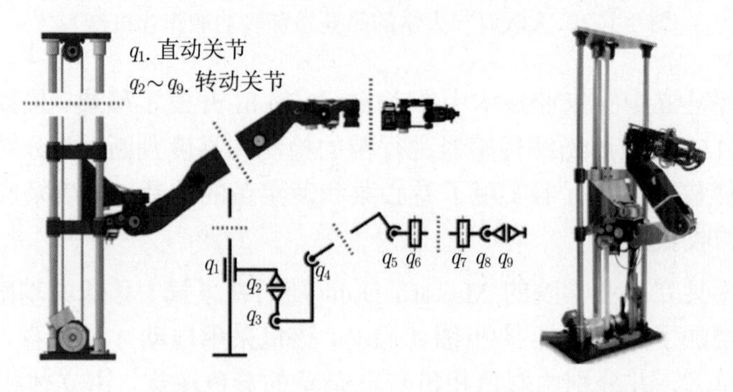

图 1.115　慕尼黑工业大学的 9 自由度模块化多用途机械臂

1.3 综述与展望

1.3.1 采摘机器人技术的持续进步

在发达国家，由于劳动力数量、劳动力成本的限制和对鲜食果蔬、鲜切花卉品质的需要，采摘机器人技术得以较早开展。特别是日本，与欧美相比，受其较小规模精品化种植和农产品高档化策略的影响，机器人采摘技术得到了高度重视，研究单位涉及高校、研究机构和农机企业，人员投入众多，研究成果迭出，大大推动了该技术的发展水平。

而美国农业资源优势突出，大力推动大规模化、高产低价化的农业发展模式，因而机器人采摘技术长期以来以 NASA 支持下的空间站作业等为主，但其“柑橘之州”佛罗里达的柑橘收获研究持续数十年，机器人采摘技术的特色明显。

欧洲则高举合作大旗，在荷兰、西班牙、意大利等零散研究的基础上，以欧盟的 CROPS 项目为代表，针对甜椒等特色果蔬的机器人收获展开合作，技术研发已达到很高水平。

中国的采摘机器人技术起步较晚，但随着人口红利的消失，劳动力紧缺问题已快速成为制约农业发展，特别是劳动密集型的果蔬产业发展的瓶颈，采摘机器人技术已从前瞻性研究开始成为现实需求。从申请专利数量的统计数据可以发现，自进入 21 世纪以来，中国农业机器人技术研究的投入和成果成几何级增长态势 (图 1.116)，其中，采摘机器人技术成果占大部分，中国农业大学、江苏大学、浙江大学、华南农业大学等高校和中国农业机械化科学研究院、国家农业智能装备工程技术研究中心等科研单位成为推动采摘机器人技术研究的龙头单位，中国该领域研发水平已实现与国际同步，少数环节上已实现领跑。

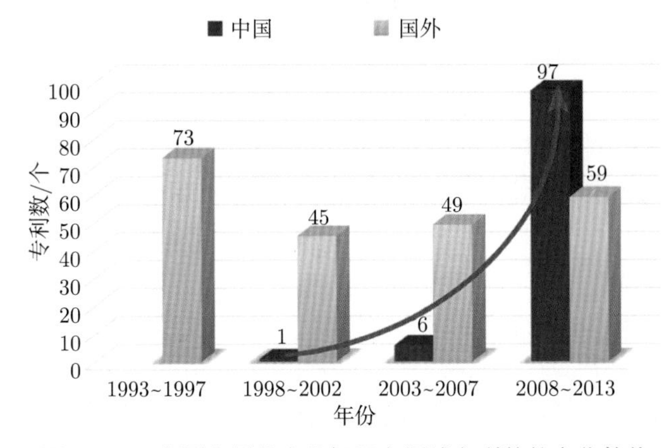

图 1.116 中国和国外农业机器人领域专利数的变化趋势

1.3.2　采摘机器人技术发展的关键条件

1) 技术水平

机器人对种植对象的选择性采摘，是农业机器人技术中难度最大的领域。采摘机器人技术的成熟程度，将决定采摘机器人装备的成功率、可靠性、易用性、作业效率等关键性能，也决定装备的成本和投入产出是否为农业从业者所接受。

2) 社会条件

一种技术的大面积推广，一方面取决于其技术的成熟程度；另一方面也需要外部条件的成熟。当经济发展水平和劳动力成本使采摘机器人技术的应用实施具有需求紧迫性和功能不可替代性，并凸显其和人工投入相比的更高回报率时，采摘机器人技术将迎来发展的春天。

3) 种植模式

与工业机器人相比，农业的环境非结构化、对象个体差异化一直是制约农业机器人作业性能与推广应用的关键瓶颈，造成农业机器人的设计难度极大、成本过高。农业机器人发展的实践也表明，农业领域中近似工业的更接近结构化和标准化的挤奶、嫁接、畜禽舍清扫等作业领域，由于技术要求大大降低而率先实现了机器人技术的实际应用。采摘机器人技术的发展也必须和种植模式的改进有机结合。

1.3.3　采摘机器人技术发展的重点领域

符合“量大”“急需”“高效”三大特征的收获对象，应成为采摘机器人技术发展的重点领域。

1) 大宗果蔬

番茄、黄瓜、甜椒等作为居民基本需求的大宗鲜食果蔬产品，必须保证有效供应。随着社会的快速发展，人工的紧缺与过高投入将对大宗鲜食果蔬产品的稳定供应和价格造成冲击，因而机器人作业将成为果蔬产业和社会发展的刚性需求。

2) 危险性林果

丘陵地区林果与特色高大林果的采摘，具有难度挑战性和较高危险性。鲜食林果的收获必须摆脱对人工作业的依赖，危险性林果的机器人收获也必将成为重点发展领域。

3) 高附加值经济作物

由于技术的高复杂性和成本的高昂，目前阶段采摘机器人技术只有在经济效益更高的鲜切花卉的采收、树苗的收获与捆扎处理、苗木扦插苗的收获、苗木种子的采收等领域得到经济回报，也将首先在上述领域得到农业经营者的欢迎和得以推广应用。

1.3.4 采摘机器人技术发展的突破口

1) 工厂化农业

栽培模式对机器人的设计方案与采摘作业的实施效果具有决定性的影响，番茄的地面与吊蔓栽培，草莓的地面、垄式和高架栽培，黄瓜的吊蔓与 V 架栽培等，不同模式下机器人采摘的可实施性和技术方案存在着极大的差异，Seiichi Arima 和林茂彦等均对机器人采摘作业对栽培模式的要求进行了探讨 [124,206,207]。

更接近工业化生产，更有效地减少个体差异性和冠层复杂性，将大大推进采摘机器人技术发展与推广应用的步伐。以规模化生产为前提，从品种、育苗、工厂化的种植环境和标准的种植和管理，并以更专一化的高效生产代替繁杂果蔬类别的频繁更换，从而为实现机器人采摘作业破除关键制约和障碍。

2) 人机协作

机器人的实际采摘作业，除识别定位和采摘动作以外，还存在放果、导航、换行、移运等多个环节与装备的充电维护等处理，以完全无人化的自主决策完成全部流程的难度极大。可将大多定位和采摘等劳累和精确的任务交由机器人完成，而少数机器人自主决策复杂而人能够完成轻松操纵的转弯换行等任务则由人实施介入，通过合理的人机协作方式，大大降低自主作业的复杂性，加速其实际应用。

3) 多机协同

真正实现果蔬的机器人采摘作业，不仅需在采摘环节完成摘取、放果的不同动作，同时在采摘之外还必须完成果蔬的生产现场运输和卸果任务，甚至在工厂化生产中还会进一步完成分选、清洗和包装等作业。即使不考虑农产品的现场采后处理，依靠单台机器人完成采摘、运送和卸放的生产效率势必非常低下，因而考虑多台采摘机器人的并行作业，或采摘机器人与运送机器人或行间输送线的协同作业，将是机器人采摘发展的必然趋势。

第2章　机器人采摘中的对象损伤与无损采摘作业问题

2.1　机器人采摘中的果实致损原因

由于果蔬的柔嫩性，如何在收获和收获后的运输、分拣等流程中有效减少果蔬的损伤，一直是农产品领域研究的热点。机器人采摘中造成果实损伤的主要原因有以下几种。

(1) 夹伤。夹持的碰撞损伤，是机器人采摘中最常见的损伤形式，特别是在快速作业下手指与果实产生的碰撞将使果实受损的概率大大提高。

(2) 干涉碰伤。在夹持、摘取、采后移送等各环节中，果实可能与刀具、机器人本体或环境产生干涉而导致碰伤，同时采摘过程中机器人可能对相邻果实产生干涉而导致碰伤。

(3) 果实脱落损失。在单果与成串果实采摘的摘取、移送与放果各环节中，均可能出现由于夹持不足或振动等造成的果实与果粒脱落，从而导致果实跌落而未能回收，或对果穗的产量与品质造成损失。

(4) 放果碰伤。对球形单果、细长单果、成串果实等不同对象，在摘取后的果实放贮过程中，果实跌落和果实之间的相互累叠碰撞，将可能造成果实的碰伤或果粒脱落等损失。

由于大多数采摘中，均需通过末端对果实的夹持加载实现握持或摘取，因而避免夹持损伤，特别是高效率快速作业时的夹持碰伤成为实现机器人无损采摘的重点和关键。

2.2　机器人采摘中的被动柔顺结构

柔顺控制是机器人技术的一个重要研究领域，是通过被动柔顺结构或主动柔顺控制，使机器人能够对与对象间的相互作用力变化做出响应，更好地适应对象的形状、尺寸、姿态变化和减少作业损伤与失败。实现柔顺性的方式包括被动柔顺与主动柔顺，其中被动柔顺是通过接触部位、关节等的结构柔性处理，使机器人具有一定的柔性与补偿能力；而主动柔顺则通过力觉、滑动觉等的伺服控制，达到主动适应和无损可靠夹持的目的。

2.2.1 指面弹性材料

多数采摘机器人末端执行器在刚性结构的基础上，通过在手指内侧贴加橡胶层等柔性材料以增加缓冲，减小夹持对果实的破坏可能。

如日本 Naoshi Kondo 等开发的两指式番茄采摘机器人末端执行器[19](图 2.1(a))、美国佛罗里达 Michael W. Hannan 等开发的三指式柑橘采摘机器人[56](图 2.1(b))、日本大阪府立大学的 Kanae Tanigaki 等开发的樱桃番茄采摘机器人末端执行器[29](图 2.1(c))、西北农林科技大学傅隆生等开发的两指式猕猴桃采摘机器人末端执行器[92](图 2.1(d)) 等，均采用了指面贴加弹性材料的方法。

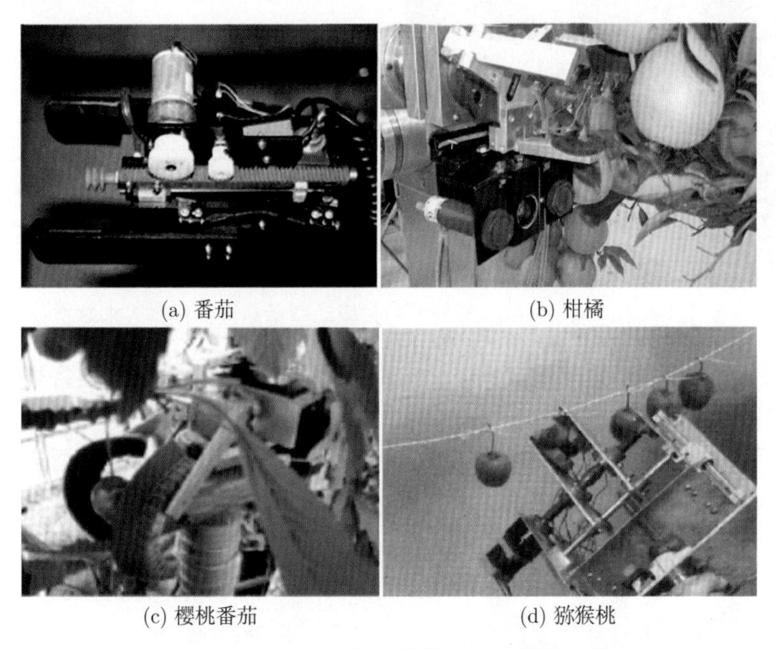

(a) 番茄 (b) 柑橘 (c) 樱桃番茄 (d) 猕猴桃

图 2.1 弹性指面的采摘机器人末端执行器

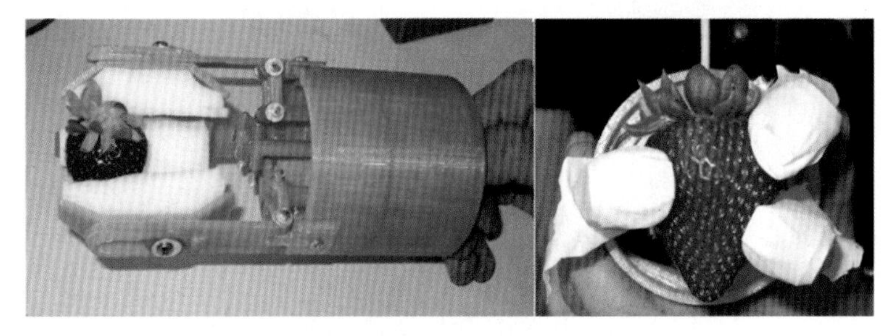

图 2.2 弹性指面的草莓采摘机器人末端执行器

希腊佩特雷大学 Fotios Dimeas 等模仿人采摘草莓的原理，设计了夹持折断型的草莓采摘机器人末端执行器[208](图 2.2)，并利用 3D 打印技术开发了样机，由步进电机通过滚珠丝杠同时驱动 3 指合拢，在手指内侧贴垫了海面弹性材料以达到夹持缓冲，避免柔嫩草莓果实的损伤。

2.2.2　欠驱动末端执行器

日本 Naoshi Kondo 等开发的番茄采摘机器人末端执行器，具有 4 个柔性手指，每个手指由四段相连的尼龙软管固定于尼龙支板上，一根缆绳穿过软管固定于指端[20,21](图 2.3)。在缆绳施加拉力时，手指便弯曲抓住果实。

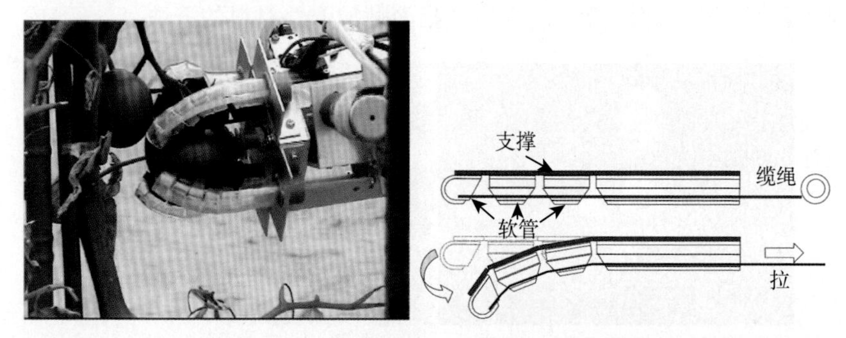

图 2.3　日本 Naoshi Kondo 等开发的欠驱动型番茄采摘机器人末端执行器

华盛顿州立大学 Joseph R. Davidson 等开发的苹果采摘末端执行器[68,70] (图 2.4)，采用欠腱驱动三指手，每指有两关节，在指面贴有软胶皮。当其中一指先接触对象，跷跷板型圆盘差速器将会转动来补偿另外两腱的位移，从而适应果实的形状误差，实现欠驱动的可靠抓取，并控制接触力。

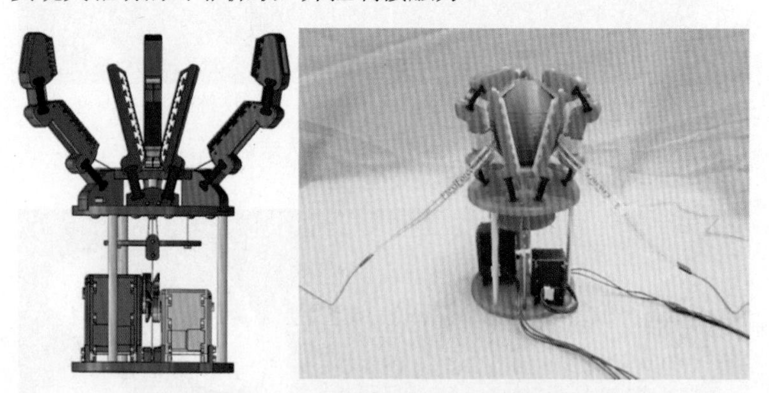

图 2.4　华盛顿州立大学的欠驱动型苹果采摘末端执行器

中国台湾宜兰大学 Chiu 等开发的番茄采摘末端执行器为欠驱动四指结构，每指 4 个弹性关节，指面贴有软泡沫橡胶，每两指由 1 电磁铁通过弹性板驱动[8,10] (图 2.5)。

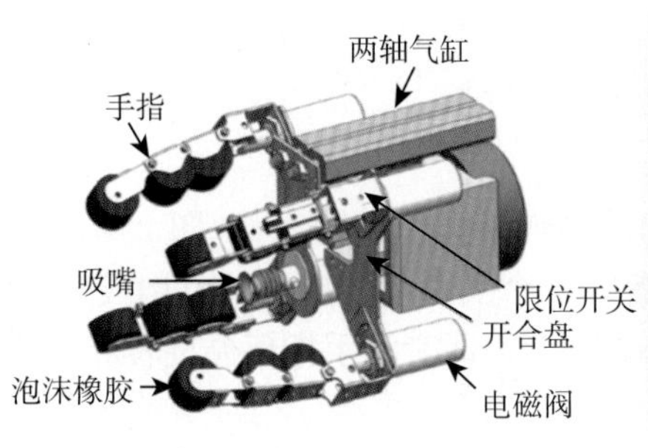

图 2.5 中国台湾宜兰大学的欠驱动型番茄采摘机器人末端执行器

美国俄亥俄州立大学 Peter P. Ling 等开发的四指式末端执行器[37](图 2.6)，也只有 1 根缆绳同时驱动各指，并用更硬的 ABS 塑料管代替了尼龙软管，以减小夹持时的侧向运动。

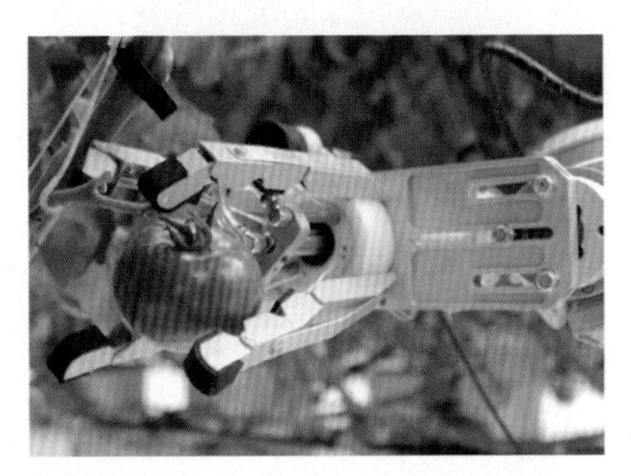

图 2.6 美国俄亥俄州立大学的欠驱动型番茄采摘机器人末端执行器

江苏大学尹建军等也开发了果实夹取的欠驱动多指手[209](图 2.7)，共有 3 指，每指有 3 个指节，手指由 8 个二副杆结构和 1 个滑块组成，由直线步进电机驱动各滑块实现手指的开合和对果实的包络夹持。

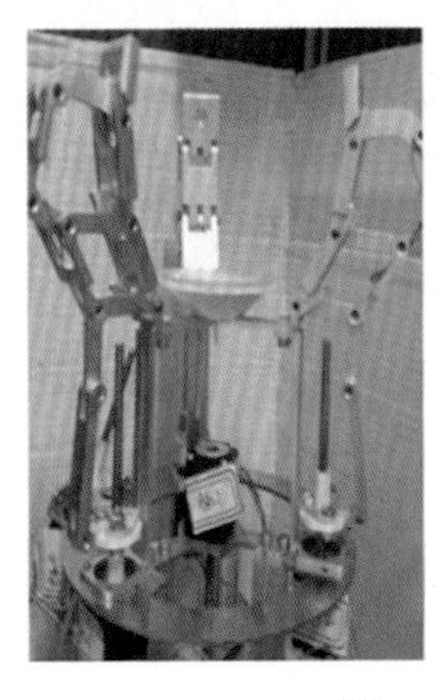
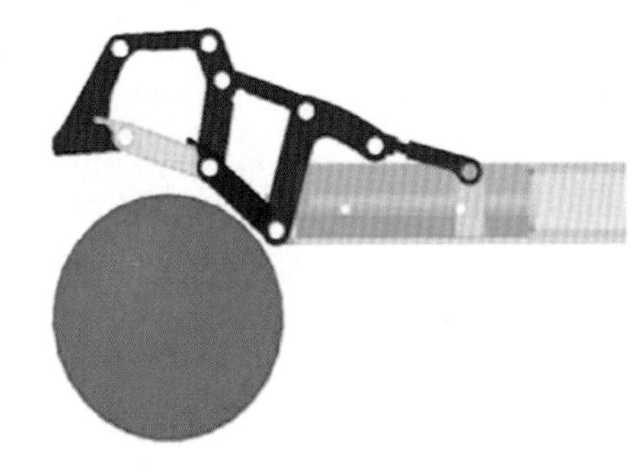

图 2.7 果实夹取的欠驱动多指手

2.2.3 手指的弹性介质

1. 气体介质

浙江工业大学杨庆华等开发的气动柔性末端执行器[210−212](图 2.8)，由 1 个作为腕部的气动柔性扭转关节和作为手指的 3 个气动柔性弯曲关节构成，分别向扭转关节和弯曲关节内充入一定压力的压缩气体，即带动手指部分旋转和向内弯曲，可以实现对苹果等对象的柔性抓持。

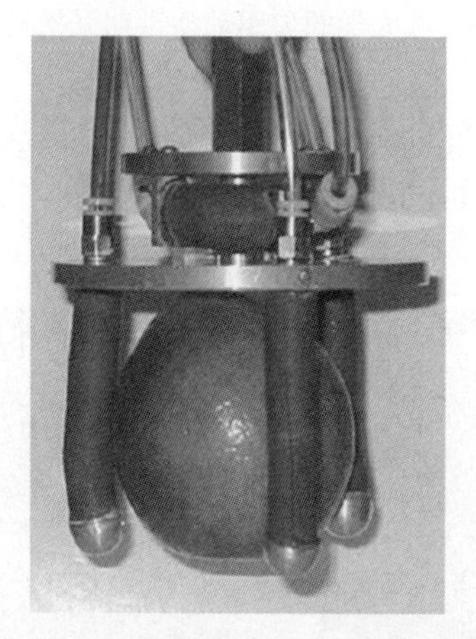

图 2.8 浙江工业大学的气动柔性末端执行器

意大利 ARTS 实验室的 B. Allotta 开发了气压驱动可弯曲三指夹持末端执行器[47,50](图 2.9)。

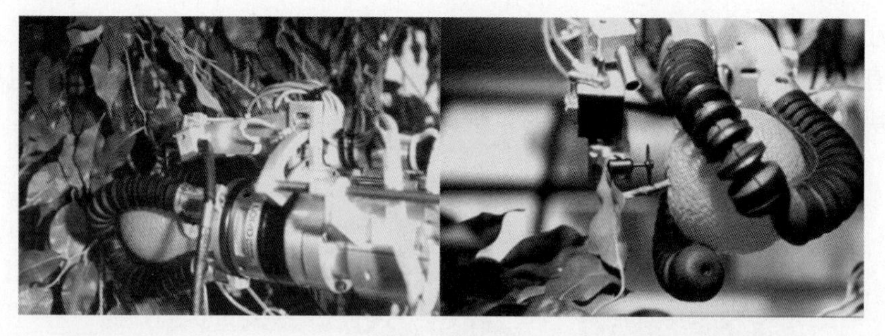

图 2.9 意大利 ARTS 实验室的气压驱动可弯曲三指夹持末端执行器

澳大利亚新南威尔士大学 Achmad Irwan Setiawan 等开发了苹果采摘机器人，其末端执行器在圆杯内设置两个气囊，当果实进入杯内，气囊充气夹住果实，从而避免果实的损伤[86](图 2.10)。

图 2.10 澳大利亚新南威尔士大学的内置气囊圆杯式末端执行器

河北工业大学王晓楠等开发的番茄采摘末端执行器也采用了类似的原理但结构更为复杂，首先真空吸盘吸住果实并拉进圆杯，而后内置 3 个气囊充气夹住果实，进而通过旋拧动作将番茄果实采摘下来[41](图 2.11)。

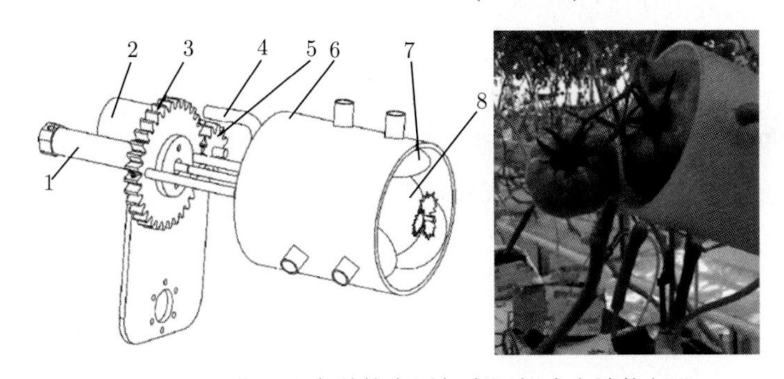

图 2.11 河北工业大学的内置气囊圆杯式末端执行器

1. 伸缩气缸；2. 螺杆电机；3. 主齿轮；4. 气管；5. 小齿轮；6. 套筒；7. 气垫；8. 果实

2. 液体介质

瑞典食品与生物技术研究院针对形状各异的娇嫩果品与食品的夹取，开发了磁流变液式机器人夹持器，利用磁场控制磁流变液的压力，从而能够以很小的夹持力实现对不同形状果品等的柔性夹取[213](图 2.12)。

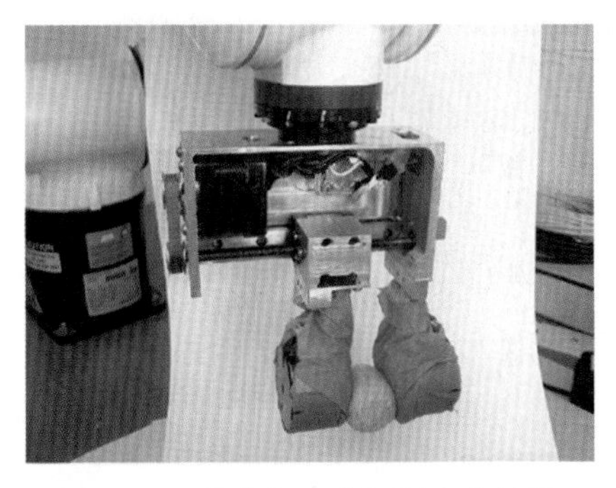

图 2.12 磁流变液式机器人夹持器

2.3 机器人采摘中的主动柔顺控制

各类被动柔顺结构可以有效改善刚性夹持的不足，有助于可靠无损夹持的实施。但是，特定的被动柔顺结构总局限于特定的采摘对象，特别是对于较大的尺寸与形状差异，其效果将明显受到影响。

主动柔顺控制是通过感知并控制末端与对象间的作用力，从而实现对夹持损伤、滑脱等的主动干预。主动柔顺以力的互作为切入和目标，对对象具有更强的适应性，具有更为广泛的应用场景。

国内外开发的多种采摘机器人末端执行器，通过附加指面与指端的压力或滑动传感器、腕部的力传感器等，以期实现对夹持过程的柔顺控制。

江苏大学姬伟等开发的双指苹果采摘末端执行器 (图 2.13)，在指面内贴加了力敏电阻器进行夹持力感知，并提出了一种基于广义比例积分的抓取力矩控制方法。该方法对苹果和梨的无损夹持率都达到了近 90%，接触果实到完成夹持的时间约为 3s，但需要以低电压和低速完成双指的合拢，将导致夹持总耗时的过长[76,214]。

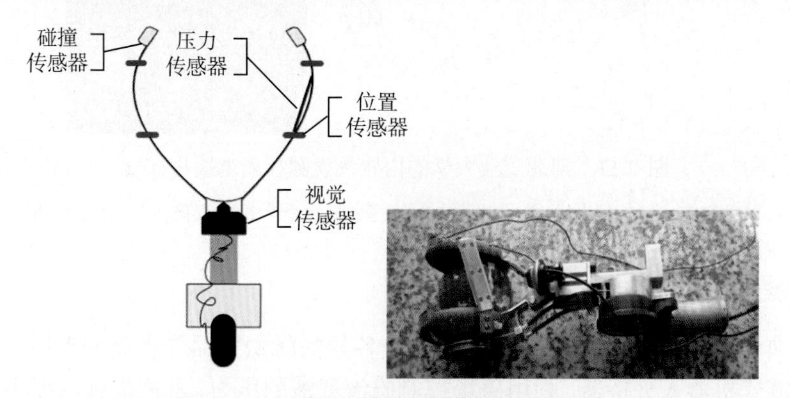

图 2.13 江苏大学的苹果采摘末端执行器

图 2.14 西北农林科技大学的猕猴桃采摘末端执行器

西北农林科技大学张发年等开发的 3 自由度末端执行器 (图 2.14)，在弧形面内侧加装 FSR402 压力传感器进行夹持压力的检测[93]。

意大利 ARTS 实验室的 B. Allotta 等开发了气压驱动可弯曲三指夹持末端执行器，三指抓紧果实后，机械手后退拉紧果梗，由腕部六维力/力矩传感器检测力/力矩信息，从而确定果梗位置，腕部旋转将果梗送入切割位置，由圆形锯将之切断[47,50](图 2.15)。

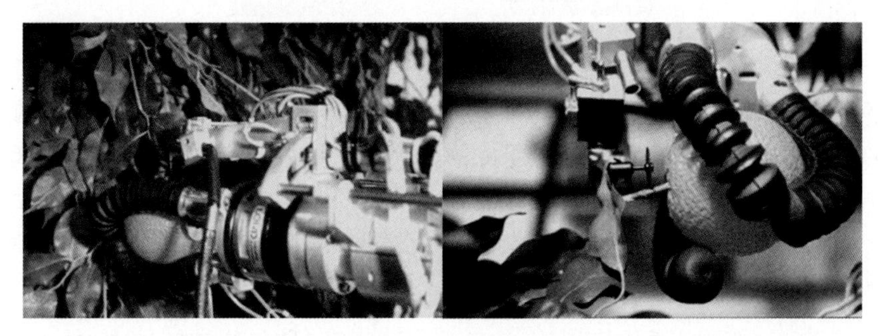

图 2.15 意大利 ARTS 实验室的气压驱动可弯曲三指夹持末端执行器

希腊佩特雷大学 Fotios Dimeas 等在开发的夹持折断型 3 指末端执行器的手指内侧，安装了压力阵列传感器 (PPS)，并实现了基于夹持力反馈的模糊控制，但需要 10s 以上才能达到草莓的稳定夹持[215](图 2.16)。

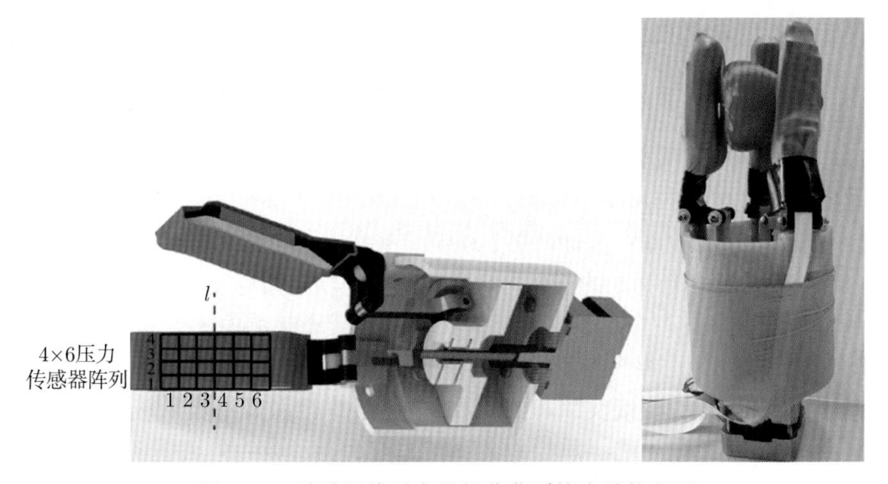

图 2.16 希腊佩特雷大学的草莓采摘末端执行器

意大利卡西诺大学开发的气动两指式末端执行器，在指面内安装了测力传感器，但仅仅以番茄为对象测试了在不同工况下的夹持力变化规律，而尚未开展夹持力控制的研究[216](图 2.17)。

图 2.17　意大利卡西诺大学的气动两指式末端执行器

南京农业大学王学林等开展了基于力外环控制的果蔬抓取技术研究，在手指面内嵌入力传感器，并按照设定值以比例积分算法实施夹持力的控制，但试验中夹持时间达到 1min 以上，难以适应快速作业的需要[217]。该团队的冯良宝随后基于 PVDF 压电薄膜进行了基于滑觉和力外环控制的水果抓取控制算法研究，但试验结果未见耗时的描述[218]。

2.4　快速无损采摘问题的提出

2.4.1　快速无损采摘的问题特殊性与研究意义

1. 现有柔性采摘研究的特点

果蔬的柔嫩和易损性得到了采摘机器人技术研究与装备开发者的关注，并通过增加柔性材料或结构、传感器的感知和开展柔顺采摘控制，以期达到无损采摘的目的。

被动柔顺在机器人采摘中成为必不可少的减损结构处理方案，而进一步的主动柔顺控制则主要可归为两个大类。

(1) 基于滑动的检测和反馈，来主动调节夹持力，以实现防滑可靠夹持的最小夹持力输入，从而避免对象的损伤。但该防滑控制以未知可靠夹持力为出发点，其优点是对不同对象具有主动适应性，但必须基于滑动趋势的出现和探知实施后调控，其终极目标亦为可靠夹持而非避免损伤。

(2) 基于夹持力的直接反馈和控制，实现在手爪指面或指尖从接触对象到完成可靠夹持过程的夹持力控制，从而避免夹持力过大而造成的果蔬损伤。尽管提出了各类控制算法，但其主要建立在接触力与控制策略的准静态规则的基础上，需要限定以低速接触果实，进而实现接触后的力的控制。

2. 快速采摘的动态碰撞与高损伤问题

实际作业采摘中，手爪总是从一定开度并拢，使手指接触果实，进而可靠夹持后停止继续运动。一个完整夹持过程包括了接触前和接触后两大环节，现有研究中仅仅关注接触后的夹持过程，而当由于无损夹持需要而不得不限定以低速接触果蔬时，必定造成接触前完成手指合拢的过程变得漫长，而对夹持作业效率造成决定性的影响。

试验发现 (图 2.18)，低速夹持表现为果实的准静态加载过程，但在快速夹持时，由于手指与果实之间的碰撞现象，造成极短时间内产生极大的峰值夹持力，该峰值夹持力明显大于驱动输入的作用力，造成准静态条件下控制准则的失效；同时发现，碰撞造成内部组织瘀伤发生的概率远大于表皮破裂损伤。快速夹持中产生的碰撞现象，造成果实损伤的概率大大增加，严重影响果蔬机器人采摘的成功率，并造成极大的经济损失。快速夹持碰撞，成为果蔬快速无损夹持研究的崭新和关键课题。

图 2.18 采摘机器人果实夹持试验

在果蔬的人工采摘过程中，实现单次可靠无损抓持的时间通常不超过 1s，而国内外各类机器人系统为避免速度过快造成碰伤所导致的过低效率成为影响采摘机器人技术走向实用化的巨大障碍之一。因此，关于果蔬快速采摘的夹持碰撞模型与损伤机理的研究，具有很高的理论价值，亦对采摘机器人技术走向实用化具有重要的实际意义。

2.4.2 机器人–果蔬快速夹持碰撞问题的特殊性

1. 现有碰撞问题的研究特点

机械手与被操作对象的接触碰撞问题是国际研究的热点，加拿大麦吉尔大学的 S. W. Kim 对太空机械手的手爪与对象的接触碰撞[219]、法国 Domaine 大学的 B. Brogliato 等对单自由度机器人与对象的接触碰撞[220]、日本东北大学的 Kazuya Yoshida 等对长臂柔性机械手与对象的接触进行了动力学建模[221]，美国得克萨斯技术大学的 Seralaathan Hariharesan 则对柔性机械手与对象接触碰撞的动力学建模进行了系统研究[222]，但是以上研究均只针对机械手末端与对象的单向接触弹性碰撞问题。

在果蔬收获、移运、分选的各个环节，碰撞是造成果实机械损伤的决定性因素，并一直是果蔬研究的重点领域。Lu 等[223]、P. A. Idah 等[224]、Z. Stropek 等[225]、N. S. Albaloushi 等[226]、R. C. Fluck 等[227]、Chen 等[228]、K. Gotacki 等[229]、李小昱等[230]、连振昌等[231]分别对果实跌落的碰撞加速度、碰撞力、碰撞能等进行了试验研究，卢立新[232,233]和 J. D. Groves[234]则基于果实的黏弹模型，对果实跌落过程的碰撞力、变形等进行了建模。但已有研究亦仅针对果实储运、搬移等过程中的跌落和果实之间的单向接触碰撞问题。

2. 机器人–果蔬快速夹持碰撞的双向约束性

与机械手末端与对象间单向接触的自由碰撞相比，夹持碰撞体现为末端与果蔬对象间的双侧约束性碰撞，并从碰撞演变为可靠性约束的过程特征；与果实储运、搬移等过程中的跌落和果实之间的单向接触的自由碰撞相比，夹持碰撞过程中更具有持续能量输入和约束两大特征，其碰撞机理与形式上均存在着极大的差异。

3. 机器人–果蔬快速夹持碰撞的对象柔性特征

同时，与机器人末端和工件间的刚性碰撞相比，由于果蔬对象所具有的黏弹和流变特性，使约束碰撞过程的建模更为复杂，夹持碰撞过程的相互作用力呈现特殊的变化规律；而果蔬黏弹和流变特性的个体差异性，则使基于模型基础的快速柔顺夹持控制无法以精确的统一参数来实施，而必须在黏弹和流变特性的统计规律基础上寻求控制的大适用范围。

2.4.3 快速无损采摘的研究体系

以番茄果实为对象，快速无损采摘的研究体系包括以下几方面。

1) 果实宏–微观力学特性的系统测定与建模

以不同成熟度番茄果实为对象，系统开展番茄果实整果–组织微观结构力学特性的实验测定与分析，为探明夹持损伤机理和实施柔顺夹持控制提供特征依据。

(1) 掌握番茄果实与机器人收获相关的生物学与物理学特性；

(2) 系统掌握番茄果实整果的黏弹和流变力学特性，建立番茄果实整果的静态压缩力学特性本构模型；

(3) 探明番茄各微观组织的结构，进而测定得到各组分的力学特性，揭示番茄果实机械损伤的微观机理；

(4) 掌握番茄果实整果力学特性所呈现的各向异性差异，以及对受压番茄的失重和含水量的影响；

(5) 建立番茄果实在夹持碰撞下表观与内部损伤的联合判别方法。

2) 采摘机器人手爪系统对果实的多模式、多参数夹持碰伤实验分析

开发采摘机器人多传感综合控制实验平台，完成采摘机器人手爪系统对番茄果实的多模式、多参数夹持碰伤实验，为果实夹持碰撞的理论建模与实现快速柔顺夹持的优化控制模式提供规律基础与验证依据。

(1) 建立低速 (准静态) 条件下，可靠夹持的控制模式、电机输入与峰值夹持力、果实变形量的统计关系；

(2) 建立不同电机输入下夹持速度与夹持碰撞力、夹持碰撞变形的统计关系曲线；

(3) 建立力学各向异性对夹持碰撞力的影响规律。

3) 有限元–虚拟样机结合的夹持碰撞虚拟仿真

在果实力学特性建模和夹持碰撞实验分析的基础上，建立有限元–虚拟样机结合的夹持碰撞虚拟仿真方法，进而实现采摘机器人手爪系统对番茄果实静态夹持与夹持碰撞过程的虚拟仿真，为实现果实的快速无损夹持提供模型支撑。

(1) 建立番茄果实的整果和多组元黏弹塑性有限元模型；

(2) 建立采摘机器人手爪系统的动力学模型和虚拟样机，完成夹持过程的运动仿真；

(3) 建立有限元–虚拟样机结合的夹持碰撞虚拟仿真方法；

(4) 通过静态可靠夹持和快速夹持碰撞的动态仿真，实现对果实受载损伤的预测和电机控制参数–损伤关系的分析确定。

4) 不同果梗分离方式的规律与效果比较研究

果梗分离方式对于采摘中果实的受载具有重要影响，为实现高成功率的柔顺采摘作业，对不同果梗分离方式进行了比较研究，为实现快速柔顺采摘作业提供技术手段支撑。

(1) 对无工具式采摘的拉、扭、折不同腕部动作进行了力学分析与实验比较研究，发现折断方式明显优于目前机器人采摘中广泛使用的往复扭断方式和拉断方式；

(2) 对果梗的非接触激光切割技术进行了可行性研究，进而建立了切割效率与多因素的相关关系和优化控制模式，从而为实现快速柔顺采摘作业提供了有力支撑。

5) 采摘机器人快速柔顺夹持的手爪优化控制

提出采摘机器人快速柔顺夹持的手爪优化控制模式和参数，实现柔顺作业的采摘机器人手–臂运动协调控制。

(1) 通过夹持碰撞试验和仿真，有效揭示有动力源机构–黏弹塑性对象之间的非弹性接触碰撞现象和规律；

(2) 提出采摘机器人快速柔顺夹持的手爪优化控制模式和参数；

(3) 建立实现果实柔顺采摘的手爪被动柔顺结构和主动柔顺控制结合模式；

(4) 建立工业通用机械手 + 专用柔顺末端执行器的采摘机器人执行系统，实现柔顺采摘作业的采摘机器人手–臂运动协调控制。

第3章　番茄的果-梗物理与力学特性

3.1　概　　述

3.1.1　研究意义

通常机器人对番茄果实的逐个收获动作由夹持和分离两个基本动作要素构成。掌握采摘作业对象——番茄果实、果梗以及果实-果梗间的物理学特性和力学特性，是实现柔顺采摘作业的基本前提。

果实力学特性是其内部宏微观结构与力学结构的外在表现。番茄与苹果、梨等果实的结构存在着明显差异，对其内部宏微观结构和承载能力的分析有助于理解其外在力学特性的表现规律，并有助于进一步揭示其整体受载与局部损伤的发生机制。

3.1.2　内容与创新

本章针对机器人柔顺采摘作业的需要，进行番茄果实、果梗以及果-梗连接特性的试验和分析，主要创新体现在以下方面。

1) 特性指标体系构建

建立了完整的面向机器人收获的果实-果梗物理/力学特性指标体系，建立了若干关键指标的测定与分析方法，系统进行了番茄果实、果梗以及果实-果梗间的物理学特性和力学特性参数测定分析。

2) 番茄果实的宏微观结合

(1) 宏观黏弹特性。系统进行了不同成熟度番茄果实的蠕变/应力松弛/加卸载实验，进而建立了黏弹塑性本构模型，对本构模型参数随成熟度的变化进行了判定，为阐释果实快速夹持碰撞全过程的动力学响应提供了依据。

(2) 微观力学特性。系统完成了番茄果实表皮、果皮和胶体组织的拉伸、压缩、弯曲和剪切特性测定分析，探明了番茄果实不同组元在不同载荷下的黏弹性特征。

(3) 宏微复合承载结构。提出了番茄果实轮式简化承载结构，有效解释了番茄果实力学特性的各向异性、随成熟度的变化，以及不同加载位置的差异。

(4) 损伤评价。针对番茄果实，根据已有果实损伤生物学理论，提出果实夹持损伤的多生理变化及其生物学机理，进而确定以货架期作为番茄果实夹持内部损伤评价指标。

(5) 夹持–机械损伤。根据实验，建立了番茄力学特性和夹持作业指标与机械损伤的关系，得到了不同条件下果实夹持损伤的概率曲线，进而打通了夹持作业—果实特性—果实损伤评价—果实损伤概率之间的联系，为实现柔顺采摘控制提供了基础。

3.2　面向机器人收获的果实–果梗物理/力学特性指标体系

针对以往果实物理/力学特性研究主要面向果实的贮运、机械损伤预防，少数研究面向果实的机械化收获，而面向机器人选择性收获的测定分析指标不完整、测定分析方法缺乏的现状，建立了面向机器人收获的果实–果梗物理/力学特性指标体系，进而提出和构建了果梗折断弯矩间接测定分析方法、果梗弯曲弹性系数间接测定分析方法、果–梗拉断力/变形测定方法、扭断扭矩/变形测定方法，完成了表 3.1 所示各特性指标的测定与数据观测记录，为进一步的理论建模分析和控制实施奠定了基础。

表 3.1　面向机器人收获的果实-果梗物理/力学特性指标体系

特性	果实	果梗 (离层)
物理特性	结构和几何特征 (高度/直径/质量/密度/孔隙率) 形态特征 (球度/果形指数) 静/动滑动摩擦系数 滚动阻力系数	果穗梗系统结构 * 果柄长度 果柄直径 果梗长度 果梗直径
力学特性	压缩力/变形 压缩破裂力/变形 蠕变 应力松弛 加卸载	折断弯矩 * 弯曲弹性系数 * 拉断力/变形 扭断扭矩/变形

* 特性指标测定方法为本项目所提出和构建。

3.3　番茄果、梗的物理特性

3.3.1　番茄的果、梗结构

1. 番茄果、梗的形态结构

番茄果实与果梗 (柄) 的形态结构如图 3.1 所示。果实近似为一椭球体，径向截面近似圆形，根据果形指数 (直径/高度) 的大小，可分为扁圆形、椭圆形、近圆形、长圆形等果形。其果柄和上端果梗在离层处通常有一弯角。

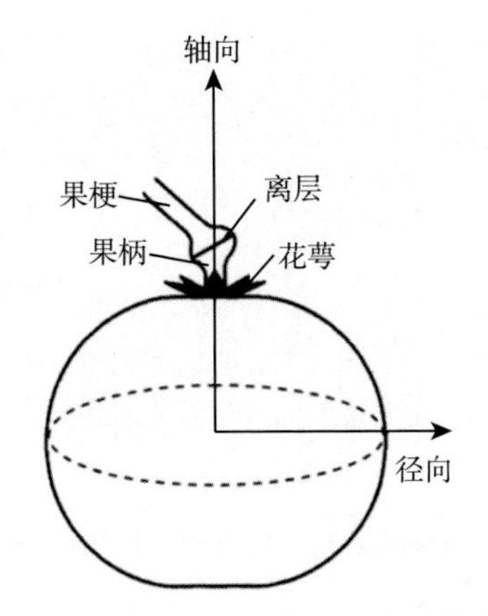

图 3.1 番茄果、梗的形态结构

2. 番茄的果实构造[235]

番茄的果实构造示意图如图 3.2 所示。番茄果实是由子房发育而成的真果[236]。果皮是发育的子房壁，由外果皮、中果皮、内果皮三部分组成。外果皮又称表皮，很薄，仅为一层薄的细胞层，是果实最外侧的果皮部分；中果皮较厚，由数层薄壁细胞及维管束组成；内果皮是来自心皮内侧的表皮，是单层组织。果实的胶体部分是胎座的柔组织，受精后增生肥大而将种子包住。为研究方便，本书分别用表皮、果皮、胶体表示番茄的外果皮、中果皮、种子及其周围的胶状物。图 3.3 为番茄表皮、果皮和胶体组织的超微结构，倍率切换：2.5×，所用观察设备为 LEI CA Z16 APO 显微镜。在相同的可视范围内，番茄表皮组织中的细胞体积最小，相对数量最多；番茄果皮和胶体组织中的细胞体积较大，相对数量次之。果实组织细胞细胞壁的化学成分是多糖和蛋白质，多糖包括纤维素、半纤维素和果胶质。细胞膜的主要化学成分是脂类和蛋白质，此外还含少量糖蛋白、糖脂及微量核酸。

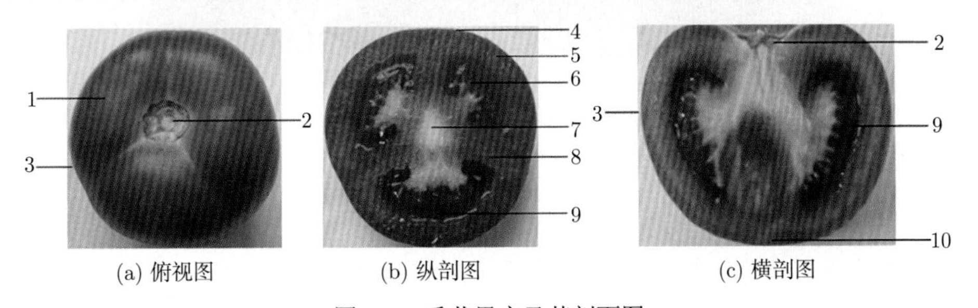

(a) 俯视图 (b) 纵剖图 (c) 横剖图

图 3.2 番茄果实及其剖面图

1. 果肩；2. 梗洼；3. 果腰；4. 外果皮；5. 中果皮；6. 胶体 (种子及其周围的胶状物)；7. 果心；8. 径臂；9. 小室；10. 果脐

(a) 表皮　　(b) 果皮　　(c) 胶体

图 3.3　番茄的表皮、果皮和胶体组织超微结构

3. 番茄果实的心室数

所选试验材料为粉冠 906 和金光 28 两个品种的番茄。番茄所含小室的数目主要由基因决定，粉冠 906 番茄通常含有 3~4 个小室，金光 28 番茄通常含有 5~6 个小室，本书定义含有 3 个、4 个、5 个和 6 个小室的番茄分别为三心室、四心室、五心室和六心室番茄。因此粉冠 906 番茄以三心室和四心室番茄为主，金光 28 番茄以五心室和六心室番茄为主 (图 3.4)。

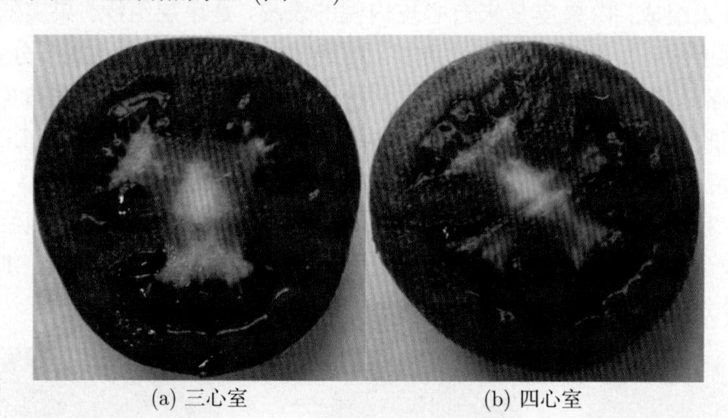

(a) 三心室　　(b) 四心室

图 3.4　番茄果实的不同心室数

3.3.2　物理特性[235,237,238]

1. 番茄果、梗几何特性

以镇江市广泛种植的金鹏 1 号、金鹏 5 号、粉冠 906 为对象，样品分别采自官塘桥蔬菜基地、镇江蔬菜基地、镇江蔬菜研究所，各取 50 个绿熟期以上番茄样本，利用游标卡尺和电子天平，对其形态尺寸与质量进行了测定 (表 3.2)。

表 3.2 番茄果实/果梗物理特性测定结果

指标	最大值	平均值	最小值
果实直径/mm	104.7	71.3	45.9
果形指数 (直径/高度)	1.09	0.91	0.75
果柄长度/mm	15.8	11.5	8.0
果柄直径/mm	7.0	3.77	2.3
果梗长度/mm	141.6	66.2	15.3
果梗直径/mm	8.97	5.47	3.39

观察和试验发现，同一植株上番茄果实的成熟期和成熟番茄果实的大小、形状、质量均有较大差别，果柄较短，多个番茄果梗 (柄) 着生点靠近，造成果实相互挤碰，姿态各异。比较发现各品种性状接近，超过 80%的番茄果实直径在 60~80mm，在 50~90mm 的超过 95%，接近正态分布 (图 3.5)。果梗的直径在 3.3~4.8mm，但果柄和果梗的长度差异很大。番茄生长分布、果实与果梗 (柄) 尺寸的高度差异性，对机器人的单果选择性采摘提出了挑战。

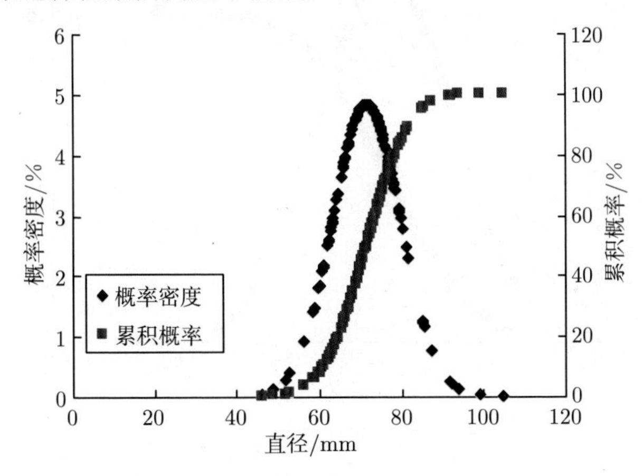

图 3.5 番茄果实直径正态分布图

2. 果实质量密度特性

1) 密度和孔隙率的测定

密度是材料的质量与其体积的比值，孔隙率为物料内的孔隙体积与物料总体积的比值。番茄样品中果皮和胶体切片的质量用电子秤测量，番茄果实及其果皮和胶体组分的体积用水位移法测定。番茄的体密度 ρ_{b}、果皮和胶体的密度 ρ_{p}、ρ_{g} 通过式 (3.1) 计算，番茄的孔隙率 e 通过式 (3.2) 计算[239−241]。

$$\rho = \frac{m}{V} \tag{3.1}$$

$$e = \frac{V - \left[V_{\mathrm{p}} + \frac{1}{\rho_{\mathrm{g}}}(M - \rho_{\mathrm{p}}V_{\mathrm{p}})\right]}{V} \times 100\% \tag{3.2}$$

式中，m 为材料的质量 (g)；M 为番茄的总质量 (g)；V 为材料的体积 (cm^3)；V_{p} 为果皮的体积 (cm^3)；ρ_{p} 为果皮的密度 ($\mathrm{g/cm}^3$)；ρ_{g} 为凝胶体的密度 ($\mathrm{g/cm}^3$)。

2) 测定结果

番茄果实质量在 100~300g 的超过 90%(图 3.6)。其中果皮、胶体的质量分别占总质量的 75.1%~80.0%和 20.0%~24.9%。粉冠 906 三心室和四心室番茄中果皮和胶体的密度分别为 1.05~1.09 $\mathrm{g/cm}^3$ 和 0.96~1.04 $\mathrm{g/cm}^3$；金光 28 五心室和六心室番茄中果皮和胶体的密度分别为 0.95~1.01 $\mathrm{g/cm}^3$ 和 0.99~1.07$\mathrm{g/cm}^3$。粉冠 906 三心室和四心室番茄的孔隙率分别为 6.49%~11.5%；金光 28 五心室和六心室番茄的孔隙率分别为 4.78%~9.39%(表 3.3)。

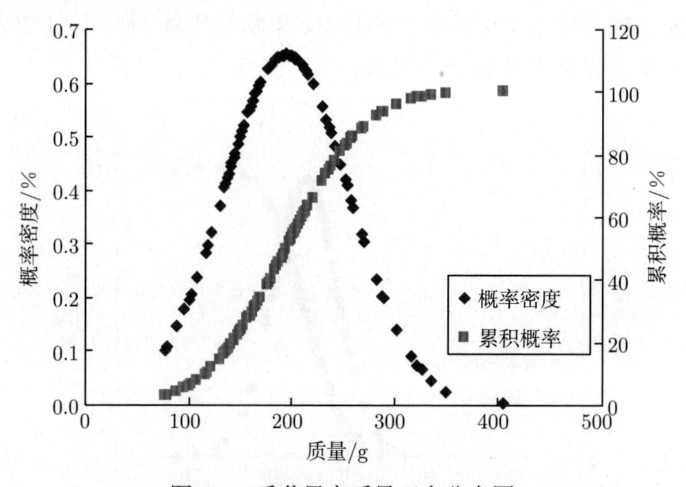

图 3.6　番茄果实质量正态分布图

表 3.3　两个品种番茄的物理特性

物理特性参数	粉冠 906		金光 28		显著性检验
	三心室	四心室	五心室	六心室	
孔隙率 e/%	6.49±5.47	11.50±8.77	9.39±7.40	4.78±5.91	ns
体密度 ρ_{b}	0.95±0.07	1.04±0.06	0.92±0.09	0.93±0.07	ns
果皮密度 ρ_{p}	1.05±0.07	1.09±0.12	1.01±0.14	0.95±0.07	
胶体密度 ρ_{g}	0.96±0.16	1.04±0.13	0.99±0.06	1.07±0.12	

注：ns 表示不显著。

3.4 番茄果实的组元力学特性

3.4.1 试验材料、仪器与方法[235]

1. 试验材料

试验所选材料为粉冠 906 和金光 28 两个品种的半成熟期番茄。当番茄被运至实验室后，清洗番茄表面并晾干。番茄的结构如图 3.7 所示，用刀沿番茄的纵轴方向取出 1/4 体, 而后分离其表皮、果皮和胶体组织，最后制成标准试样，如图 3.7 所示。24 h 内完成番茄表皮、果皮和胶体组织的力学特性测定，室内温度为 25.9 ℃，湿度为 56.6%。

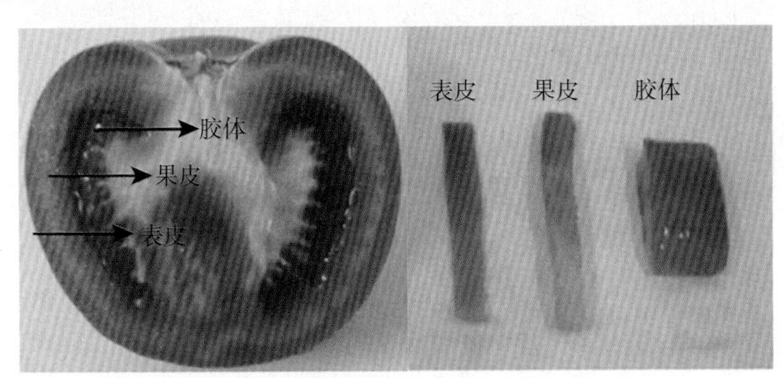

图 3.7 番茄的表皮、果皮和胶体试样

2. 试验仪器

试验所用仪器有：TA-XT2i 质地分析仪 (英国 Stable Micro Systems 公司)；500-196-20 电子数显游标卡尺 (日本三丰量具厂，精度：0.01mm)；SF-400 电子秤 (苏州博泰伟业电子科技有限公司，量程：0~1000g，精度：0.1g)；Kestrel 4000 手持气象站 (温度量程：−29~70 ℃，精度：0.1 ℃；湿度量程：0~100%，精度：0.1%)。

TA-XT2i 质地分析仪的备用探头较多，根据所要进行的测试项目具体选用。本试验中分别选用 P50、A/TG、HDP/KBS 和 HDP/3PB 探头做相应的压缩试验、拉伸试验、剪切试验和弯曲试验。

3. 试验方法

该试验中番茄表皮材料的力学特性通过拉伸试验和剪切试验测定，果皮材料的力学特性通过压缩试验、拉伸试验、剪切试验和弯曲试验测定，胶体材料的力学特性通过压缩试验和剪切试验测定。试验前用一个质量为 5 kg 的砝码对质地仪进行校准，并设定加载前后速度为 1 mm/s，加载时速度为 0.1 mm/s。试验时，先用游标卡尺 (精度：0.01 mm) 测定切片的厚度 d，并标号。每组试验重复 10 次。

1) 压缩力学特性

试验时，把果皮切片和胶体切片制成标准试样，果皮试样几何尺寸 (长 × 宽)：10 mm×5 mm；胶体试样几何尺寸 (长 × 宽)：16 mm×8 mm。随后将果皮和胶体试样依次平放在测试台上，用 P50 探头沿试样的长度方向进行压缩 60%，如图 3.8 所示。压缩过程中，力–位移曲线被实时记录在计算机上。最后从所获得的力–位移曲线中提取果皮和胶体材料的力学参数：压缩弹性模量、失效正应力、失效纵向线应变和失效应变能。

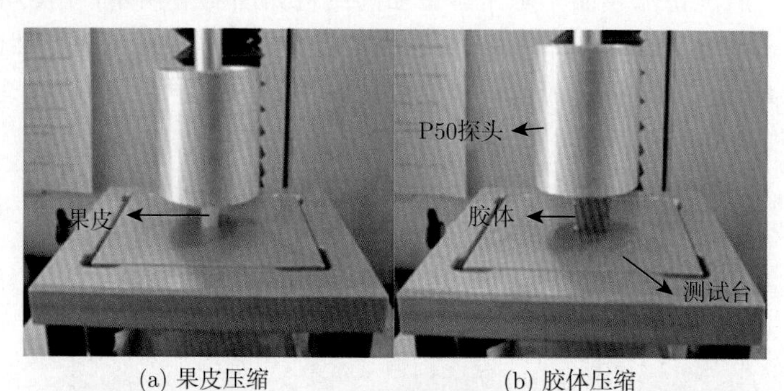

(a) 果皮压缩　　(b) 胶体压缩

图 3.8　压缩试验

各力学参数的相应计算公式如下[242−244]：

$$\sigma_{\mathrm{c}}=\frac{F_{\mathrm{c\,max}}}{A_{\mathrm{c}}}=\frac{F_{\mathrm{c\,max}}}{wd} \tag{3.3}$$

式中，σ_{c} 为材料压缩失效时的正应力 (MPa)；$F_{\mathrm{c\,max}}$ 为材料压缩失效时的最大纵向压力 (N)；A_{c} 为材料的横截面面积 (mm^2)；w 为材料的横截面宽度 (mm)；d 为材料的横截面厚度 (mm)。

$$\varepsilon_{\mathrm{c}}=\frac{\Delta L}{L} \tag{3.4}$$

式中，ε_{c} 为材料压缩失效时的纵向线应变 (%)；ΔL 为材料压缩失效时的纵向绝对变形 (mm)；L 为压缩前试样的标距 (mm)。

$$E_{\mathrm{c}}=\frac{\sigma_{\mathrm{c}}}{2\varepsilon_{0.5_{\sigma_{\mathrm{c}}}}} \tag{3.5}$$

式中，E_{c} 为材料的压缩弹性模量 (MPa)；$\varepsilon_{0.5\sigma_{\mathrm{c}}}$ 为当试样所受正应力为压缩失效正应力的 50%时所对应的纵向线应变 (%)。

$$E_{\mathrm{rec}}=\int_0^{\varepsilon_{\mathrm{c}}}\sigma\mathrm{d}\varepsilon \tag{3.6}$$

式中，E_{rec} 为材料压缩失效时的应变能 (kJ/m^3)；σ 为材料压缩时所受的正应力 (MPa)；ε 为材料压缩时所产生的纵向线应变 (%)。

2) 拉伸力学特性

试验时，把表皮切片和果皮切片制成标准试样，几何尺寸 (长 × 宽)：40 mm × 3 mm。随后将表皮和果皮试样依次用 A/TG 探头沿试样的长度方向进行拉伸 10 mm，并记录下上下探头之间的标距，如图 3.9 所示。

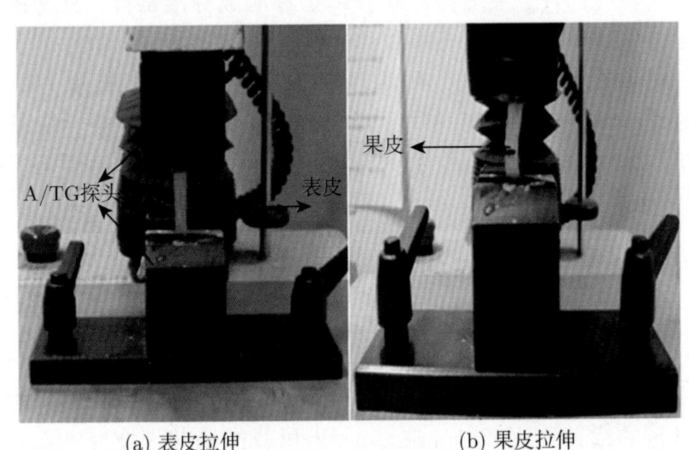

(a) 表皮拉伸　(b) 果皮拉伸

图 3.9 拉伸试验

拉伸过程中，力–位移曲线被实时记录在计算机上。最后从所获得的力–位移曲线中提取表皮和果皮材料的力学参数：拉伸弹性模量、破坏应力、破坏应变和破坏能。力学参数的相应计算公式如下[244−249]：

$$\sigma_{\mathrm{l}} = \frac{F_{\mathrm{l\,max}}}{A_{\mathrm{l}}} = \frac{F_{\mathrm{l\,max}}}{wd} \tag{3.7}$$

式中，σ_{l} 为材料拉伸失效时的正应力 (MPa)；$F_{\mathrm{l\,max}}$ 为材料拉伸失效时的最大纵向压力 (N)；A_{l} 为材料的横截面面积 (mm^2)；w 为材料的横截面宽度 (mm)；d 为材料的横截面厚度 (mm)。

$$\varepsilon_{\mathrm{l}} = \frac{\Delta L}{L} \tag{3.8}$$

式中，ε_{l} 为材料拉伸失效时的纵向线应变 (%)；ΔL 为材料拉伸失效时的纵向绝对变形 (mm)；L 为拉伸前试样的标距 (mm)。

$$E_{\mathrm{l}} = \frac{\sigma_{\mathrm{l}}}{2\varepsilon_{0.5_{\sigma_{\mathrm{l}}}}} \tag{3.9}$$

式中，E_{l} 为材料的拉伸弹性模量 (MPa)；$\varepsilon_{0.5_{\sigma_{\mathrm{l}}}}$ 为当试样所受正应力为拉伸失效正应力的 50%时所对应的纵向线应变 (%)。

$$E_{\mathrm{rel}} = \int_0^{\varepsilon_{\mathrm{c}}} \sigma \mathrm{d}\varepsilon \tag{3.10}$$

式中，E_{rel} 为材料拉伸失效时的应变能 (kJ/m^3)；σ 为材料拉伸时所受的正应力 (MPa)；ε 为材料拉伸时所产生的纵向线应变 (%)。

3) 剪切力学特性

试验时，把表皮切片、果皮切片和胶体切片制成标准试样，表皮和果皮试样的几何尺寸 (长 × 宽)：40 mm×5 mm；胶体试样几何尺寸 (长 × 宽)：40 mm×10 mm。随后将表皮、果皮和胶体试样依次用 HDP/BS 探头沿试样的厚度方向进行剪切直至剪断，如图 3.10 所示。剪切过程中，力–位移曲线被实时记录在计算机上，最后从所获得的力–位移曲线中提取表皮、果皮和胶体材料的极限切应力。相应计算公式如下[245,247,250−252]：

$$\tau_{\mathrm{s}} = \frac{F_{\mathrm{s\,max}}}{A_{\mathrm{s}}} = \frac{F_{\mathrm{s\,max}}}{wd} \tag{3.11}$$

式中，τ_{s} 为材料剪切时的极限切应力 (MPa)；$F_{\mathrm{s\,max}}$ 为材料失效时的最大剪力 (N)；A_{s} 为材料的横截面面积 (mm^2)；w 为材料的横截面宽度 (mm)；d 为材料的横截面厚度 (mm)。

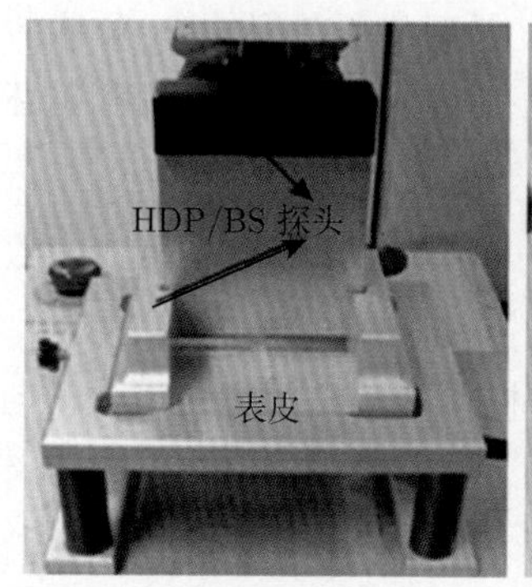

(a) 表皮剪切

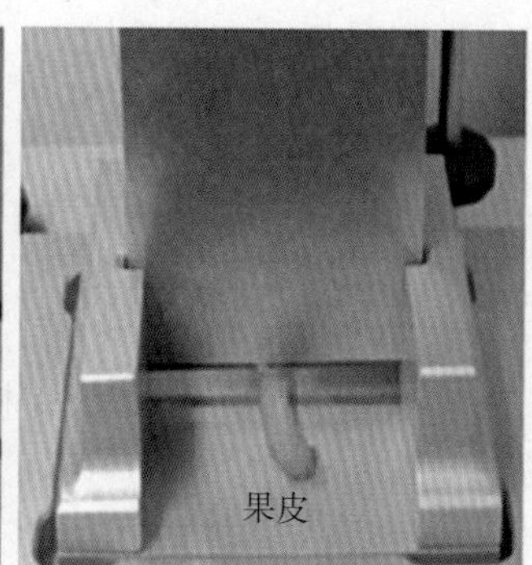

(b) 果皮剪切

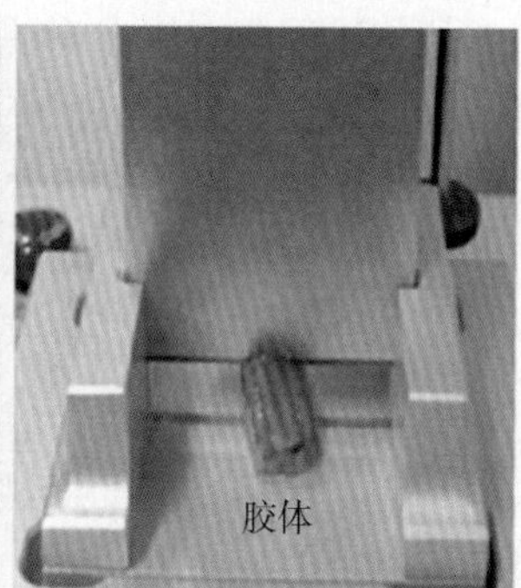

(c) 胶体剪切

图 3.10　剪切试验

4) 弯曲力学特性

试验时，把果皮切片制成标准试样，几何尺寸 (长 × 宽)：40 mm×5 mm。随后将果皮试样用 HDP/3PB 探头沿试样的厚度方向进行三点弯试验直至试样断裂，梁跨度为 16 mm，如图 3.11 所示。弯曲过程中，力–位移曲线被实时记录在计算机上。最后从所获得的力–位移曲线中提取果皮材料的弯曲力学参数：抗弯强度和最大挠度。三点弯试验的理论分析如下[253−255]：

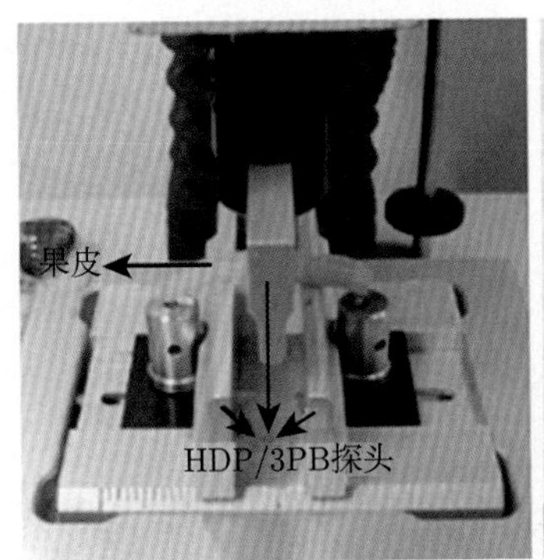

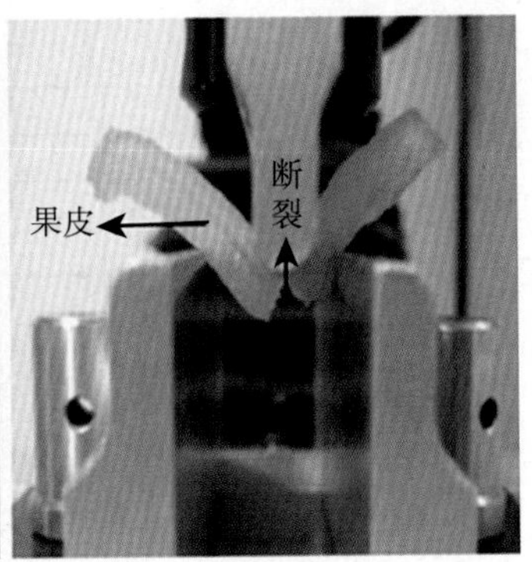

图 3.11 弯曲试验

(1) 梁所受的最大弯矩 $M_{\max}$。

三点弯试验可简化为图 3.12(a)。梁的弯矩图如图 3.12(b) 所示。

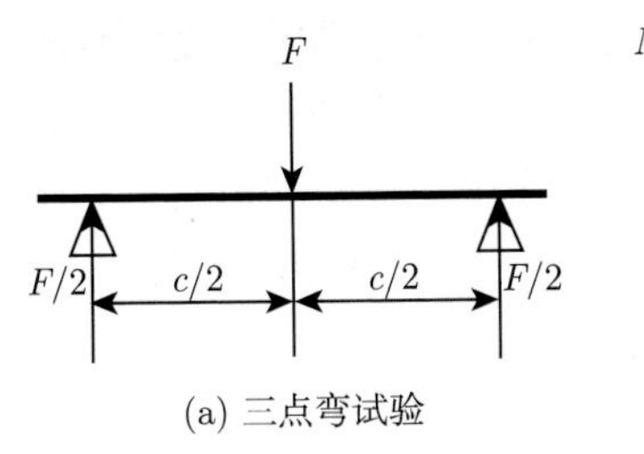

(a) 三点弯试验

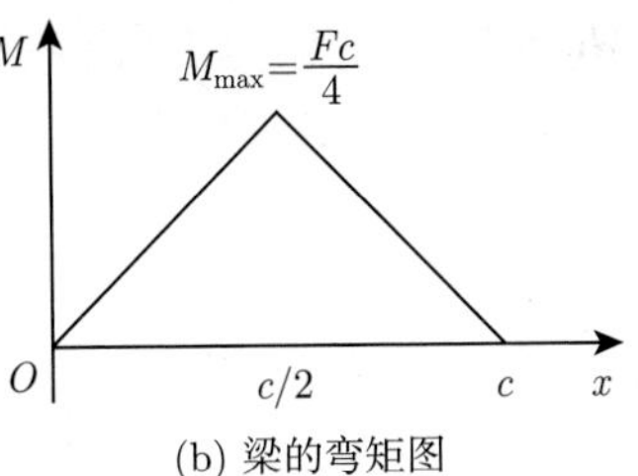

(b) 梁的弯矩图

图 3.12 弯矩图

弯矩函数：

$$M = \frac{F}{2}x \quad \left(0 < x < \frac{c}{2}\right) \tag{3.12}$$

从以上分析可得梁所受的最大弯矩 $M_{\max}$：

$$M_{\max} = \frac{Fc}{4} \tag{3.13}$$

式中，M 为梁所受的弯矩 (N·mm)；$M_{\max}$ 为梁所受的最大弯矩 (N·mm)；F 为施加在梁上的作用力 (N)；c 为梁的跨度 (mm)。

(2) 梁弯曲时的抗拉强度 $\sigma_{\mathrm{t}\max}$ 和抗压强度 $\sigma_{\mathrm{c}\max}$。

当材料的压缩弹性模量与拉伸弹性模量不相等时，中性轴不通过试样横截面的几何中心，如图 3.13 所示。

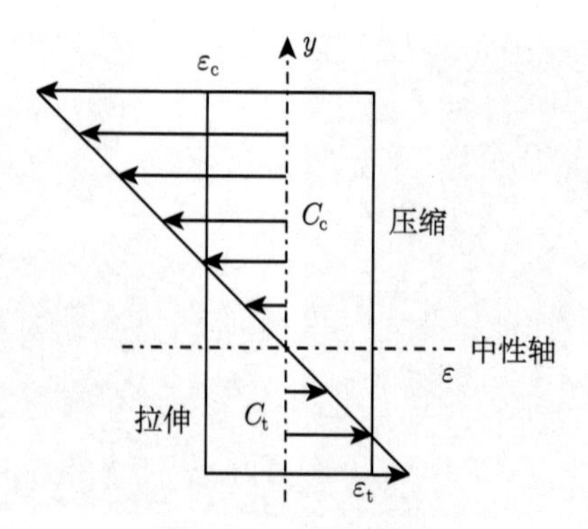

图 3.13 弯曲截面

纵向正应变随着到中性轴的距离 y 呈线性变化，见式 (3.14)：

$$\varepsilon_{y_c}=-\frac{y_c}{C_c}\varepsilon_{c\max},\quad \varepsilon_{y_t}=-\frac{y_t}{C_t}\varepsilon_{t\max} \tag{3.14}$$

式中，y_c 为梁中性轴到受压侧的距离 (mm)；y_t 为梁中性轴到受拉侧的距离 (mm)；C_c 为梁中性轴到受压侧边沿的距离 (mm)；C_t 为梁中性轴到受拉侧边沿的距离 (mm)；$\varepsilon_{c\max}$ 为梁受压边沿的应变；$\varepsilon_{t\max}$ 为梁受拉边沿的应变；ε_{y_c} 为距离梁中性轴 y_c 处的受压侧应变；ε_{y_t} 为距离梁中性轴 y_t 处的受拉侧应变。

根据相似三角形的特性，得

$$\frac{C_c}{C_t}=\frac{\varepsilon_c}{\varepsilon_t} \tag{3.15}$$

式中，ε_c 为梁的总压应变；ε_t 为梁的总拉应变。

假定材料在小变形范围内是线弹性的，$\sigma=E\varepsilon$ 成立，所以横截面上的压应力和拉应力满足式 (3.16)：

$$\sigma_{y_c}=-\frac{y_c}{C_c}\sigma_{c\max},\quad \sigma_{y_t}=-\frac{y_t}{C_t}\sigma_{t\max} \tag{3.16}$$

式中，σ_{y_c} 为距离梁中性轴 y_c 处的压应力 (MPa)；σ_{y_t} 为距离梁中性轴 y_t 处的拉应力 (MPa)。

由于整个横截面上分布应力合力为 0，故

$$\int_{A_t}\sigma_{y_t}\mathrm{d}A_t=\int_{A_c}\sigma_{y_c}\mathrm{d}A_c \tag{3.17}$$

式中，A_t 为受拉截面面积 (mm^2)；A_c 为受压截面面积 (mm^2)。

联立式 (3.14)、式 (3.15)、式 (3.16) 和式 (3.17)，得拉伸、压缩弹性模量与截面中性轴之间的关系：

$$\frac{E_c}{E_t}=\frac{C_t}{C_c} \tag{3.18}$$

横截面上：

$$C_t + C_c = d \tag{3.19}$$

式中，E_c 为压缩弹性模量 (MPa)；E_t 为拉伸弹性模量 (MPa)；d 为梁的厚度 (mm)。

等直梁纯弯曲时横截面上任一点正应力为

$$\sigma = \frac{My}{I_z} = \frac{12My}{wd^3} \tag{3.20}$$

式中，σ 为梁横截面上任一点处的正应力 (N)；I_z 为横截面关于中性轴的惯性矩 (mm^4)；M 为梁任一点处的弯矩 (N·mm)；y 为距离中性轴的距离 (mm)；w 为截面宽度 (mm)。

联立方程 (3.11)、(3.16)、(3.17) 和 (3.18)，可得试样在弯曲时的最大抗压强度和最大抗拉强度分别为

$$\sigma_{c\max} = \frac{3F_{\max}c}{wd^2} \cdot \frac{E_t}{E_t + E_c} \tag{3.21}$$

$$\sigma_{t\max} = \frac{3F_{\max}c}{wd^2} \cdot \frac{E_c}{E_t + E_c} \tag{3.22}$$

式中，$\sigma_{c\max}$ 为梁弯曲时的最大抗压强度 (MPa)；$\sigma_{t\max}$ 为梁弯曲时的最大抗拉强度 (MPa)；$F_{\max}$ 为材料断裂时的极限作用力 (N)。

3.4.2 试验结果与分析

1) 压缩力学特性

番茄的果皮和胶体材料在压缩过程中的力–位移曲线分别如图 3.14(a)、(b) 所示，OA 段近似直线，属于材料的弹性变形阶段，点 A 之后为材料的屈服阶段。

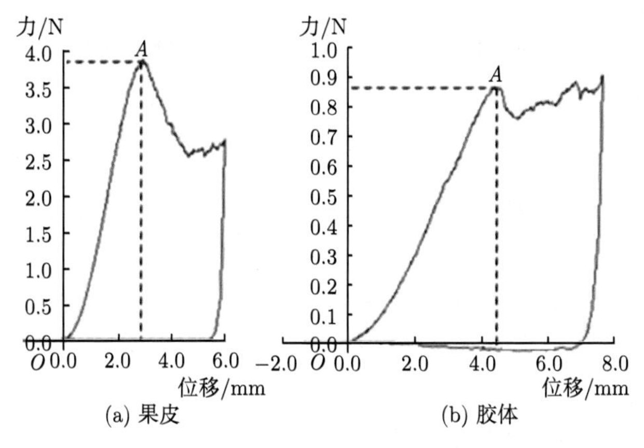

图 3.14 压缩过程中的力–位移曲线

从相应的力–位移曲线中提取果皮和胶体材料的力学参数，经计算后得两个品种番茄的果皮和胶体材料的压缩弹性模量 (E_c)、失效正应力 (σ_c)、失效纵向线应变 (ε_c) 和失效应变能 (E_{rec})，取 10 次试验的平均值，如表 3.4 所示。果皮材料的失效正应力、失效纵向线应变、压缩弹性模量和失效应变能分别大于胶体材料的相应力学参数。除胶体的压缩弹性模量和失效应变能外，金光 28 番茄果皮和胶体材料的失效正应力、失效纵向线应变、压缩弹性模量和失效应变能分别大于粉冠 906 番茄果皮和胶体材料的相应力学参数。由两因素方差分析结果可知，品种和组成材料对番茄的压缩力学特性影响显著 ($P < 0.05$)，粉冠 906 番茄果皮材料的失效正应力、失效纵向线应变、压缩弹性模量和失效应变能分别是胶体失效正应力、失效纵向线应变、压缩弹性模量和失效应变能的 10.17 倍、1.28 倍、5.85 倍和 3.30 倍；金光 28 番茄果皮材料的失效正应力、失效纵向线应变、压缩弹性模量和失效应变能分别是胶体失效正应力、失效纵向线应变、压缩弹性模量和失效应变能的 14.31 倍、0.98 倍、17.63 倍和 7.61 倍。金光 28 番茄果皮材料的失效正应力、失效纵向线应变、压缩弹性模量和失效应变能分别是粉冠 906 番茄果皮材料失效正应力、失效纵向线应变、压缩弹性模量和失效应变能的 1.88 倍、1.31 倍、1.17 倍和 1.95 倍；金光 28 番茄胶体材料的失效正应力和失效纵向线应变分别是粉冠 906 番茄胶体材料失效正应力和失效纵向线应变的 1.33 倍和 1.71 倍。

表 3.4 番茄果皮和胶体材料的压缩力学特性

品种	材料	σ_c/MPa	ε_c/%	E_c/MPa	E_{rec}/mJ
粉冠 906	果皮	0.122±0.03	25.758±1.654	0.726±0.142	8.033±1.724
	胶体	0.012±0.007	20.184±5.269	0.124±0.074	2.433±1.578
金光 28	果皮	0.229±0.101	33.853±4.022	0.846±0.058	15.671±4.725
	胶体	0.016±0.005	34.613±11.843	0.048±0.021	2.058±1.386

目前，通过压缩试验获得番茄果皮和胶体力学特性的文献较少。Alamar 等通过压缩试验研究了苹果果肉组织的力学特性，研究结果显示品种和储藏条件对苹果果肉组织的力学特性影响显著。苹果果肉组织的失效应力分布在 0.35~0.43 MPa，失效应变在 22.44%~29.49%，压缩弹性模量在 0.31~0.46 MPa[244]。Sadrnia 等通过压缩试验研究了西瓜果肉组织的力学特性，研究结果显示品种对西瓜果肉组织的力学特性影响显著。西瓜果肉组织的失效应力分布在 0.027~0.037 MPa，失效应变在 5.2%~9.5%，压缩弹性模量在 0.396~0.536 MPa[256]。相比之下，番茄果皮与苹果、西瓜果肉组织抵抗压缩变形的能力差别不明显。

2) 拉伸力学特性

番茄表皮和果皮材料在拉伸过程中的力–位移曲线分别如图 3.15(a)、(b) 所示。OA 段近似直线，属于材料的弹性变形阶段。

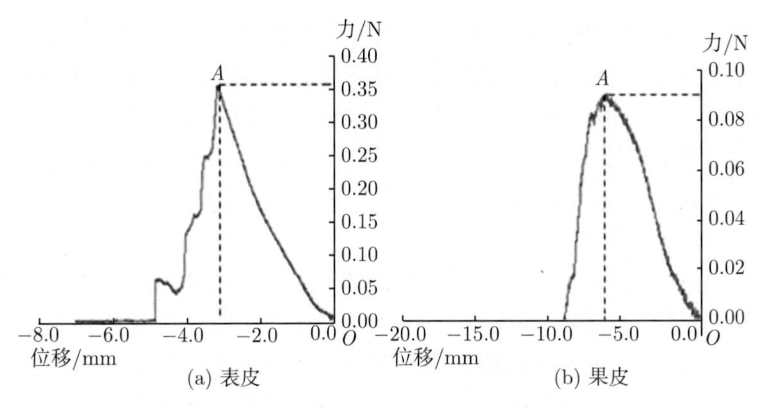

图 3.15 拉伸过程中的力–位移曲线

从力–位移曲线中提取两个品种番茄表皮和果皮材料的平均拉伸失效正应力 (σ_{l})、失效纵向线应变 (ε_{l})、拉伸弹性模量 (E_{l}) 和失效应变能 (E_{rel})，如表 3.5 所示。对于两个品种的番茄，表皮材料的拉伸失效正应力和弹性模量分别大于果皮材料的拉伸失效正应力和弹性模量。粉冠 906 番茄果皮和表皮材料的拉伸失效正应力和弹性模量分别大于金光 28 番茄表皮和果皮材料的拉伸失效正应力和弹性模量；而粉冠 906 番茄表皮和果皮材料的拉伸失效纵向线应变小于金光 28 番茄果皮和表皮材料的失效纵向线应变。由两因素方差分析结果可知，番茄的品种和组成材料对番茄的拉伸力学特性影响显著 ($P < 0.05$)。粉冠 906 番茄表皮材料的拉伸失效正应力和弹性模量分别是果皮材料拉伸失效正应力和弹性模量的 32.33 倍和 48.43 倍；金光 28 番茄表皮材料的拉伸失效正应力和弹性模量分别是果皮材料拉伸失效正应力和弹性模量的 30.07 倍和 34.59 倍。粉冠 906 番茄表皮材料的拉伸失效正应力和弹性模量分别是金光 28 番茄表皮材料拉伸失效正应力和弹性模量的 1.38 倍和 2.08 倍；粉冠 906 番茄果皮材料的拉伸失效正应力和弹性模量分别是金光 28 番茄果皮材料拉伸失效正应力和弹性模量的 1.29 倍和 1.49 倍。

表 3.5 番茄表皮和果皮材料的拉伸力学特性

品种	材料	σ_{l}/MPa	ε_{l}/%	E_{l}/MPa	E_{rel}/mJ
粉冠 906	表皮	0.582±0.028	6.929±1.173	9.59±2.186	0.347±0.129
	果皮	0.018±0.012	6.323±2.568	0.198±0.033	0.734±0.724
金光 28	表皮	0.421±0.144	8.551±1.401	4.601±1.419	0.837±0.326
	果皮	0.014±0.002	15.653±4.958	0.133±0.042	0.476±0.133

由表 3.5 可知，通过拉伸试验获得的番茄表皮和果皮的失效正应力分别分布在 0.421~0.582 MPa 和 0.014~0.018 MPa 范围之内，番茄表皮和果皮的拉伸弹性模量分别分布在 4.601~9.59 MPa 和 0.133~0.198 MPa 范围之内。试验所获得的

番茄表皮和果皮的弹性模量小于相关文献中所报道的。Bargel 和 Neinhuis 所做的拉伸试验结果显示：番茄表皮和果皮的破坏应力分别分布在 11~15 MPa 和 23~25 MPa 范围之内，番茄表皮和果皮的弹性模量分别分布在 99.5~141.7 MPa 和 173.8~229.2 MPa 范围之内[257]。Batal 等的研究结果显示：番茄果皮的失效应力分布在 0.9~1.7 MPa 范围之内，成熟番茄果皮的弹性模量分布在 10~20 MPa 范围之内[258]。Matas 等的研究结果显示：番茄表皮的失效应力分布在 1~1.2 MPa 范围之内[259]。这些测试结果不一致的原因较多，因为生物质材料的力学特性测定结果依赖于所取试样的品种、成熟度、材料组成、几何尺寸、微观缺陷和加载速度等[257,259−261]。此外 Singh 等通过拉伸试验获得的橘皮的平均失效应力和弹性模量分别为 0.173 MPa 和 1.57 MPa[247]。Alamar 等通过拉伸试验获得的苹果果肉组织的失效应力和弹性模量分别分布在 0.22~0.24 MPa 和 3.19~3.91 MPa[244]。

比较从压缩试验和拉伸试验中获得的果皮力学特性可知：粉冠 906 番茄果皮的压缩失效正应力、失效纵向线应变、弹性模量和失效应变能比拉伸失效正应力、失效纵向线应变、弹性模量和失效应变能分别高 0.104 MPa、19.435%、0.528 MPa 和 7.3 mJ。金光 28 番茄果皮的压缩失效正应力、失效纵向线应变、弹性模量和失效应变能比拉伸失效正应力、失效纵向线应变、弹性模量和失效应变能分别高 0.215 MPa、18.2%、0.713 MPa 和 15.195 mJ。大多数生物质材料在拉伸和压缩时所表现出来的力学特性差异明显。Alamar 等通过研究指出在压缩试验中，试样组织的破坏主要表现为由于压应力过大造成细胞壁破裂；在拉伸试验中试样组织的破坏主要表现为细胞壁撕裂，从而细胞与细胞之间失去边界[244]。由于微观组织失效形式的不同，从而导致生物质材料在压缩和拉伸试验中表现出不同的力学特性。从应变上判断，在压缩时，由于组织内部细胞与细胞之间存在间隙，压缩过程中间隙的缩小是失效纵向线应变的一个主要组成部分，因此在压缩试验中测得的失效纵向线应变大于在拉伸过程中测得的失效纵向线应变。

3) 剪切力学特性

番茄表皮、果皮和胶体材料在剪切过程中的力–位移曲线分别如图 3.16(a)、(b) 和 (c) 所示。从图中可以看出在剪切过程中，番茄表皮、果皮和胶体材料的切应力与截面应变之间呈非线性关系，点 A 为剪断试样所需的最大剪力点。

从力–位移曲线中提取两个品种番茄表皮、果皮和胶体材料的平均极限切应力，如表 3.6 所示。由两因素方差分析结果可知，番茄的品种和组成材料对番茄的剪切力学特性影响显著 ($P < 0.05$)。对于两个品种的番茄，表皮材料的极限切应力最大，胶体材料的极限切应力最小。粉冠 906 番茄表皮和果皮材料的极限切应力比金光 28 番茄表皮和果皮材料的极限切应力分别高 0.928 MPa 和 0.004 MPa，粉冠 906 番茄胶体材料的极限切应力比金光 28 番茄胶体材料的极限切应力低 0.015 MPa。

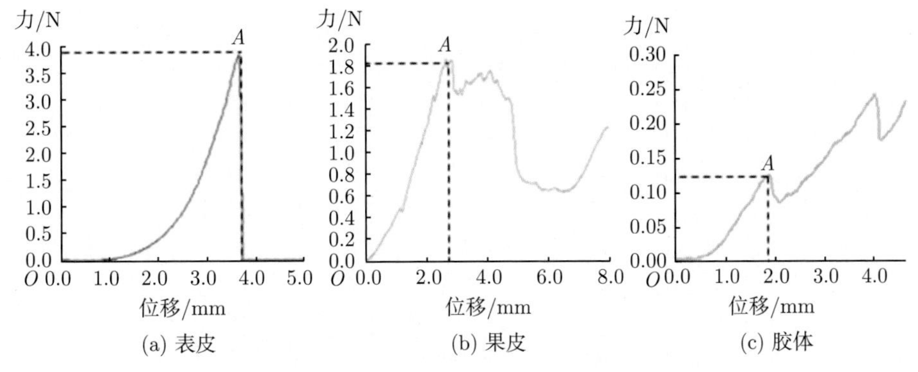

图 3.16 剪切过程中材料的力–位移曲线

表 3.6 番茄表皮、果皮和胶体材料的剪切力学特性

品种	材料	τ_s/MPa
粉冠 906	表皮	2.981±1.033
	果皮	0.073±0.024
	胶体	0.007±0.005
金光 28	表皮	2.053±0.487
	果皮	0.069±0.03
	胶体	0.022±0.01

据现有文献，对番茄果实剪切弹性模量的测定文献还较少，Kabas 等通过单轴向压缩试验测定番茄整果的横向和纵向应变，最后获得番茄的泊松比为 0.335[262]。Gładyszewska 和 Ciupak 在番茄表皮的拉伸试验中通过显微镜观察测得番茄表皮的泊松比为 0.74[263]。Thompson 测得番茄表皮的泊松比为 0.72[264]。王芳等指出通常水果和蔬菜的泊松比在 0.2~0.5[265]。

4) 弯曲力学特性

番茄果皮材料在弯曲过程中的力–位移曲线如图 3.17 所示。点 A 为试样出现断裂失效时在相应力–位移曲线上所对应的点，其横坐标表示果皮试样断裂时的最大位移，纵坐标表示果皮试样断裂时的极限作用力。

由于番茄的果皮材料压缩弹性模量和拉伸弹性模量不同，故中性轴不通过果皮试样横截面的几何中心，从力–位移曲线中提取两个品种番茄果皮材料的极限作用力，代入式 (3.18)、式 (3.19) 和式 (3.22)，得番茄果皮材料在弯曲时的最大抗拉强度、最大抗压强度、最大挠度以及中性轴距受压边缘和受拉边缘的距离，如表 3.7 所示。

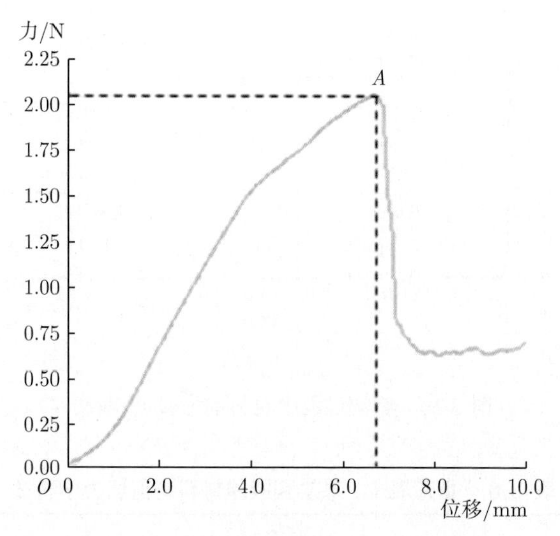

图 3.17　弯曲过程中果皮的力–位移曲线

表 3.7　番茄果皮材料的弯曲力学特性

品种	$\sigma_{c\,max}$/MPa	C_c/mm	$\sigma_{t\,max}$/MPa	C_t/mm	D/mm
粉冠 906	0.065±0.011	1.127±0.192	0.238±0.041	4.131±0.706	6.505±1.991
金光 28	0.054±0.018	0.758±0.059	0.343±0.117	4.823±0.376	8.627±3.017

3.5　番茄整果的压缩力学特性

3.5.1　挤压力–变形特性[237,238]

1. 试验材料与方法

1) 试验材料与试验设备

实际生产中为方便贮藏和运输，番茄多在绿熟期采摘，就地销售和加工可选择初熟期和半熟期采摘。故根据成熟度，取青果期、绿熟期、初熟期、半熟期番茄各 20 个进行果实挤压特性试验，番茄的横、纵向直径分别为 56.2~91.5mm 和 53.8~78.5mm。试验在 WDW30005 型微控电子万能试验机上进行，力传感器的量程为 1000N，精度 ±0.5%，分辨率 ±1/120 000，可由微机自动控制加载与卸载并自动完成数据采集。图 3.18 为该试验机及其加载情况。

2) 试验方法

试验采用平板压缩方式，由上下压盘加载，试验中加载速率设定为 0.25mm/s。不同成熟度果实随机分为两组，每组 10 个，分别进行轴向和径向挤压试验。

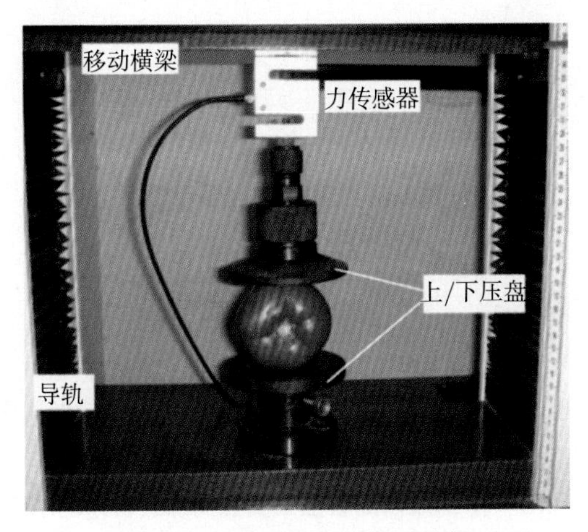

图 3.18 微控电子万能试验机

2. 试验结果与分析

1) 番茄果实的挤压力–变形规律

对不同成熟度番茄分别进行的轴向、径向挤压试验表明，其挤压力与变形量之间具有相似的曲线关系 (图 3.19)，即从开始挤压至果皮出现裂纹阶段，挤压力与变形量近似直线关系；破裂后挤压力仍持续上升至一定峰值，而后骤然下降；待变形量足够大时，挤压力又剧烈上升。挤压过程中无明显生物屈服点出现。

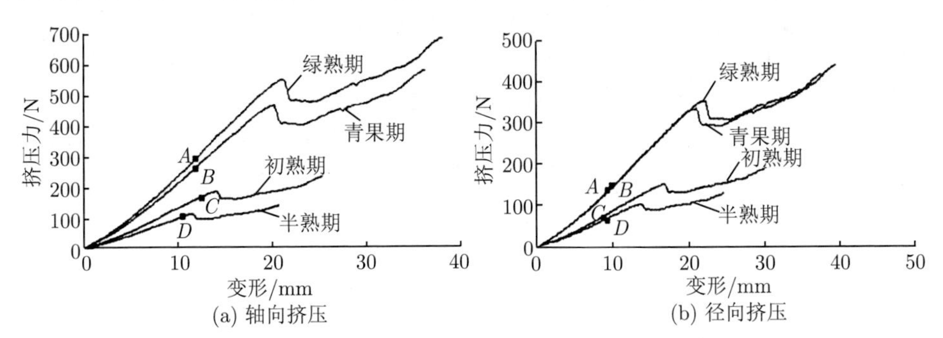

图 3.19 番茄果实挤压力–变形曲线

A. 绿熟期破裂点；*B*. 青果期破裂点；*C*. 初熟期破裂点；*D*. 半熟期破裂点

径向加载初期番茄的平均挤压力–变形关系如图 3.20 所示。在某些工程问题中，可以利用加载初期番茄果实所受挤压力与其变形的近似线性关系，将其简化为弹性问题进行分析。根据试验结果，不同成熟期番茄果实径向加载初期的弹性关系式及刚度如表 3.8 所示。

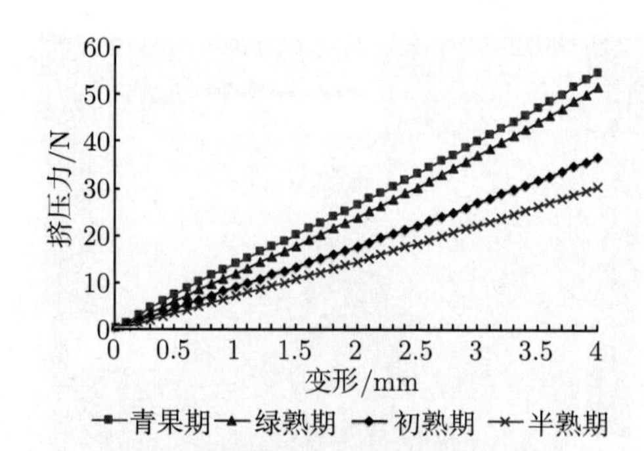

图 3.20　径向加载初期番茄的平均挤压力–变形关系

表 3.8　不同成熟期番茄果实径向加载初期的刚度

成熟期	刚度/(N/mm)	误差限
青果期	13.63	[−2.48，2.22]
绿熟期	12.83	[−4.97，2.72]
初熟期	9.11	[−2.99，4.59]
半熟期	7.51	[−2.56，2.48]

2) 果实抗挤压能力与加载方向的关系

番茄果实的轴向、径向挤压强度差异较大，具有明显的各向异性特征。如图 3.19 和表 3.9 所示，同一成熟度下番茄的轴向挤压破裂力、挤压力峰值均明显大于径向，其相应变形量也大于径向，表明番茄的轴向抗挤压能力显著超过径向。

表 3.9　番茄果实挤压破裂力与破裂变形

加载方向	试验结果	青果期		绿熟期		初熟期		半熟期	
		破裂力/N	破裂变形/mm	破裂力/N	破裂变形/mm	破裂力/N	破裂变形/mm	破裂力/N	破裂变形/mm
轴向	最大值	382.2	13.1	398.9	15.7	282.3	15.6	166.5	12.8
	均值	265.33	11.59	308.99	12.37	179.56	12.80	106.51	10.77
	最小值	215.3	9.8	183.5	9.4	126.7	11.3	76.1	9.3
径向	最大值	228.1	12.1	256.9	12.3	101.8	11.5	101.2	12.7
	均值	143.08	9.23	155.27	9.72	80.68	8.82	72.52	10.73
	最小值	98.9	7.5	56.8	7.3	46.8	5.0	50.1	9.3

轴向加载时，当载荷达到最大挤压破裂力时，果皮均沿轴向出现细微裂纹，裂纹随载荷增加而逐渐增大，直至完全破坏；径向加载时，裂纹一般首先出现在果蒂周围放射性延伸的凹纹处 (图 3.21)。

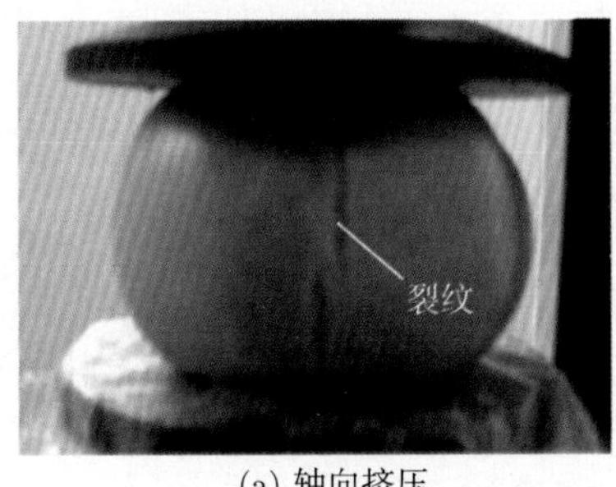

(a) 轴向挤压

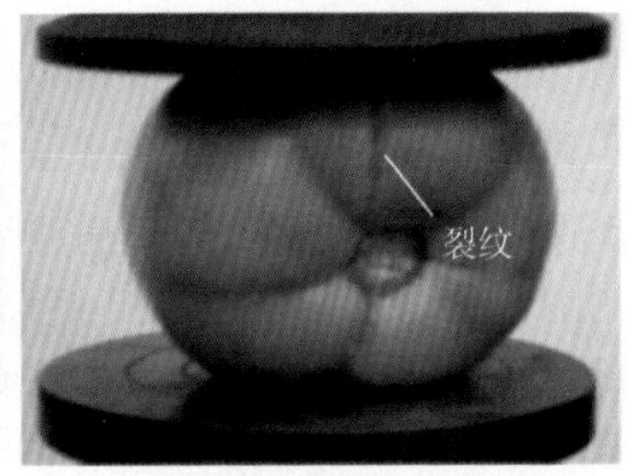

(b) 径向挤压

图 3.21 不同加载方向的裂纹形式

3) 果实抗挤压能力的个体差异性

试验发现 (图 3.22)，即使在同一成熟期内，不同番茄的抗挤压能力也有明显差异。虽然青果期和绿熟期果实的平均抗挤压能力明显高于初熟期和半熟期，但青果期或绿熟期较弱果实的挤压破裂力甚至可能会低于初熟期和半熟期的较强果实。

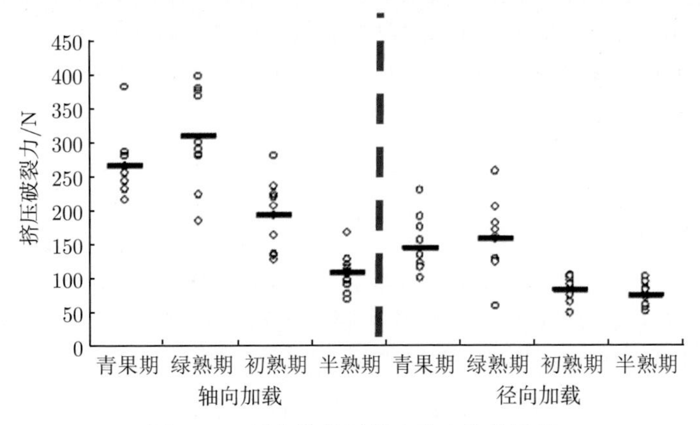

图 3.22 果实抗挤压能力的个体差异性

4) 果实抗挤压能力与成熟度的关系

由图 3.22 及表 3.9 可以看出，不同成熟度番茄果实的抗挤压能力具有明显差异。无论轴向和径向加载，不同成熟度果实出现裂纹时刻的挤压变形量相近，但挤压破裂力相差很大。不同成熟度番茄果实的挤压破裂力与平均峰值力的比值 N_{c0}/N_{cp} 也具有明显差异。在绿熟期和青果期，当表皮出现破裂后，果实仍维持较强的抗挤压强度，在达到较大变形量后挤压力才达到峰值；而初熟期和半熟期，果皮破裂后挤压力很快达到峰值。挤压破裂力和挤压峰值力均有如下关系：

$$\text{绿熟期} > \text{青果期} > \text{初熟期} > \text{半熟期}$$

而挤压破裂力与平均峰值力的比值 N_{c0}/N_{cp} 则恰恰相反：

$$\text{绿熟期} < \text{青果期} < \text{初熟期} < \text{半熟期}$$

3.5.2 蠕变特性[267]

1. 试验材料

试验所选用材料为金棚 5 号番茄，手工采自镇江市官塘桥番茄种植基地。根据国家标准 SB/T 10331—2000 中关于番茄成熟期的界定，手工随机摘取绿熟期 (绿色转为白绿色)、变色期 (果脐出现黄色或淡红晕斑，果实着红面不到 10%)、红熟前期 (果实着红面 10%~30%)、红熟中期 (果实着红面 40%~60%) 番茄各 10 个，番茄的赤道直径 67.25~82.77 mm(垂直于果柄方向)，高度 55.84~75.12 mm(平行于果柄方向)，质量 143.9~250.8 g，于采后 36 h 内完成试验。

2. 试验设备方法

试验在 TA-XT2i 质地分析仪 (英国 Stable Micro Systems 公司) 上进行，选用直径 5 mm 圆柱形探头，对番茄果实进行穿刺测试。设定蠕变试验模式，首先于果实赤道位置快速加载至依据穿刺加载预试验所确定的恒定载荷值 5N，保持恒定载荷时间为 50 s，而后快速卸载，测前与测后返回速度均为 1.0 mm/s。卸载 50 s 后完成单次样本试验。试验过程中的力、变形和时间由设备自动记录保存，设备的数据采样频率为 200 点/s。

3. 试验结果

对每一样本分别采样获得 20 000 个数据点。不同成熟度番茄果实蠕变与卸载试验的力–变形和变形–时间曲线分别如图 3.23(a) 和 (b) 所示。试验过程中，首先快速加载至恒定载荷 (加载段)，果实产生瞬时初始变形；探头保持恒定载荷 50 s(蠕变段)，番茄果实发生蠕变变形，变形逐渐增加；而后快速卸载 (卸载段)，果实先发生一定的瞬时变形恢复，而后继续缓慢直至保持一定永久变形水平。由图 3.23 可见，随着成熟度的增加，瞬时初始变形、蠕变变形和永久变形值均相应增大。

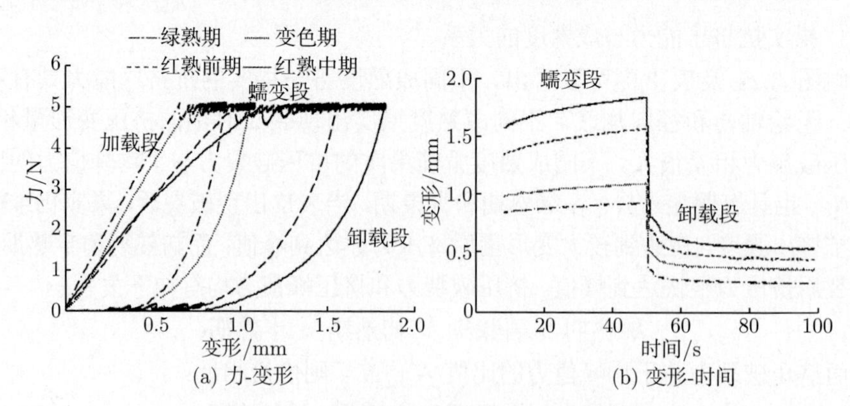

图 3.23 番茄果实蠕变–恢复试验曲线

四个不同成熟期番茄的典型蠕变特性曲线如图 3.23 所示。可以看出成熟度对蠕变特性曲线有较明显的影响。番茄蠕变两个阶段的临界应变值随着成熟度水平的提高而显著增大。番茄蠕变的应变量随成熟度的变化关系是：红熟中期＞红熟前期＞变色期＞绿熟期，反映了番茄果实的坚实度随成熟度提高而降低。

在番茄蠕变过程中，变形量分为两部分，压缩变形量和蠕变变形量。通过质地分析仪专用软件对各成熟期番茄果实的蠕变量进行计算，如表 3.10 所示。

表 3.10 不同成熟期番茄的蠕变量

成熟期	最大值/mm	最小值/mm	平均值/mm	标准差
绿熟期	0.277	0.225	0.248	0.0270
变色期	0.478	0.333	0.405	0.0642
红熟前期	0.593	0.440	0.504	0.0559
红熟中期	0.602	0.485	0.553	0.0471

可以明显看出，在相同的加载力条件下，果实的成熟度越高，其蠕变量越大。这是由于成熟度较低的番茄果实中不溶性果胶的含量较高，因而组织坚硬不易变形；随着番茄的成熟度提高，果实中的不溶性果胶物质逐渐降解为可溶性果胶，果实逐渐变软且富有弹性[267,268]，果实在相同外力作用下更易产生变形和机械损伤，这与刘继展等[269]的研究是一致的。因此在机械收获、包装、运输过程中，番茄成熟度水平越高，越容易造成机械碰撞及损失。

3.5.3 应力松弛特性[266]

所谓应力松弛，是指黏弹性物体在瞬间加载产生相应变形，然后保持这一变形放置时，应力随时间的延长而减小的现象。

1. *材料与方法*

1) 材料与设备

试验所选用材料为金棚 5 号番茄，手工采自镇江市官塘桥番茄种植基地。根据国家标准 SB/T 10331—2000 中关于番茄成熟期的界定，手工摘取绿熟期、变色期、红熟前期、红熟中期番茄各 10 个，于采后 36 h 内完成试验。番茄的横向赤道面直径 62.90~79.75mm(垂直于果柄方向)，高度 56.13~69.47mm(平行于果柄方向)，质量 136.0~239.8g。

试验仪器同上节蠕变特性试验。

2) 试验方法

试验前准备同上节蠕变特性试验，质地分析仪的参数设置如下：压缩过程中测试受力 (measure force in compression)、测试模式：保持恒定时间返回初始位置 (hold until time)；测前与测后速度：1.0mm/s；保持时间：100s；探头类型：P100，曲

线记录方式 (stop plot at) 选择 Target。其他选项为默认值。然后打开 Run a Test 对话框，选择保存的路径。试验后数据采用 SPSS 17.0 数理统计软件进行分析。

应力松弛试验过程中，探头将所测样品压缩到设定变形后保持一定的时间，测试探头受力随时间的变化关系，输出 F–t 曲线。压缩–应力松弛测试可以分为两个部分：压缩曲线段和松弛曲线段。从压缩段可以分析得出压缩斜率、峰值力以及压缩做功 (压缩曲线面积) 等反映物料流变特性的参数。试验中采集到的数据需要从专用软件 Texture Expert 上导出至 Excel，然后进行流变模型的拟合。

2. 试验结果与分析

1) 不同成熟度番茄整果的应力松弛试验曲线

为消除番茄的大小对试验测试的影响，应力松弛试验中设定压缩量为直径的 5%，舍去试验的瞬间压缩段，将测试到的力与对应番茄的压缩量的比值作为纵轴测试量，作出四个不同成熟期番茄应力松弛曲线如图 3.24 所示。可以看出不同成熟期番茄的应力松弛具有相似的曲线关系，加载至设定压缩量之后保持变形量恒定，番茄开始产生应力松弛，力与变形量的比值不断减小，即对于同一变形量，内部的应力不断减小。

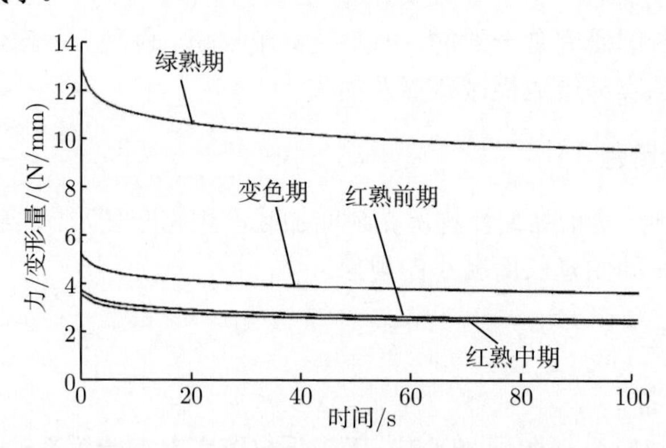

图 3.24　不同成熟期番茄的应力松弛曲线

成熟度对番茄整果的应力松弛特性影响显著，随着成熟度水平的提高，番茄应力松弛过程力与变形量的比值不断降低，其降低的速率也不断减小，表明应力松弛过程的应力降低越来越缓慢。红熟前期与红熟中期番茄整果的应力松弛曲线相差不大，可能的原因是红熟前期及红熟中期番茄在果实结构上都基本成型，其成分及果胶含量差别不显著。

2) 不同成熟度番茄应力松弛最大力分析

黏弹性体在受力变形时，存在着回复变形的弹性应力，但是由于内部粒子也具有流动的性质，当在内部应力作用下，各部分粒子流动达到平衡位置，产生永久变形时，内部的应力也就消失。应力松弛试验过程可以分为压缩段和应力松弛段，在压缩段转向应力松弛段时，将出现试验过程中的最大力，即应力松弛过程的初始应力。图 3.25 反映了四个不同成熟期番茄在试验中的最大力分布以及各成熟期最大力的平均值，可以看出：应力松弛试验过程中，绿熟期到变色期，最大力出现锐减，之后最大力呈缓慢下降的趋势，反映了达到相同压缩率时所需的力随成熟度提高而降低的趋势。

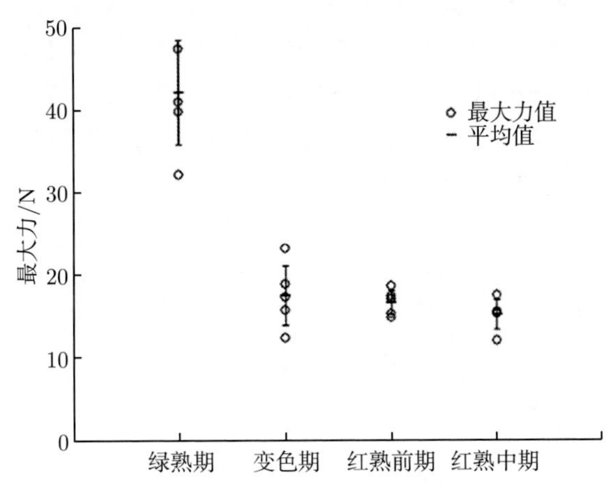

图 3.25　不同成熟期番茄应力松弛过程中的峰值力

3.5.4　加卸载特性[267]

加卸载试验测试是测定物料的弹塑性参数，从加载–卸载循环曲线中可以分析加载段的压缩力、刚度、弹性度和滞后损失。

1. *材料与方法*

1) 材料与设备

试验选用材料为金棚 5 号番茄，手工采自镇江市官塘桥番茄种植基地。根据国家标准 SB/T 10331—2000 中关于番茄成熟期的界定，手工摘取绿熟期、变色期、红熟前期、红熟中期番茄各 10 个，于采后 36 h 内完成试验。番茄的横向赤道面直径 61.22~80.82mm(垂直于果柄方向)，高度 52.97~69.36mm(平行于果柄方向)，质量 132.2~241.5g。

试验仪器同蠕变特性试验。

2) 试验方法

试验前设置如蠕变特性试验，质地分析仪的参数设置如下：压缩过程中测试受力 (measure force in compression)；测前与测后速度：1mm/s；压缩量为 12%，保持时间：100s；探头类型：P100，曲线记录方式 (stop plot at) 选择 Final。其他选项为默认值。然后打开 Run a Test 对话框，选择保存的路径。试验后数据采用 SPSS 17.0 数理统计软件进行分析。

2. 试验结果及分析

1) 番茄加卸载过程典型分析曲线

不同成熟期番茄典型的加卸载曲线 (F–D) 如图 3.26，图 3.27 所示。不同成熟期的番茄在加载–卸载试验中具有相似的曲线关系。曲线可分为加载段 (AB) 和卸载段 (BC) 两部分，闭环的面积即为番茄的塑性应变能。AD 为加载过程中产生的总变形量 D，AC 为加载过程中产生的塑性变形量 D_{p}，CD 为加载过程中产生的弹性变形量 D_{e}，$D = D_{\mathrm{p}} + D_{\mathrm{e}}$。点 B 的横坐标为番茄在相应压缩率下的变形量，纵坐标为番茄在相应压缩率下的最大力 $F_{\max}$。

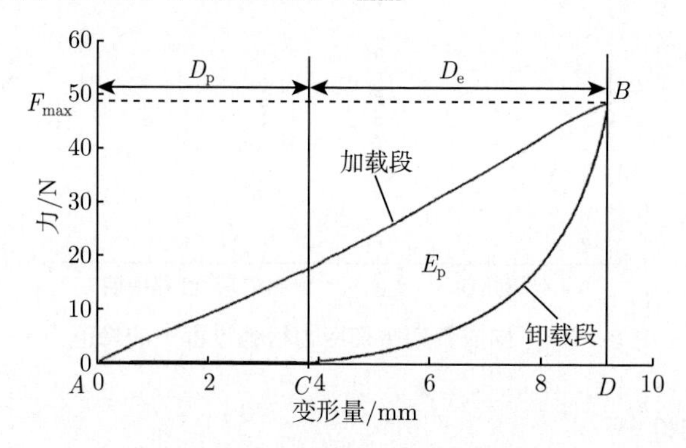

图 3.26　典型的加卸载曲线图

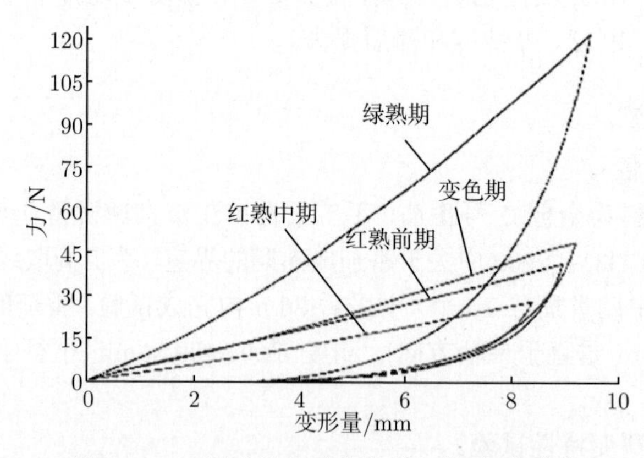

图 3.27　不同成熟期番茄典型加载–卸载曲线

2) 不同成熟期番茄加卸载最大力比较

不同成熟期番茄在加载过程中峰值力的变化如图 3.28 所示，可以看出，成熟度水平对于峰值力影响在绿熟期到变色期的过程中比较显著，变色期、红熟前期、

红熟中期过渡过程中，峰值力没有显著性变化。

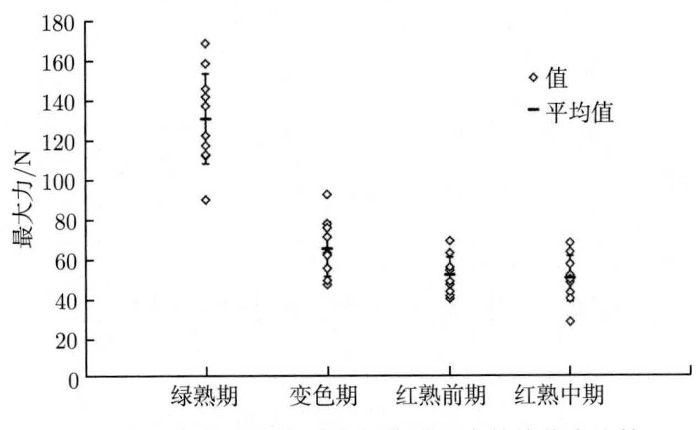

图 3.28 不同成熟期番茄加载过程中的峰值力比较

3) 不同成熟期番茄加卸载的滞后损失比较

滞后损失是果实在加载卸载循环中所吸收到的能量，可以作为阻尼能力的度量。加载曲线与卸载曲线所围成的封闭区域的面积即为滞后损失的值。可以看出，绿熟期至变色期，加卸载的滞后损失显著减小，而变色期、红熟前期和红熟中期，滞后损失仅有降低的趋势，变化并不显著 (图 3.29)。

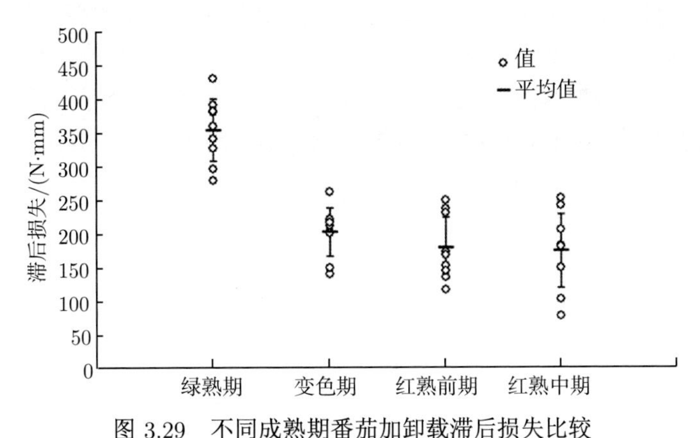

图 3.29 不同成熟期番茄加卸载滞后损失比较

4) 不同成熟期番茄加卸载的弹性度比较

弹性度表示番茄加载卸载作用后的恢复程度，是番茄果实弹性的度量。由图 3.30 可以看出，番茄的弹性度随着成熟期的提高有显著的增大趋势。番茄果实受载后恢复变形的能力为：红熟中期＞红熟前期＞变色期＞绿熟期。

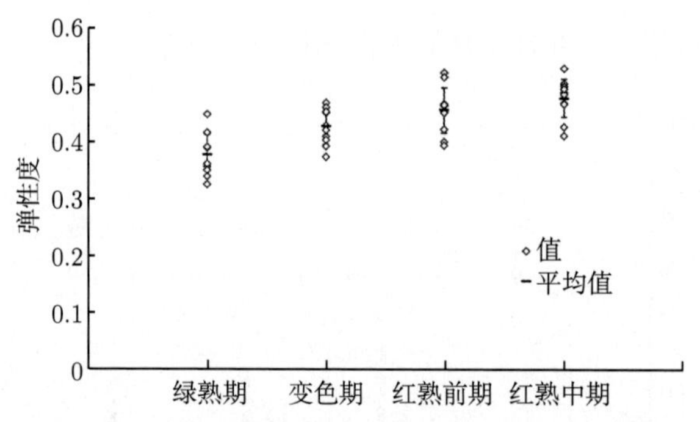

图 3.30　不同成熟期番茄加卸载过程的弹性度比较

3.6　番茄果实摩擦力学特性

3.6.1　静动摩擦系数[235]

1. 试验材料与方法

分别测定番茄与 3 种材料：307 不锈钢、镀漆不锈钢和橡胶之间的摩擦系数，摩擦系数测定试验台如图 3.31 所示。试验时，先将艾力 AEL 立式电动单柱测试台水平放置，固定预先制作的其中一种长方形材料板 (长 × 宽：90 mm×200 mm) 在测试台上，而后放置番茄样品在平板上面，并在番茄的赤道面上粘贴胶带，最后用 HF-50 数字推拉力计 (量程：0~50 N，精度：0.01 N) 的挂钩连接细绳，通过胶带拖动番茄一起向右运动。通过控制面板设定数字推拉力计的水平移动速度为 1.5 mm/s。静摩擦系数和动摩擦系数的计算公式如下[270,271]：

$$\mu_{\mathrm{s}} = \frac{F_{\max}}{F_{\mathrm{N}}} \tag{3.23}$$

$$\mu_{\mathrm{d}} = \frac{F_{\mathrm{d}}}{F_{\mathrm{N}}} \tag{3.24}$$

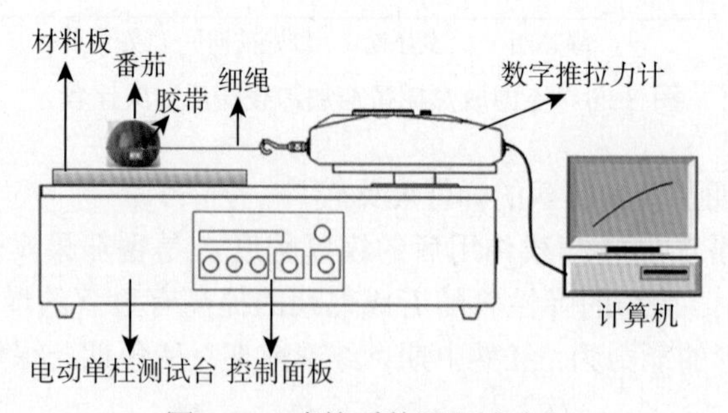

图 3.31　摩擦系数测定试验台

式中，μ_s 为静摩擦系数；μ_d 为动摩擦系数；F_{max} 为最大静摩擦力，其值为当番茄刚开始移动时的水平拉力值 (N)；F_d 为滑动摩擦力，其值为番茄在向右移动的过程中水平拉力值的平均值 (N)；F_N 为正压力，其值与番茄果实的质量相等，为一对作用力和反作用力 (N)。

2. 试验结果

番茄与 307 不锈钢、镀漆不锈钢和橡胶 3 种材料之间的静、动摩擦系数如表 3.11 所示。粉冠 906 番茄与 307 不锈钢、镀漆不锈钢和橡胶之间的静摩擦系数分别分布在 0.375~0.488、0.408~0.641 和 0.396~0.503；金光 28 番茄与 307 不锈钢、镀漆不锈钢和橡胶之间的静摩擦系数分别分布在 0.437~0.483、0.612~0.622 和 0.511~0.534；粉冠 906 番茄与 307 不锈钢、镀漆不锈钢和橡胶之间的动摩擦系数分别分布在 0.352~0.47、0.387~0.618 和 0.383~0.474；金光 28 番茄与 307 不锈钢、镀漆不锈钢和橡胶之间的动摩擦系数分别分布在 0.409~0.453、0.587~0.593 和 0.491~0.507。

表 3.11 番茄与 3 种材料之间的静、动摩擦系数

品种	心室数/个	静摩擦系数			动摩擦系数		
		不锈钢	镀漆不锈钢	橡胶	不锈钢	镀漆不锈钢	橡胶
粉冠 906	3	0.375±0.077	0.408±0.053	0.396±0.067	0.352±0.090	0.387±0.056	0.383±0.060
	4	0.488±0.089	0.641±0.027	0.503±0.068	0.470±0.088	0.618±0.002	0.474±0.036
金光 28	5	0.437±0.091	0.612±0.170	0.511±0.060	0.409±0.074	0.587±0.173	0.491±0.054
	6	0.483±0.122	0.622±0.144	0.534±0.063	0.453±0.137	0.593±0.143	0.507±0.062

两因素方差分析结果显示，番茄的心室数和接触面材料对番茄果实的静、动摩擦系数影响显著。在 Fisher LSD 均值比较检验中，金光 28 番茄的静、动摩擦系数高于粉冠 906 番茄的静、动摩擦系数，金光 28 和粉冠 906 番茄的平均静、动摩擦系数分别为 0.5394~0.4434 和 0.5120~0.4227。根据 Alayunt 的观点[272]，其原因可归结为两品种番茄的形状、含水量和质地不同，金光 28 番茄的球度和加载斜率分别高于粉冠 906 番茄的球度和加载斜率。四心室、五心室和六心室番茄的摩擦系数之间无显著性差异，三心室番茄与四心室番茄之间的摩擦系数具有显著性差异，三心室番茄的平均摩擦系数小于四心室番茄的平均摩擦系数。番茄与镀漆不锈钢之间的静、动摩擦系数最大，其均值分别为 0.595 和 0.5681。番茄与橡胶和 307 不锈钢材料之间的静摩擦系数无显著差异，番茄与橡胶材料之间的动摩擦系数大于番茄与不锈钢材料之间的动摩擦系数，其原因归因于摩擦面的特性不同。Kabas、Jannatizadeh、Naderiboldaji、Jahromi 和 Caliir 等用相似的方法分别测定了樱桃番茄、伊朗杏、甜樱桃、红枣和野李子与不锈钢和橡胶材料之间的摩擦系数[262,273−276]，同本试验结果相比，各生物质材料与不锈钢材料之间的摩擦系数

较为接近，各生物质材料与橡胶材料之间的摩擦系数亦较为接近。

3.6.2　滚动阻力系数的测定[235]

1. 试验材料与方法

分别测定番茄在 307 不锈钢、镀漆不锈钢和橡胶 3 种材料上的滚动阻力系数，滚动阻力系数测定试验台如图 3.32 所示。数字推拉力计的垂直移动可以调节材料面的坡度，随推拉力计的上升，材料面的坡度逐渐增加。测定方法：首先调节材料面至一个坡度较缓的位置，然后放置番茄在斜材料面上，材料面与果实的果肩相切，果实的纵向轴垂直于材料面。最后用控制面板控制测力计沿垂直方向以 1.5 mm/s 的速度向上运动，材料面的坡度随测力计的上升而增大，当番茄开始运动时测力计停止运动，用量角器记录下此时摩擦面与水平面的夹角 θ，滚动阻力系数即为 $\tan\theta$。在果蔬的物理特性研究中，许多研究人员使用该方法测定果蔬的摩擦和滚动阻力系数[262,272]。

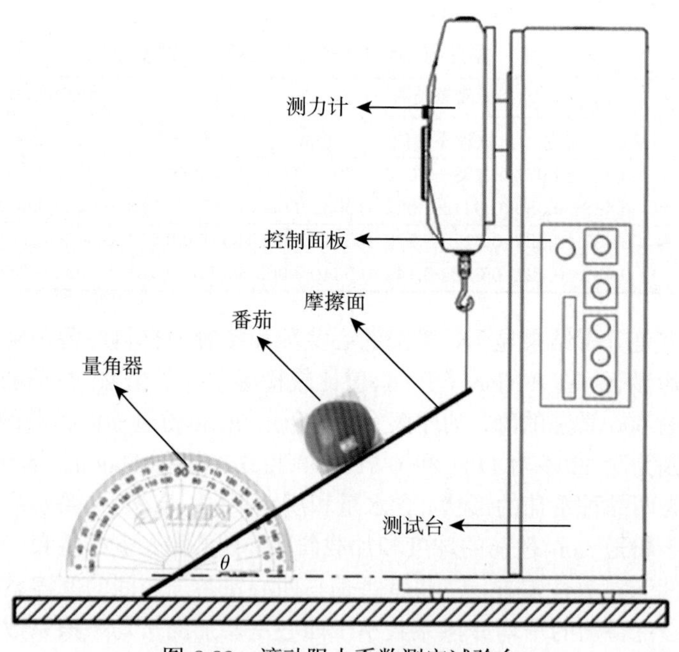

图 3.32　滚动阻力系数测定试验台

2. 试验结果

番茄与 307 不锈钢、镀漆不锈钢和橡胶 3 种材料之间的滚动阻力系数如表 3.12 所示。两因素方差分析结果显示：番茄心室数和接触面材料对番茄的滚动阻力系数无显著影响。番茄在 3 种材料上的平均滚动阻力系数为 0.5208。

表 3.12 番茄与 3 种材料之间的滚动阻力系数

品种	心室数/个	滚动阻力系数		
		不锈钢	镀漆不锈钢	橡胶
粉冠 906	3	0.516±0.061	0.524±0.104	0.435±0.027
	4	0.531±0.021	0.577±0.033	0.488±0.061
金光 28	5	0.530±0.080	0.577±0.089	0.512±0.089
	6	0.505±0.059	0.533±0.077	0.519±0.049

当机器人手指抓取番茄时，手指的内表面与番茄直接接触。为了防止被抓取的番茄在手指中滑动，以一个质量为 150g 的粉冠 906 四心室番茄为例，根据 Chen 和 Glossas 提出的计算方法[277,278]，当手指内表面的材料为不锈钢时，机器人手指要抓紧番茄所需的最小抓取力为 1.51 N；当手指内表面的材料为镀漆不锈钢时，机器人手指要抓紧番茄所需的最小抓取力为 1.15 N；当手指内表面的材料为橡胶时，机器人手指要抓紧番茄所需的最小抓取力为 1.46 N。

3.7 番茄整果力学结构模型

3.7.1 果实轮式简化力学结构[237,279]

1. 番茄果实抗挤压能力的各向异性

番茄果实的抗挤压能力除了与外果皮的强度有关以外，主要由果实的内部构造决定。果皮由外果皮、中果皮、内果皮组成，中果皮肉质多浆，通常由数层组成；果实内部由与中果皮和果心相连接的隔壁分为 5~8 个子房室，子房室发育而成胎座，胎座内着生种子，种子周围由一层胶状物包围[280](图 3.33(a))。

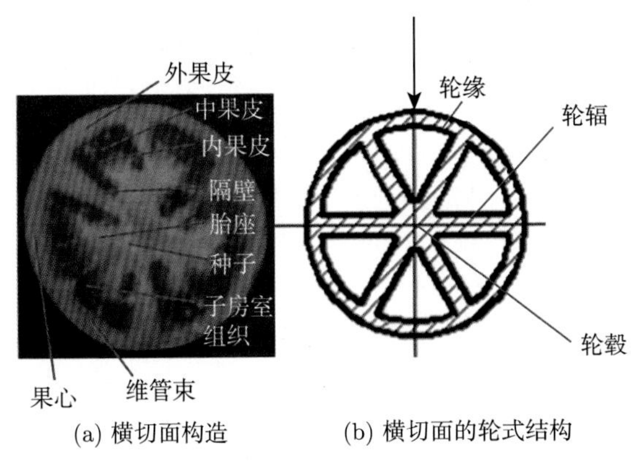

(a) 横切面构造 (b) 横切面的轮式结构

图 3.33 番茄果实的横切面及其简化轮式力学结构

果实的横切面具有近似轮式的受力结构 (图 3.33(b))，其中果皮、隔壁和果心分别对应于轮缘、轮辐和轮毂。从青果期至绿熟期，果实内部结构逐步发育完整，轮式结构承载能力达到最大；随着成熟度增加，果心及隔壁不断流质化，轮式结构中轮辐及轮毂功能迅速消失，而中果皮亦软化，果实承载能力不断下降。

2. 番茄果实挤压强度与成熟度的关系

轴向和径向挤压时，裂纹均出现在轴向截面内，故将果实轴向截面进一步简化为图 3.34(a)、(b) 所示环形结构，或两个弓字梁的对称结构，果实可视为由若干环形结构微元 Δg 组成 (图 3.34(c))。当果实轴向加载时，其抗挤压能力 F_z 为所有轴向环形结构微元 Δg 抗挤压能力的叠加，即

$$\begin{aligned} F_z &= \sum_{i=1}^{n} F(\Delta g_i) \\ &= \int_0^{\pi} F_0 \mathrm{d}\varphi \\ &= \pi F_0 \end{aligned} \tag{3.25}$$

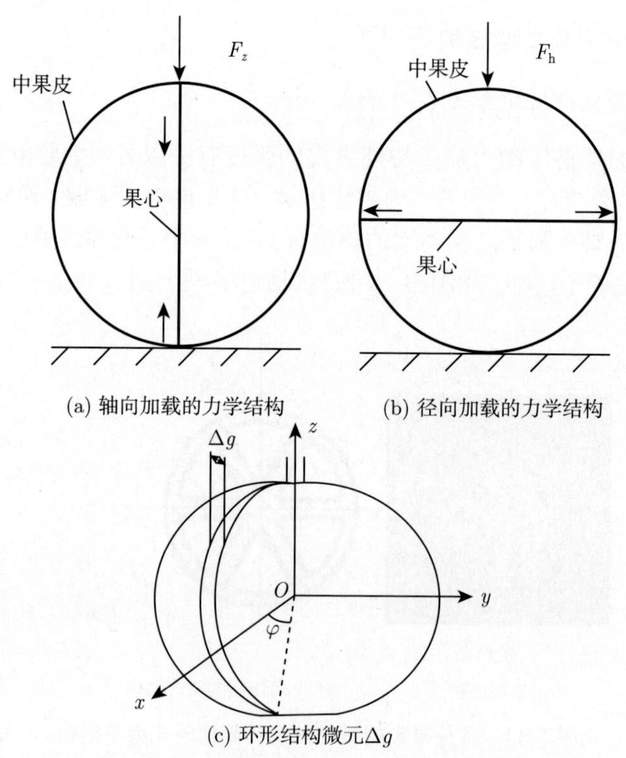

图 3.34　番茄果实的简化环形力学结构

式中，φ 为环形结构 Δg 在径向平面 xOy 内的投影与 x 轴的夹角；$F(\Delta g)=F_0\Delta\varphi$，为环形结构 Δg 的抗挤压能力 (N)。

当径向加载时，其承载能力 F_{h} 仅为若干轴向环形结构 Δg 承载能力沿径向加载方向分量的叠加。

$$
\begin{aligned}
F_{\mathrm{h}} &= \sum_{i=1}^{n} F(\Delta g_i)\sin\varphi_i \\
&= \int_0^{\pi} F_0 \sin\varphi \mathrm{d}\varphi \\
&= 2F_0
\end{aligned} \tag{3.26}
$$

另一方面，果实整体受轴向和径向挤压时，其果心分别受到压缩和拉伸作用力，作为黏弹性体，果心的压缩强度比拉伸强度要大得多。综合以上两种因素，番茄的轴向抗挤压能力明显大于径向。

3.7.2 不同心室番茄的力学特征[235]

通过加卸载试验获得不同心室数对番茄整果力学特性的影响。

1. 试验 1 的材料与方法

1) 材料与仪器

试验在江苏大学食品与生物工程学院实验室进行。

试验材料：品种为粉冠 906；该番茄采自瑞京蔬菜研究所，按照番茄的行业分级标准[281,282]，选择半熟期番茄 (果实着红面 60%~90%) 进行试验。样品数量为三心室和四心室番茄各 50 个。

试验仪器为 TA-XT2i 质地分析仪 (英国 Stable Micro Systems 公司)；500-196-20 电子数显游标卡尺 (日本三丰量具厂，精度 0.01mm)；SF-400 电子秤 (苏州博泰伟业电子科技有限公司，量程：0~1000g；精度：0.1g)。加卸载试验时，TA-XT2i 质地分析仪的测试模式选择：压缩过程中测试受力 (measure force in compression)；运行程序选定：探头返回初始位置 (return to start)；测试参数设置如下：加载速度为 0.5 mm/s, 测前与测后速度为 2 mm/s，探头距番茄的初始距离为 10 mm；试验 1 的曲线记录方式选用 Final(输出加载–卸载循环曲线)；仪器的探头类型选用 P100，即直径为 100 mm 的平板探头；压缩率和加载位置见试验设计方案，测试前用一个质量为 5kg 的砝码对质地分析仪进行校准。

2) 试验方案设计

(1) 试验因素和水平。

心室数和加载位置是反映番茄内部结构特征的两个指标。为了测定不同结构类型番茄的力学特性，采用全面试验设计。试验设计因素包括以下几项。

① 2 种结构类型：三心室 T 和四心室 F。如图 3.35 所示。

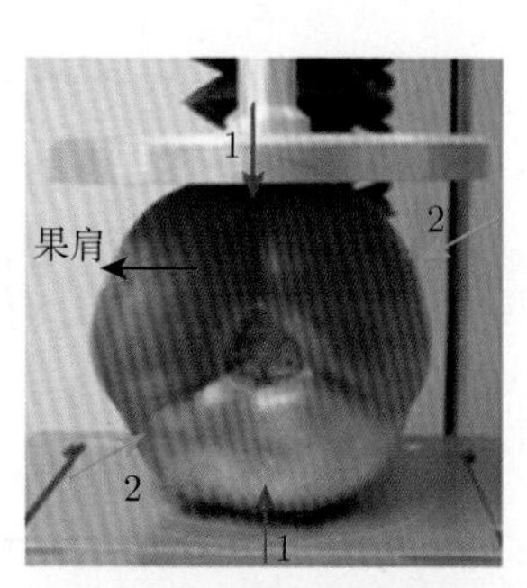

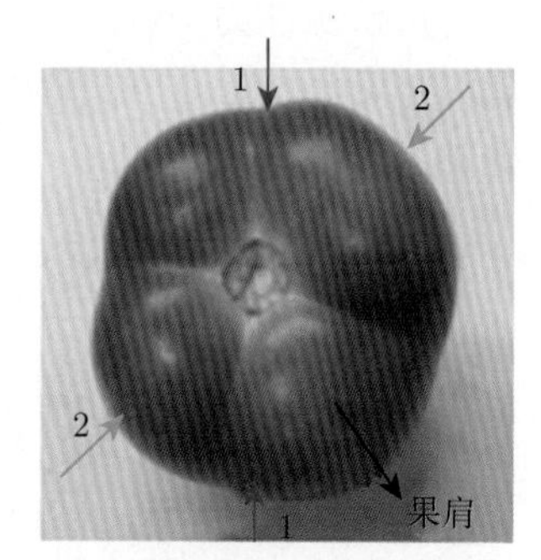

(a) 三心室番茄（左）和四心室番茄（右）

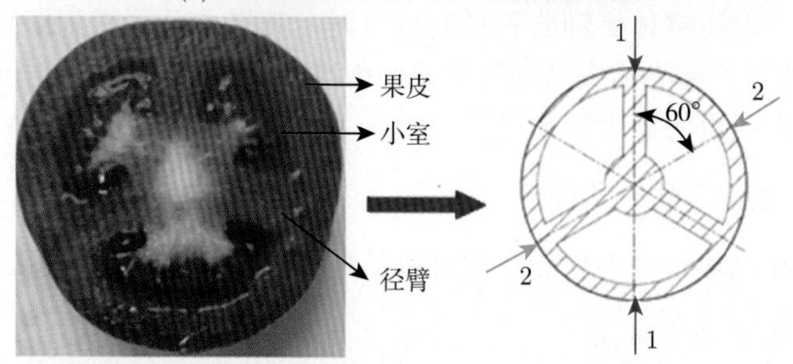

(b) 三心室番茄的赤道截面（左）及其简化结构（右）

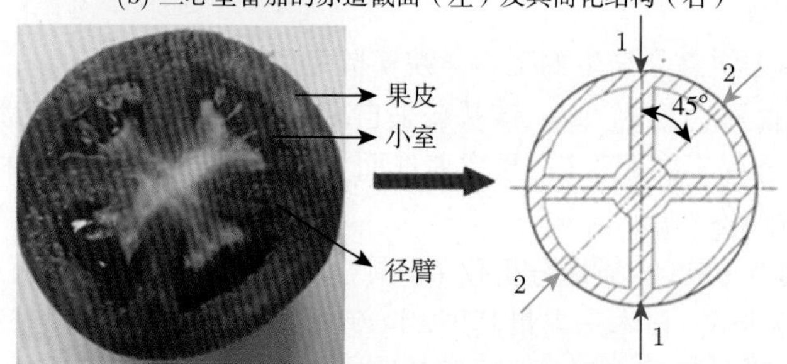

(c) 四心室番茄的赤道截面（左）及其简化结构（右）

图 3.35 三心室和四心室番茄

1. 径臂加载位置；2. 小室加载位置

② 2 个加载位置：番茄的小室组织 L 和径臂组织 CW。小室 (L) 加载位置指从位于小室正上方的果皮部分 (位置 2) 进行加载；径臂 (CW) 加载位置指从位于径臂正上方的果皮部分 (位置 1) 进行加载。沿番茄的果梗方向俯瞰，位置 1(图 3.35(b) 和 (c)) 对应于番茄两个相邻果肩之间的凹谷连接处 (图 3.35(a))；位置 2(图 3.35(b) 和 (c)) 对应于番茄单个果肩的中间截面 (图 3.35(a))。

③ 5 个压缩率：4%、8%、12%、16% 和 20%。试验前对所有番茄逐一标号后随机分组，所有的加载位于番茄的赤道面上。

(2) 番茄的物理参数。

试验前取出每组番茄，对其主要尺寸：纵向高度 H, 横向赤道面上的最大直径 $L_{\max}$、最小直径 $L_{\min}$、压缩直径 $L_{\rm c}$(压缩时上下接触点之间的距离) 和质量 m 用游标卡尺和电子秤进行测量。然后计算出番茄的几何平均直径 $D_{\rm g}$(mm)、算术平均直径 $D_{\rm a}$(mm) 和球度 $\varPhi$[283]。球度是球形果实的形状指标，它表示果实的实际形状与球体之间的差异程度[284]。几何平均直径和算术平均直径是果实的颗粒直径指标，它综合了果实所有方向上的尺寸[285]。

(3) 番茄的力学参数。

试验后，从得出的力–位移曲线中提取番茄的力学参数：应变能 $E_{\rm s}$、弹性应变能 $E_{\rm e}$、塑性应变能 $E_{\rm p}$、峰值力 $F_{\max}$、弹性度 $r_{\rm c}$ 和加载斜率 $r_{\rm k}$。典型的加卸载力–位移曲线 (F–D) 如图 3.36 所示[286−289]。AB 为加载阶段的加载线，BC 为卸载阶段的卸载线。闭环 ABC 的面积为番茄的塑性应变能，其值 $E_{\rm p} = E_{\rm s} - E_{\rm e}$。应变能 $E_{\rm s}$ 是番茄在加载阶段储存于其内部的变形势能，其值为力–位移曲线中加载线与位移线之间所包围区域的面积。弹性应变能 $E_{\rm e}$ 是番茄在卸载阶段所释放的能量，其值为力–位移曲线中卸载线与位移线之间所包围区域的面积。AD 为番茄在加载过程中产生的总变形量 D，AC 为番茄在加载过程中产生的塑性变形量 $D_{\rm p}$，CD 为番茄在加载过程中产生的弹性变形量 $D_{\rm e}$，$D = D_{\rm p} + D_{\rm e}$。弹性度 $r_{\rm c}$ 表示番茄在卸载后的恢复程度，是番茄的弹性度量，其值为 $D_{\rm e}/(D_{\rm e} + D_{\rm p})$。加载线 AB 的斜率为加载斜率 $r_{\rm k}$，其值为番茄在弹性变形阶段内加载力与相应位移的比值。点 B 的横坐标为番茄在相应压缩率下产生的变形量，其值 $D = D_{\rm e} + D_{\rm p}$，点 B 的纵坐标为番茄在相应压缩率下被施加的峰值力 $F_{\max}$。

3) 统计分析

试验后采用 SAS 9.1.3 软件对所获数据做统计学方差分析，设显著性水平 α=0.05。

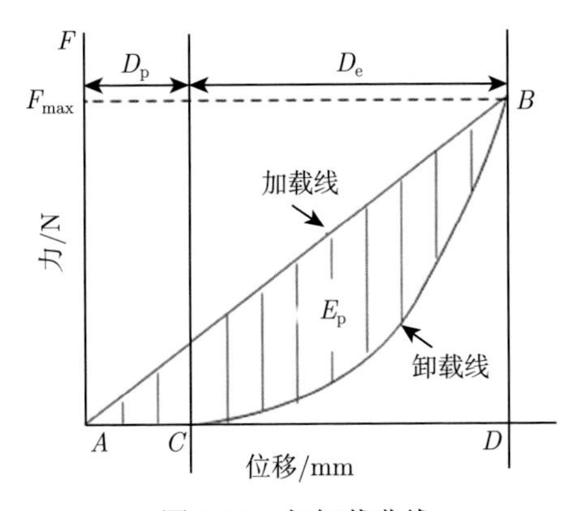

图 3.36 加卸载曲线

2. 试验 2 的材料与方法

1) 材料与仪器

试验在江苏大学食品与生物工程学院进行。

试验材料品种为粉冠 906、金光 28；该番茄采自瑞京蔬菜研究所，选择半熟期番茄进行试验。样品数量为三心室和四心室番茄各 50 个。

试验仪器的选用和参数设定同试验 1。

2) 试验方案设计

为了研究品种和内部结构对番茄力学特性的影响，采用全面试验设计。试验因素包括以下几项。

(1)2 个品种：粉冠 906 和金光 28。

(2)4 种结构类型：三心室番茄、四心室番茄、五心室番茄和六心室番茄。

(3)2 个加载位置：番茄的小室组织 L 和径臂组织 CW，如图 3.37 所示。试验前，对所有番茄逐一标号后分组，所有的加载位于番茄的赤道面上。试验时，用平板探头对番茄进行加载，直至果实表面出现裂纹。试验后，从得出的力–位移曲线中提取番茄的力学参数：破裂能 E_{r}(相当于图 3.36 中应变能 E_{s})、破裂力 F_{r}(相当于图 3.36 中峰值力 $F_{\max}$)、压缩率 ε 和加载斜率 r_{k}。

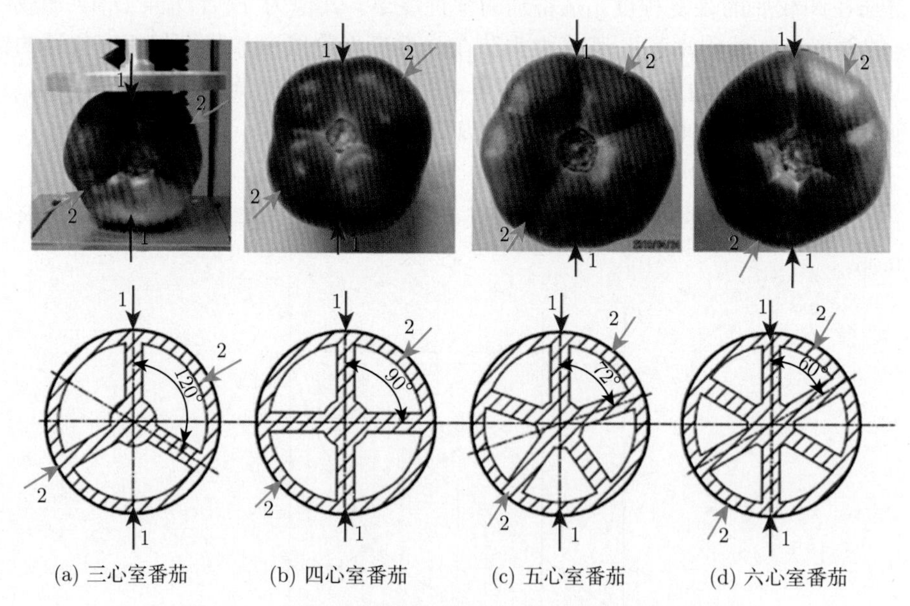

图 3.37　不同心室数的番茄及其赤道截面的简化结构

1. 径臂加载位置；2. 小室加载位置

3. 结果与分析

1) 试验 1 的结果与分析

(1) 加卸载试验。

从加卸载试验中提取的番茄力学参数和物理参数信息如表 3.13 所示。每个交叉项数据表示在对应压缩率下所有番茄相应特征参数的平均值 ± 标准偏差。多元方差分析结果显示压缩率水平对番茄的力学特性参数 (E_p、F_{max} 和 r_c) 影响显著。塑性应变能和峰值力随压缩率的增加而增加，这同 Linden 的观点[290]是相同的。弹性度随压缩率的增加而减小。当压缩率水平为 8%时，加载斜率最大，当压缩率水平为 4%时，加载斜率最小。同番茄的力学参数相比，番茄的物理参数 (L_c、φ、D_g 和 D_a) 不随压缩率的增加而显著变化。这说明了果实的分组是匀称的，加卸载测试结果不存在异常数据，否则可能由于果实物理特征的差异引起试验结果的异常。

表 3.13 番茄的力学参数和物理参数

力学参数和物理参数	压缩率 ε				
	4%	8%	12%	16%	20%
E_p/mJ ◆	7.21±1.97	42.16±15.41	101.17±35.99	209.09±59.38	368.73±128.9
F_{max}/N ◆	9.44±2.55	25.97±8.16	38.54±10.16	54.88±13.47	63.13±13.5
r_c ◆	0.63±0.09	0.59±0.07	0.55±0.05	0.5±0.05	0.41±0.05
r_k ◆	3.62±0.89	4.85±1.29	4.59±1.02	4.53±1.03	4.5±1.13
L_c/mm ◇	64.40±4.65	65.56±6.47	67.27±5.98	65.83±4.32	67.13±5.91
φ ◇	0.92±0.04	0.92±0.02	0.91±0.02	0.93±0.03	0.92±0.02
D_g/mm ◇	61.30±3.77	62.88±4.96	63.04±5.52	62.47±3.88	63.62±4.79
D_a/mm ◇	61.56±3.82	63.16±5.06	63.43±5.57	62.75±3.90	63.92±4.89

注：◆代表力学参数；◇代表物理参数。

(2) 三心室番茄的力学特性。

图 3.38 为加载试验后获得的三心室番茄的力学特性参数：E_p、F_{max}、r_c 和 r_k。T_{CW} 和 T_L 分别表示三心室番茄的径臂加载位置和三心室番茄的小室加载位置。

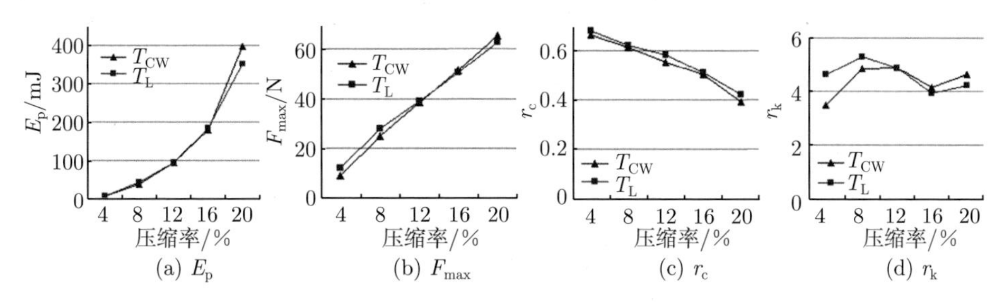

(a) E_p (b) F_{max} (c) r_c (d) r_k

图 3.38 三心室番茄的加卸载试验结果

三心室番茄的各力学特性参数与压缩率之间的关系分别如图 3.38(a)~(d) 所示。

① 塑性应变能 E_p(图 3.38(a))：加载位置对三心室番茄的塑性应变能影响不显著。加载过程中番茄的塑性应变能随压缩率的增加而增大。

② 峰值力 F_{max}(图 3.38(b))；弹性度 r_c(图 3.38(c))：加载位置对三心室番茄的峰值力和弹性度影响都不显著。当压缩率小于 12%时，番茄在小室处被加载时的 F_{max} 略大于在径臂处被加载时的 F_{max}，而当压缩率大于 12%时，番茄在小室处被加载时的 F_{max} 略小于在径臂处被加载时的 F_{max}。番茄在小室处被加载时的弹性度 r_c 都略大于在径臂处被加载时的 r_c。

③ 加载斜率 r_k(图 3.38(d))：当压缩率小于 12%时，番茄在小室处被加载时的 r_k 大于在径臂处被加载时的 r_k。当压缩率大于 12%时，番茄在小室处被加载时的 r_k 小于在径臂处被加载时的 r_k。

④ 讨论：从上述试验结果可以看出，加载位置对三心室番茄的力学特性参数——塑性应变能、峰值力、弹性度和加载斜率影响不显著。这是因为三心室番茄相邻径臂之间夹角约为 120°，分别从番茄赤道截面的小室位置和径臂位置并行加载时，加载力对番茄的主要作用效果是相同的。由于番茄形状的差异，相邻径臂之间的夹角可能略大于 120° 或略小于 120°，因此存在加载位置对番茄力学特性参数有小的局部影响。例如番茄在小室处被加载时的弹性度 r_c 都略大于在径臂处被加载时的 r_c。

(3) 四心室番茄的力学特性。

四心室番茄的各力学特性参数与压缩率之间的关系分别如图 3.39(a)~(d) 所示。F_{CW} 和 F_L 分别表示四心室番茄的径臂加载位置和四心室番茄的小室加载位置。

① 塑性应变能 E_p(图 3.39(a))：当压缩率小于 12%时，加载位置对四心室番茄的塑性应变能影响不显著。当压缩率大于 12%时，加载位置对四心室番茄的塑性应变能影响逐渐显著。番茄在两位置处被加载所产生的塑性应变能之差随压缩率的增加而增大。当压缩率分别为 16%和 20%时，番茄在径臂处被压缩时的塑性应变能分别是在小室处被压缩时塑性应变能的 1.22 倍和 1.47 倍。压缩率对四心室番茄的塑性应变能影响显著，四心室番茄的塑性应变能随压缩率的增加而增大。

② 峰值力 F_{max}(图 3.39(b))：加载位置对四心室番茄的峰值力影响不显著。当压缩率小于 16%时，番茄在径臂处被加载时的 F_{max} 略大于在小室处被加载时的 F_{max}。当压缩率大于 16%时，番茄在径臂处被加载时的 F_{max} 基本不变化，此时番茄的径臂组织结构可能已经失效。但是在小室组织处被加载时的 F_{max} 仍然在增加。压缩率对四心室番茄的峰值力影响显著，四心室番茄的峰值力随压缩率的增加而增大。

③ 弹性度 r_c(图 3.39(c))：加载位置和压缩率对四心室番茄的弹性度影响显著。对于每个压缩率，在小室处被压缩时的弹性度 r_c 都大于在径臂处被压缩时的 r_c。当压缩率为 4%时，番茄在小室处被加载时的弹性度 r_c 与在径臂处被压缩时的弹性度 r_c 之比达到最大：1.16:1。这也说明了四心室番茄在小室处被压缩时番茄的弹性恢复能力大于在径臂处被压缩时番茄的弹性恢复能力。四心室番茄的弹性度随压缩率的增加而减小。

④ 加载斜率 r_k(图 3.39(d))：加载位置对四心室番茄的加载斜率影响显著。四心室番茄在小室处被加载时的 r_k 小于在径臂处被加载时的 r_k。当压缩率为 20%时，番茄在径臂处被加载时的 r_k 与在小室处被加载时的 r_k 之比达到最大：1.34:1。说明要使番茄在两加载位置处产生相同的变形量，机器人手指从径臂处抓取番茄时所施加的抓取力大于手指在小室处所施加的抓取力。

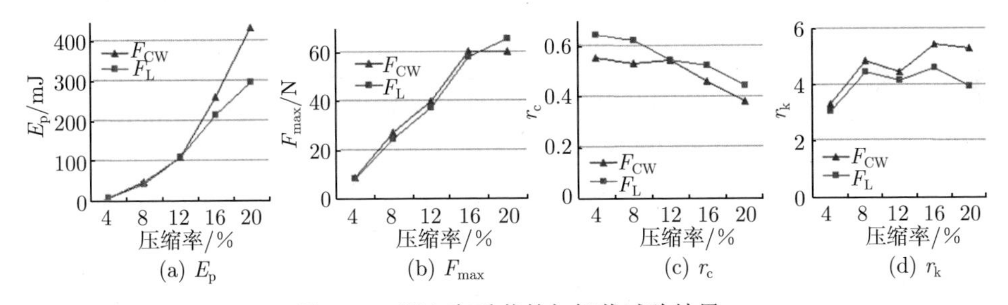

(a) E_p (b) F_{max} (c) r_c (d) r_k

图 3.39 四心室番茄的加卸载试验结果

⑤ 讨论：从上述试验结果可以看出，12%的压缩率是四心室番茄力学参数变化的转折点。这是因为当压缩率大于 12%时，四心室番茄的径臂组织可能逐渐开始失效，图 3.39(c) 显示当压缩率大于 12%时，番茄的弹性度急剧减小，塑性变形量大大增加，塑性应变能亦随之而逐渐增加。

2) 试验 2 的结果与分析

表 3.14 列出了试验 2 的试验结果。交叉项数据表示在对应品种、心室数和加载位置下每组番茄相应力学特性参数的平均值 ± 标准偏差。

(1) 破裂能 E_r。

对比 8 种加载方式下的破裂能可知，当从粉冠 906 四心室番茄的径臂位置加载压缩时，番茄破裂所需的破裂能最大，为 3.23 J；而从粉冠 906 三心室番茄的径臂位置加载时，番茄破裂所需的破裂能最小，为 1.98 J。具有对称内部结构的番茄破裂所需的破裂能较大，特别是金光 28 六心室番茄。粉冠 906 番茄的平均破裂能为 2.44 J，其小于金光 28 番茄的平均破裂能 (2.62 J)。方差分析结果显示：心室数和加载位置对番茄的破裂能无显著影响 ($P < 0.05$)。已知不同心室数番茄的高度和直径具有显著性差异，因而间接说明了番茄的高度和直径对其破裂能无显

著影响。Kilickan 和 Guner 的研究结果显示几何尺寸同样对橄榄的破裂能无显著影响[283]。

表 3.14 试验 2 的试验结果

品种	心室数目	加载位置	力学参数			
			破裂能/J	破裂力/N	压缩率/%	加载斜率
粉冠 906	3	CW	1.98±0.43	42.84±8.75	15.67±1.38	3.74±0.21
		L	2.44±0.37	43.56±7.38	16.23±1.25	3.30±0.57
	4	CW	3.23±0.74	49.61±4.69	14.31±2.11	5.57±0.69
		L	2.11±0.47	51.68±9.88	17.85±1.56	4.06±1.02
金光 28	5	CW	2.29±0.88	69.30±16.66	9.13±3.66	11.73±5.66
		L	2.47±0.27	72.27±2.40	9.25±1.17	10.76±0.35
	6	CW	2.87±1.60	76.74±23.56	8.75±2.48	13.38±3.53
		L	2.84±1.60	85.78±29.70	9.59±1.49	11.02±3.97

(2) 破裂力 F_r。

从总体来看，随番茄心室数的增多，番茄破裂所需的破裂力亦增大。从番茄的小室位置加载时番茄破裂所需的破裂力略大于从番茄的径臂位置加载时番茄破裂所需的破裂力。粉冠 906 番茄的平均破裂力为 46.92 N，其小于金光 28 番茄的平均破裂力 (76.02 N)。方差分析结果显示：心室数对番茄的破裂力有显著影响 ($P < 0.05$)，而加载位置对番茄的破裂力无显著影响。

(3) 压缩率 ε。

压缩率是番茄出现破裂时的相对变形量。方差分析结果显示心室数目和加载位置对番茄的压缩率有显著影响 ($P < 0.05$)。从图 3.37 可以看出，三心室和五心室番茄的内部结构不对称，而四心室和六心室番茄的内部结构关于中心轴对称。当从番茄的小室和径臂位置分别加载压缩时，内部结构不对称的番茄破裂时具有相近的压缩率值。该压缩率的微小差异主要是由于三心室和五心室番茄的真实内部结构与图 3.37 中的赤道截面简化结构有细小的差异而引起的。对于具有对称结构的番茄，当从番茄的小室位置加载时比从径臂位置加载时具有更大的压缩率值。其原因是番茄从径臂位置加载时将产生比小室位置加载时更大的组织变形抵抗力。压缩率随番茄心室数的增加逐渐减小，其原因是番茄的心室数越多，内部径臂组织越多，组织的抵抗力越大。粉冠 906 番茄在初始破裂时的平均压缩率为 16.02%，其大于金光 28 番茄在初始破裂时的平均压缩率 (9.18%)。从径臂位置加载使番茄破裂时的平均压缩率为 11.97%，其小于从小室位置加载使番茄破裂时的平均压缩率 (13.23%)。对比 8 种加载方式下番茄破裂时的压缩率可知，当从粉冠 906 四心室番茄的小室位置加载压缩时，番茄破裂时的压缩率最大，为 17.85%；加载斜率是果实硬度的度量。从表 3.14 可知，半熟期粉冠 906 番茄的硬度小于金光 28 番茄的硬度。

3.8 番茄果实的损伤

3.8.1 番茄果实的机械损伤机理

据现有文献可知，番茄是否出现损伤主要取决于两个因素：① 由外部载荷引起的细胞膜破裂；② 细胞壁修饰酶 (cell wall-modifying enzymes) 的出现和作用[291]。通常将番茄的损伤分为两步：第一步为果实的细胞壁和细胞膜产生机械损伤，第二步为受损组织 (包括细胞壁) 的酶促降解。当番茄产生机械损伤后，细胞结构被破坏，从破裂细胞中释放出的酶更容易和底物相接触，使受损组织产生褐变，同时细胞壁的果胶和纤维素成分在多糖吸收酶 (polysaccharide-digesting enzymes) 和酸的作用下被快速消耗，造成细胞壁多糖 (cell wall polysaccharides) 的快速酶促变质，即受损组织产生软化，形成软点。

3.8.2 番茄受压缩后的生理变化[235]

1. 材料与方法

1) 材料与仪器

试验在江苏大学食品与生物工程学院和农业工程研究院实验室进行。

试验材料：品种 —— 粉冠 906；成熟阶段 —— 半熟期，样品数量 —— 三心室番茄 50 个，四心室番茄 90 个。

试验仪器：TA-XT2i 质地分析仪 (英国 Stable Micro Systems 公司)；500-196-20 电子数显游标卡尺 (日本三丰量具厂，精度 0.01mm)；SF-400 电子秤 (苏州博泰伟业电子科技有限公司，量程：0~1000g，精度：0.1g)；DZF-6050 真空干燥箱 (上海康路仪器设备有限公司)；Kestrel 4000 手持气象站 (温度量程：−29~70 ℃，精度：0.1 ℃；湿度量程：0~100%，精度：0.1%)。

2) 试验方法

(1) 试验方案设计。

如图 3.35 所示，番茄的种子和胶质位于果实的每个小室腔内部，径臂将小室隔开。在果实赤道截面上加载时，取从径臂正上方的果皮组织进行加载为径臂加载位置 (CW)，即加载位置 1，从小室正上方的果皮组织进行加载为小室加载位置 (L)，即加载位置 2。沿番茄的果梗方向俯瞰，径臂位置 1(图 3.35(b) 和 (c)) 与番茄两个相邻果肩之间的凹谷连接处相对应 (图 3.35(a))；小室位置 2(图 3.35(b) 和 (c)) 与番茄单个果肩的中间纵向截面相对应 (图 3.35(a))。此外三心室番茄相邻径臂之间的夹角约为 120°，故从三心室番茄的径臂位置和小室位置平行加载时，加载方式和结果无本质区别。

为了考虑番茄的结构特征对受压后番茄含水量和失重的影响，本试验选择 3 个加载位置：三心室番茄的径臂位置 (T_{CW})、四心室番茄的径臂位置 (F_{CW}) 和四心室番茄的小室位置 (F_{L}) 做对比。压缩率是番茄果实机械损伤度模型中最重要的解释变量[292]。在相同的加载位置下，番茄的机械损伤度随压缩率的增加而增大。因此本试验选用 4 个压缩率水平：4%，8%，12%和 16%代表 4 个逐渐增大的机械损伤度。本节采用全面试验，相应的试验因素和水平如表 3.15 所示，共挑选 120 个番茄 (10 个番茄 ×3 个加载位置 ×4 个压缩率) 进行加卸载试验。

表 3.15　试验因素和水平

因素	水平			
	1	2	3	4
加载位置	T_{CW}	F_{CW}	F_{L}	
压缩率	4%	8%	12%	16%

(2) 试验步骤。

试验主要通过以下 4 个步骤完成：

① 测定番茄的物理特性。首先用游标卡尺分别测量三心室和四心室番茄的高度 H、横径 1 D_1 和横径 2 D_2，最后用电子秤分别测量三心室和四心室番茄的鲜重 M_0[283]。

② 将三心室和四心室番茄分别分成 5 组和 9 组并标号。分组时，根据番茄行业标准中的质量分级标准，三心室和四心室番茄的第 1 组分别有 5 个中番茄和 5 个大番茄。然后将三心室番茄的第 2~5 组重新定义为第 3~6 组，将四心室番茄的第 2~9 组重新定义为第 7~14 组。

③ 利用 TA-XT2i 质地分析仪对第 3~14 组番茄做加卸载测试。加卸载试验时，TA-XT2i 质地分析仪的测试模式选择：压缩过程中测试受力 (measure force in compression)；运行程序选定：探头返回初始位置 (return to start)；测试参数设置如下：加载速度 0.5 mm/s，测前与测后速度 2 mm/s，探头距番茄的初始距离 10mm；试验 1 的曲线记录方式选用 Final(输出加载–卸载循环曲线)，试验 2 的曲线记录方式选用 Target(输出加载曲线)；仪器的探头类型选用 P100，即直径为 100 mm 的平板探头；压缩率和加载位置如表 3.15 所示，测试前用一个质量为 5kg 的砝码对质地分析仪进行校准。

④ 将试验后的番茄按顺序放入人工气候室中存放 5 天。室内温度：24 ℃，相对湿度：26.2%，每天测定并记录下每个番茄的质量 M_1, M_2, M_3, M_4 和 M_5。而后将番茄放入真空干燥箱中烘干。烘干温度：85 ℃，测定并记录每个番茄的干重 M_{d}。最后通过式 (3.27) 和式 (3.28) 计算出每个番茄的含水量 W_{C} 和失重 M_{L}[293]。

$$W_{\mathrm{C}} = \frac{M_0 - M_{\mathrm{d}}}{M_0} \tag{3.27}$$

$$M_{\mathrm{L}} = \frac{M_0 - M_n}{M_0}, \quad n = 1, 2, \cdots, 5 \tag{3.28}$$

式中，W_{C} 为番茄的含水量 (%)；M_{L} 为番茄的失重 (%)；M_0 为番茄的鲜重 (g)；M_{d} 为番茄的干重 (g)；M_n 为番茄在第 n 天的质量 (g)。

2. **结果与讨论**

1) 无损伤番茄的含水量

(1) 三心室和四心室番茄的含水量。

第 1 组 (10 个三心室) 和第 2 组 (10 个四心室) 番茄的鲜重 M_0 和含水量 W_{C} 如表 3.16 所示。这两组番茄没有被加载，因此无机械损伤。图 3.40 为第 1 组和第 2 组番茄鲜重 M_0 和含水量 W_{C} 的变异系数。从中可以看出：三心室和四心室番茄鲜重的变异系数远大于其含水量的变异系数；三心室和四心室番茄之间含水量的变异系数差异较小；番茄的鲜重对其含水量无显著影响。三心室和四心室番茄的平均含水量分别为 95.13%±0.28%和 95.21%±0.38%。通过单因素方差分析可得：番茄的结构类型对其含水量亦无显著影响，这也说明了番茄的结构类型对其干物质含量无显著影响。

表 3.16 第 1 组和第 2 组番茄鲜重 M_0 和含水量 W_{C}

结构类型	参数	1	2	3	4	5	6	7	8	9	10
三心室番茄	M_0/g	104.2	118.0	145.3	154.4	146.2	162.0	162.3	169.1	165.1	147.4
	W_{C}/%	95.0	94.8	94.9	95.4	94.8	95.7	95.1	95.3	95.2	95.1
四心室番茄	M_0/g	100.5	151.3	121.4	134.5	157.8	139.2	169.1	181.6	170.8	137.8
	W_{C}/%	95.3	95.4	94.3	94.9	95.5	95.6	95.1	95.5	95.3	95.2

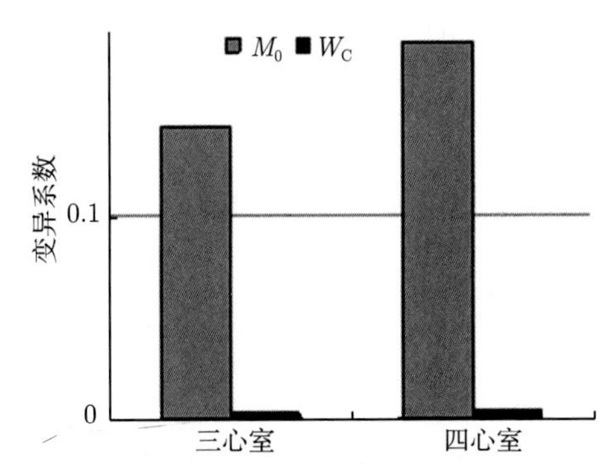

图 3.40 第 1 组和第 2 组番茄鲜重 M_0 和含水量 W_{C} 的变异系数

(2) 中果和大果番茄的含水量。

根据行业标准 SB/T 10331—2000，将第 1 组和第 2 组番茄分别分成 2 个子集：① 中果 ——$100 \leqslant M_0 \leqslant 149$；② 大果 ——$150 \leqslant M_0 \leqslant 199$。三心室和四心室番茄中果与大果的平均含水量如图 3.41 所示。方差分析结果显示番茄的果实大小分级对其含水量无显著影响。该结论与通过变异系数分析得到的结论是一致的，从而进一步说明了三心室和四心室番茄果实的鲜重对其含水量无显著影响。

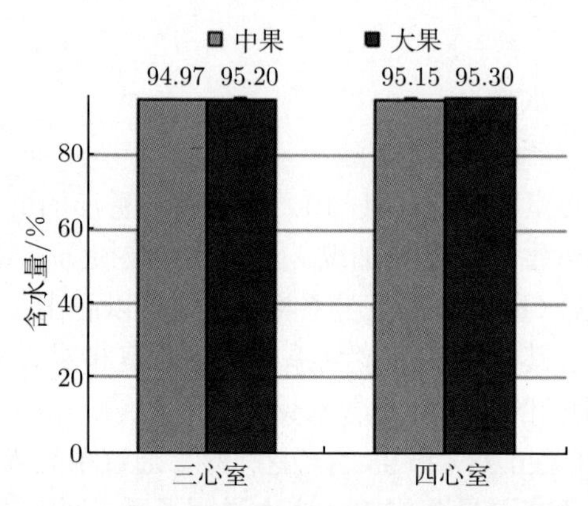

图 3.41 三心室和四心室番茄中果与大果的平均含水量

(3) 讨论。

水果和蔬菜的含水量主要是取决于其生长环境[294,295]。在该试验中，所选番茄来自同一蔬菜生产基地，因此番茄的含水量不受其质量和结构类型的显著影响。近年来有许多关于果蔬鲜重和含水量之间关系的研究，吴帆 2009 年通过试验指出 'Classical 1' 黄瓜的含水量对其鲜重无显著影响[295]；刘明池等 2002 年指出 'Zuohe 2' 草莓的含水量随鲜重的增加而减少[296]；Akar、Kabas、Sessiz、Aviara、Razavi 和 Fathollahzadeh 分别指出秋葵 (gumbo)、刺梨 (cactus pear)、马槟榔 (caper)、药西瓜 (guna)、开心果 (pistachio nut) 和刺檗 (barberry) 随其鲜重的增加而呈线性增加[293,297−301]。综上番茄和黄瓜的含水量与鲜重之间有相同的变化趋势，而不同于上面提到的其他果蔬。由于番茄的鲜重对其含水量无显著性影响，故通过式 (3.28) 可以看出番茄的鲜重与干重之间近似呈线性关系。

2) 被加载番茄的含水量变化

在人工气候室中贮藏 5 天后被加载番茄的含水量如表 3.17 所示。试验时，通过 3 个加载位置：T_{CW}、F_{CW} 和 F_{L}；4 个压缩率水平：4%、8%、12%和 16%的任一组合对番茄进行加载，表中数值表示 10 个番茄在相应加载位置和压缩率下含水量的平均值 ± 标准差。根据多因素方差分析，压缩率和加载位置对番茄的含水量无显著影响。

表 3.17 贮藏 5 天后被加载番茄的含水量

加载位置	4%	8%	12%	16%
T_{CW}	0.954±0.002	0.955±0.003	0.949±0.002	0.948±0.011
F_{CW}	0.959±0.001	0.950±0.003	0.956±0.001	0.952±0.002
F_L	0.955±0.001	0.955±0.013	0.952±0.001	0.956±0.006

果蔬收获后离开了植株，停止从土壤中吸收营养和水分，但仍进行着重要的生理活动：呼吸作用和蒸散作用。呼吸作用的基质是果蔬体内积聚的营养物质多糖，果蔬有机体组织在多酶体系的参与下，多糖被氧化分解，最终生成二氧化碳和水，并同时释放能量[302]。随贮藏时间的增加，呼吸消耗的营养物质增加，果蔬的品质变差。果蔬遭受机械损伤后呼吸作用加强，糖类干物质如纤维素、果胶质的消耗率增加。式 (3.28) 中 M_d 为被加载过的番茄在人工气候室中存放 5 天后的剩余干物质含量。果蔬的蒸散作用是水分蒸发的过程[303]。在大多数园艺产品中蒸散作用是果蔬失重的最主要原因。对于番茄而言，由蒸散作用引起的失重约占番茄总失重的 92%~97%。同呼吸作用相比，由蒸散作用引起的番茄失重远大于由呼吸作用引起的番茄失重[304]。因此由呼吸作用引起的被加载番茄存放 5 天后的剩余干物质含量变化较小。故压缩率和加载位置对番茄的干物质含量无显著影响，相应地压缩率和加载位置对番茄的含水量亦无显著影响。

3) 被加载番茄的失重

(1) 压缩对果实失重的影响。

被加载过的番茄在人工气候室中贮藏 5 天后的失重如表 3.18 所示。试验时，通过 3 个加载位置：T_{CW}、F_{CW} 和 F_L；4 个压缩率水平：4%、8%、12%和 16%的任一组合对番茄进行加载，表中数值表示 10 个番茄在相应加载位置和压缩率下失重的平均值 ± 标准差。

表 3.18 被加载番茄贮藏 5 天后的失重

加载位置	4%	8%	12%	16%
F_{CW}	0.034±0.046	0.046±0.002	0.078±0.001	0.121±0.001
T_{CW}	0.035±0.006	0.046±0.001	0.055±0.014	0.107±0.052
F_L	0.035±0.027	0.049±0.007	0.044±0.014	0.082±0.030

当压缩率水平分别为 12%和 16%时，加载位置对番茄的失重影响显著。3 个加载位置中，从 F_{CW} 位置加载，番茄的平均失重最大，从 F_L 位置加载，番茄的平均失重最小。当压缩率水平分别为 4%和 8%时，加载位置对番茄的失重影响不显著。例如当压缩率水平为 16%时，从 F_{CW} 和 F_L 位置加载，番茄的失重之比为 1.48:1；而当压缩率水平为 4%时，从 F_{CW} 和 F_L 位置加载，番茄的失重之比约为 1:1。其原因可能是当压缩率水平分别为 4%和 8%时，番茄以弹性变形为主，当压缩率水平

分别为 12%和 16%时，番茄以塑性变形为主。番茄在 8%~12%压缩率之间有个弹性变形极限值。当压缩率水平相同且番茄发生塑性变形时，3 个加载位置代表番茄的 3 种不同机械损伤度，由于当压缩率水平分别为 12%和 16%时，加载位置对番茄的失重影响显著，故可表明机械损伤度对番茄的失重影响显著。该结论与 Assi[305] 等的观点是一致的。

由单因素方差分析可知：压缩率对番茄的失重影响显著。当加载位置相同时，番茄果实的失重随压缩率的增加而增加。压缩率从 12%增加到 16%时番茄的失重变化量明显大于压缩率从 4%增加到 8%时番茄的失重变化量。例如当加载位置为 F_{CW}，压缩率水平分别为 16%和 12%时，番茄的失重之比为 1.55:1；而压缩率水平分别为 8%和 4%时，番茄的失重之比为 1.35:1。当加载位置相同时，4 个压缩率水平代表番茄的 4 种不同机械损伤度，由以上分析可知番茄的机械损伤度与其失重之间为非线性函数关系。通过回归分析可得被加载过的番茄贮藏 5 天后的失重与压缩率之间的非线性回归方程如下：

$$\mathrm{ML}_{5\mathrm{FCW}} = 0.021\mathrm{e}^{10.84C}\ R^2 = 0.99 \tag{3.29}$$

$$\mathrm{ML}_{5\mathrm{TCW}} = 0.023\mathrm{e}^{8.83C}\ R^2 = 0.92 \tag{3.30}$$

$$\mathrm{ML}_{5\mathrm{FL}} = 0.027\mathrm{e}^{6.12C}\ R^2 = 0.77 \tag{3.31}$$

式中，$\mathrm{ML}_{5\mathrm{FCW}}$ 为加载位置为 F_{CW} 时，被加载番茄贮藏 5 天后的失重；$\mathrm{ML}_{5\mathrm{TCW}}$ 为加载位置为 T_{CW} 时，被加载番茄贮藏 5 天后的失重；$\mathrm{ML}_{5\mathrm{FL}}$ 为加载位置为 F_{L} 时，被加载番茄贮藏 5 天后的失重；C 为压缩率 (%)。

该回归方程有助于对机械采收后的番茄进行品质预测。

番茄的失重随压缩率的增加而增加，其原因可能是随压缩率的增加，在相同加载位置下番茄的机械损伤度增加，组织表面的损伤面积亦增加，从而导致番茄在蒸散作用下有更多的水分被蒸发[306]，即番茄的失重增加，故机械损伤大大加速了番茄的失重。

(2) 贮藏时间对番茄失重的影响。

被加载过的番茄在人工气候室中的失重与贮藏时间之间的关系如图 3.42 所示。当加载位置和压缩率水平相同时，番茄的失重随贮藏时间的增加而增加。Kumar 和 Javanmardi[307,308]等通过试验研究也得出相似的结论，他们指出番茄的贮藏时间对其失重有显著正影响。此外据现有文献可知，茄子、苹果、橘子和杧果的失重随贮藏时间的变化趋势[247,309−311]与番茄相同。影响蒸腾作用的外部因素有温度、湿度、表面积、呼吸速率和风速等[312]。由于本试验被加载过的番茄贮藏环境单一，且从第 3 组到第 14 组之间果实的几何尺寸无显著差异，因此番茄的失重与贮藏时间之间近似呈线性关系，番茄的失重随贮藏时间的增加而近似线性增加。

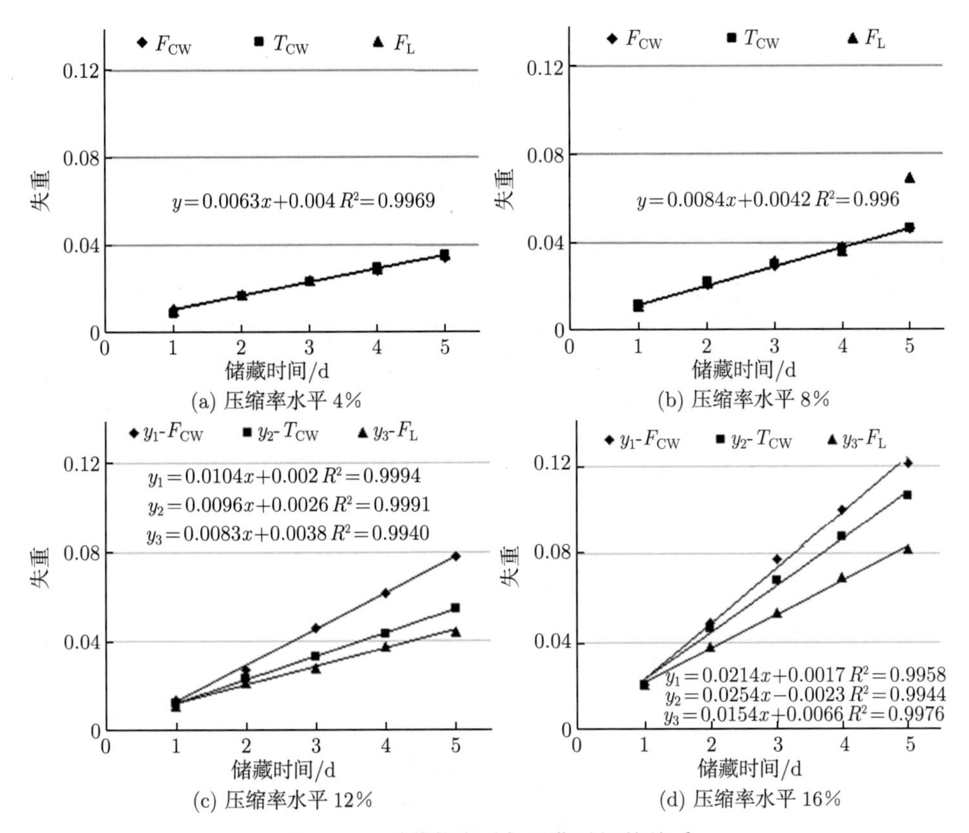

图 3.42 番茄的失重与贮藏时间的关系

(3) 加载位置对番茄失重的影响。

当压缩率水平为 4%和 8%时，加载位置对番茄的失重无显著影响。当压缩率水平为 4%时，番茄平均每天的失重约为 0.63%。当压缩率水平为 8%时，番茄平均每天的失重约为 0.84%。当压缩率水平为 12%和 16%时，随贮藏时间的增加，加载位置对番茄的影响逐渐显著。当加载位置为 F_{CW}，番茄的失重最大，压缩率水平分别为 12%和 16%时，番茄平均每天的失重分别为 1.04%和 2.14%。当加载位置为 F_L，番茄的失重最小，压缩率水平分别为 12%和 16%时，番茄平均每天的失重分别为 0.83%和 1.54%。当压缩率水平为 16%，加载位置分别为 F_{CW}、T_{CW} 和 F_L 时，被加载过的番茄在人工气候室中贮藏 5 天后的累计失重分别为 12.1%、10.7%和 8.2%。由于加载位置对番茄破裂的概率影响显著，番茄破裂后表皮层被破坏，蒸散作用加快，因而加剧了番茄的失重[313]。因此加载位置对损伤后番茄的失重影响显著。

3.9　果梗特性

3.9.1　梗系统结构[238,314]

1. 梗系统几何结构模型

番茄的每一果枝上可存在一个 (单果穗) 或多个果穗 (二歧、三歧复果穗) (图 3.43)，对于单果穗，果穗的中心果梗与植株茎干连接，而每一果实的果梗 (柄) 依次与果穗的中心果梗相连接。对于复果穗，各果穗的共用果梗与植株茎干连接，果穗的中心果梗与共用果梗连接，每一果实的果梗 (柄) 依次与果穗的中心果梗相连接。

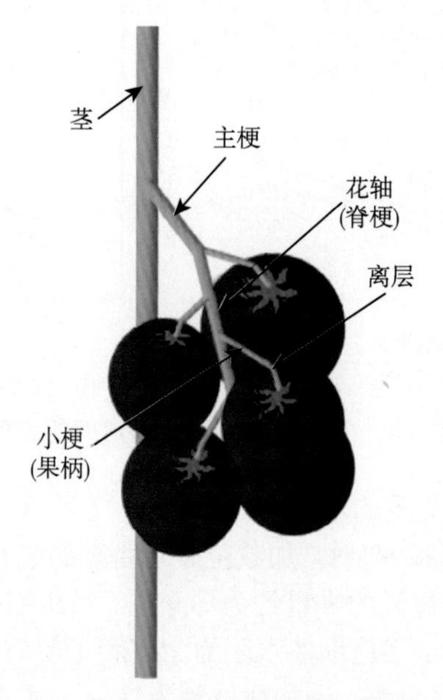

图 3.43　番茄串果的梗系统结构

2. 串果系统的力学模型

在受到一定弯矩作用时，果梗发生弯曲变形，同时在各连接点发生相对转动。如忽略各果梗段 s_a、s_b、s_c 的弯曲变形，即将 s_a、s_b、s_c 视为刚体，则可简化为图 3.44 所示弹性铰链结构，各弹性铰链的弹性系数分别为 k_a、k_b、k_c，在一定的弯矩作用下，s_a、s_b、s_c 之间分别发生相对转动。该结构为弹性铰链串联结构，则其等效弹簧刚度 k_0 的倒数等于各弹簧刚度倒数的和，则对单果穗和复果穗该结构的等效弹性系数分别为单果穗：

$$k_0 = \frac{1}{\dfrac{1}{k_a} + \dfrac{1}{k_c}} \tag{3.32}$$

复果穗：

$$k_0 = \frac{1}{\dfrac{1}{k_a} + \dfrac{1}{k_b} + \dfrac{1}{k_c}} \tag{3.33}$$

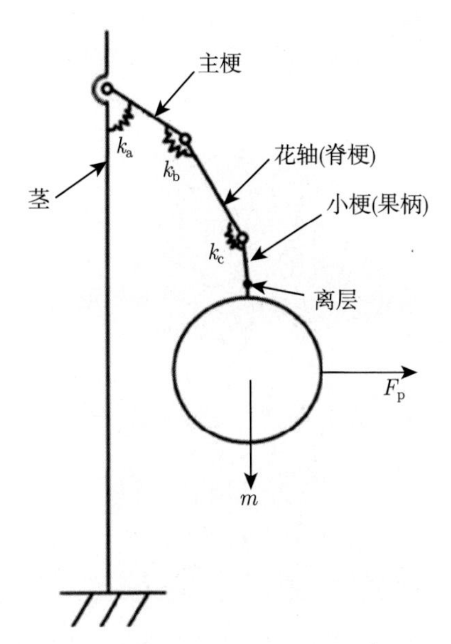

图 3.44 简化果梗 (柄) 弹性铰链结构

3.9.2 果梗力学特性试验[237,238]

1. 离层强度测定分析方法的构建

当果实成熟时，果柄上的细胞就开始衰老, 在果柄与树枝相连的地方形成一层所谓“离层”。如图 3.1 和图 3.43 所示，在番茄果柄和上端果梗之间存在着离层。离层的存在对机械化收获具有重要意义，因为离层的强度较弱而容易分离，同时保留果柄于花萼部位[315]。因此，测定离层的各种变形强度对于实施采摘作业具有重要的意义。

果–梗离层部位的强度是果实收获作业的关键，但目前果实的物理与力学特性具有相对统一的测定方法，而离层不同载荷下的力学特性和强度，往往难以用现成标准的装夹与加载方法来实现，因此本章首先提出了以标准力学试验设备为平台的果–梗 (离层) 力学特性测定分析方法。

1) 离层折断强度

(1) 试验材料与试验设备。

带梗取青果期、绿熟期、初熟期、半熟期番茄各 10 个，自花萼处折下果梗 (柄)，进行果柄折断试验。

(2) 试验方法。

果柄折断试验中，由游标卡尺测定果柄的长度，由量角器测定离层处的弯角。利用 WDW30005 型微控电子万能试验机采用图 3.45 所示方式加载，由游标卡尺测定果柄花萼端至下压盘外缘的径向距离，在离层处施加向下的作用力直至折断，由微机自动记录该作用力。试验中选择 100N 量程力传感器，精度 ±0.5%，加载速率设定为 0.25mm/s。

图 3.45 番茄果梗 (柄) 折断试验加载图

(3) 试验原理。

该方式可简化为图 3.46 折角简支梁结构，A 为果柄花萼端，与基座由固定铰链连接，C 端由可动铰链支承，在点 B 离层处受力 F_M 作用而折断。通过测定的果柄长度 $\overline{AB}$、支座距离 $\overline{AC}$ 和弯角 α_l，果梗 (柄) 自离层处折断所需弯矩可由下式得到

$$[M] = F_M \cdot \overline{AD} = F_M \cdot \overline{AB} \cdot \cos\angle BAC \tag{3.34}$$

在 $\triangle ABC$ 中，分别根据余弦定理和正弦定理，有

$$\overline{AB}^2 + \overline{BC}^2 - 2\overline{AB} \cdot \overline{BC} \cdot \cos\alpha_l = \overline{AC}^2 \tag{3.35}$$

$$\frac{\overline{AC}}{\sin\alpha_l} = \frac{\overline{BC}}{\sin\angle BAC} \tag{3.36}$$

两式联立，可求得 $\angle BAC$，并进而由式 (3.34) 得到果梗 (柄) 折断弯矩 $[M]$。

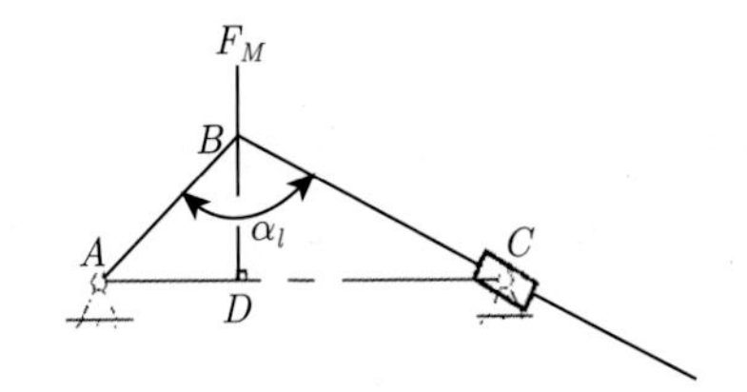

图 3.46 番茄果柄折断试验简化受力图

2) 离层拉断强度

(1) 试验材料与试验设备。

带梗取青果期、绿熟期、初熟期、半熟期番茄各 10 个，番茄带梗进行果梗 (柄) 拉断试验。

(2) 试验方法。

在 WDW30005 型微控电子万能试验机上，通过更换拉伸夹具，进行果梗 (柄) 拉断力试验 (图 3.47)。试验中选择 500N 量程力传感器，精度 ±0.5%，加载速率设定为 0.25mm/s。

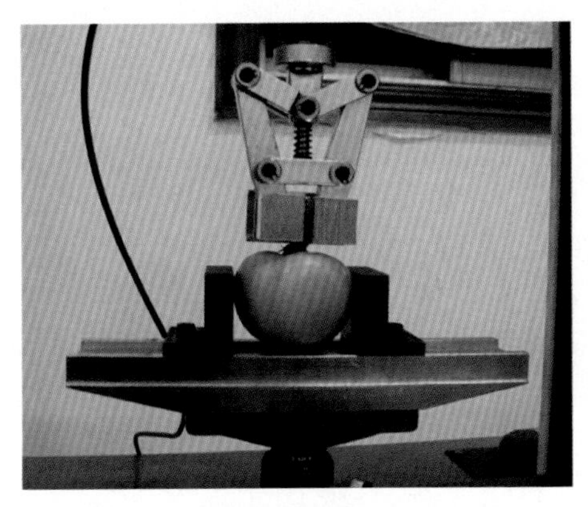

图 3.47 番茄果梗 (柄) 拉断试验加载图

3) 离层扭断强度

(1) 试验材料与试验设备。

带梗取青果期、绿熟期、初熟期、半熟期番茄各 10 个，番茄带梗进行果梗 (柄) 拉断试验。

(2) 试验方法。

果梗 (柄) 扭断试验在 AN-WP-2 静态扭矩测试仪上进行。量程：2N·m，分辨率：0.001N·m，精度：±0.5%，将番茄夹持在扭矩测试仪上，保证果梗 (柄) 处于扭转中心，在果梗上缓慢手动施加扭矩直至果梗 (柄) 断开，由扭矩测试仪自动记录峰值扭矩。

2. 关节抗弯特性的测定分析方法

梗系统的力学结构和其中各级关节的力学特性，是描述梗系统在不同载荷下的变形响应的基础。同样，梗系统各级关节的抗弯特性亦难以用现成标准的装夹与加载方法来实现。

1) 测定原理

各弹性铰链弯曲弹性系数的测定原理如图 3.48 所示，在拉力 $F_{\rm pt}$ 的作用下，果梗与果枝之间发生相对转动，沿 $F_{\rm pt}$ 作用线方向发生位移 $x_{\rm t}$ 时的弯矩为

$$M_{\rm t} = F_{\rm pt} \cdot L_0 \tag{3.37}$$

在此弯矩下，弹性铰链处的角位移为

$$\alpha_{\rm t} = \arctan \frac{x_{\rm t}}{L_0} \tag{3.38}$$

而该弹性铰链的弹性系数

$$k_{\rm t} = \frac{M_{\rm t}}{\alpha_{\rm t}} \tag{3.39}$$

由式 (3.37)、式 (3.38) 和式 (3.39) 得

$$k_{\rm t} = \frac{F_{\rm pt} \cdot L_0}{\arctan \dfrac{x_{\rm t}}{L_0}} \tag{3.40}$$

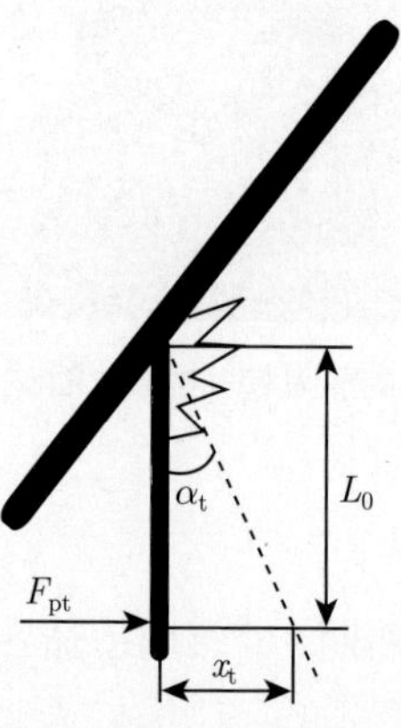

图 3.48 果梗 (柄) 弹性系数的测量原理

2) 试验材料与方法

试验在艾力 AEL 电动单柱测试台上进行 (图 3.49)，HP-50 电子测力计固定于测试台的移动台上。对于被测弹性铰链点，利用夹具将茎干或一果梗段固定，保证另一果梗段与电子测力计的测力方向垂直，由电子测力计的挂钩勾住该果梗段，用

游标卡尺测量拉力作用点至果梗连接点的距离并记录。开启测试台电机，使推拉力计以 0.2mm/s 的速度拉动该果梗段，并自动完成数据的采集。k_a、k_b、k_c 分别进行 20 组测试。

图 3.49　试验加载图

3.9.3　试验结果分析[237,238]

1. *离层折断强度*

四组果柄离层处的平均弯角 α_l 为 130.26°，均从离层处折断，平均折断弯矩为 161.29mN·m，最大和最小折断弯矩分别为 65.81mN·m 和 308.72mN·m，平均离层折断位移仅为 2.61mm，表明通过折断果梗 (柄) 进行果实采摘是一种方便易行的方式。不同成熟度果梗 (柄) 的折断弯矩具有以下规律 (图 3.50)：

绿熟期 $>$ 初熟期 $>$ 半熟期 $>$ 青果期

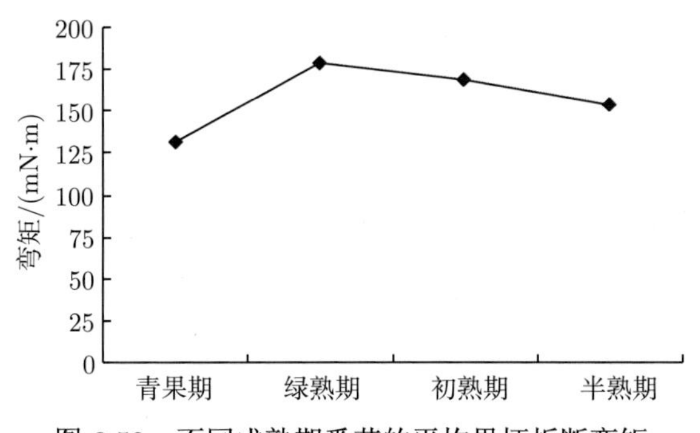

图 3.50　不同成熟期番茄的平均果柄折断弯矩

青果期、初熟期与半熟期的结果较为接近，表明不同成熟期采摘时，机器人与果实间的作用力、运动参数相近，这为采摘机器人的设计与控制提供了极大方便。

2. 离层拉断强度

被测果梗 (柄) 均从离层处断裂，平均拉断力为 23.01N，最大拉断力达到了 34.29N，不同成熟度下果梗 (柄) 的拉断力较为接近 (表 3.19)。不同成熟度果梗 (柄) 拉断力无明显差异。

表 3.19　不同成熟期番茄的果梗 (柄) 拉断力

生长时期	最小值/N	平均值/N	最大值/N
青果期	11.84	21.89	31.05
绿熟期	12.97	23.40	29.82
初熟期	15.18	22.99	30.07
半熟期	13.63	23.77	34.29

3. 离层扭断强度

平均扭断扭矩为 51.9mN·m，最大为 88mN·m，最小为 22mN·m，扭角在 360° ~ 1200°。果梗 (柄) 多数由离层处被扭断，极少数发生在花萼处。扭断扭矩与果实成熟度之间无明显关系，但与果梗 (柄) 直径呈线性相关。

4. 果梗抗弯力学特性

试验发现，弹性铰链的典型角位移–弯矩曲线如图 3.51 所示，弯矩随角位移增大而增加，但其斜率不断减小，直至弯矩到达峰值，随后弯矩迅速下降。这一变化规律表明，果梗各连接点不仅具有弹性，而且具有塑性特征。为表征弹性铰链的弯曲弹性，对弯矩到达峰值前角位移–弯矩曲线的 0 截距拟合直线的斜率，作为弯曲弹性系数。弹性铰链的弯曲弹性系数测定计算结果，以及据式 (3.39) 和式 (3.40) 计算得到的果梗 (柄) 弯曲弹性系数如表 3.20 所示。

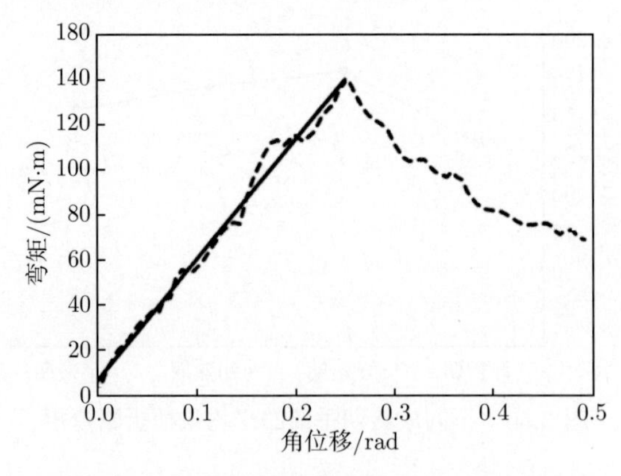

图 3.51　弹性铰链的典型角位移–弯矩曲线

表 3.20 弯曲弹性系数测定计算结果

弹性系数	最大值/(mN·m/rad)	均值/(mN·m/rad)	最小值/(mN·m/rad)	标准偏差
k_a	2802.50	673.84	89.9	644.5
k_b	1205.20	406.69	71.69	401.2
k_c	321.37	185.34	38.00	87.02
k_0(单果穗)	288.31	107.08	26.71	
k_0(复果穗)	232.65	145.36	19.46	

第 4 章　番茄无损采摘手臂系统的设计开发

4.1　概　　述

4.1.1　研究意义

采摘机器人设备通常由移动底盘、机械臂、末端执行器、视觉系统和控制系统构成，果蔬的机器人移动采摘作业需要各模块间的复杂协调才能实现。而作为直接对果蔬对象施加采摘动作的机械手 —— 末端执行器系统 (手臂系统)，其采摘动作原理、感知判断能力、手臂协调性能是保证实现快速无损采摘的关键。新型原理和结构的无损采摘手臂系统的创制，具有重要的学术价值和现实意义。

4.1.2　内容与创新

(1) 开发了具备多感知能力和激光–真空–机械全新动作组合原理的无损采摘末端执行器，为实现快速无损采摘，同时为激光果梗切割、真空吸持拉动复杂模型的创新研究成果提供了关键装备支持。

(2) 提出了被动柔顺结构和主动柔顺控制结合的果实柔顺采摘装备与方法，将基于力反馈的主动柔顺控制和浮动回转支承结构的姿态偏差被动柔顺适应相结合，有效解决了复杂实际环境下的柔顺采摘问题。

(3) 基于商用机械手和自主研发柔顺采摘末端执行器的手臂架构，构建了番茄果实采摘机器人执行系统，为实现采摘机器人装备的短周期开发和高性能作业提供了技术思路。

4.2　无损采摘末端执行器设计

4.2.1　无损采摘末端执行器的系统方案设计

作为安装于机械手腕部并直接与果实接触进行采摘作业的部分，末端执行器的性能对果实机器人采摘的成功率和效率起着决定性的影响。工业机器人的末端执行器功能过于简单，不能适应果实采摘需要。而目前日本、荷兰、美国等开发的采摘机器人末端执行器仍存在成功率和效率较低、容易造成果实损伤等问题。由于作业对象的特殊性，采摘机器人末端执行器必须根据果实的特性进行针对性设计，才能达到可靠、高效的采摘作业目标。为此，基于番茄的特性分析进行了末端执行器的设计和开发。

1. 采摘机器人末端执行器设计的总体原则

(1) 由于番茄果实、果梗 (柄) 尺寸及力学特性指标的高度差异性，末端执行器各作业部件的功率、行程等指标应满足绝大多数果实的采摘需要。以果实的大小为例，绝大多数果实的直径在 50~90mm，但不能排除存在极少数过大和过小的“异型果”，如果以满足任意果实采摘需要为目标，则将导致末端执行器的尺寸及功率过大，不利于末端执行器结构的优化以及能耗的降低，可能造成实现果实采摘的“得不偿失”。

(2) 末端执行器的作业性能以采摘成功率 (含无损率)、作业效率和能耗水平为主要指标，而以上性能高度依赖于末端执行器的总体方案 (作业原理)、硬件结构和优化控制的实现。

(3) 在满足采摘作业性能要求的前提下，末端执行器应“轻盈小巧”，即体积小、质量轻。由于植株冠层内的作业空间和机械手的承载能力的限制，更为轻盈小巧的末端执行器在作业灵活性上具有更大的优势，且更有利于作业过程的节能。

2. 现有方案的比较

国内外现有林果与蔬果采摘机器人末端执行器的方案如表 4.1 所示。

表 4.1 现有采摘机器人末端执行器方案分析

研究者	图片	作业对象	夹持部位	动力	分离方式	稳持方式	自由度	手指数目	手指类型	感知能力	尺寸/mm
[13]		番茄	—	电机	剪断	—	1	—	—	限位开关	—
[195]		通用	—	气动	剪断	—	1	—	—	—	—
[140,141]		甜椒	—	电机	剪断	—	1	—	—	—	—
[146]		甜椒	果梗	电机	剪断	—	1	2	—	—	80×45

续表

研究者	图片	作业对象	夹持部位	动力	分离方式	稳持方式	自由度	手指数目	手指类型	感知能力	尺寸/mm
[26]	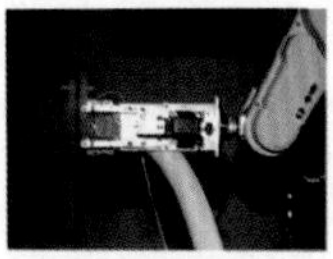	樱桃番茄	—	气动	切断	—	2	—	—	光电传感器	210×75×125
[193,194]	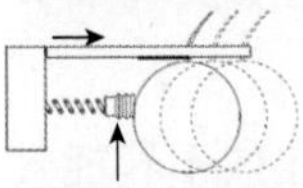	球形果实	—	气动	切断	—	2	—	—	近红外接近传感器、气压传感器	—
[29]		樱桃番茄	果梗	电机	折断	吸管	2	2	缓冲材料	—	—
[39]	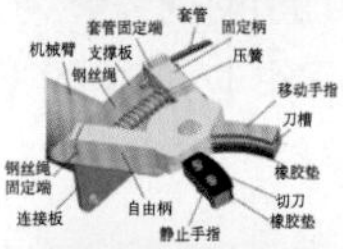	樱桃番茄	果梗	步进电机	剪断	—	1	2	缓冲材料	—	—
[6]		番茄	果梗	电机	切断	吸盘	2	2	刚性	负压传感器	240×130×110
[30–32]		番茄果穗	果枝	电机	切断	推板	3	2	刚性	限位开关、光电传感器	—
[14–18]	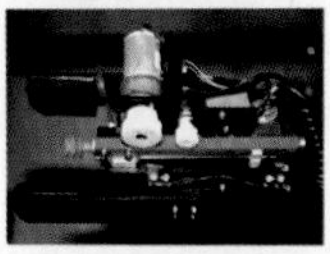	番茄	果实	电机	扭断	吸盘	2	2	刚性	接触开关、负压传感器、电位计、限位开关	250×120×130
[11,12]	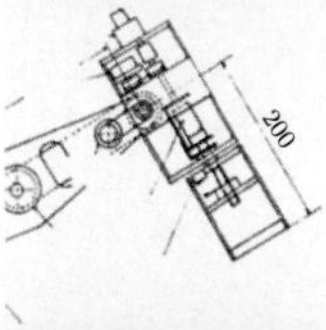	番茄	果实	电机	扭断	—	2	2	—	限位开关	长 300
[20–22, 316]		番茄	果实	电机	扭断、折断	吸盘	2	4	腱传动	电位计	—

续表

研究者	图片	作业对象	夹持部位	动力	分离方式	稳持方式	自由度	手指数目	手指类型	感知能力	尺寸/mm
[37]		番茄	果实		扭断折断	吸盘	2	4	欠驱动	掌上相机、负压传感器	—
[8]		番茄	果实	螺线管气缸		吸盘	4	4	欠驱动 4 节	接近开关、限位开关	254×139×140
[35,36]		樱桃番茄	果梗	电机	剪断	—	2	—	—	—	—
[317]		球形果实	果实	压缩空气	—	—	1	—	人工肌肉	相机	270×100×100
[318]		番茄	果实	电机	—	—	1	4	—	接触开关	180×170×170
[319]		番茄	果实	电机	—	—	1	2	V 形橡胶吸盘	—	—
[1,111]		草莓	果实	气动	拉断	吸筒	2	2	—	—	—
[320]		草莓	果梗	电机	剪断	—	1	2	—	限位开关	—

续表

研究者	图片	作业对象	夹持部位	动力	分离方式	稳持方式	自由度	手指数目	手指类型	感知能力	尺寸/mm
[97,103]		草莓	—	电机	切断	—	1	—	—	光电传感器、限位开关	—
[95]		草莓	果梗	—	切断	钩子	2	2	—	—	—
[96–98]		草莓	果梗	电机	切断	—	2	2	—	光电传感器	—
[93,321]		猕猴桃	果实	步进电机	扭断	—	2	2	弧面	红外传感器、力传感器	—
[176]		芦笋	笋茎	电机	剪断	—	2	2	—	—	—
[61]	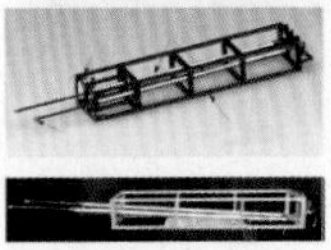	柑橘	果梗	气缸电机		—	6	2	—	微型相机	2060×310×610
[52–55]	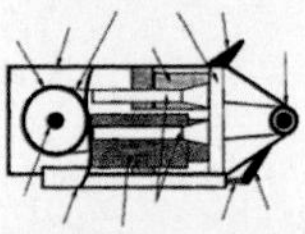	柑橘	—	液压缸	切断	塑料铲	1	—	—	掌上相机、超声传感器	—
[322]		柑橘	—	—	切断	真空吸盘	3	—	—	接近开关	—
[47,50]		柑橘	果实	气动	锯断	—	2	3	充气式	6 维力传感器	—

续表

研究者	图片	作业对象	夹持部位	动力	分离方式	稳持方式	自由度	手指数目	手指类型	感知能力	尺寸/mm
[47]	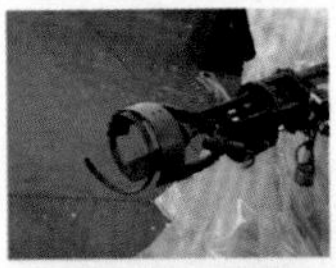	柑橘	—	—	切断	—	—	—	—	—	—
[47]	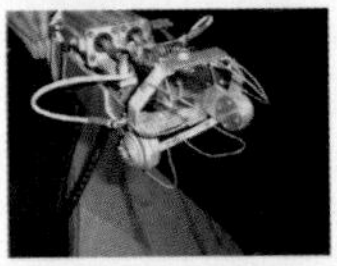	柑橘	—	气动	切断	气压驱动可伸缩托盘	3	—	—	—	—
[56,57]	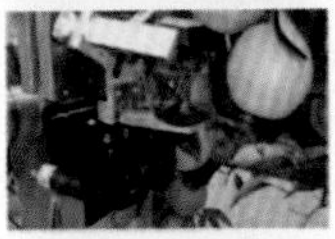	柑橘	果实	气动电动	扭断	—	1	3	缓冲材料	掌心相机	—
[145,146,323]	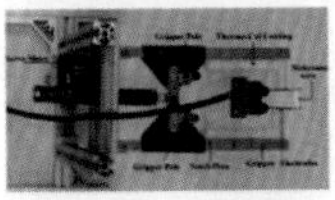	甜椒	果实	电机	热电极烧断	—	2	2	槽口板	—	—
[58,59]		柑橘	—	气缸	剪断	—	1	—	—	—	—
[126,127]		黄瓜	果梗	电机	热电极烧断	吸盘	3	2	刚性	—	—
[324]		草莓	果梗	电机	热电极烧断	—	2	2	绝缘耐热	限位触点	—
[133,134]		茄子	果实	电机	剪断	吸盘	2	4	橡胶	掌上相机、光电传感器	—
[135,136]		茄子	果梗	电机	剪断	—	1	2	刚性	CCD、超声传感器	—

续表

研究者	图片	作业对象	夹持部位	动力	分离方式	稳持方式	自由度	手指数目	手指类型	感知能力	尺寸/mm
[83–85, 325,326]		苹果	果梗	电机	扭断	—	2	2	刚性	—	—
[325]		苹果	果梗	电机	扭断	支撑棒	2	2	刚性	—	—
[73]		苹果	—	—	吸持拉断	—	1	—	—	掌心相机	—
[327]		苹果	果实	步进电机	扭断	—	1	2	硅胶垫	—	—
[328]		苹果	果实	步进电机	切断	—	5	4	腱传动	—	—
[149]		甜椒	果实	—	剪断	—	2	2	鳍条式	ToF 相机、CCD	—
[149]		甜椒	果实	—	切断	吸盘	2	—	双唇式	ToF 相机、CCD	—
[130,131]		黄瓜	果实	气动	切断	—	2	2	气动柔性	微动开关	—

3. 总体方案构思

由表 4.1，现有番茄采摘机器人末端执行器中，由于樱桃番茄的平均直径为

20~30mm，与普通番茄的差异较大，其末端执行器结构无法适用。另外，成穗采摘形式无法适应番茄成熟期的差异，与本研究选择性采摘的目标不相适应。目前适用于普通番茄选择性采摘的末端执行器，从动作原理上分主要有直接分离、夹持+分离、吸持+夹持+分离三种形式。

1) 直接分离

果实跌落至地面或置于下方的软管等进行回收，其特点是避免对果实或果梗(柄) 的夹持所带来的机构复杂、夹持失败、夹持损伤等问题。但是，直接分离形式的末端执行器存在明显的缺陷，难以有效实现番茄的采摘。

首先，由于果枝、果梗 (柄) 的柔性，植株上的果实处于半定位状态，会随风吹动或触碰而出现晃动，给分离带来困难。

其次，分离方式受限，无法施加扭断、折断等动作，剪断动作亦受限制，开口剪刀、盘形切刀等均因对果梗 (柄) 的侧向作用力问题，容易导致剪断的失败或果实的位置变化 (图 4.1)。

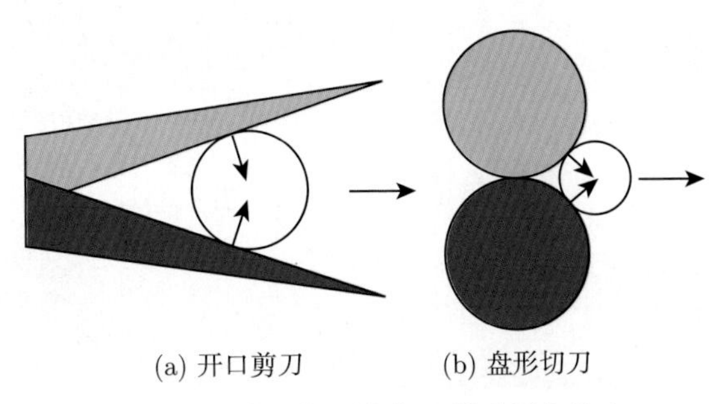

(a) 开口剪刀　　(b) 盘形切刀

图 4.1　果梗 (柄) 被剪切所受侧向分力

再次，果实的晃动与位置变化给软管或托盘回收均带来困难，成功率大大降低。

最后，直接跌落地面既造成果实的大量损伤，又无法回收，是机器人采摘所不能接受的，而软管回收即使对于草莓、樱桃番茄等小型果实仍存在损伤率高的问题，对普通番茄将无法适用。

2) 夹持+分离

夹持+分离是各类末端执行器较为通用的采摘方式。与果实夹持式相比，果梗夹持式末端执行器的优点在于避免了对果实的夹持损伤，但是也存在一定的应用局限。

首先，对于黄瓜、茄子等果梗粗长的果蔬，果梗夹持非常方便和适用，但是番茄的果梗 (柄) 很短且生长方位差异很大，果梗的夹持往往不易实现 (图 4.2，图 4.3)。

其次，番茄果梗 (柄) 存在离层，在采摘和回收过程中容易因触碰或抖动而导致果实的意外脱落。

(a) 黄瓜

(b) 茄子

(c) 番茄

图 4.2　不同果蔬的果梗比较

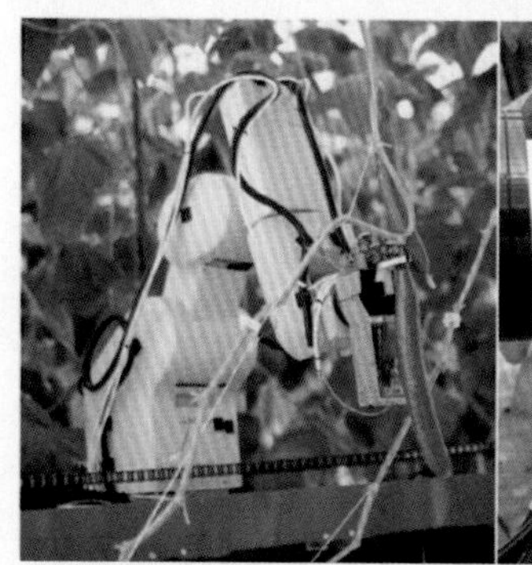
(a) 黄瓜采摘机器人末端执行器

(b) 茄子采摘机器人末端执行器

图 4.3　果梗夹持式末端执行器

最后，现有果梗夹持式的末端执行器均采用果梗夹持+剪断的方式，而采用其他分离方式受到一定限制。

与之相比，果实夹持式末端执行器的通用性较强，夹持可靠性更佳，分离方式的选择更为灵活，但是为避免果实损伤，对于夹持作用力的控制难度加大。

3) 吸持+夹持+分离

吸持+夹持+分离式末端执行器的特点在于增加了真空吸盘的辅助吸持和拉动。在国内外开发的番茄采摘机器人末端执行器中，真空吸持系统由于具有对果实形位误差的高适应性、吸持的低损伤性、施加吸持的方便性、操控的简易性等特点而得到了广泛的应用。当真空吸持系统代替机械夹持器进行独立的吸持作业时，其吸持可靠性和定位稳定性有限，为达到足够高的吸力，吸盘直径和真空度、真空流量的协调将出现困难，同时吸持损伤问题随之出现。而真空吸持系统作为末端执行器夹持+分离作业的辅助装置，在番茄采摘中可以将目标果实拉离果穗，从而避免夹持对相邻果实的损伤，并扩展手指运动空间从而增加夹持的成功率；同时，增强了辅助定位，减少了因果实晃动造成夹持失败的概率。

综合以上分析，本末端执行器采用吸持果实+夹持果实+分离的动作原理。

4. 系统组成

开发的番茄采摘机器人末端执行器由机械系统、传感系统、控制系统、供电系统和相应的动力单元、真空单元、激光单元组成 (图 4.4)。机械系统包括机械本体以及在本体上所安装设置的真空吸持系统的吸盘进给机构、夹持器、果梗激光切断装置的透镜定向机构。

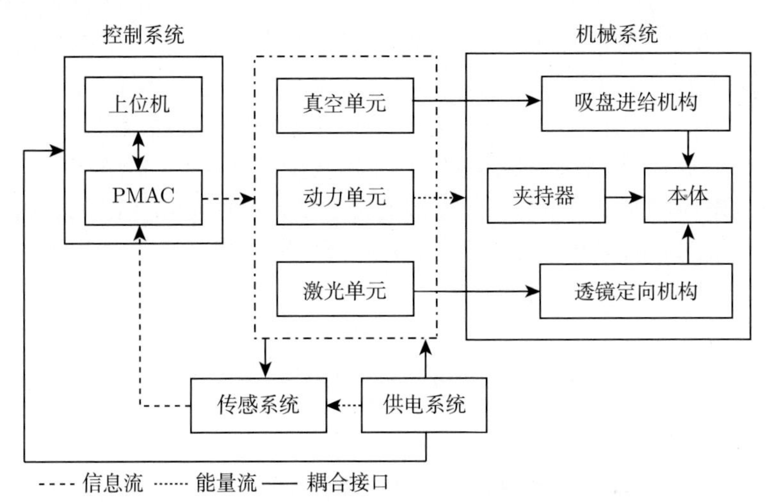

图 4.4 末端执行器系统组成框图

采摘过程中，当机械手将末端执行器运送至果实附近的预定位置后，通过传感系统获取目标果实的位置、距离、形状等信息，由吸盘进给机构带动真空吸盘前进，当传感系统感知吸盘对果实成功吸持后，吸盘进给机构拉动其后退，使果实从果穗中隔离出来；然后夹持器手指合拢，传感系统感知并反馈夹持力与滑动等信息，控制手指实现对果实的柔顺可靠夹持；随后定向机构带动激光聚焦透镜转动，将焦点定位于果梗上并发射激光束将果梗切断；最后，机械手带动末端执行器将果实放入果箱，从而完成番茄的采摘。

4.2.2 末端执行器机构设计 [238,329,330]

1. 夹持器设计

1) 夹持器形式

(1) 手指形式。日本 Monta 和美国 Peter P. Ling 等开发的番茄采摘机器人末端执行器采用了简易的多关节柔性手指 [19,37]，手指弯曲曲线平滑，具有一定补偿能力，能够很好地适应果实的大小差异。但该类柔性手指机构由 1 个动力驱动 4 个手指的所有关节，属于高度欠驱动机构，当在果实与末端执行器之间有枝叶等障碍物时，柔性手指会发生弯曲，从而造成果实抓取的失败。在其他领域，拟人的多关节灵巧手和气动人工肌肉、形状记忆合金、离子交换聚合金属材料等驱动的各类柔性手指是目前研究的热点之一[331−335]，但其高复杂性及高成本距离实际应用特别是农业应用仍有相当距离。而单 (指) 关节、单自由度、气动或电机驱动的两指 (或三指) 夹持器，因其结构简单、应用灵活、操控方便，在工业、建筑、物流等各个领域得到了广泛的应用，在采摘机器人领域亦成为主流。故本末端执行器确定选择单 (指) 关节形式的夹持器。

(2) 手指数目。果实的球形结构可由 2 指或多指完成夹持。手指数目越少，夹持的稳定性越差，而多指末端执行器虽然夹持更为稳定可靠，但机构及控制的复杂性增加，同时在采摘空间中与果梗、枝叶的干涉现象也会随之增多。因此，一般形状较为规则、尺寸质量不太大的果实，应采用较少手指抓持。对番茄而言，其生长方位的极大差异增加了手指与果梗干涉的可能性，同时果穗中多个果实的相互靠近限制了手指的运动空间，因而确定本夹持器采用 2 指夹持并对手指的结构进行针对性设计，在有效协调夹持成功率和可靠性的前提下，降低机构的复杂性。

2) 夹持器类型

根据手指的运动特点，夹持器可归为平移型、平动型和回转型三大类型 (表 4.2)。

表 4.2　夹持机构类型及特点

类型	平移型	平动型	回转型
特征	两手指做相对直线移动，并保持平行	两手指做平面转动，并保持平行	两手指做定轴转动
图例			
夹持误差	小	大	大
侧向分力	无	有	有
空间范围	小	小	大
传动形式	少	一般	多

(1) 平移型夹持器两手指做相对直线移动，两手指保持平行；

(2) 平动型夹持器手指沿圆弧轨迹运动，但两手指保持平行，手指上不同位置的运动规律相同；

(3) 回转型夹持器手指做定轴转动，手指张角不断发生变化。

回转型手指的开度较大，采用的传动机构形式可达 60 余种[336]；平动型也有多种传动形式，而平移型的传动机构形式相对较少。

在工业领域，以上三类夹持机构均有广泛应用。但在应用于果实的机器人采摘时，由于不同果实个体之间的大小差异很大，平移型夹持机构的指面中心位置始终保持不变，可以保证每次的对心准确夹持；而平动型和回转型夹持机构在运动过程中指面的中心位置不断发生变化，果实的大小差异将大大增加对心夹持的难度，影响夹持的成功率。同时，平动型与回转型夹持机构在夹持过程中，均存在侧向分力，从而影响夹持的可靠性，并有可能造成果皮的滑动摩擦损伤。综合以上因素，本书末端执行器采用了平移型夹持机构。

3) 夹持器机构方案

根据驱动运动与传动方式的不同，平移型夹持机构有多种实现方案。常用平移型夹持器方案如表 4.3 所示。与齿轮–双齿条式和双拨叉式机构相比，尽管双向螺杆式机构的速度和效率较低，但其运动精度很高，在同样空间尺寸限制下夹持器的开度明显大于前两类机构，由于螺旋传动的力增原理，其夹持力亦远大于前两类机构。更有意义的一点是，螺旋传动具有自锁性能，当该夹持器对果实实施夹持后，不会因果实的反作用力而使夹持松脱，而无须额外的反转制动装置与措施。因此，选择双向螺杆式平移型作为夹持机构方案。

表 4.3 常用平移型夹持器方案

类型	双向螺杆式	齿轮–双齿条式	双拨叉式
图例			
运动精度	高	中	低
速度	中	高	中
开度	大	中	小
效率	低	高	中
自锁	有	无	无
夹持力	大	中	小

4) 指面形状

指面的形状对可靠夹持果实所需的临界夹持力和临界接触应力具有决定性的影响。临界夹持力的减小将有效减小夹持机构尺寸、质量及所需能耗，而果实临界接触应力的减小将降低果实损伤的概率。与平面夹持近似的线接触相比，圆弧指面在对近似球体果实进行夹持时，接触面积大大增加，从而使临界接触应力大大降低，临界夹持力也明显下降。由平面根据果实生长姿态，手指对果实夹持的姿态介于水平与竖直方向之间，采用圆弧面时临界夹持力为 3.21~16.92N，远小于平面形式 (表 4.4)。故末端执行器采用了圆弧指面形式。

表 4.4　夹持机构手指指面形式

形式	平面	圆弧面	
		水平	竖直
图例			
公式	$N=\dfrac{G}{2f}$	$N=\dfrac{G\cdot\cot(\theta+\arctan f)}{2}$	$N=\dfrac{G}{2f}\cdot\cos\theta$
夹持力 N/N	2.90	0.27	1.79

注: 式中 θ 为圆弧对应圆心角。根据试验结果，N 值按 98%果实最大质量 $G=320\times9.8/1000=3.14\text{N}$，$f_{带露}=0.54$，$\theta=50°$ 计算。

2. 真空吸持系统设计

1) 真空系统构成

真空吸持系统由真空单元产生真空，使吸盘对果实产生一定的吸力，由吸盘进给机构带动吸盘前进和后退。真空系统以集成式真空发生器和微型静音空压机为核心，其结构如图 4.5 所示。番茄采摘机器人工作时，当末端执行器达到预定位置后，齿条带动吸盘前进，供气电磁阀打开，由集成式真空发生器在吸盘与果实表面间形成一定的真空度，使吸盘产生对果实的吸力，吸持果实后由吸盘进给机构拉动其后退，从而实现目标果实与相邻果实的隔离。

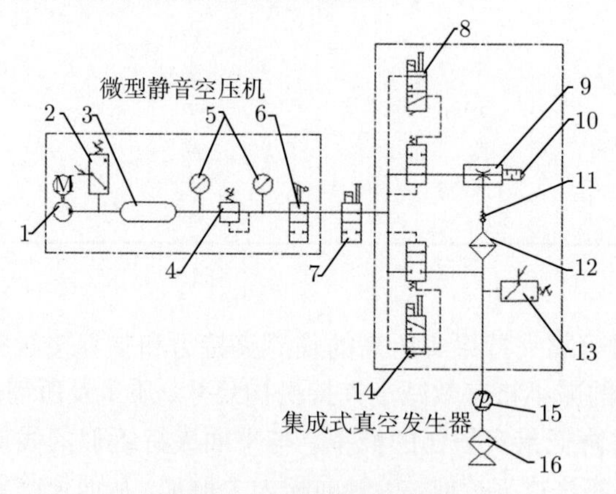

图 4.5　真空系统线路图

1. 空压机; 2. 压力开关; 3. 储气罐; 4. 压力控制阀; 5. 压力表; 6. 球阀; 7. 供气电磁阀; 8. 吸气电磁阀; 9. 真空发生器; 10. 消声器; 11. 单向阀; 12. 过滤器; 13. 真空开关; 14. 吹气电磁阀; 15. 真空压力传感器; 16. 波纹吸盘

2) 真空发生设备

本装置中以集成式真空发生器替代了传统的真空泵 (图 4.6)，选用真空发生器喷嘴直径为 1.0mm。真空发生器是根据文丘里管原理工作的新型真空发生设备，与真空泵相比，真空发生器的真空产生及解除速度更快，更加适合于频繁切换的场合，避免了真空负压的脉动，并可利用压缩空气经内置电磁阀实现吸盘吸气/吹气的切换，随时控制吸盘与果实间真空的快速解除，更好地满足番茄果实采摘中的吸持作业需要。

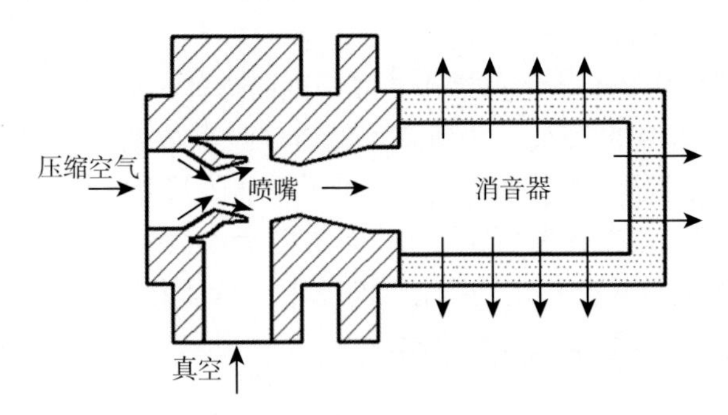

图 4.6 真空发生器的文丘里管工作原理图

3) 气源的选配

本系统中采用微型空压机作为该真空发生器的气源。传统的真空系统，必须采用足够功率的真空泵连续运转维持真空，使系统的体积、质量和运行成本均大大增加。本系统中只需 1/4HP 小功率单级活塞式空压机对储气罐进行充气，空压机具备压力开关，当储气罐内压力 (表压) 低于 0.5MPa 时自动启动，上升达到 0.7MPa 时自动停转，有效减少了空压机能量的浪费；而在合理的控制策略下，空压机对气罐一次充气后，可以满足多个周期工作的需要。因此，该真空系统总重仅 4.2kg，且能耗显著降低。该微型空压机主要参数见表 4.5。

表 4.5 微型空压机标称参数

功率/HP	转速/(r/min)	空气流量/(L/min)	储气罐容积/L
1/4	2800	40	6

4) 真空监测与反馈控制

系统真空回路中装备有数字式真空压力传感器，除了可直接进行真空状态监控以外，还可以将真空负压反馈进入机器人控制器，经供气控制电磁阀、吸气控制电磁阀和吹气控制电磁阀，实现真空系统的反馈控制。所选用集成式真空发生器内置吸气电磁阀处于打开状态时，吹气电磁阀自动处于关闭状态；吸气电磁阀处于关闭状态时，吹气电磁阀则自动处于打开状态。

集成式真空发生器内置的单向阀，保证真空的可靠性，防止在吸持拉动过程中果实的意外脱落；同时利用单向阀的特性，在吸持果实过程中无须连续供气即可保持一定的真空度，从而大大节省了压缩空气的耗量。

5) 吸盘的选配

系统应用了 2.5 褶波纹吸盘，与扁平吸盘相比，其多褶波纹结构可以产生较大的收缩、弯曲甚至扭转变形，在接触被吸持对象和吸持拉动时，均有良好的缓冲性，对不同尺寸和形状的适应能力很强，具有对位置误差的良好补偿能力，特别适用于果实采摘时的吸持拉动。

有关研究发现 [37]，由于番茄果实并非规则的球体，较大的吸盘将难以适应果实形状和果实表面轮廓的变化，从而有可能造成吸盘与果实表皮间形成封闭空间的困难，使吸力受到影响甚至吸持失效。对于番茄的尺寸而言，直径不超过 19cm 较为合适 [37]。为此，本系统配置了 Φ20、Φ14 和 Φ9 三种规格的 2.5 褶硅胶波纹吸盘，并对三者的吸力与吸持稳定性进行比较分析，从而确定合适的吸盘规格。三种规格波纹吸盘的主要参数如表 4.6 所示。

表 4.6　真空波纹吸盘主要参数

褶数	外径/mm	有效直径/mm	内孔直径/mm	吸力/N	拉脱力/N	内部体积/cm^3	最大压缩行程/mm
2.5	9	7	3.8	0.68	2.3	0.15	3
2.5	14	11	5	1.17	5.7	0.975	8
2.5	20	16	9	3.8	12.1	2	8

6) 气管参数

压缩空气供气管和真空软管的尺寸参数对于真空系统的动作响应速度具有重要影响。本真空吸持系统气管初始尺寸如表 4.7 所示。

表 4.7　真空吸持系统气管初始尺寸

压缩空气供气管		真空软管	
内径/mm	长度/m	内径/mm	长度/m
4	9	4	3.1

3. 果柄激光切断装置设计

1) 常用果梗分离方式比较评价

(1) 剪断。利用剪刀或切刀直接切断果梗，要求在末端执行器上配置相应的剪切机构、传动机构和动力，而番茄果梗的最大直径接近 5mm，需 108.5～245N 的力才能切断番茄果梗 [337]，造成末端执行器的结构复杂性、尺寸、质量和能耗明显增加，这对末端执行器的灵活操作与应用极为不利。同时，由于剪刀 (切刀) 的重复使用不可避免造成植株间病菌的相互传染和切口导致果实水分的流失 [126]。番茄冠层内作业空间狭小，剪刀机构有可能因无法到达合适的方位而造成剪切的失败。因此，目前剪切方式多见于黄瓜、茄子、甜椒等果实，而番茄采摘机器人极少采用 [124,128,140,141,143] (图 4.7)。

(a) 黄瓜　(b) 茄子

图 4.7 采摘机器人的果梗剪断方式

(2) 拉、折、扭断。拉断、折断和扭断方式，均无须附加的果梗分离机构，仅需依靠腕部的拉、折、扭动作，通过手指对果实的夹持摩擦来施加作用力，达到分离果实的目的 (图 4.8)。其特点是末端执行器结构简单，通用性较强。拉、折、扭方式有各自的特点，亦存在相应不足，从各种分离方式所需对果实的夹持力来说，无须通过腕部动作来实现分离时，可靠夹持所需夹持力仅为 3.54N，而拉、折、扭所需夹持力分别为 41.33N、14.87N 和 5.46N(表 4.8)，其中拉断果梗 (柄) 所需夹持力过大，机械手和夹持机构负荷过大，造成相应机构的驱动功率增大，末端执行器尺寸、质量显著增加。同时，对果实施加的过大拉力有可能造成穗果实被从植株上拉断。

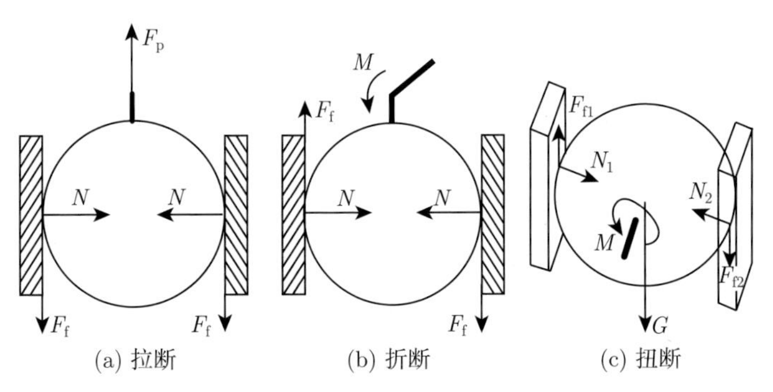

(a) 拉断　(b) 折断　(c) 扭断

图 4.8 拉、折、扭断果梗 (柄) 的果实静力平衡

表 4.8　各种分离方式所需夹持力比较　　(单位：N)

夹持力	拉断	折断	扭断	其他
理论临界最小夹持力	31.79	11.44	4.20	2.72
实际最小夹持力	41.33	14.87	5.46	3.54

注：根据试验结果，按平面型手指，满足 95%果实采摘需要，$f_{带露}$=0.54 并取安全系数为 1.3 计算。

折断和扭断果梗所需夹持力明显较小，是目前番茄机器人采摘中较为常用的方式 [19−21,37] (图 4.9)。在人工采摘时，通常用手指顶住离层附近，实施折断采摘。但是在本实验室进行的试验研究发现在采摘机器人作业时，由于缺乏施加弯矩的支点，必须增大弯折动作的幅度，容易造成整个果穗被拉伤甚至同时拉断，并可能与枝干或附近果实相碰。而扭断果梗时，由果梗的特性所决定，尽管扭断果梗所需的扭矩较小，但扭角很大，番茄采摘机器人在作业时，需通过腕部不断地往复转动，使果梗疲劳折断，从而达到果梗分离的目的。本实验室内完成的试验发现，扭断效果随夹持姿态、果梗尺寸有很大差异，近半比例的果实在数十次大扭角的往复扭转之后仍难以断开，因而扭断方式无法达到实际应用的需要。

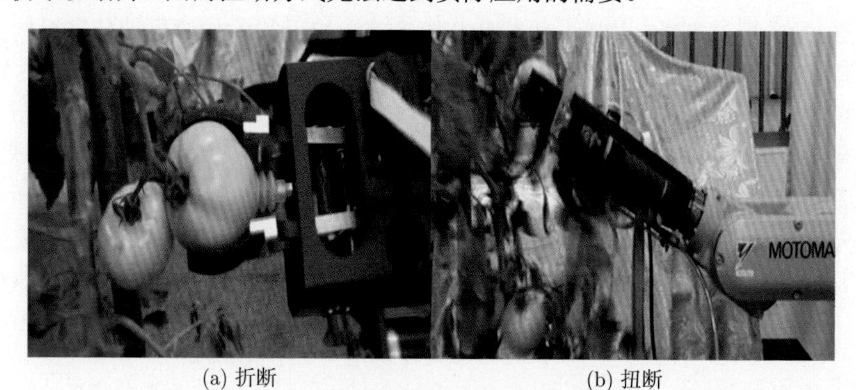

(a) 折断　　(b) 扭断

图 4.9　番茄果梗 (柄) 的折断和扭断

(3) 热切断。荷兰瓦格宁根大学开发的黄瓜采摘机器人末端执行器、日本高知技术大学开发的甜椒采摘末端执行器等，改变了传统的果梗分离方法，采用热电极的热切割方法。其中当两电极与果梗接触时产生高频电流，果梗的高含水率使之迅速产生高温而将果梗“切”断 [126]。这种方式避免了病菌的相互传染和水分流失问题，但是要求两电极必须同时与果梗可靠接触以形成通路，故对视觉系统精度和机械定位精度要求过高，且受到果梗 (柄) 长度、植株冠层空间的限制，对于常规栽培方式和品种的番茄，其实际应用难以达到满意的效果。

中国农业大学开发的草莓采摘末端执行器则采用了电阻丝式的热切割方法，由 5V 低压直流电流通过电热丝的热量将果梗烧断 (图 4.10)。论文显示其平均采摘速度可达 2.86s，成功率在 90%以上 [324] (图 4.10)。但由于夹持过程中果梗需被弯折，因而只适用于草莓类细长果梗的使用。

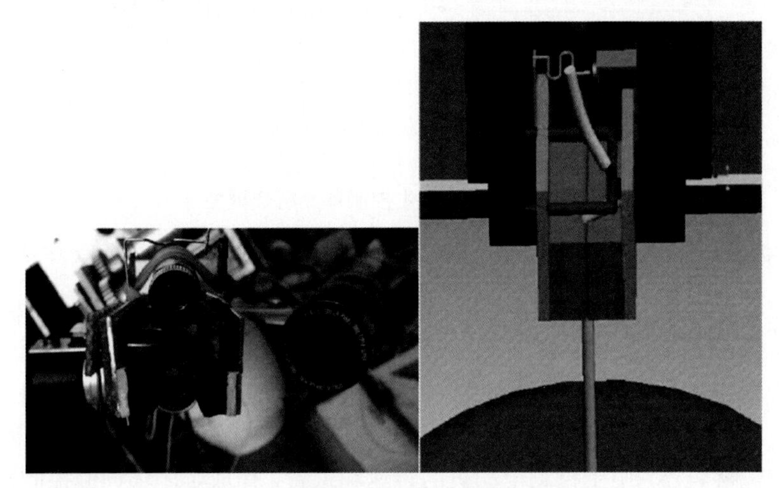

图 4.10 草莓采摘机器人末端执行器 [58]

2) 激光器选型

机械加工、医疗领域应用较广的 CO_2 激光器、Nd:YAG 激光器和 KTP 激光器的电光能转换效率分别仅有 10%、1%和 0.25%左右，要获得较高的光功率，必须由交流电源进行高压、大电流供电，且激光器发热严重，需要复杂庞大的水冷系统，难以移动使用。

根据移动采摘机器人的实际工作条件，本装置采用了 30W 高功率光纤耦合半导体激光器，该激光器具有以下特点：

(1) 开、断动作迅速，便于控制；

(2) 电光能转换效率高达 50%，可使用蓄电池供电；

(3) 体积仅 92mm×86mm×20mm，质量不足 200g，激光器与散热和电源系统的集成单元仍足够轻小；

(4) 可将激光器安装于采摘机器人的移动平台上，而光纤头及聚焦透镜安装于末端执行器上，并随末端执行器达到机械手可操作空间内的任意位置，大大方便了果实的采摘。

3) 果柄激光切断装置的组成

该果柄激光切断装置由激光发生与控制单元和透镜定向机构组成 (图 4.11)。果实采摘过程中，该装置依靠采摘机器人的视觉系统和传感器系统来准确确定果柄的空间位置，由控制系统发出信号，聚焦透镜转动，将焦点定位于果梗上，激光器发出的激光束由透镜聚焦于果柄上并将之切断。

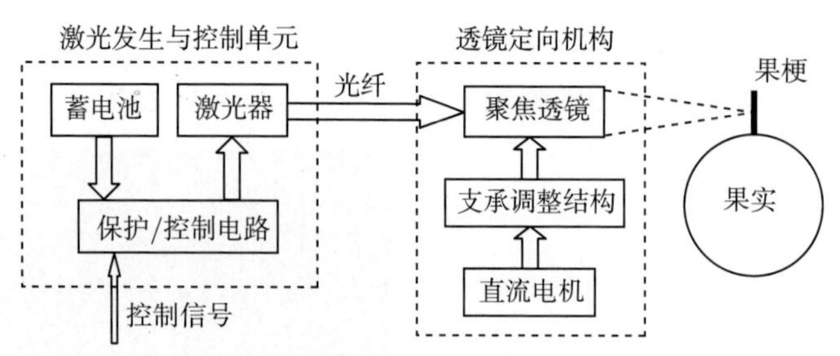

图 4.11 激光发生控制单元组成框图

4.2.3 感知系统设计 [238,330,338–340]

末端执行器感知系统由分布于末端执行器各部分的伺服电动机编码器、远距近距传感器、接近传感器、指力传感器、腕力传感器和压力传感器组成，以充分感知末端执行器的内部和外部信息，其中内部感知包括运动与压力感知 (图 4.11)：

(1) 在直流伺服电动机系统中，与直流电动机和微型减速器集成为一体的直流伺服电动机编码器，用于检测电动机的转速和位置，构成半闭环伺服控制系统，以精确控制真空吸盘、手指和激光聚焦透镜的运动位置和速度。

(2) 在真空发生器中集成的压力传感器，测量并反馈真空负压，判断真空波纹吸盘对果实的吸附和拉动状态，并为末端执行器的下一步动作提供信息。

番茄采摘机器人末端执行器借助多种传感器来充分感知作业目标及环境的距离觉、接近觉、力觉等外部信息：

(1) 在末端执行器中部安装有远距传感器，可以检测 20~150cm 范围内物体的距离；在两手指前端分别安装 1 个近距传感器，可以检测 10~60cm 范围内物体的距离；在两手指前端分别安装 1 个接近传感器，用来在 10cm 距离范围内感知物体的接近情况。以上 1 个远距传感器、2 个近距传感器和 2 个接近传感器所获取的信息相融合，以辅助采摘机器人及其末端执行器发现目标、空间定位、测定果实的表面形状、决定抓取的姿态和动作并避免手指对果实的碰撞。

(2) 在末端执行器两手指内侧面分别安装了三维指力传感器，能同时检测三维力信息 (F_x，F_y，F_z)，在末端执行器与机械手腕部连接处安装有六维腕力/力矩传感器，可以同时检测三维空间内的全部力和力矩信息 (F_x，F_y，F_z，M_x，M_y，M_z)。2 个三维指力传感器和 1 个六维腕力/力矩传感器感知的力觉信息相融合，以检测控制手指对果实的夹持力，实现对果实的精确抓持；同时检测夹持过程中果实有无滑动，并感测末端执行器抓取的姿态和对果实进行称量，根据果实质量进行分级。

4.2.4 控制系统设计 [238,330,338–341]

1. 控制系统结构

以便携式计算机 + 多轴运动控制卡为上位控制单元，构建开放式控制系统 (图

4.12)。便携式计算机与多轴运动控制卡之间以 USB 方式进行通信，方便连接和断开；美国 Delta Tan Data System 公司的 PMAC2A-PC/104 多轴运动控制卡内置 DSP 数字信号处理器，与便携式计算机 CPU 构成主从式双 CPU 控制模式，便携式计算机 CPU 方便编程和实时监控，多轴运动控制卡可以脱开便携式计算机，作为运动控制器独立运行，使采摘机器人及末端执行器工作更为简便、灵活。

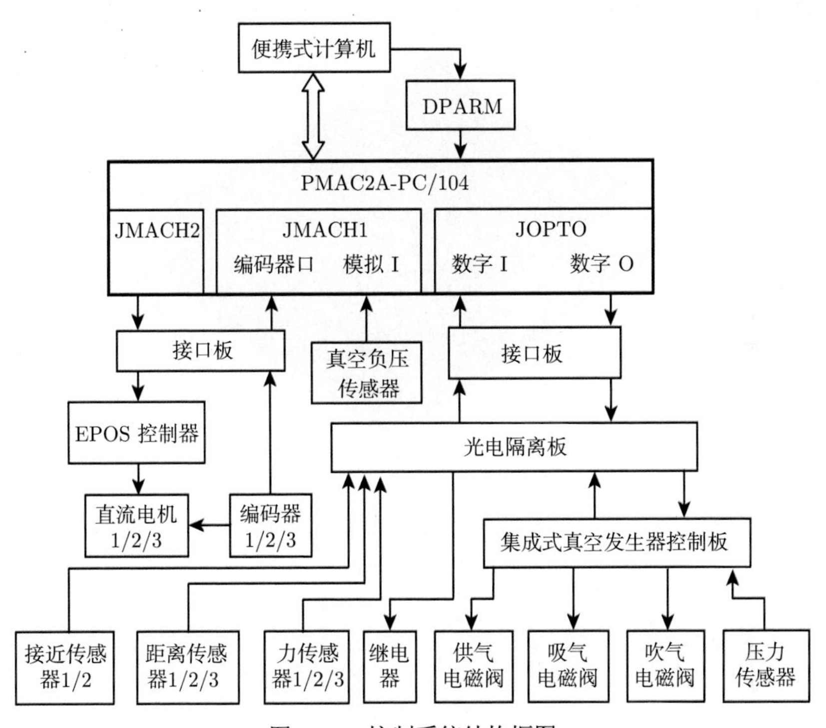

图 4.12　控制系统结构框图

末端执行器的所有传感器信号经过 A/D 转换由扩展 I/O 口输入多轴运动控制卡，同时通过多轴运动控制卡的 I/O 口输出控制信号，构成反馈控制系统。输出控制信号通过驱动器的信号放大，控制电动机的位置和速度，实现夹持器、吸盘进给机构和透镜定向机构力与运动的精确控制。PMAC 和 Maxon 电机的 EPOS 位置控制器均具有 DSP 数字信号处理器，通过 PMAC 闭合位置环和速度环，EPOS 闭合电流环，形成复合伺服控制，从而具有更强大灵活的运动控制能力。控制系统通过电磁阀控制真空发生器和空气压缩机的开闭，通过继电器控制光纤耦合半导体激光器的开闭，按照一定的顺序执行动作，完成果实的采摘。

2. EPOS 驱动器

Maxon 电机的 EPOS 位置控制器，不仅仅作为电机驱动器，更提供了强大的运动控制功能，可实现点对点、位置、速度、力矩、步进等不同模式的运动控制，在开发的无损采摘末端执行器中，根据手指、吸盘与激光透镜驱动电机的不同电流要求，分别配置了 EPOS 24/5(图 4.13) 与 EPOS 24/1 两款位置控制器。其核心元件是 TMS320LF2406 DSP 数字信号处理芯片，指令执行周期仅 33ns, 片内包含 32k 的闪存区、544B 的双存取 RAM、2kB 的单存取 RAM 和 8 通道 10 位 A/D 转换器。两款控制器均提供了 CAN 总线和 RS232 串口的不同通信方式。

图 4.13　EPOS 24/5 驱动器

EPOS 驱动器采用脉冲+方向工作方式的硬件连接，如图 4.14 所示。

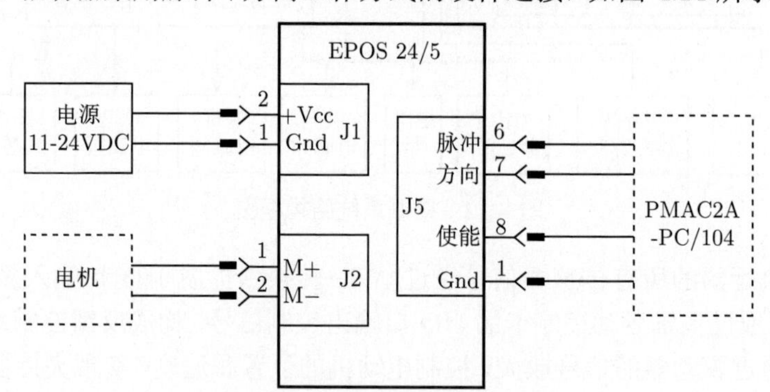

图 4.14　EPOS 驱动器硬件连接

3. PMAC2A-PC/104 运动控制器

PMAC2A-PC/104 控制器是美国 Delta Tau Data System 公司开发的开放式运动控制器之一 (图 4.15)，它借助 Motorola 的 DSP56311 数字信号处理器，CPU 主频为 40MHz，具有较大的灵活性，可以同时操纵 1~4 轴，允许每一根轴进行独立运动。

图 4.15　PMAC2A-PC/104

其主要性能指标如下：

(1) 128k×24 SRAM；

(2) 512k×8 闪存，进行用户备份和固件程序；

(3) 4 通道轴接口电路，每一个包括：12 位 ±10V 模拟量输出，脉冲加方向数字信号输出，3 路差分/单端编码器信号输入，4 路标志输入信号，2 路标志输出信号；

(4) 50 针 IDC 放大器和编码器接口电路；

(5) 34 针 IDC 标志位、脉冲和方向电路；

(6) PID/NOTCH/前馈伺服算法。

运动控制器采用脉冲+方向工作方式的硬件连接，如图 4.16 所示。

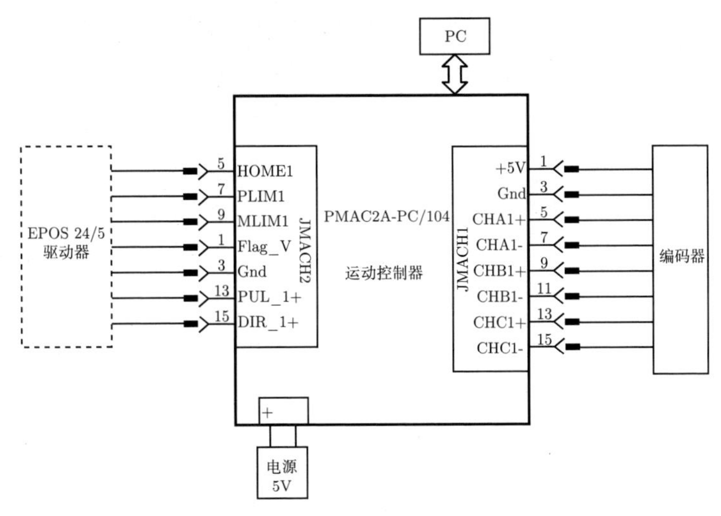

图 4.16　PMAC 运动控制器硬件连接

4.2.5　供电系统设计 [238]

针对采摘机器人移动作业的需求，供电系统采用了高能锂电池组作为电源。由于锂离子蓄电池采用有机电解质液，同普通蓄电池相比在体积、质量和储能方面都有着卓越的优点，同样容量的锂电池体积、质量仅为普通铅酸蓄电池的 1/4~1/3，因此本电源选用 24V10A·h 锂电池供电，以减少采摘机器人的负重，并满足其长时间供电的需求。系统采用多规格 DC/DC 电源模块，将工作过程中锂电池逐渐下降的电压分别转换为稳定的 24V、12V 和 5V 电压，对末端执行器所有电机系统、控制与连接板、传感器、控制阀以及激光器驱动电路进行供电 (图 4.17，图 4.18)。

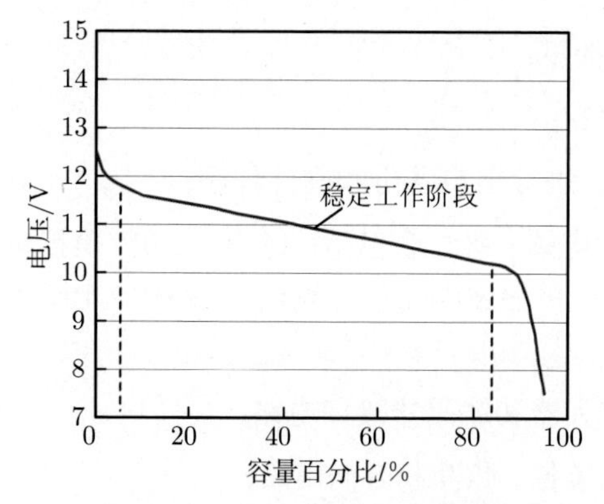

图 4.17　锂电池放电特性曲线

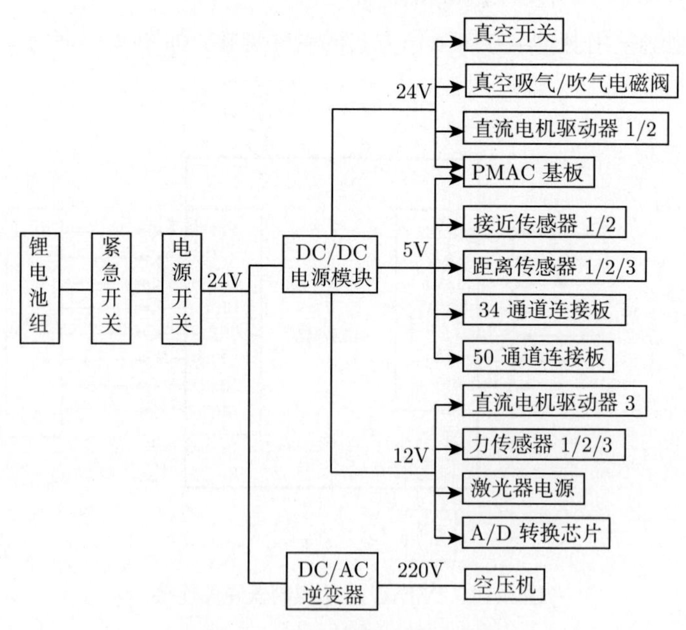

图 4.18　供电系统结构示意图

4.2.6　末端执行器结构设计 [238,342]

1. 夹持器机构

末端执行器机械系统本体包括前壳体和后壳体，采用了更轻的高强度铝镁合金材料 (图 4.19)。前后壳体由螺钉连接，所有机构安装于前壳体上，末端执行器由螺柱通过后壳体后端的通孔连接于机械手的腕部。夹持器的双向螺杆由直流电机经锥齿轮传动驱动，手指则包括手指架、手指头和指面，手指的可拆卸式结构为末端执行器的拓展应用及维护带来了方便。

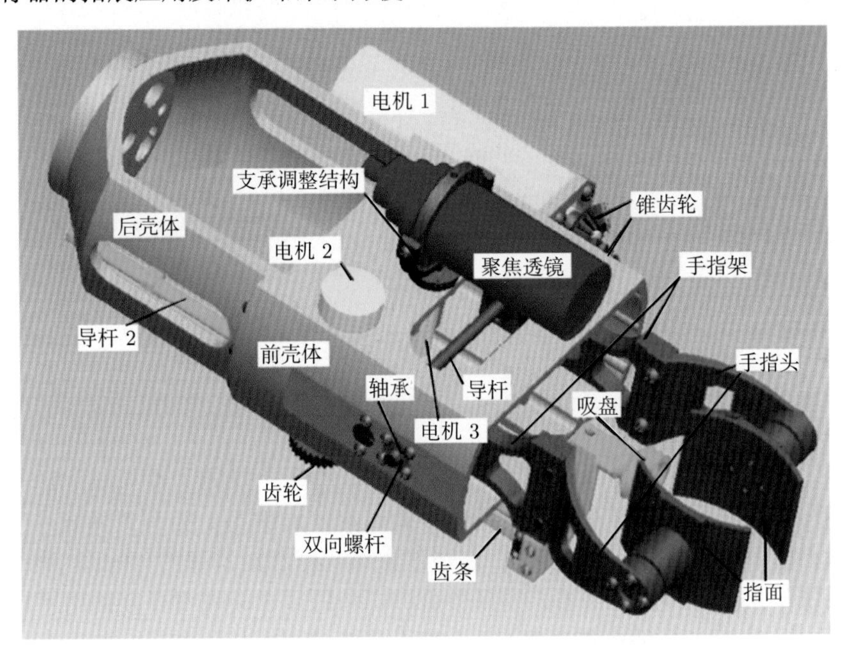

图 4.19　番茄采摘机器人末端执行器机械结构

2. 吸盘进给机构

选择齿轮齿条机构作为吸盘的进给机构，吸盘安装于一导杆的前端，真空软管连接于该导杆的后端，该导杆同时作为真空气体流动的通道，采用尼龙齿条固定于该导杆上，避免了过载或行程超限等意外情况对电机的损伤。

3. 激光聚焦透镜支承定向结构

激光聚焦透镜的支承和定向结构经过了特别的设计 (图 4.20)。透镜由微型直流电机带动转动，从而将焦点定位于果梗上。由于激光聚焦透镜质量达约 100g，而电机无负载运动所需功率极小，该微型电机系统输出轴的轴径仅为 2mm，所许可的轴向和径向载荷极小，可靠的支承结构将非常关键。如图 4.20 所示，该透镜支承定向结构含有一由支承调整环、滚珠、底圈、端盖组成的推力球轴承结构，用以承受聚焦透镜质量对电机轴的径向作用力，支承调整环可以相对底圈转动。电机轴插入支承调整环底部的通孔内，并由锁紧螺钉固定；支承调整环上的水平通槽允许固定环相对螺钉的轴线转动一定角度，再利用两锁紧螺钉将其锁紧在所需位置上，从而使聚焦透镜的倾角可以按照需要进行调整，对不同梗长果实均可以实现激光切断。

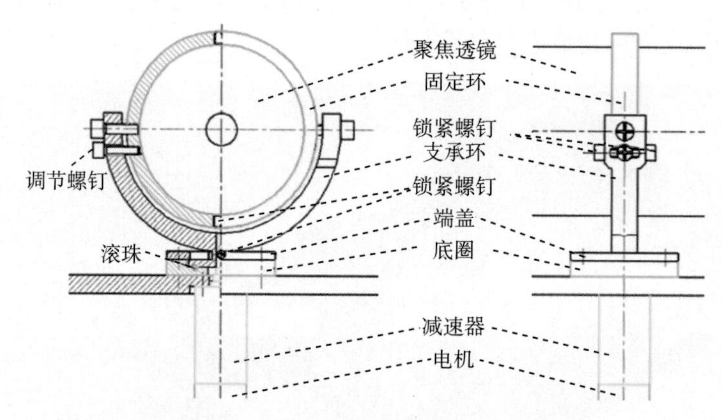

图 4.20 激光聚焦透镜支承定向结构

4.2.7 样机及性能指标 [238]

开发的番茄采摘机器人末端执行器样机如图 4.21 所示。为有效降低末端执行器的体积质量，提高动力性能，选择集成增量编码器和减速器的 Maxon 微型直流电机系统作为动力源。夹持器、吸盘进给机构和透镜定向机构分别采用了功率为 60W、11W 和 0.75W 的电机系统，其主要电机及传动参数如表 4.9 所示。

图 4.21 番茄采摘机器人末端执行器样机

表 4.9 主要电机及传动参数

	电机				减速器			
	电机功率/W	电机额定转矩/(mN·m)	电机额定转速/(r/min)	质量/g	减速器减速比	质量/g	(锥) 齿轮齿数	螺距/mm
夹持器	60	85.0	8050	238	4.8:1	118	20	1
吸盘进给机构	11	12.1	7670	71	24:1	55	30	—
透镜定向机构	0.75	0.741	2790	7	64:1	2.8	—	—

末端执行器的主要性能指标如表 4.10 所示。试验表明，本末端执行器的性能指标、工作精度及稳定性达到设计预期要求，为研究的开展提供了良好的硬件平台。

表 4.10 番茄采摘机器人末端执行器性能指标

夹持器	手指开度范围/mm	最大夹持力/N	最高夹持速度/(mm/s)	额定夹持速度/(mm/s)
	20～100	123.4	30.6	28.0
吸盘吸持系统	吸盘最大行程/mm	最大拉动力/N	最高拉动速度/(mm/s)	额定拉动速度/(mm/s)
	110	65.6	1000	401.4
果梗激光切断装置	透镜可调倾角/(°)	透镜最高转速/(rad/s)	透镜额定转速/(rad/s)	
	−10 ～+10	18.8	4.6	
整机	质量/kg	尺寸/mm		
	1.3	309×160×134		

4.2.8 主被动复合柔顺采摘末端执行器 [343]

在末端执行器对果实对象实施采摘作业时，由于果实在冠层内的复杂姿态、枝叶障碍、果实的晃动和定位误差等，往往造成果实的吸持与夹持中存在末端执行器与果实的姿态偏差和姿态变化，这些偏差与变化将严重影响夹持和吸持的成功率，同时也将大大影响基于力反馈的快速无损夹持的实现。为此，在所开发的无损采摘末端执行器样机基础上，提出了末端执行器的主被动复合柔顺方案，即通过多位、多维力感知与被动柔顺结构的有效结合，大大提高对复杂冠层环境、果实姿态与果实柔嫩性的适应能力，有效改善机器人的快速无损采摘作业性能 (图 4.22)。

被动柔顺结构包括真空波纹吸盘和球副组成的真空吸盘柔顺结构、手指前端三维指力传感器安装及浮动回转支承结构；主动柔顺控制通过两指内侧安装的三维指力传感器和腕部安装的六维腕力传感器感知并反馈力信息来实现。将一受力附件安装于三维指力传感器的受力体上，将三维指力传感器的本体通过一浮动回转支承结构连接于手指上；通过球副将真空波纹吸盘连接于移动部件上。

通过手指前端浮动回转支承结构，可以自动调整指面与果实的姿态偏差，实现夹持的被动柔顺；通过手指前端三维指力传感器安装结构，使三维指力传感器受

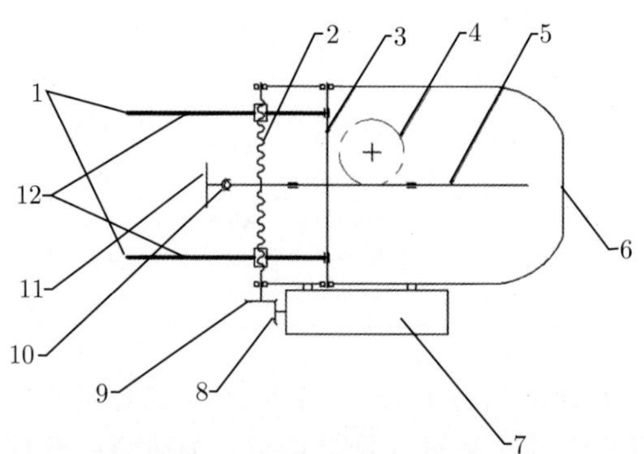

(a) 果蔬收获机器人柔顺采摘末端执行器主体结构示意图

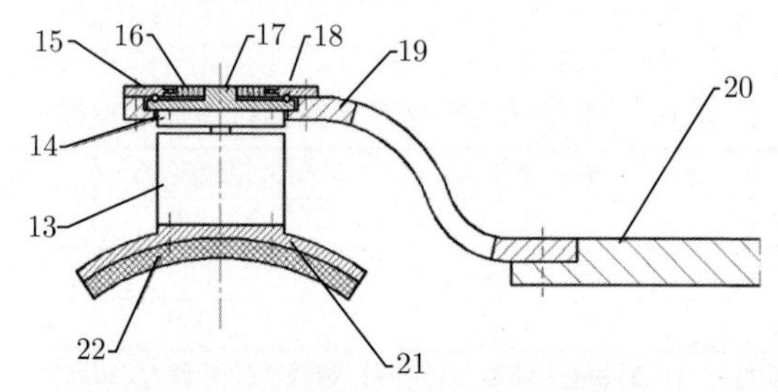

(b) 手指前端三维指力传感器安装及浮动回转支承结构主视图

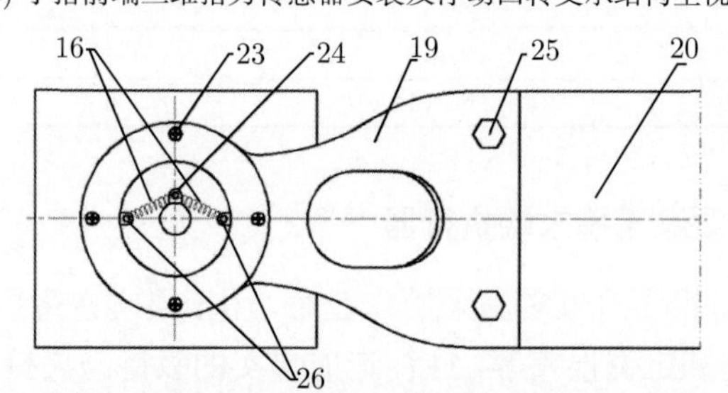

(c) 手指前端三维指力传感器安装及浮动回转支承结构俯视图

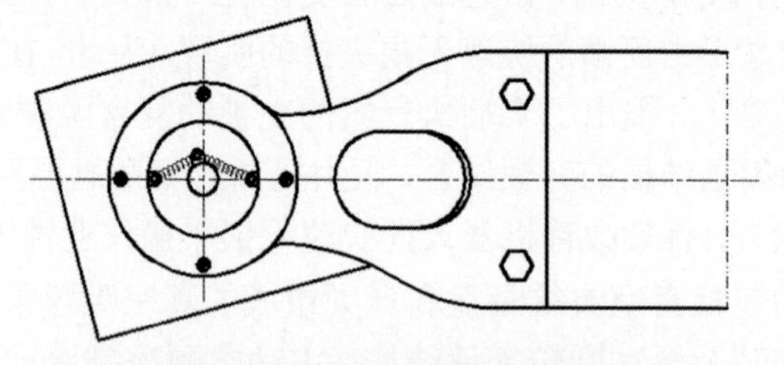
(d) 浮动回转支承结构对姿态偏差的顺应示意图

图 4.22　主被动复合柔顺采摘末端执行器

1. 手指；2. 双头螺杆；3. 导杆；4. 齿轮；5. 齿条；6. 六维腕力传感器；7. 电机；8. 锥齿轮；9. 锥齿轮；10. 球副；11. 真空波纹吸盘；12. 三维指力传感器；13. 三维指力传感器受力体；14. 三维指力传感器本体；15. 端盖；16. 拉伸弹簧；17. 下法兰；18. 滚珠；19. 手指头；20. 手指架；21. 受力附件；22. 弹性材料；23. 螺钉；24. 盖上凸耳；25. 螺栓/螺母；26. 法兰凸耳

力体可以感受果实与手指面间全部夹持力和摩擦力信息，并与六维腕力传感器所感知的信息一起反馈回控制系统，进行采摘过程的主动柔顺控制；通过采用球副代替固定连接，能够自动适应果实与真空波纹吸盘间的位置、角度偏差和变化。

通过末端执行器的被动柔顺结构和主动柔顺控制的结合，实现采摘过程中吸盘、手指与果实之间位置、角度偏差的自动调整，防止采摘过程中果实被夹破或碰伤，同时防止末端执行器与植株的碰撞。

4.3 基于商用机械臂的无损采摘系统

4.3.1 商用机械臂与自开发末端执行器融合的背景和需要

国内外已陆续开发了各类采摘机器人样机，其结构各异、特色鲜明。各类采摘机器人样机中的手臂系统通常可归为两个大类。第一类是根据不同作物品类、栽培模式的特定自动采摘需要，进行机械臂和末端执行器的全新设计开发，并组装成为手臂系统。其特点是满足特定作物生产系统的特定需要，其机械和控制系统可实现高度集成。但是，机械臂，特别是多关节机械臂的结构设计、制造具有极大挑战性，迄今为止国际上仅有少数机器人跨国巨头能够提供成熟的机械臂产品。尽管研究者可以提出各种构型的机械臂，但是其开发周期很长，而且性能往往不尽如人意。

所以目前多数研究仍主要为第二类方式，即采用成熟的工业机械臂，并配以自行开发或改造的末端执行器构成手臂系统。目前主流关节机械臂以 6 自由度和有冗余的 7 自由度为主，基于其构成的手臂系统能够提供更可靠的性能、更精确的动作和更多的自由度，而且开发难度、成本和周期均大大降低。

但是，由于采摘机器人末端执行器往往具有更为复杂的感知和动作组合，其控制系统亦需要完成更复杂、多元的信息输入和控制输出；而商用机械臂尽管其机械结构优势突出，但其控制系统往往不具备充分的开放性。因此，实现商用机械臂与自开发末端执行器的控制系统融合和协调控制，成为该类机器人装备开发的关键。

4.3.2 商用机械臂的控制系统结构 [341]

采用了 Motoman-SV3J10 的 6 轴关节式机械臂 (图 4.23)，该机械臂具有 1019mm 和 677mm 的垂直与水平工作空间范围 (图 4.24)，腕部载荷可达 3kg，动作重复精度达 0.03mm。

该机械臂配备 JRC 加强型精简指令处理器 (图 4.25)，其编程环境为 WINCAPS2，使用 PAC 语言进行编程，可在该软件中编写程序，亦可在示教板上编写程序，程序编写完成之后将其下载到示教板中编译运行。

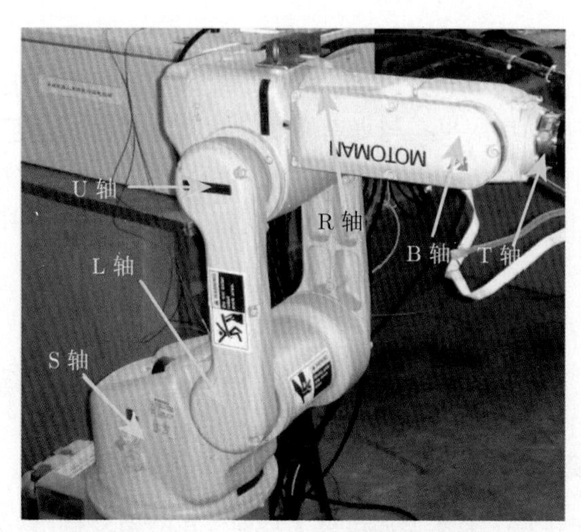

图 4.23　Motoman 机械手结构图

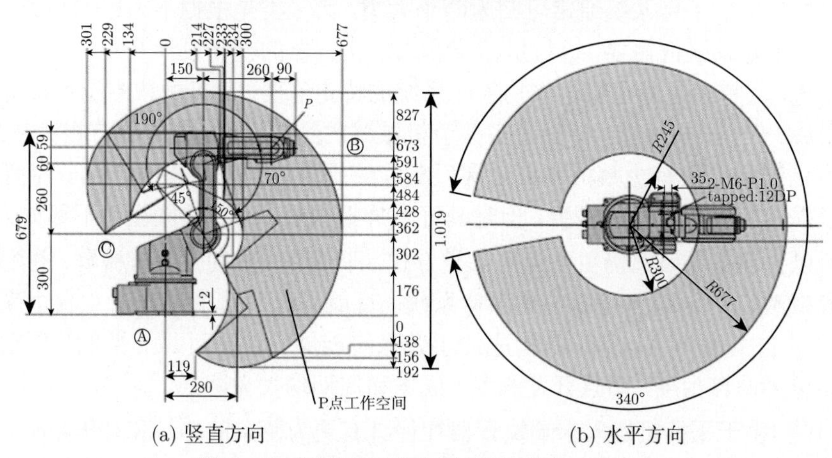

(a) 竖直方向　　(b) 水平方向

图 4.24　机械手运动空间范围 (单位：mm)

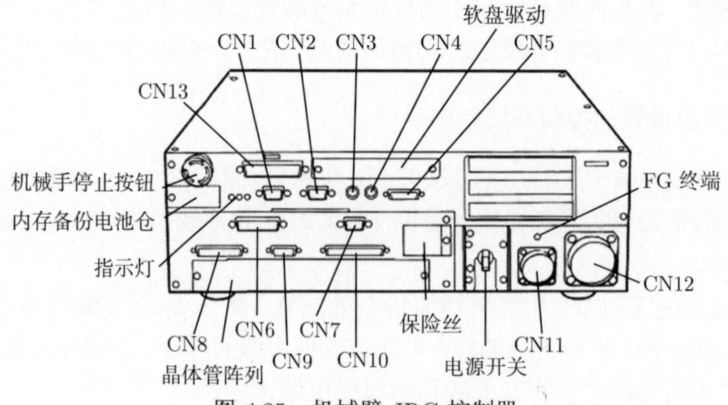

图 4.25　机械臂 JRC 控制器

各接口的功能为：

CN1——RS232C 串行接口；

CN2——CRT 显示接口；

CN3—— 键盘接口；

CN4—— 鼠标接口；

CN5—— 示教板接口；

CN6—— 打印机接口；

CN7——I/O 输入输出接口电源，9 个引脚；

CN7/1, CN7/2，内部电源输出 24V

CN7/3, CN7/4，内部电源输出 0

CN7/5，FG

CN7/6, CN7/7 电源输入 24V

CN7/8, CN7/9 电源输入 0

CN8—— 用户数据输入/系统数据输入接口，50 个引脚；

CN8/1，内部 24V 机械手停止电源

CN8/2，机械手停止

CN8/3，内部 24V 机械手自动模式电源

CN8/4，使能自动模式

CN8/1~CN8/4，用于机械手手动模式与自动模式的切换

CN9——HAND I/O 末端执行器 I/O 接口，20 个引脚；

CN9/1~CN9/8，对应端口号 64~71，用作末端执行器信号输出

CN9/9~CN9/16，对应端口号 48~55，用作末端执行器信号输入

CN9/17，末端执行器电源 0

CN9/18，末端执行器电源 24V

CN9/19, CN9/20 引脚悬空

CN10—— 用户数据输出/系统数据输出接口；

CN11—— 电源输入；

CN12—— 马达接口；

CN13—— 编码器接口。

4.3.3 机械臂与末端执行器的控制系统集成 [341,344]

为实现机械臂与末端执行器间的通信，必须建立机械臂封闭式 JRC 控制器与末端执行器 PMAC 开放式控制系统间的连接，进而完成 PComm32PRO 和 WIN-CAPS 程序间的数据交换。

1. 两控制系统的继电器通信电路

由于机械手与运动控制卡均具有输入/输出接口，可以发送及接收信号，而中间继电器可实现控制电路的通断。因此可以使用中间继电器和机械手、末端执行器的输入/输出接口搭建简捷的硬件电路，配合编程完成二者之间的信息传递，使之成为完整的采摘机器人系统。

机械手与末端执行器输入/输出接口如下：

(1) 定义机械手 CN9 HAND I/O 为末端执行器接口，其中：CN9/1~CN9/8 对应端口号 64~71，用作末端执行器信号输出；CN9/9~CN9/16 对应端口号 48~55，用作末端执行器信号输入。

(2) 定义末端执行器输入输出接口 J7 有 8 个输入和 8 个输出接口，其中：MI0~MI7 对应 M8~M15，为数字信号输入端口；MO0~MO7 对应 M0~M7，为数字信号输出端口；指轮多路复用接口 J2 有 8 个串行信号输出端口。

手臂控制系统通信结构如图 4.26 所示。

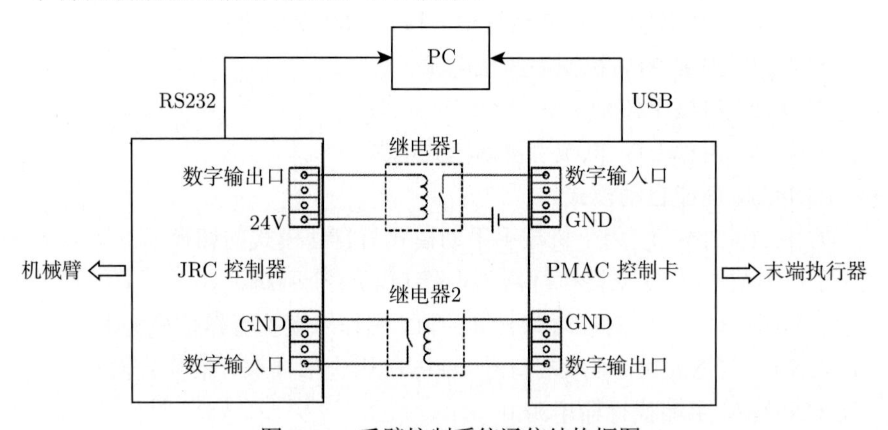

图 4.26　手臂控制系统通信结构框图

2. 手–臂通信的控制实现

利用两个中间继电器，在 PComm32PRO 和 WINCAPS 内分别进行对方的状态判断和传递。

(1) 机械臂 JRC 控制器的 CN9/1 输出接口对应端口号 64，因此 WINCAPS 运行指令 SET IO64，则 IO64 接口置为 ON，继电器 1 吸合电路导通，PMAC 运动控制卡输入端口 13、14 端子连接处二极管导通，经光耦隔离，PMAC 运动控制卡输入/输出接口 J7/3 呈低电平，即 M14=0。PComm32PRO 运行后台检测程序，持续检测是否 M14=0，当检测到 M14=0 时往下运行程序，否则持续检测，此过程即完成了机械臂向末端执行器的信息传递。

(2) 同理，在 PComm32PRO 设置 PMAC 运动控制卡的 M 变量为高电平，则中间继电器 2 打开，M40 为 PMAC 运动控制卡串行信号输出端，通电之后默认状态下 M40=0，线圈得电，常闭触点断开，常开触点吸合，当 M40=1 时线圈失电，常开触点断开，常闭触点吸合，CN9/10 接口有输入信号，则 CN9/10 对应的 IO49 置为 ON，机械手程序中运行指令 WAIT IO49=ON，满足条件则继续往下执行，否则检测等待信号输入，此过程即完成了末端执行器向机械臂的信号传递。

其通信控制流程如图 4.27 所示。

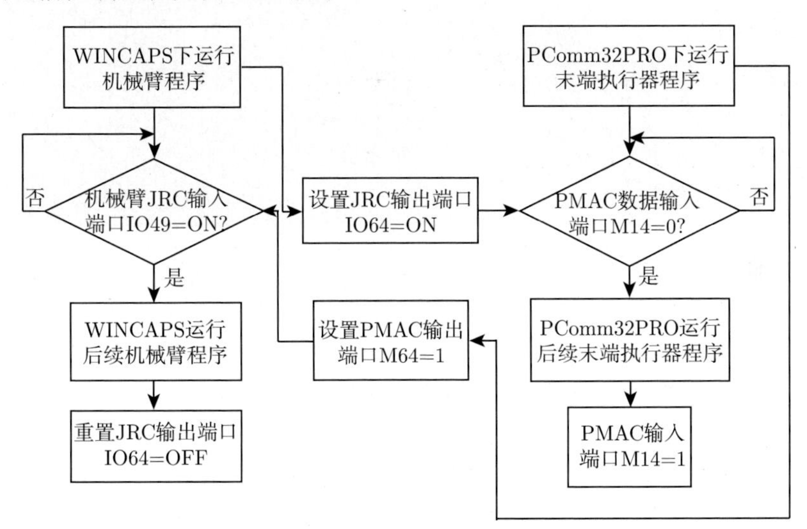

图 4.27 手–臂通信的控制流程图

3. 运行调试

构建的无损采摘手臂系统如图 4.28 所示。硬件电路连接完成以后，调试步骤如下。

(1) 开启机械手和末端执行器电控箱电源；

(2) 开启 PMAC 运动控制卡编程软件，闭环并使能所有电机，加载运动控制程序；

(3) 利用机械手示教板设定机械手运动程序；

(4) 运行末端执行器程序，开启监控窗口观察变量 M14=1；

(5) 使用示教板单步运行机械手运动程序，运行指令“SET IO64”，观察得知中间继电器 1 吸合，运动控制软件监控窗口 M14 变为 0，末端执行器按设定运动，即说明机械手向末端执行器信息传递成功；

(6) 运动控制软件运行指令 M40=1，观察得知中间继电器 2 吸合，机械手示教板上 IO49 状态改变为 ON。机械手程序继续往下执行，即说明末端执行器向机械手信息传递成功。

调试运行表明，机械手和末端执行器可以按照程序逻辑实现协调动作，利用输入/输出接口功能和继电器可以完成二者协调动作。该双继电器通信方案有效解决了机械臂封闭式控制器和末端执行器的协调控制问题。

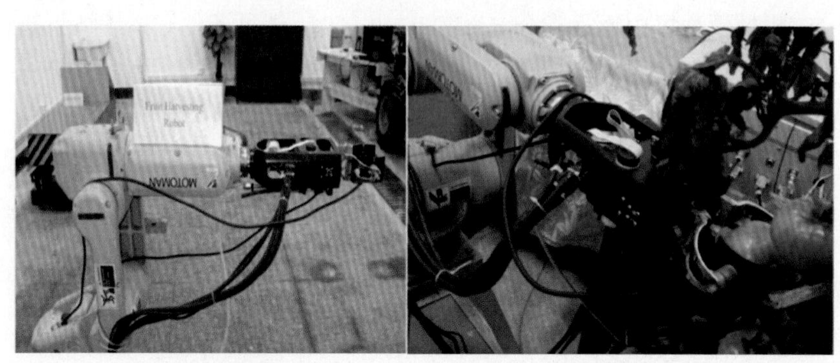

(a) 无损采摘手臂系统　　　　(b) 作业验证

图 4.28　手臂系统及其作业验证

第 5 章　果实快速柔顺夹持的数学建模

5.1　概　　述

5.1.1　研究意义

快速夹持碰撞具有有动力源能量输入与有约束接触碰撞两大特征，该动态过程中的夹持作用力变化规律，以及夹持作用力、碰撞峰值力与输入电流、夹持速度、夹持位置等因素之间的关系，需要通过实验寻找其基本规律和确定参数，进而对仿真结果进行验证并做出修正，实现实验–仿真结合的现象观察与机制分析研究。

5.1.2　内容与创新

(1) 获得了在低、中、高不同夹持速度下的作用力变化曲线，为建立夹持碰撞动力学模型和分析快速夹持碰撞的作用机制提供了依据；

(2) 发现了夹持碰撞作用力的碰撞、回弹、应力松弛三阶段变化规律，为揭示有动力源机电系统快速夹持黏弹塑性对象这一特殊的有约束完全非弹性碰撞现象的动力学机制提供了重要依据；

(3) 提出了有动力源机电系统快速–黏弹塑性对象快速夹持碰撞现象的能量学原理；

(4) 得到了碰撞峰值力、峰值变形与输入电流、夹持速度、夹持位置等因素的关系，从而为建立快速柔顺夹持的优化控制模式打下了基础。

5.2　果实快速夹持试验与特殊碰撞特征

5.2.1　果实快速夹持试验 [238,345]

以手工采自镇江市丹徒区番茄种植基地的金鹏 5 号绿熟期番茄果实为试验材料，利用自主开发的采摘机器人末端执行器系统对该三阶段夹持碰撞复合模型进行了验证 (图 5.1)。番茄的赤道面直径及高度分别为 69.84~82.09mm 和 50.35~65.22mm；质量为 129.8~217.8g。末端执行器的手指由功率为 60W 的 Maxon 直流电动机驱动，并通过其 EPOS 控制器界面程序实现电动机的速度设定。手指上安装有丽景 MDS 微型力传感器，量程为 100N，精度 0.01N。根据传动比进行电动机转速设定，分别对 0.48mm/s、1.44mm/s、2.4mm/s、4.8mm/s、9.6mm/s、14.4mm/s、

19.2mm/s 每一夹持速度水平随机选择 9 个番茄果实，在果实赤道面位置进行加载，于采摘后 36h 内完成夹持碰撞试验并记录峰值碰撞力。

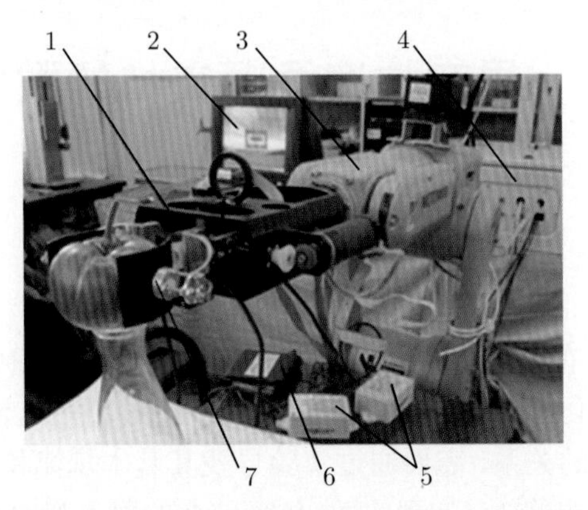

图 5.1　采摘机器人末端执行器夹持试验装置图

1. 末端执行器；2. 主机及 EPOS 软件；3. 机械手；4. 控制箱；5. 放大器；6. 数据采集卡；7. 力传感器

5.2.2　快速夹持的碰撞特征

低速夹持的 (准) 静态加载过程，可以由静态力平衡关系进行夹持力的分析和判断，并给夹持作业以控制实施的依据。而试验发现快速夹持时由于手指与果实的碰撞，将产生瞬时的较大峰值力，有可能造成果实的损伤 (图 5.2)。由于果实的黏弹塑性特征以及手指具有持续的动力输入，因而果实与手指的碰撞为动力输入下的完全非弹性碰撞，与自由的完全弹性碰撞完全不同，其碰撞时间表现为自手指与果实接触开始至手指运动停止，其峰值力亦出现在果实产生一定的变形以后。

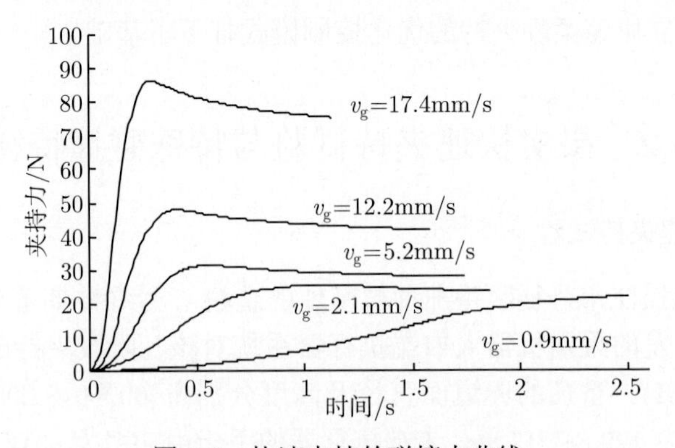

图 5.2　快速夹持的碰撞力曲线

研究表明，碰撞峰值力与碰撞速度呈正相关，而碰撞时间与碰撞速度呈负相关；同时，碰撞峰值力与果实的弹性刚度呈正相关，而碰撞时间则与果实的弹性刚度呈负相关。果实碰撞试验得到最大刚度下碰撞峰值力、碰撞时间与碰撞速度的关系曲线，如图 5.3 所示。

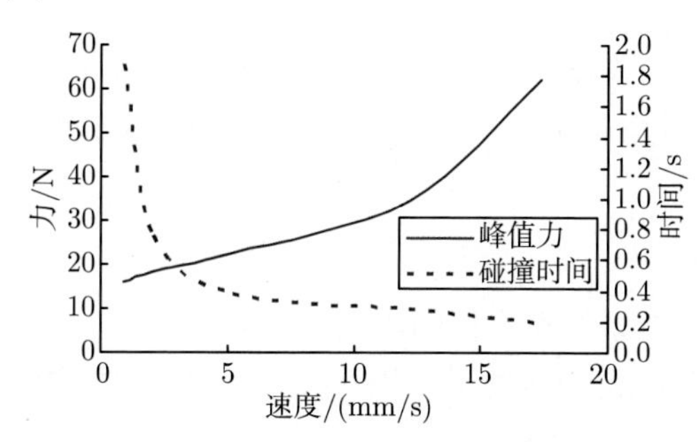

图 5.3 碰撞峰值力、碰撞时间与碰撞速度的关系曲线

5.3 果实快速夹持的特殊碰撞问题

快速夹持作业中，碰撞将产生瞬时的过大载荷而导致果实的损伤。而果实快速夹持的碰撞过程与果蔬收获、移运、分选、跌落中所发生的果实–环境、果实–果实间的接触性碰撞相比，其碰撞机理与形式存在着极大的差异。

(1) 果蔬收获、移运、分选中所发生的果实间碰撞、果实跌落过程中所发生的果实与地面 (箱底) 的接触碰撞，均表现为果实本身的势能、动能的转换与损耗过程；而果实快速夹持碰撞则表现为机器人机电系统的有源持续动力输入，手爪驱动电机等的连续能量输入，使果实快速夹持表现为接触、碰撞、夹紧的连续过程。

(2) 与自由接触碰撞的单向受载和弹开过程不同，果实快速夹持体现为果实受约束下的双 (多) 向对称受载和约束变形特征。

因此，机器人手爪对果实的快速夹持碰撞机理，必须通过建立手爪机电系统和黏弹性果实之间的相互作用规律才能得以阐释。

5.4 果实快速夹持过程的阶段动力学特征

夹持碰撞过程中，电动机驱动手指合拢，接触果实并持续输入动力使果实发生变形，直至在反作用力下手指停止运动。该过程包含 4 个阶段并分别具有下述动力学特征 [345]。

(1) 空载进给阶段：在电动机驱动下，夹持器以一定速度 v_0 合拢，直至手指与果实发生接触 (图 5.4(a))。

(2) 匀速加载阶段：当手指接触果实并继续以速度 v_0 合拢时，果实发生黏弹变形并产生变形抗力 $N(N \leqslant F_0)$ (图 5.4(b))。匀速加载阶段的果实变形条件为

$$\begin{cases} \dot{D} = v_0 \\ \ddot{D} = 0 \end{cases} \tag{5.1}$$

(3) 碰撞减速阶段：当果实变形继续增大使变形抗力 N 超过最大静夹持力 F_0 以后，手指开始减速直至停止 (图 5.4(c))。根据牛顿第二定律，碰撞减速阶段的动力学特征为

$$m_{\mathrm{e}}\ddot{D} = F_0 - N \tag{5.2}$$

式中，m_{e} 为夹持器机电系统对手指的等效质量 (kg)。

(4) 应力松弛阶段：夹持器处于自锁状态，果实在恒定的压缩变形下，发生应力松弛现象 (图 5.4(d))。该阶段的果实变形条件为

$$D = 0 \tag{5.3}$$

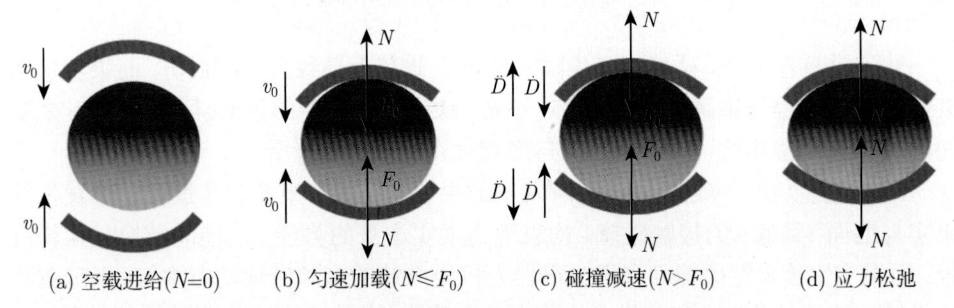

(a) 空载进给(N=0)　(b) 匀速加载($N \leqslant F_0$)　(c) 碰撞减速($N > F_0$)　(d) 应力松弛

图 5.4　夹持碰撞过程各阶段的阶段动力学特征

在夹持碰撞的匀速加载与碰撞减速两阶段内，由电动机进行持续的能量输入，同时果实被约束在两手指间发生变形。而在接触碰撞中，能量仅来源于果实接触时的初始动能，同时果实仅产生单向的非弹性碰撞变形。二者的碰撞机理与形式存在着极大的差异，建立对夹持碰撞的特殊规律描述具有重要的价值。

5.5　果实压缩模型

5.5.1　果实的黏弹特性与本构模型表征

1. 番茄整果蠕变特性的流变学模型

1) Burger 模型

Burger 模型作为表征黏弹性材料蠕变特性的经典模型 (图 5.5)，得到了极其广泛的应用。Burger 四元件模型由一个弹性元件与黏性元件的串联 (Maxwell 体) 和弹性元件与黏性元件的并联 (Kelvin 体) 组合而成，当恒定载荷瞬时加载到黏弹材

料上时，由串联弹性元件决定的瞬时弹性变形，Kelvin 体产生延迟弹性变形，由串联黏性元件产生不可恢复的永久黏性变形 [284,347−349]。

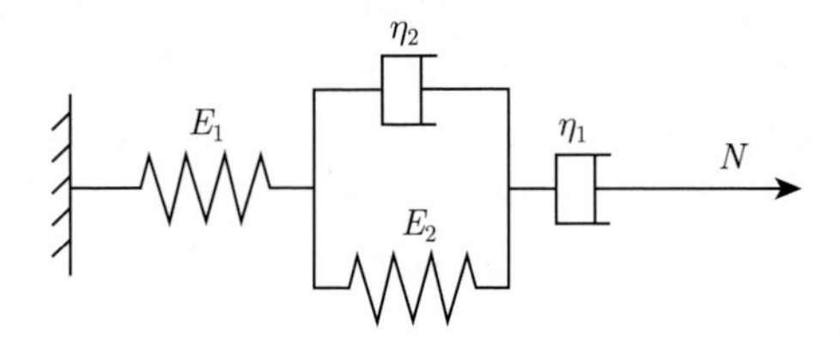

图 5.5 Burger 四元件模型

Burger 模型的基本流变微分方程为

$$\ddot{D}+\frac{E_2}{\eta_2}\dot{D}=\frac{1}{E_1}\left[\ddot{N}+\left(\frac{E_1}{\eta_2}+\frac{E_1}{\eta_1}+\frac{E_2}{\eta_2}\right)\dot{N}+\frac{E_1E_2}{\eta_1\eta_2}N\right] \tag{5.4}$$

式中，D 为果实变形量 (手指位移量)(mm)；N 为果实的变形抗力 (N)；E_1 为瞬时弹性系数 (N/mm)；η_1 为串联黏性元件的黏度系数 ((N·s)/mm)；E_2 为延迟弹性系数 (N/mm)；η_2 为并联黏性元件的黏度系数 ((N·s)/mm)。

Burger 模型的蠕变变形和卸载变形恢复公式分别为

$$D=\frac{F_0}{E_1}+\frac{F_0}{E_2}\left(1-\mathrm{e}^{-\frac{E_2}{\eta_2}t}\right)+\frac{F_0}{\eta_1}t \quad (0\leqslant t\leqslant t_1) \tag{5.5}$$

$$D=\frac{F_0}{E_2}\left(1-\mathrm{e}^{-\frac{E_2}{\eta_2}t_1}\right)\mathrm{e}^{-\frac{E_2}{\eta_2}(t-t_1)}+\frac{F_0}{\eta_1}t_1 \quad (t>t_1) \tag{5.6}$$

式中，D 为变形量 (mm)；F_0 为恒定载荷 (N)；t 为蠕变与卸载时间 (s)；t_1 为蠕变峰值时间 (s)。

且有

$$\tau_{\mathrm{K}}=\frac{\eta_2}{E_2}$$

式中，τ_{K} 为蠕变延迟时间 (s)。

由式 (5.5) 和式 (5.6) 可以看出，四要素 Burger 模型表征的蠕变过程为：当载荷为 F_0 时，模型的变形由三部分组成，一是由胡克体 E_1 在瞬间产生的普弹变形，二是由 E_2 和 η_2 的并联 Kelvin 模型产生的高弹形变，三是由阻尼体 η_1 产生的黏性液体不可逆的塑性流动。

2) 不同成熟度番茄整果蠕变参数 [345,346]

利用式 (5.5)、式 (5.6) Burger 模型的蠕变变形和卸载变形恢复公式对试验所获得的图 3.23 所示不同成熟期番茄的蠕变曲线进行拟合，获得不同成熟期番茄果实的 Burger 模型参数 (表 5.1)。结果显示：成熟度水平对番茄的蠕变模型特征参数 (E_1、E_2、η_1 和 η_2) 影响显著。

表 5.1　不同成熟期番茄果实的 Burger 模型参数

参数	绿熟期	变色期	红熟前期	红熟中期
E_1/(N/mm)	6.068±0.514a	5.501±0.230b	4.784±0.306c	4.192±0.217d
E_2/(N/mm)	29.646±5.150a	19.505±1.640b	14.4010±1.223c	11.541±0.470d
η_1/(N·s/mm)	2751.091±323.909a	1760.850±119.566b	1379.300±64.453c	1276.600±50.040d
η_2/(N·s/mm)	115.599±23.234a	76.391±6.731b	57.479±7.471c	42.783±1.251d
τ_K/s	3.837±0.174a	3.924±0.152a	3.944±0.211a	3.725±0.147a

可以看出随着成熟度的提高，瞬时弹性系数 E_1、延迟弹性系数 E_2、黏性系数 η_1、η_2 都显著减小，说明随着成熟度提高，番茄果实受力后的瞬间弹性形变、黏弹性形变以及最终造成的塑性形变都相应增大，而弹性滞后时间 τ_K 没有显著性差异。这些现象可能是由于随着成熟度的提高，番茄果实内部的不溶性果胶在果胶水解酶的作用下逐步水解为可溶性果胶，同时伴随着细胞壁中胶质的溶解和初生壁的破坏，外观上表现为果实质地发生变化，表征其黏弹性的力学指标发生显著变化 [350]。在番茄的机械作业中，针对流通环节的不同，应结合番茄不同成熟期的力学特性，合理选择番茄的成熟期进行作业。

2. *番茄整果应力松弛的流变学模型* [345,346]

1) Maxwell 模型

根据试验得到的应力松弛试验曲线的变化趋势可以定性地看出番茄应力松弛过程，但是很难定量地解释应力松弛现象，而流变学模型可以解决这一问题。麦克斯韦 (Maxwell) 模型能够较好地描述农产品的松弛特性，所以常用麦克斯韦模型对松弛曲线进行拟合，解得的模型参数弹性模量、松弛时间、黏性系数就能够反映物料的流变特性。广义麦克斯韦五要素模型公式 [351] 如式 (5.7) 所示：

$$F(t) = D_0 E_0 + D_0 \sum_{i=1}^{2} E_{\mathrm{M}i} \mathrm{e}^{-\frac{t}{\tau_{\mathrm{M}i}}} \tag{5.7}$$

式中，$F(t)$ 为任意时间 t 时的力 (N)；D_0 为恒定变形量 (mm)；E_0 为平衡弹性模量 (MPa)；$E_{\mathrm{M}i}$ 为第 i 个麦克斯韦单元的弹性系数 (MPa)；$\tau_{\mathrm{M}i}$ 为第 i 个麦克斯韦单元的松弛时间，$\tau_{\mathrm{M}i} = \eta_{\mathrm{M}i}/E_{\mathrm{M}i}$，(s)；$t$ 为时间 (s)。

五要素麦克斯韦模型由两个麦克斯韦单元及一个胡克体并联而成，其原理图如图 5.6 所示。

利用最小二乘法的拟牛顿 BFGS 算法和通用全局优化法，对筛选后的数据进行拟合，得到四个成熟期番茄的应力松弛模型，模型的典型模拟曲线与试验曲线的比较见图 5.7，模型相关性均达到了 0.98 以上，说明五要素麦克斯韦模型可以很好地描述番茄果实的应力松弛特性。

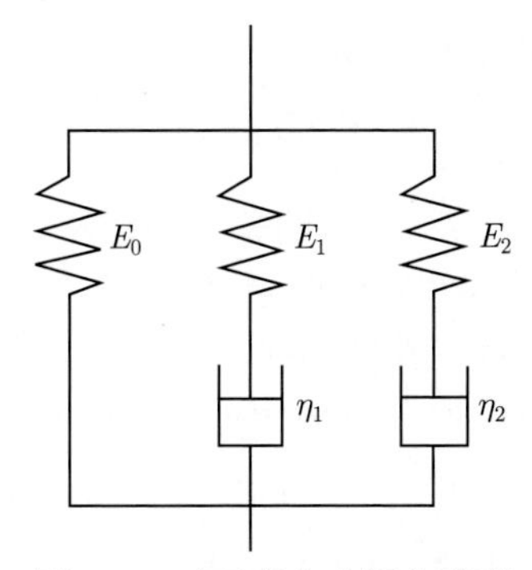

图 5.6 五要素麦克斯韦模型

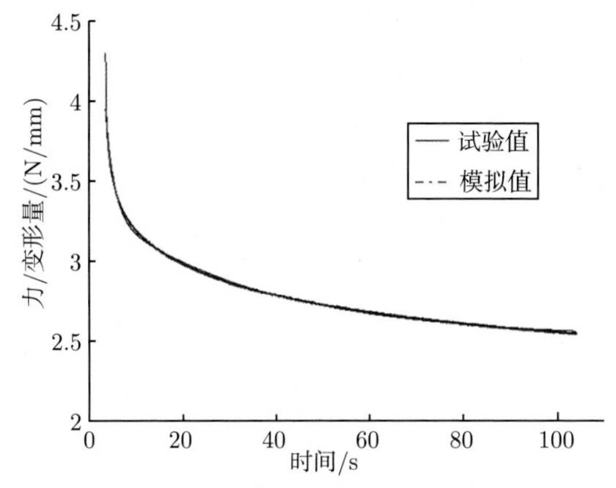

图 5.7 典型模拟曲线与试验曲线对比

2) 不同成熟期番茄整果应力松弛模型参数

利用式 (5.7) Maxwell 模型应力松弛公式对试验所获得的图 3.24 所示不同成熟期番茄的蠕变曲线进行拟合，获得不同成熟期番茄果实的 Maxwell 模型参数 (表 5.2)。利用 SPSS 数理统计软件拟合得到四个成熟期番茄应力松弛的麦克斯韦模型参数见表 3.10。对各参数进行显著性分析，结果显示：成熟度水平对番茄的应力松弛模型特征参数 E_0、E_1、E_2 影响显著，对黏性系数 η_1 和 η_2 以及松弛时间 τ_1、τ_2 的影响，绿熟期显著高于另三个成熟期，变色期、红熟前期、红熟中期没有显著差异。

表 5.2 不同成熟期番茄的应力松弛参数

成熟期	E_0/MPa	E_1/MPa	τ_1/s	η_1/(N·s/mm)	E_2/MPa	τ_2/s	η_2/(N·s/mm)
绿熟期	8.478	7.226	2.165	15.613	1.841	40.069	74.220
变色期	3.133	5.901	1.928	8.747	0.950	35.700	33.956
红熟前期	2.629	5.447	1.836	9.950	0.824	35.021	28.853
红熟中期	2.445	5.532	1.725	9.534	0.778	34.359	26.728

5.5.2 番茄果实蠕变特性表征的 Burger 修正模型

1. Burger 模型的不足

由式 (5.5) 和式 (5.6)，Burger 模型的关键问题是，当蠕变超过一定时间后，在计算各系数时假设蠕变终点的黏弹变形 $F_0\left(1-\mathrm{e}^{-\frac{E_2}{\eta_2}t}\right)/E_2$ 已经达到最大 (指数项 →0)，变形的所有增量来自于黏性变形 F_{0t}/η_1，从而使蠕变后期接近线性上升而背离“时间无穷大时应变饱和”的客观事实 [352−354]，最高点总出现过高估算现象 [355,356]。同时使蠕变的增加趋势与实际发生背离，使模型尽管可以满足模型的“吻合”标准，却不能满足“预测”标准和需要 [355,357]。

2. 现有修正模型的结构及存在的不足

基于 Burger 模型中蠕变后期黏性变形被高估的假设，不同研究者进行了串联黏性元件 η_1 的修正 (图 5.8)，分别主要提出了“指数型”与“幂函数型”两种不同的修正方法。

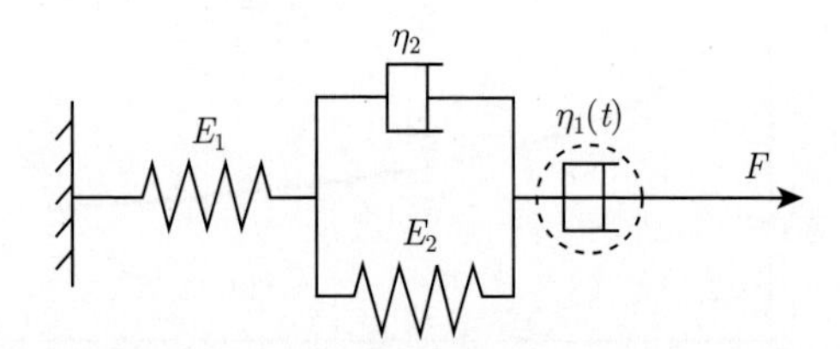

图 5.8　Burger 模型的黏性元件修正模型

1) 指数型修正模型

多位研究者探讨了黏度系数按指数型变化的修正模型 [352−354,358,359]，即

$$\eta_1(t)=\eta_0\mathrm{e}^{kt}\quad(0<k<1) \tag{5.8}$$

式中，$\eta_1(t)$ 为串联黏性元件的修正黏度系数；η_0 为常数 (N·s/mm)；k 为常数。

其蠕变阶段表达式变为

$$D=\frac{F_0}{E_1}+\frac{F_0}{E_2}\left(1-\mathrm{e}^{-\frac{E_2}{\eta_2}t}\right)+\frac{F_0}{k\eta_0}\left(1-\mathrm{e}^{-kt}\right) \tag{5.9}$$

指数型改进模型的卸载阶段表达式相应变为

$$D=\frac{F_0}{E_2}\left(1-\mathrm{e}^{-\frac{E_2}{\eta_2}t_1}\right)\mathrm{e}^{-\frac{E_2}{\eta_2}(t-t_1)}+\frac{F_0}{k\eta_0}\left(1-\mathrm{e}^{-kt_1}\right) \tag{5.10}$$

当黏度系数 η_1 随时间增加而分别呈指数规律上升时，其上升速率不断变大，蠕变时间越长则黏度系数 η_1 增加越快。该黏度系数 η_1 的加速无限增大趋势与实际背离，其结果使该修正模型应用于蠕变长期预测时的黏性变形比例过低，造成预测趋势的背离。

2) 幂函数型修正模型

有研究者提出了黏度系数按幂函数规律变化的修正方式 [356]，即

$$\eta_1(t) = \eta_0 t^p \quad (0 < p < 1) \tag{5.11}$$

式中，p 为常数。

其蠕变阶段表达式变为

$$D = \frac{F_0}{E_1} + \frac{F_0}{E_2}\left(1 - \mathrm{e}^{-\frac{E_2}{\eta_2}t}\right) + \frac{F_0}{\eta_0(1-p)}t^{1-p} \tag{5.12}$$

幂函数型改进模型的卸载恢复公式为

$$D = \frac{F_0}{E_2}\left(1 - \mathrm{e}^{-\frac{E_2}{\eta_2}t_1}\right)\mathrm{e}^{-\frac{E_2}{\eta_2}(t-t_1)} + \frac{F_0}{\eta_0(1-p)}t_1^{1-p} \tag{5.13}$$

与指数规律相比，随着蠕变的进行，黏度系数 η_1 的幂函数上升将不断趋缓直至达到峰值，从而能够有效反映蠕变的“应变饱和”规律。但由于其初始时刻黏度系数为 0，其蠕变变形速率为

$$D' = \frac{F_0}{\eta_2}\mathrm{e}^{-\frac{E_2}{\eta_2}t} + \frac{F_0}{\eta_0}t^{-p} \tag{5.14}$$

即该修正模型的初始蠕变速率为无穷大，亦与实际背离并造成初始阶段蠕变曲线的极陡问题。

3. 4 元件 6 参数模型的提出

基于上述分析，幂函数修正方法能更理想地表达蠕变发展的实际规律，但需针对其初始时刻黏度系数 η_1 为 0 的缺陷进行改造。首先考虑赋予初始时刻以一定值，即

$$\eta_1(t) = m + \eta_0 t^p \quad (0 < p < 1) \tag{5.15}$$

式中，m 为常数项 (N·s/mm)。

但其黏性变形项 $\int_0^t \frac{F_0}{m+\eta_0 t^p}\mathrm{d}t$ 存在积分失效问题。为此采用倒处理方式，将 Burger 模型中的黏性变形项进行修正，将其中分母的黏度系数项 η_1 直接改造为含有常数项的幂函数结构：

$$D = \frac{F_0}{E_1} + \frac{F_0}{E_2}\left(1 - \mathrm{e}^{-\frac{E_2}{\eta_2}t}\right) + \frac{F_0}{m+\eta_0 t^p}t \tag{5.16}$$

其相应卸载变形恢复公式为

$$D = \frac{F_0}{E_2}\left(1 - \mathrm{e}^{-\frac{E_2}{\eta_2}t_1}\right)\mathrm{e}^{-\frac{E_2}{\eta_2}(t-t_1)} + \frac{F_0}{m+\eta_0 t_1^p}t_1 \tag{5.17}$$

从而构成“4 元件 6 参数”模型，使黏性变形项中的黏度系数 η_1 按式 (5.15) 规律变化，并通过拟合、预测效果的比较对该模型进行评价。

4. Burger 模型与其改进模型的拟合及预测性能比较

1) 模型的曲线拟合精度

利用 MATLAB 的 Curve Fitting 工具箱进行了各模型对不同成熟度番茄果实蠕变段试验数据的拟合，并利用拟合得到的参数进行了蠕变趋势和卸载恢复的预测，典型的各模型曲线拟合与预测效果如图 5.9 所示。

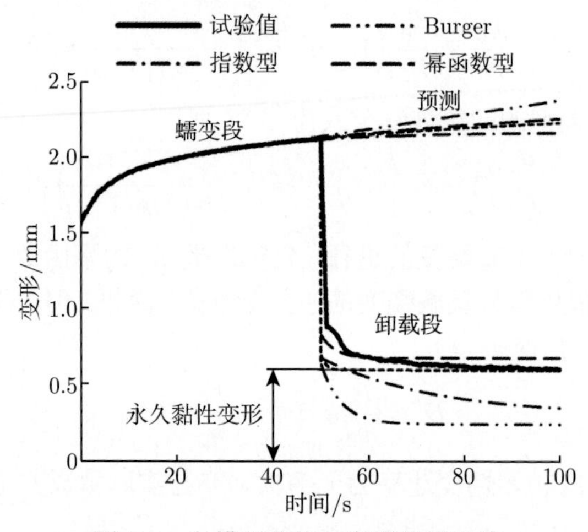

图 5.9 各模型曲线与实测曲线比较

由不同成熟期的平均决定系数 R^2 与平均和方差 SSE 可以看出(图 5.10(a), (b))，所有模型中 Burger 模型对蠕变段试验数据的拟合优度明显逊于其他修正模型，表明对 Burger 模型的上述修正均起到了明显的效果。其中 4 元件 6 参数修正模型对不同成熟期蠕变段试验数据拟合的平均决定系数 R^2 与和方差 SSE 分别达 0.9975~0.9994 和 0.040 47~0.076 33，在各修正模型中达到了最佳的曲线拟合精度。

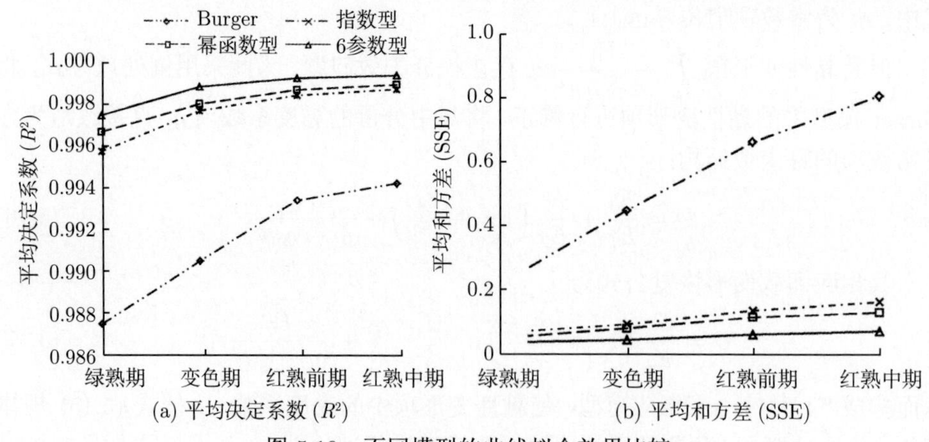

(a) 平均决定系数 (R^2) (b) 平均和方差 (SSE)

图 5.10 不同模型的曲线拟合效果比较

2) 蠕变变形速率

蠕变变形速率表征蠕变变形曲线的斜率和蠕变变化的快慢。根据蠕变速率的定义进行试验数据的蠕变变形速率计算:

$$D' \approx \frac{\Delta D}{\Delta t} \tag{5.18}$$

由于试验数据的波动，取间隔 Δt=0.1s 进行蠕变速率的计算，同时进行 100 点移动平均的平滑处理，得到由试验数据取得的近似蠕变速率曲线 (图 5.9)。由时间间隔和移动平均处理所致，曲线的开始点为 t=0.6s。

各拟合模型中，Burger 模型的蠕变变形速率为

$$D' = \frac{F_0}{\eta_2}\mathrm{e}^{-\frac{E_2}{\eta_2}t} + \frac{F_0}{\eta_1} \tag{5.19}$$

指数型修正模型的蠕变变形速率为

$$D' = \frac{F_0}{\eta_2}\mathrm{e}^{-\frac{E_2}{\eta_2}t} + \frac{F_0}{\eta_0}\mathrm{e}^{-kt} \tag{5.20}$$

4 元件 6 参数模型的蠕变变形速率为

$$D' = \frac{F_0}{\eta_2}\mathrm{e}^{-\frac{E_2}{\eta_2}t} + \frac{F_0}{\eta_0 + mt^k} - \frac{mkF_0t^k}{(\eta_0 + mt^k)^2} \tag{5.21}$$

由式 (5.14)，幂函数修正模型存在初始蠕变变形速率为无穷大的致命缺点，而由不同拟合模型与试验值蠕变速率曲线的比较可以看出 (图 5.11)，蠕变开始阶段 Burger 模型的变形速率过低，指数修正模型的蠕变速率也低于实际蠕变速率。与上述模型相比，4 元件 6 参数模型最为准确地表达了曲线斜率的变化规律。

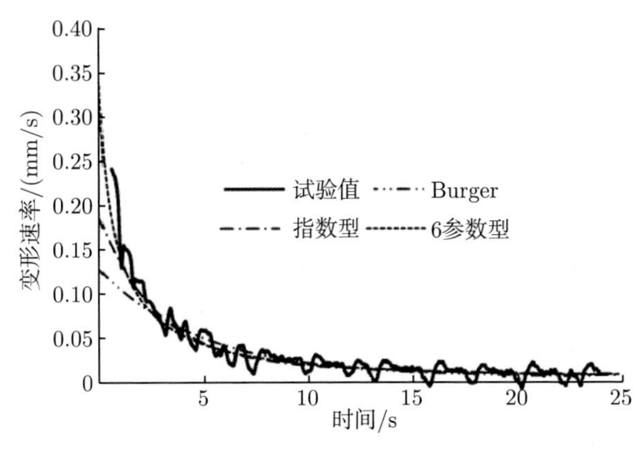

图 5.11 不同模型的蠕变变形速率

3) 关键指标表达精度

蠕变变形率是延迟弹性变形和永久黏性变形占总变形的比重，弹性度则是总变形中可恢复部分 (瞬时弹性变形与延迟弹性变形) 所占的比重 [285]，两蠕变关键指标相结合，共同反映了蠕变的特征和规律。根据不同模型对各试验样本数据的拟合结果，以不同成熟期的拟合平均相对误差进行关键指标表达精度的评价。其表达式为

$$\delta = \frac{1}{10}\sum_{i=1}^{10}\left|\frac{D-D_0}{D_0}\times 100\%\right| \tag{5.22}$$

式中，δ 为拟合平均相对误差，单位为%；D_0 为变形量的试验值，单位为 mm。

由图 5.12(a)，不同成熟期 Burger 模型对蠕变变形率的平均拟合误差为 7.46%~15.41%，而幂函数模型的平均拟合误差更高达 17.18%~25.21%，其关键原因是初始时刻黏度系数 η_1 为 0 而蠕变速率为无穷大，造成初始时刻的曲线过陡和对延迟弹性变形的夸大，使瞬时弹性变形被严重低估，导致蠕变变形率表达的严重偏离。而指数修正模型与 4 元件 6 参数模型的拟合平均相对误差分别为 1.91%~5.27%和 2.54%~3.04%，仅为 Burger 模型的 1/3~1/2，表达精度大大提高。

由图 5.12(b)，不同成熟期 Burger 模型对弹性度拟合的平均相对误差高达 18.52%~30.37%，指数型修正模型的平均拟合误差亦达 14.29%~24.33%，而幂函数模型和 4 元件 6 参数模型的平均拟合误差则分别仅为 4.35%~8.27%和 2.89%~7.12%，实现了弹性度的更准确表达。其原因是 Burger 模型与指数型修正模型对卸载中永久黏性变形的估计出现了严重误差 (图 5.9)，而幂函数模型和 4 元件 6 参数模型则能够更真实地反映永久黏性变形，从而更准确地表达了番茄果实的弹性度特征。

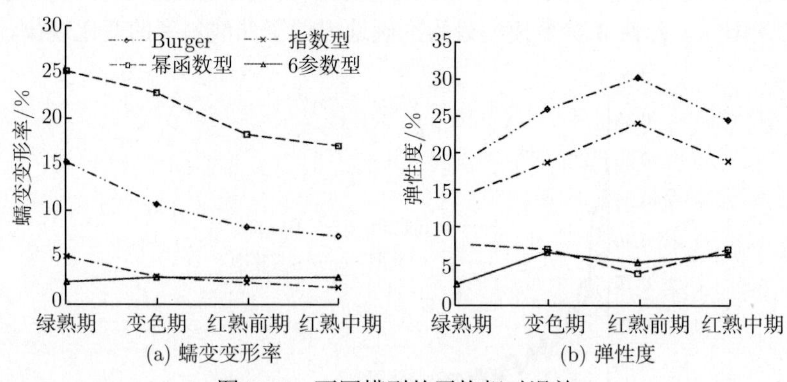

(a) 蠕变变形率 (b) 弹性度

图 5.12 不同模型的平均相对误差

4) 蠕变预测精度

预测能力是表征模型精度和趋势可靠性的关键，由图 5.9 显示的蠕变长期预测趋势可以看出，Burger 模型呈线性上升趋势，指数模型则由于黏性系数 η_1 的无

限增大趋势而使曲线过快下行，均明显背离了“应变饱和”的实际状态。以蠕变段前 30s 试验数据进行模型拟合，进而利用拟合参数进行蠕变第 50s 蠕变变形量的预测，Burger 模型、指数修正模型、幂函数修正模型和 4 元件 6 参数模型的不同成熟期平均相对预测误差分别为 3.39%～3.95%、1.85%～2.13%、0.39%～0.84%和 0.29%～0.46%(图 5.13)，与 Burger 模型相比，指数修正模型的预测精度提高了 1 倍左右，幂函数修正模型的预测精度更比指数修正模型提高了 2～5 倍，而 4 元件 6 参数模型则进一步将平均预测误差控制到 0.5%以内，从而使该模型在蠕变的长期预测这一重要角度获得了量级上的突破。

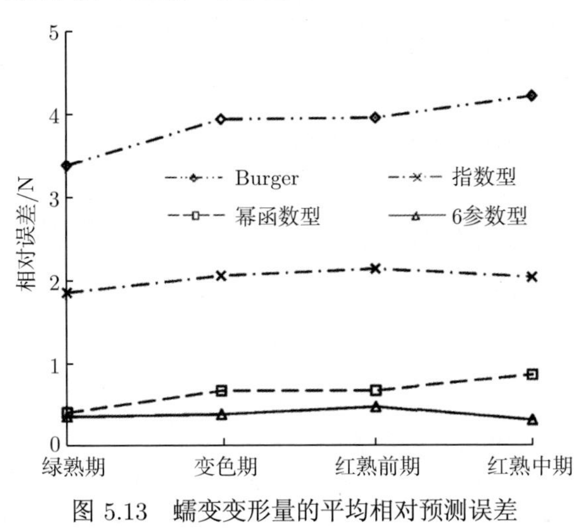

图 5.13 蠕变变形量的平均相对预测误差

5.6 果实快速夹持的复合碰撞模型

5.6.1 匀速加载阶段与应力松弛阶段 [345]

分别将匀速加载阶段与应力松弛阶段的果实变形条件，即式 (5.1) 和式 (5.3) 代入式 (5.4) Burger 模型的基本流变微分方程，可得

$$\ddot{N}+\left(\frac{E_1}{\eta_2}+\frac{E_1}{\eta_1}+\frac{E_2}{\eta_2}\right)\dot{N}+\frac{E_1E_2}{\eta_1\eta_2}N=\frac{E_1E_2}{\eta_2}v_0 \tag{5.23}$$

$$\ddot{N}+\left(\frac{E_1}{\eta_2}+\frac{E_1}{\eta_1}\frac{E_2}{\eta_2}\right)\dot{N}+\frac{E_1E_2}{\eta_1\eta_2}N=0 \tag{5.24}$$

式 (5.23) 为匀速加载阶段的二阶常系数非齐次，而式 (5.24) 则为应力松弛阶段的齐次线性微分方程。根据两阶段的初始条件可分别得到两阶段的模型解 [358,360]。

匀速加载阶段：

$$N=v_0\left(\eta_1+\frac{-E_1-\eta_1r_2}{\sqrt{\Delta_1}}\mathrm{e}^{r_1t}+\frac{E_1+\eta_1r_1}{\sqrt{\Delta_1}}\mathrm{e}^{r_2t}\right) \tag{5.25}$$

应力松弛阶段：

$$N = \frac{D_0\left(\dfrac{E_1E_2}{\eta_2} + E_1r_1\right)}{\sqrt{\Delta_1}}\mathrm{e}^{r_1(t-t_1)} + \frac{D_0\left(-\dfrac{E_1E_2}{\eta_2} - E_1r_2\right)}{\sqrt{\Delta_1}}\mathrm{e}^{r_2(t-t_1)} \tag{5.26}$$

其中，

$$\Delta_1 = \left(\frac{E_1}{\eta_2} + \frac{E_1}{\eta_1} - \frac{E_2}{\eta_2}\right)^2 + 4\frac{E_1E_2}{\eta_2^2}$$

式中，t_1 为从手指接触果实直至停止运动所用时间 (s)；D_0 为果实的碰撞峰值变形 (mm)；Δ_1 为式 (5.23) 和式 (5.24) 的特征方程判别式。

5.6.2　碰撞减速阶段 [345]

由式 (5.4) Burger 模型的基本流变微分方程有

$$\dddot{D} + \frac{E_2}{\eta_2}\ddot{D} = \frac{1}{E_1}\left[\dddot{N} + \left(\frac{E_1}{\eta_2} + \frac{E_1}{\eta_1} + \frac{E_2}{\eta_2}\right)\dot{N} + \frac{E_1E_2}{\eta_1\eta_2}\dot{N}\right] \tag{5.27}$$

将碰撞减速阶段的动力学特征，即式 (5.3) 代入式 (5.27)，进一步可得

$$\dddot{N} + \left(\frac{E_1}{\eta_2} + \frac{E_1}{\eta_1} + \frac{E_2}{\eta_2}\right)\ddot{N} + \left(\frac{E_1E_2}{\eta_1\eta_2} + \frac{E_1}{m_\mathrm{e}}\right)\dot{N} + \frac{E_1E_2}{m_\mathrm{e}\eta_2}N - \frac{E_1E_2}{m_\mathrm{e}\eta_2}F_0 = 0 \tag{5.28}$$

该式为三阶常系数非齐次线性微分方程，为分析方便，令

$$\begin{cases} p_1 = \dfrac{E_1}{\eta_2} + \dfrac{E_1}{\eta_1} + \dfrac{E_2}{\eta_2} \\ q_1 = \dfrac{E_1E_2}{\eta_1\eta_2} + \dfrac{E_1}{m_\mathrm{e}} \\ q_2 = \dfrac{E_1E_2}{m_\mathrm{e}\eta_2} \end{cases} \tag{5.29}$$

则式 (5.28) 可表达为

$$\dddot{N} + p_1\ddot{N} + q_1\dot{N} + q_2N - q_2F_0 = 0 \tag{5.30}$$

由文献 [356]，当式 (5.29) 特征方程的判别式

$$\Delta_2 = \left(\frac{p_1q_1}{6} - \frac{p_1^3}{27} - \frac{q_2}{2}\right)^2 + \left(\frac{q_1}{3} - \frac{p_1^2}{9}\right)^3 > 0 \text{ 时}$$

式 (5.29) 的特征方程有一个实根 λ_1 和两个共轭复根 $\lambda_{2,3} = \alpha \pm \mathrm{i}\beta(\alpha, \beta \in bfR)$，式 (5.29) 的解为

$$N = F_0 + [C_1\cos(\beta(t-t_0)) + C_2\sin(\beta(t-t_0))]\mathrm{e}^{\alpha(t-t_0)} - C_1\mathrm{e}^{\lambda_1(t-t_0)} \tag{5.31}$$

碰撞减速阶段的方程初始条件为

$$\begin{cases} N|_{t=t_0} = F_0 \\ \dot{D}|_{t=t_0} = v_0 \\ D|_{t=t_0} = v_0 t_0 \end{cases} \tag{5.32}$$

式中，t_0 为匀速加载阶段完成所用时间 (s)。

根据初始条件 (5.32) 可解得

$$\begin{cases} C_1 = mv_0 \dfrac{\alpha\beta\lambda_1^2(\alpha\beta t_0 - 2)}{2\beta\lambda_1^2 + \alpha^2\lambda_1^2 + \alpha^2\beta^2 - \beta^2\lambda_1^2 - 2\alpha\beta\lambda_1} \\ C_2 = mv_0 \left(\beta + \dfrac{\alpha\beta^3\lambda_1^2 t_0 - 2\beta^2\lambda_1^2 - \alpha^2\beta^3\lambda_1 t_0 + 2\alpha\beta^3\lambda_1}{2\beta\lambda_1^2 + \alpha^2\lambda_1^2 + \alpha^2\beta^2 - \beta^2\lambda_1^2 - 2\alpha\beta\lambda_1}\right) \end{cases} \tag{5.33}$$

因而常数 C_1、C_2 均与初始夹持速度 v_0 成正比。

5.7 果实夹持碰撞规律

5.7.1 夹持碰撞过程的力变化规律 [345]

进而以表 5.1 不同成熟期番茄果实的 Burger 模型参数代入三阶段复合模型，获得夹持碰撞过程的三阶段力变化模拟曲线。以绿熟期果实为例，图 5.14 反映了三阶段复合模型对夹持碰撞力变化规律的描述。果实的低速夹持表现为准静态加载过程，其碰撞减速阶段 $t_1 - t_0$ 所占比重及对峰值力的贡献极小，同时需较长过程 t_1 完成果实的夹持。随着初始夹持速度 v_0 的提高，完成夹持所需时间 t_1 迅速下降，并主要由碰撞减速阶段导致峰值碰撞力的显著增加。在达到峰值碰撞力后手指停止运动，果实呈现应力松弛现象，图 5.14 描述了缓慢应力松弛过程的初期变化。

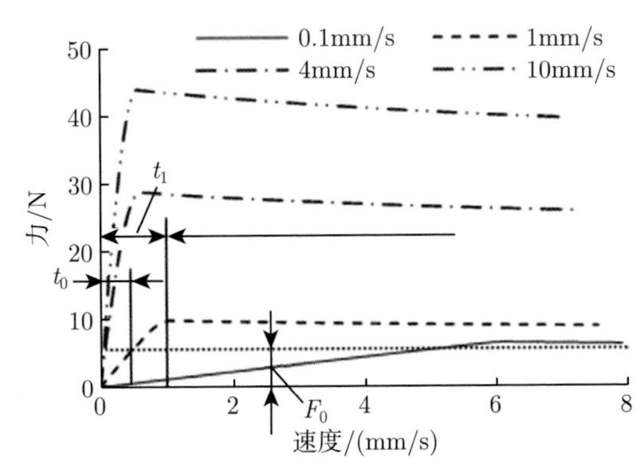

图 5.14 夹持碰撞过程的力变化模拟曲线 (绿熟期)

5.7.2　夹持速度与果实成熟度对碰撞时间的影响 [345]

碰撞时间 t_1 由匀速加载和碰撞减速两阶段所需时间构成。由式 (5.25) 和边界条件 (5.32)，匀速加载阶段所需时间 t_0 与初始加载速度 v_0 呈非线性负相关。碰撞减速阶段所需时间 $t_1 - t_0$ 则由式 (5.30) 根据下列边界条件及式 (5.2) 所确定：

$$\dot{D}|_{t=t_1} = 0 \tag{5.34}$$

式 (5.34) 难以得到 $t_1 - t_0$ 的显式解，但可以发现 $t_1 - t_0$ 为式 (5.29) 特征方程的实根 λ_1、复根实部 α 和虚部 β 的函数：

$$t_1 - t_0 = f(\alpha, \beta, \lambda_1) \tag{5.35}$$

由于 λ_1、α、β 决定于 Burger 模型的四元件参数，因而特定成熟度果实的碰撞减速阶段所需时间 $t_1 - t_0$ 为常数，而与初始夹持速度 v_0 无关。

利用三阶段复合模型可以得到下述结论：

(1) 随着初始夹持速度 v_0 的增加，匀速加载阶段所需时间 t_0 迅速减少，而碰撞减速阶段所需时间 $t_1 - t_0$ 保持恒定。

(2) 随着初始夹持速度 v_0 的增加，碰撞过程存在时间 t_1 的极限值，该值由碰撞减速阶段所决定。

图 5.15 清晰反映了上述规律，同时也表明，果实成熟度越高，果实变软，完成夹持碰撞所需的时间越长。手指以初始速度 0.1mm/s 完成绿熟期、变色期、红熟前期与红熟中期果实夹持所需时间分别达 6.17s、16.01s、19.29s 和 20.81s；手指以夹持速度 6mm/s 完成绿熟期、变色期、红熟前期与红熟中期果实夹持所需时间分别为 0.62s、1.06s、1.19s 和 1.24s，分别仅为 0.1mm/s 初始速度下夹持所需时间的 10.0%、6.6%、6.2%和 6.2%。而当初始夹持速度超过 10mm/s 时，碰撞时间趋于由碰撞减速阶段所决定的极限值，因而继续加大初始夹持速度对提高作业效率的作用非常有限。

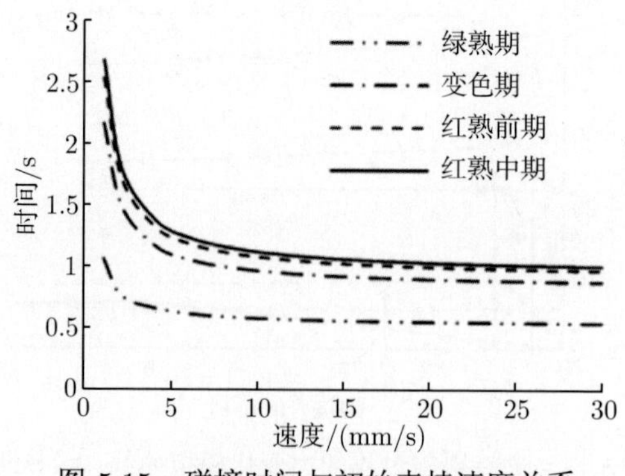

图 5.15　碰撞时间与初始夹持速度关系

5.7.3 夹持速度与果实成熟度对碰撞变形的影响 [345]

果实夹持碰撞的匀速加载阶段变形为

$$D\,|_{t=t_0} = v_0 t_0 \tag{5.36}$$

由于 t_0 与初始加载速度 v_0 呈非线性负相关，果实夹持碰撞的匀速加载阶段变形与 v_0 呈图 5.16 所示非线性关系，低速时匀速加载阶段变形较大，但一定速度后趋于稳定。

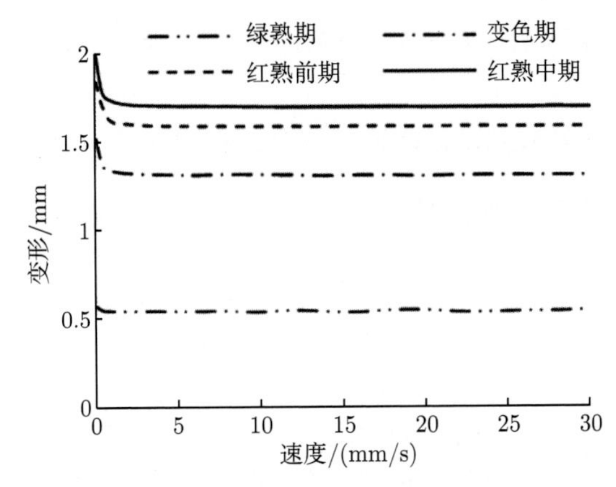

图 5.16 果实匀速加载阶段变形与初始夹持速度的关系

由式 (5.2)、式 (5.31) 和式 (5.33) 可得碰撞减速阶段变形

$$\begin{aligned} D\,|_{t=t_1} = &\left[\left(-\frac{C_2}{\alpha^2}+\frac{C_2}{\beta^2}-\frac{2C_1}{\alpha\beta}\right)\sin(\beta(t_1-t_0))\right. \\ &\left.+\left(-\frac{C_1}{\alpha^2}+\frac{C_1}{\beta^2}+\frac{2C_2}{\alpha\beta}\right)\cos(\beta(t_1-t_0))\right]\mathrm{e}^{\alpha(t_1-t_0)}-\frac{C_1}{\lambda_1^2}\mathrm{e}^{\lambda_1(t_1-t_0)} \end{aligned} \tag{5.37}$$

由于 $t_1 - t_0$ 为常数，而 C_1、C_2 与初始夹持速度 v_0 成正比，故碰撞减速阶段变形亦正比于初始夹持速度 v_0。

果实碰撞变形 D_0 由匀速加载和碰撞减速两阶段变形所构成，因而除低速区外，其与夹持速度呈现近似线性关系 (图 5.17)。手指以初始速度 0.1mm/s 完成绿熟期、变色期、红熟前期与红熟中期果实夹持时，果实变形分别仅为 0.60mm、1.57mm、1.90mm 和 2.05mm；手指以 30mm/s 初始速度完成绿熟期、变色期、红熟前期与红熟中期果实夹持时，果实变形则分别达 10.77mm、17.32mm、19.20mm 和 19.91mm。

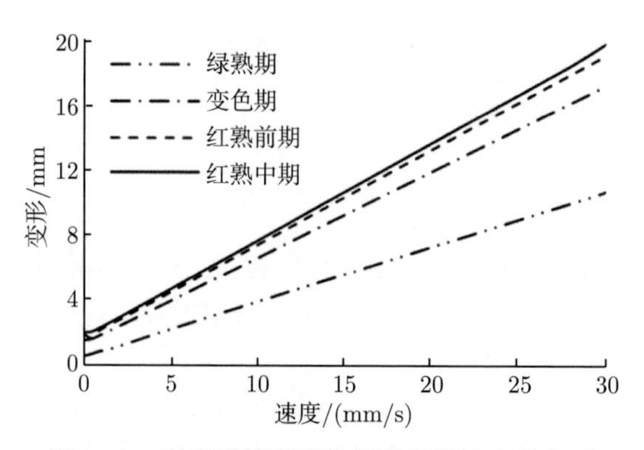

图 5.17　果实碰撞变形与初始夹持速度的关系

5.7.4　夹持速度与果实成熟度对碰撞峰值力的影响 [345]

由式 (5.31)，夹持碰撞峰值力

$$N_0 = N\big|_{t=t_1} = F_0+[C_1\cos(\beta(t_1-t_0))+C_2\sin(\beta(t_1-t_0))]\mathrm{e}^{\alpha(t-t_0)}-C_1\mathrm{e}^{\lambda_1(t-t_0)} \quad (5.38)$$

由于 t_1-t_0 为常数，而 C_1、C_2 与初始夹持速度 v_0 成正比，故夹持碰撞峰值力与初始夹持速度 v_0 呈线性关系。在低速下夹持过程近似静态加载，其峰值碰撞力接近最大静夹持力 F_0，而高速碰撞则会产生极大的峰值力。

模型模拟得到的峰值碰撞力与初始夹持速度的关系如图 5.18 所示。当夹持速度为 10mm/s 时，绿熟期、红熟前期和红熟中期番茄果实的平均夹持碰撞力分别为 43.96N、27.92N 和 27.18N；而当夹持速度达到 40mm/s 时，各成熟期番茄果实的平均夹持碰撞力可依次分别高达 157.84N、93.69N 和 90.72N。

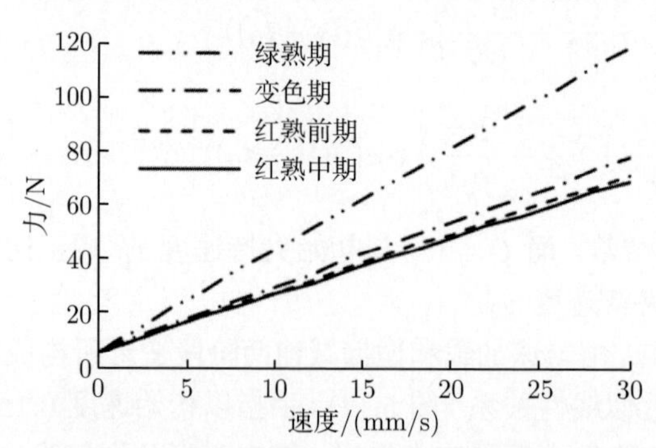

图 5.18　峰值碰撞力与初始夹持速度的关系

将初始夹持速度-峰值碰撞力与果实挤压破裂力试验结果 [237,238] 相结合，得到图 5.19 所示初始夹持速度-果实破裂损伤概率曲线。可以发现，当初始夹持速度为 10mm/s 时，各成熟期番茄果实的破裂损伤概率依次分别仅为 2.0%、0.4%和

0.4%。而初始夹持速度继续加大，只会导致果实破裂损伤可能迅速增加，而无益于作业效率的继续提高。

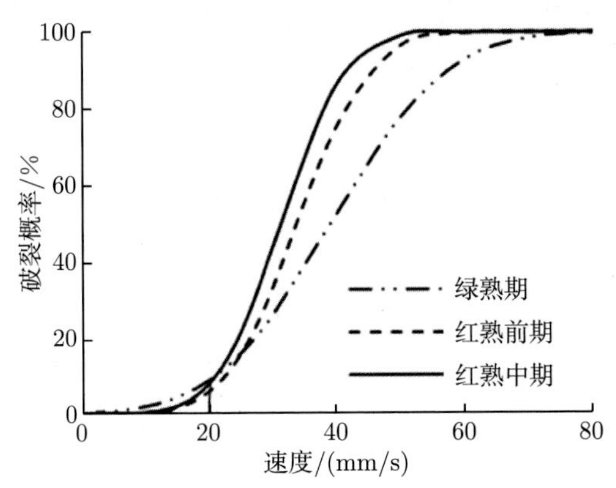

图 5.19　不同初始夹持速度下的果实破裂损伤概率

同时，当初始夹持速度低于 20mm/s 时，由于峰值碰撞力与挤压破裂阈值的双重影响，反而导致红熟前期和绿熟期番茄果实的损伤概率分别为最低与最高的现象。但初始夹持速度更大之后，果实成熟度越高则呈现明显的更高破裂损伤可能。

5.8　夹持碰撞耗时的理论推算

5.8.1　手指夹持过程的构成 [238]

如图 5.20 所示，手指从一定开度状态合拢，实现可靠夹持，其过程可分为趋近和夹持两个阶段。其中趋近阶段，手指从一定开度状态合拢直到接触果实 (w_4)，该过程中手指处于空载状态；夹持阶段，手指继续并拢，果实产生一定的变形 (δ)，从而使手指与果实间产生并保持一定的作用力，达到可靠夹持的目的。

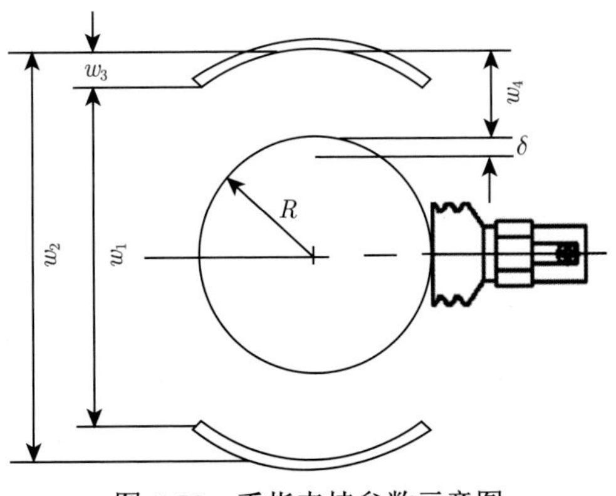

图 5.20　手指夹持参数示意图

5.8.2 手指夹持的尺寸关系 [238]

要保证果实能够顺利进入被夹持位置，手指必须保证一定的开度，使开口尺寸 w_1 超过果实直径一定的余量，设定为

$$w_1 = 2R + 10 \tag{5.39}$$

手指距离果实的距离 w_4 与开口尺寸 w_1 之间具有关系

$$w_4 = \frac{w_1}{2} + w_3 - R \tag{5.40}$$

将式 (5.39) 代入式 (5.40)，有

$$w_4 = w_3 + 5 \tag{5.41}$$

根据番茄果实的力学特性试验，如表 3.8 所示，绿熟期 ~ 半熟期番茄果实所受夹持力与其变形的关系为

$$N = k_{\mathrm{g}}\delta = (4.95 \sim 12.55)\delta \tag{5.42}$$

其刚度 k_{g} 随成熟度及个体差异而有明显差别。

当指面为竖直弧面时 (图 5.21)，手指对果实可靠夹持所需的夹持力为

$$N = k_{\mathrm{gri}} \cdot \frac{G}{2f} \cdot \cos\theta \tag{5.43}$$

式中，k_{gri} 为安全系数；G 为果实质量 (N)；f 为果实与指面间的滑动摩擦系数；θ 为圆弧对应圆心角 (rad)。

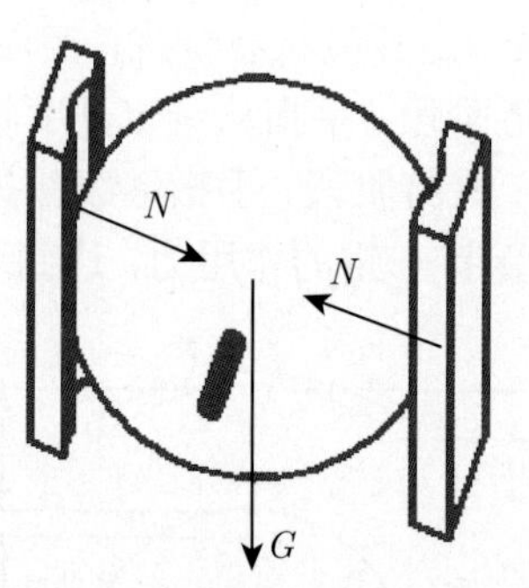

图 5.21　竖直弧面夹持的力平衡关系

5.8.3 手指夹持过程的耗时构成 [238]

根据上述算法，手指夹持过程可细分为 3 个阶段：加速阶段、匀速阶段、碰撞阶段。则完成夹持所需时间为

$$t_{\mathrm{gri}} = t_{\mathrm{acc}} + t_{\mathrm{g}} + t_{\mathrm{dis}} \tag{5.44}$$

式中，t_{gri} 为完成夹持所用时间 (s)；t_{acc} 为手指合拢的加速阶段所用时间 (s)；t_{g} 为手指合拢的匀速阶段所用时间 (s)；t_{dis} 为接触果实后碰撞阶段所用时间 (s)。

5.8.4 柔顺夹持的控制模式选择

理论上，w_4 为空载阶段，能够以较快速度完成，而通过力传感器的感知，使手指在接触果实后减速，当继续运动 δ 后，夹持力达到一定值，手指停止。但实际上上述分析只适用于低速下的 (准) 静态过程，而在快速夹持时手指与果实碰撞产生的瞬时大峰值力，可能造成果实的损伤 (图 5.2)。

对果实的快速柔顺夹持是具有挑战性的课题。在速度模式下，通过控制夹持速度，实现避免果实损伤的可靠夹持，是相对简便易行的方式。手指与果实接触后，在果实对手指的反作用力的作用下，手指不断减速，直至手指停止并对果实可靠夹持。

根据碰撞峰值力、碰撞时间与碰撞速度的实验曲线 (图 5.3)，为了避免夹持损伤，碰撞峰值力应小于表 3.9 所示横向挤压的最小破裂力 46.8N，则由图 5.3 可以得到柔顺夹持的理论速度阈值为 14.1mm/s。

5.8.5 柔顺夹持的时间计算 [238]

1. 加速阶段

手指夹持的启动如采用直线加速，加速阶段手指的位移和所用时间分别为

$$t_{\mathrm{acc}} = \frac{v_{\mathrm{g}}}{a_{\mathrm{g}}} \tag{5.45}$$

$$s_{\mathrm{acc}} = \frac{v_{\mathrm{g}}^2}{2a_{\mathrm{g}}} \tag{5.46}$$

式中，v_{g} 为手指夹持的设定速度 (mm/s)，$v_{\mathrm{g}} \leqslant 14.1\mathrm{mm/s}$；$a_{\mathrm{g}}$ 为手指夹持的启动加速度 ($\mathrm{mm/s^2}$)；s_{acc} 为手指夹持启动所需位移 (mm)。

末端执行器夹持机构在电机的带动下，克服负载转矩和摩擦转矩的作用，使手指加速，其理论大加速度为加速度 a_{g} 的最大值由下式确定：

$$a_{\mathrm{g0}} = i_{\mathrm{a}} \frac{M_{\mathrm{a}} - M_{\mathrm{a}f}}{J_{\mathrm{ar}}} \times 10^6 \tag{5.47}$$

式中，a_{g0} 为最大的手指进给加速度 ($\mathrm{mm/s^2}$)；i_{a} 为夹持器电机至手指的传动比 (mm/rad)；M_{a} 为夹持器电机的额定转矩 (mN·m)；$M_{\mathrm{a}f}$ 为夹持器系统的摩擦力矩 (mN·m)；J_{ar} 为夹持系统电机的转动惯量 ($\mathrm{g{\cdot}mm^2}$)。

其中摩擦力矩 $M_{\mathrm{a}f}$ 由下式确定：

$$M_{\mathrm{a}f} = \gamma_{\mathrm{aM}} \cdot I_{\mathrm{a}f}/1000 \tag{5.48}$$

式中，γ_{aM} 为夹持器电机的转矩常数 (mN·m/A)；$I_{\mathrm{a}f}$ 为夹持器电机克服摩擦力矩运转所需电流 (A)。

其中夹持系统的等效转动惯量可由下式得到：

$$J_{\mathrm{ar}} = J_{\mathrm{a1}} + J_{\mathrm{a2}}\frac{1}{i_{\mathrm{a}}^2} + J_{\mathrm{a3}}\left(\frac{\omega_{\mathrm{a3}}}{\omega_{\mathrm{a1}}}\right)^2 + i_{\mathrm{a}}^2 m_{\mathrm{f}} \tag{5.49}$$

式中，J_{a1} 为夹持器电机的转动惯量 ($\mathrm{g\cdot mm^2}$)；J_{a2} 为夹持器减速器的转动惯量 ($\mathrm{g\cdot mm^2}$)；i_{a} 为夹持器减速器的减速比；J_{a3} 为双头螺杆的转动惯量 ($\mathrm{g\cdot mm^2}$)；$\omega_{\mathrm{a3}}/\omega_{\mathrm{a1}}$ 为双头螺杆角速度与夹持器电机角速度之比；m_{f} 为手指的质量 (g)。

2. 匀速阶段

手指以设定速度 v_{g} 高速合拢，靠近果实。高速阶段所用时间为

$$t_{\mathrm{g}} = \frac{s_{\mathrm{g}}}{v_{\mathrm{g}}} \tag{5.50}$$

式中，s_{g} 为高速阶段手指的位移 (mm)。

3. 碰撞阶段

由快速夹持的碰撞力曲线 (图 5.2) 和三阶段复合碰撞模型的碰撞时间规律 (图 5.14)，根据果实弹性刚度的差异，接触果实后碰撞阶段所用时间约为

$$t_{\mathrm{dis}} \approx t_1 \times (0.56 \sim 1.43) \tag{5.51}$$

则由式 (5.44)，速度模式下避免夹持损伤的最短夹持时间受到果实刚度、电机系统的参数、末端执行器的构件惯量与传动摩擦等因素的综合影响。可以判断，末端执行器的手指等关键构件轻量化、传动精度的增加，对于缩短果实夹持的耗时、提高采摘作业效率具有重要影响。

第 6 章　果实柔顺夹持的仿真研究

6.1　概　　述

6.1.1　研究意义

仿真研究能将复杂的物理模型和作用关系可视化，并有效拓展研究的时空范围。与苹果等果实不同，番茄果实各组元的力学特性存在着极大的差异性，将果实视为匀质的简化整果力学体无法解释果实整体的受载与夹持接触局部区域的受载和损伤的机制和结果。同时，对有动力源机电系统–黏弹塑性多组元对象间有约束的非弹性碰撞的仿真研究对于解决果实快速夹持碰撞下的柔顺收获具有重要意义。

6.1.2　内容与创新

(1) 实现了番茄果实非线性多组元有限元模型的构建，为解决有限元–虚拟样机结合的精确夹持碰撞虚拟仿真奠定了基础；

(2) 通过基于有限元的黏弹塑性多组元对象静态稳定夹持仿真，探明了夹持作用下果实的应力分布，证实了果实整体受载与夹持接触局部区域应力发生的差异性，为揭示夹持损伤发生机制提供了依据；

(3) 通过基于有限元的黏弹塑性多组元对象静态稳定夹持仿真，揭示了表皮、果皮、胶体不同组织的受力情况，进而结合各组元强度为解释果实承载能力随夹持部位、成熟度的变化和损伤发生机理打下了基础；

(4) 实现了有限元–虚拟样机结合的快速夹持碰撞动态仿真，发现了快速夹持碰撞过程中的夹持力变化趋势，建立了碰撞峰值力与夹持速度间的数学关系，为解决快速柔顺夹持作业问题提供了支撑。

6.2　果实有限元模型

6.2.1　番茄整果的黏弹性有限元模型 [266]

手指夹持番茄的过程，实际上是一个具有主动运动的碰撞过程，夹持系统的运动控制策略以及番茄的力学特性，对于此碰撞过程具有显著影响，因而对于研究番茄的夹持，必须在番茄力学特性的基础上确定末端执行器的合理夹持策略。

为研究番茄在夹持过程中的受载及变形情况，可借助 ANSYS 软件建立番茄的黏弹性有限元模型，分析番茄受载过程中的受力及应变变化情况。

1. ANSYS 中表征黏弹性属性问题

ANSYS 软件是世界上最大的有限元分析软件公司之一的 ANSYS 公司开发，它能与多数 CAD 软件及机械仿真软件接口，实现数据的共享和交换，是现在产品设计中的高阶 CAE 工具之一 [361]。

软件主要包括三个部分：前处理模块、分析计算模块和后处理模块。前处理模块提供了一个强大的实体建模及网格划分工具，用户可以方便地构造有限元模型。ANSYS 程序还可以分析大型三维柔体运动。当运动的积累影响起主要作用时，可使用这些功能分析复杂结构在空间中的运动特性，并确定结构中由此产生的应力、应变和变形。

在载荷作用下，黏弹性材料的响应包括即时响应的弹性部分和需要经过一段时间才能表现出来的黏性部分。

ANSYS 中可以用剪切松弛核函数 $G(t)$ 和体积松弛核函数 $K(t)$ 来描述黏弹性，其表示方式主要有两种，一种是广义 Maxwell 单元 (VISCO88 和 VISCO89) 所采用的 Maxwell 形式，一种是结构单元 (VISCO185 和 VISCO186) 所采用的 Prony 级数形式，这两种表示方式本质上是一致的，只是具体数学表达式略有不同。

1) Prony 级数形式

用 Prony 级数表示黏弹性属性的基本形式为

$$\begin{aligned} G(t) &= G_\infty + \sum_{i=1}^{n_G} G_i \exp\left(-\frac{t}{\tau_i^G}\right) \\ K(t) &= K_\infty + \sum_{i=1}^{n_K} K_i \exp\left(-\frac{t}{\tau_i^K}\right) \end{aligned} \tag{6.1}$$

式中，G_∞ 和 G_i 是剪切模量；K_∞ 和 K_i 是体积模量；τ_i^G 和 τ_i^K 是各 Prony 级数分量的松弛时间 (relative time)。再定义下面的相对模量 (relative modulus)：

$$\begin{aligned} \alpha_i^G &= G_i/G_0 \\ \alpha_i^K &= K_i/K_0 \end{aligned} \tag{6.2}$$

式中，G_0，K_0 分别为黏弹性材质的瞬态模量，并定义式如下：

$$\begin{aligned} G_0 &= G(t=0) = G_\infty + \sum_{i=1}^{n_G} G_i \\ K_0 &= K(t=0) = K_\infty + \sum_{i=1}^{n_K} K_i \end{aligned} \tag{6.3}$$

在 ANSYS 中，Prony 级数的阶数 n_G 和 n_K 可以不必相同，当然其中的松弛时间 τ_i^G 和 τ_i^K 也不必相同。

对于黏弹性问题，黏弹体的泊松比一般是取为时间的函数 $\mu=\mu(t)$。不过有时情况允许也可近似设为常数，这时根据弹性常数关系就有

$$\begin{aligned} G(t) &= \frac{E(t)}{2(1+\mu)} \\ K(t) &= \frac{E(t)}{3(1-2\mu)} \end{aligned} \tag{6.4}$$

式中，$E(t)$ 为松弛模量，由实验来确定。$E(t)$、$G(t)$、$K(t)$ 的相应系数比相同。

这样就可以将 $G(t)$ 和 $K(t)$ 统一于 $E(t)$ 形式。若我们将松弛模量表示为 Prony 级数形式，即

$$E(t)=E_\infty+\sum_{i=1}^{n}E_i\exp\left(-\frac{t}{\tau_i}\right) \tag{6.5}$$

于是，$G(t)$ 和 $K(t)$ 中有 $n=n_G=n_K$，松弛时间 $\tau_i=\tau_i^G=\tau_i^K$，相对模量 $\alpha_i=\alpha_i^G=\alpha_i^K$。类似于 G_0、K_0，我们也同样定义瞬态松弛模量 E_0：

$$E_0=E(t=0)=E_\infty+\sum_{i=1}^{n_G}E_i \tag{6.6}$$

这样，由式 (6.3)~ 式 (6.6) 可得

$$\begin{aligned} G_0 &= \frac{E_0}{2(1+\mu)} \\ K_0 &= \frac{E_0}{3(1-2\mu)} \end{aligned} \tag{6.7}$$

Shift function 有三项可以选择：① William-Landel，Ferry: 时温等效方程，适用于聚合体；② Tool-Narayanaswamy 方程；③ 用户定义。

在使用 Prony 模拟时，Shift function 不是一定要输入的，如果松弛模量 $E(t)$ 与温度不相关，可以不用输入 Shift function。

2) 广义 Maxwell 表示

ANSYS 中黏弹性属性的表达可以用广义 Maxwell 单元输入。Maxwell 模型是一个串联的弹簧和阻尼器，广义 Maxwell 模型是由 k 个并联的弹簧和缓冲器组成，ANSYS 中采用广义 Maxwell 模型表示黏弹性行为，它是通用模型。Maxwell、Kelvin-Voigt 是其中的特殊情况。ANSYS 中表征黏弹性的 Maxwell 仅能使用 VISCO88 (2D) 和 VISCO89 (3D) 单元类型。

Maxwell 模型表征物体的黏弹性主要由下面两个核函数表示：

$$
\begin{aligned}
G(t) &= G_\infty + \sum_{i=1}^{n_G} G_i \exp\left(-\frac{t}{\tau_i^G}\right) \\
K(t) &= K_\infty + \sum_{i=1}^{n_K} K_i \exp\left(-\frac{t}{\tau_i^K}\right)
\end{aligned}
\tag{6.8}
$$

式中，各符号含义同前，τ_i 为各分量的松弛时间。

各分量的相对模量的定义见式 (6.9)，与 Prony 输入定义略有差别。

$$
\begin{aligned}
C_i^G &= G_i/(G_0 - G_\infty) \\
C_i^K &= K_i/(K_0 - K_\infty)
\end{aligned}
\tag{6.9}
$$

Maxwell 输入通过定义常数 1-95 来输入黏弹性特性数据，通常需要输入的参数及其含义如表 6.1 所示。

表 6.1　Maxwell 输入参数

实常数	体积模量	剪切模量
N	C50	C71
G_0	C46	C48
G_∞	C47	C49
C_i	C51～C60	C76～C85
τ_i	C61～C70	C86～C95

注：N 为 Maxwell 单元数，$N \leqslant 10$；G_0 为初始剪切/体积模量 (即固相)；G_0 或 G_∞ 为最终剪切/体积模量 (即液相)；C_i 为剪切/体积模量松弛系数，$\sum C_i = 1.0$；常数 τ_i 为松弛时间。

2. *成熟度对番茄果实黏弹性参数的影响*

1) Burger 模型参数及其与成熟度的关系

随着成熟度的提高，瞬时弹性系数 E_1 显著减小，说明随着成熟度提高，番茄果实受力后的瞬间弹性形变显著增大。在收获及包装作业中，番茄受载瞬间，绿熟期相比于成熟度水平更高的番茄抵抗变形能力更强，载荷卸去后这一部分变形均可恢复。

与番茄高弹形变相关的延迟弹性系数 E_2、黏性系数 η_2 随着成熟度提高显著减小。表明随着成熟度水平的提高，由 Kelvin 模型产生的番茄果实的延迟形变增大。即随着作业时间推进，成熟度水平越高的番茄产生的变形也相应越大，这一部分变形亦可以在载荷卸去后随着时间逐渐恢复。

作为典型的黏弹性体，番茄受载后的黏性系数 η_1 表征了番茄受载后抵抗黏性不可恢复变形的能力。由第 5 章表 5.1 中可以看出，黏性系数随着成熟度水平的提高而显著降低，表明了相同受载情况下，成熟度水平越高，番茄越容易产生塑性变形及损伤。

弹性滞后时间 τ_K 是指应变达到最终应变的 $(1-1/\mathrm{e})$ 时所需要的时间，表征了弹性滞后的快慢。弹性滞后时间 τ_K 没有显著性差异，说明表征番茄果实黏性的黏性系数 η_2 与延迟弹性系数 E_2 的比值没有显著变化，即随着成熟度提高，黏性系数与延迟弹性系数的变化趋势基本一致。

2) Maxwell 模型参数及其与成熟度的关系

由第 5 章表 5.2 可以看出，随着成熟度的提高，平衡弹性系数 E_0 显著减小，说明随着成熟度提高，番茄果实应力松弛形变显著增大。在收获及包装作业中，番茄受载瞬间，绿熟期相比于成熟度水平更高的番茄抵抗变形能力更强。

麦克斯韦单元的弹性系数 E_1、E_2 随着番茄成熟度水平的提高而显著降低，表明随着成熟度水平提高，番茄抵抗弹性变形的能力逐渐降低，成熟度水平越高，番茄越容易产生弹性形变。松弛过程中每一瞬时的弹性模量等于多个不同频率成分的弹性模量之和，因而成熟度水平越高的番茄，其每一瞬时弹性模量值越大。

黏性系数 η_1、η_2 在绿熟期至变色期产生显著减小，而变色期至红熟前期、红熟中期过渡时，不产生显著变化。表明绿熟期至变色期番茄的结构及组成的变化对于应力松弛特性的黏滞性特征具有显著影响。黏性系数随成熟度水平的变化表明了压缩率条件下，番茄产生塑性变形及损伤的难易程度。

应力完全消失所需要的时间非常长，为了表示应力松弛快慢，定义 τ_{M} 为应力松弛时间，当 $t=\tau_{\mathrm{M}}$ 时，$\sigma=\sigma_0\mathrm{e}^{-1}$，即应力松弛时间就是应力松弛至初始值的 $1/\mathrm{e}$ 时所需要的时间。而两个麦克斯韦单元的应力松弛时间 τ_{M} 在绿熟期过渡到变色期时锐减，而之后的成熟过程中没有显著变化，表征了番茄果实的黏性系数 η_{M} 与延迟弹性系数 E_{M} 的比值在绿熟期到变色期的过程中发生了显著变化。

3. 番茄黏弹性有限元模型建立

有限元分析的最终目的还是还原一个实际工程系统的数学行为特征，即分析必须针对一个物理原型准确的数学模型。ANSYS 中的模型一般狭义的指用节点和单元表示的空间体域及实际系统连接的生成过程。模型的生成包括节点和单元的几何造型、材料属性、实常数及网格划分。

1) 番茄整果的几何模型

番茄的大小和形状各异，但是同一品种、同一产地类似种植条件下的番茄差异性不大。为了更准确地模拟番茄的机械采摘夹持过程，需要建立番茄的接近实物的有限元模型。以李智国 [235] 的方法，建立了真实的番茄几何模型。首先采用描绘作图得到番茄整果的外围轮廓几何曲线，然后建立坐标系提取关键点，用 Spline 样条曲线拟合外轮廓，最后通过面操作及体操作建立番茄实体模型。具体步骤如下。

(1) 番茄果实果脐果梗连线垂直于试验台正立放置，用刀沿番茄纵向截面切开，取一半截面向下放在预置白纸 1—复印纸—白纸 2 上，用铅笔描绘出截面的轮廓曲线；

(2) 取走番茄、白纸 1 及复印纸，在白纸 2 上面建立坐标系，原点为番茄果脐所在位置，y 向为沿着果脐果梗连线向上，x 垂直于 y 向右，z 向为垂直于 x 及 y 的方向；

(3) 在轮廓曲线上选取关键点，并提取关键点坐标如表 6.2 所示。

表 6.2 番茄果实外轮廓的关键点坐标 (单位：mm)

编号	x	y	z	编号	x	y	z
1	0	0	0	12	37.5	44	0
2	7.5	1	0	13	36	50	0
3	12	2	0	14	33.5	55.5	0
4	18	5	0	15	28	60	0
5	22.5	8	0	16	23	62	0
6	26.5	12	0	17	17	62	0
7	30	17	0	18	10	61	0
8	33	22	0	19	6	58	0
9	35	26	0	20	3	56	0
10	37	32	0	21	0	55.5	0
11	38	39	0				

在 ANSYS 中首先生成关键点 1~21，之后连接生成 Spline 样条曲线，创建番茄的 1/4 截面，之后旋转生成番茄的几何模型，如图 6.1 所示。

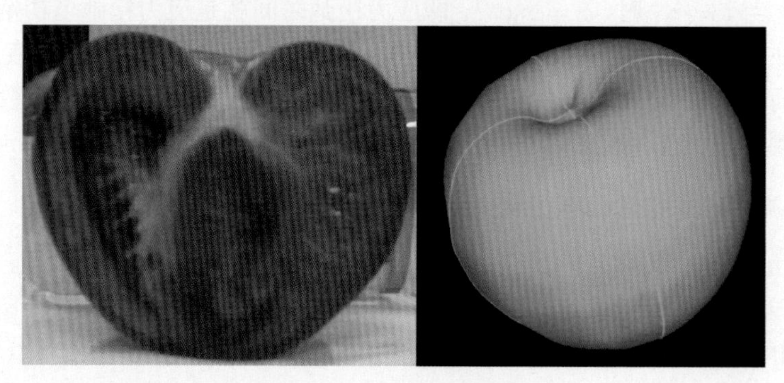

图 6.1 番茄几何模型

2) 黏弹性属性设定

番茄整果是典型的黏弹塑性体，应用第 2 章相应试验所测结果，可得红熟前期番茄的参数见下式：

$$\begin{aligned} E(t) &= E_\infty + E_1 \mathrm{e}^{-\frac{t}{\tau_1}} + E_2 \mathrm{e}^{-\frac{t}{\tau_2}} \\ E(t) &= 2.629\,29 + 5.446\,62 \mathrm{e}^{-\frac{t}{1.83635}} + 0.822\,80 \mathrm{e}^{-\frac{t}{35.0209}} \end{aligned} \tag{6.10}$$

通过式 (6.4)，取番茄的泊松比为 0.35[362]，得到番茄剪切模量及体积模量各参数如式 (6.11)。

$$
\begin{aligned}
G_0 &= \frac{E_0}{2\left(1+\mu\right)} = 0.973\,81 + 2.017\,27\mathrm{e}^{-\frac{t}{1.83635}} + 0.30474\mathrm{e}^{-\frac{t}{35.0209}} \\
K_0 &= \frac{E_0}{3\left(1-2\mu\right)} = 2.921\,43 + 6.051\,80\mathrm{e}^{-\frac{t}{1.83635}} + 0.91422\mathrm{e}^{-\frac{t}{35.0209}}
\end{aligned}
\tag{6.11}
$$

对所建立的番茄几何模型定义材料的单元属性，确定的黏弹性的 VISCO89 广义 Maxwell 单元 (图 6.2) 作为番茄黏弹性的基本单元。

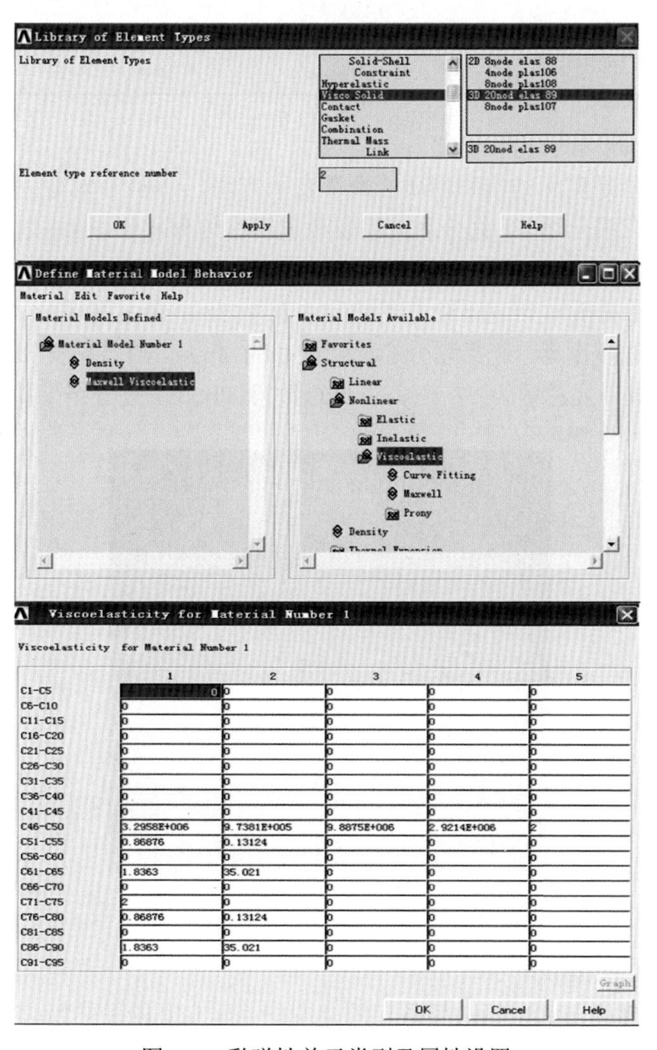

图 6.2 黏弹性单元类型及属性设置

根据 ANSYS 中黏弹性属性的定义，确定 Maxwell 各参数设置如表 6.3 所示。

表 6.3　Maxwell 输入参数

参数	剪切模量		体积模量	
	编号	数据	编号	数据
N	C50	2	C71	2
G_0	C46	3 295 820	C48	9 887 460
G_∞	C47	973 810	C49	2 921 430
α_1	C51	0.868 76	C76	0.868 76
α_2	C52	0.131 24	C77	0.131 24
t_1	C61	1.836 35	C86	1.836 35
t_2	C62	35.020 9	C87	35.020 9

3) 网格划分

有限元模型是实际结构和物质的数学表示方法，ANSYS 对建立的实体模型网格划分以产生有限元模型。划分之前需要设置网格划分水平，网格划分的精度决定了有限元计算的好坏。一般来说，划分越细，计算结果越精确，但是耗费的计算机资源也越多。番茄横向赤道面最大直径尺寸为 76mm，最大高度为 62mm，综合考虑精度及计算速度因素，选择划分的单元尺寸为 4mm。对番茄实体模型进行自由网格划分，生成单元总数为 27 218，节点总数为 33 891，划分结果如图 6.3 所示。

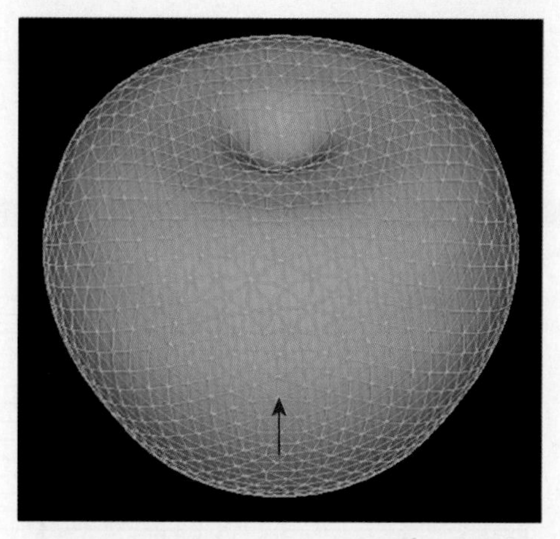

图 6.3　番茄黏弹性有限元模型网格划分

4) 建立通用数据文件

在番茄采摘机器人采摘夹持番茄的模拟中，建立好的黏弹性有限元番茄模型需要导入动力学仿真软件 ADAMS 中，因此需要建立两个软件的数据交换文件。

ANSYS 与 ADAMS 可以通过模态中性文件，即 MNF(model neutral file) 文件

实现数据的交换。建立番茄有限元模型的模态中性文件主要方法为 Main Menu—Solution—ADAMS Connection—Export to ADAMS，选取合适的外部作用点，即 Marker 点，并对其做如下设置 (图 6.4)，即可完成模态中性文件的建立。

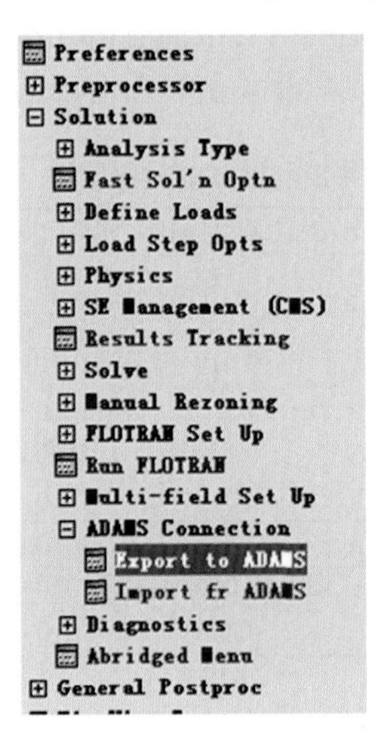

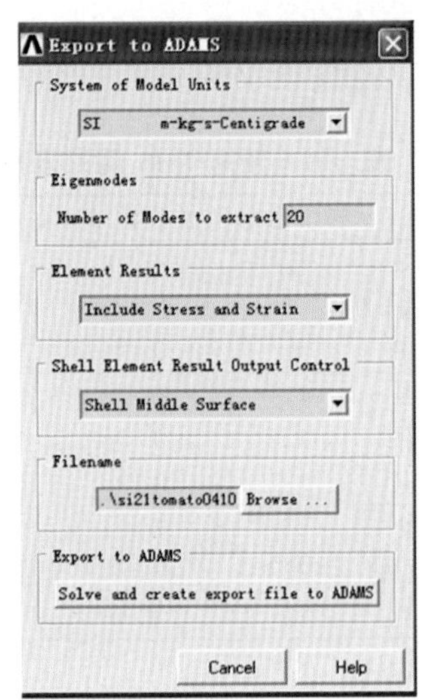

图 6.4 MNF 文件的创建

前 20 阶模态下，番茄黏弹性有限元模型转换的模态中性文件各阶模态的频率值见表 6.4。

表 6.4 模态中性文件各阶模态频率值 (单位：Hz)

阶数	模态频率值	阶数	模态频率值
1	0.142	11	649.444
2	37.862	12	651.372
3	52.751	13	667.109
4	63.231	14	706.956
5	83.793	15	707.998
6	95.236	16	709.980
7	525.662	17	792.016
8	531.734	18	874.280
9	642.491	19	879.224
10	645.757	20	905.411

6.2.2 番茄果实非线性多组元有限元模型 [235]

1. 材料属性与单元类型的定义

番茄的实体几何模型由表皮、果皮和胶体三部分组成，利用第 3 章相应试验

所测结果 (表 6.5) 对所建模型的表皮、果皮和胶体三部分分别定义材料的弹性模量、泊松比、应力强度和密度等属性。表 6.5 中 FEA(E_{max}) 表示当番茄表皮、果皮和胶体的弹性模量分别取最大值时所对应的有限元模型，FEA(E_{min}) 表示当番茄表皮、果皮和胶体的弹性模量分别取最小值时所对应的有限元模型，FEA(E_{avg}) 表示当番茄表皮、果皮和胶体的弹性模量分别取平均值时所对应的有限元模型。

表 6.5　粉冠 906 番茄表皮、果皮和胶体的材料属性

模型	组分	材料编号	弹性模量/MPa	泊松比	应力强度/MPa	密度/(kg/mm^3)	单元类型
FEA (E_{avg})	表皮	1	9.59	0.49	0.582	1000×10^{-9}	Solid95
	果皮 (压)	2	0.726	0.45	0.122	1070×10^{-9}	Solid92
	胶体	3	0.124	0.45	0.012	1010×10^{-9}	Solid92
FEA (E_{max})	表皮	11	11.776	0.49	0.61	1000×10^{-9}	Solid95
	果皮 (压)	12	0.868	0.45	0.152	1070×10^{-9}	Solid92
	胶体	13	0.198	0.45	0.018	1010×10^{-9}	Solid92
FEA (E_{min})	表皮	21	7.404	0.49	0.554	1000×10^{-9}	Solid95
	果皮 (压)	22	0.584	0.45	0.092	1070×10^{-9}	Solid92
	胶体	23	0.05	0.45	0.006	1010×10^{-9}	Solid92

2. 网格划分

机器人手指对番茄的抓取属于刚体与柔体的接触问题，在建立刚体–柔体接触对之前不需要对刚体进行网格划分。为了对柔体 (番茄) 进行网格划分，需首先确定表皮、果皮和胶体 3 种材料的单元类型。针对不同的使用目的，ANSYS 的单元库提供了多达 200 种不同的单元以供选择。在该研究中，选择结构体单元 Solid95 为番茄表皮材料的单元类型，选择结构体单元 Solid92 为番茄果皮和胶体材料的单元类型。Solid92 单元通过 10 个节点来定义，Solid95 单元通过 20 个节点来定义。它们每个节点有 3 个自由度：节点 x、y、z 方向的位移，并且单元有可塑性、蠕变、应力强化、大变形和大应变等能力。Solid92 单元有二次方位移，能够较好地划分不规则的网格。Solid95 单元可以有任何空间方位，可以接受不规则的形状且不减少精度，具有协调的位移函数，较适宜模拟曲线边界 [363]。因此 Solid92 和 Solid95 单元较适宜模拟具有不规则形状的生物质材料。

设定表皮和果皮材料单元的边长为 2mm，胶体材料单元的边长为 1mm，分别采用四面体单元对表皮、果皮和胶体进行自由网格划分。划分后，模型 1 和模型 2 的表皮部分含有 2649 个节点和 4078 个单元，果皮部分含有 14 118 个节点和 12 849 个单元，胶体部分含有 2489 个节点和 2475 个单元；模型 3 和模型 4 的表皮部分含有 2914 个节点和 4514 个单元，果皮部分含有 15 809 个节点和 14 630 个单元，胶体部分含有 2878 个节点和 2679 个单元；模型 5 和模型 6 的表皮部分含有 2971 个节点和 4600 个单元，果皮部分含有 16 382 个节点和 14 573 个单元，胶体部分含有 3886 个节点和 3705 个单元。

6.3　静态夹持仿真

6.3.1　手指–果实接触几何模型 [235]

本实验室融合文献 [235] 中机器人抓取机构的设计思想，自主开发了番茄采摘机器人的手指抓取机构 [330,364]，其指面类型有两种：一种是平面：另一种是弧面。电机通过螺旋传动机构拖动机器人的两平行手指逐渐合拢，从而抓取力被施加到番茄上。采摘机器人平面手指的几何尺寸为：40mm(长度)×46mm(宽度)×3mm(厚度)，弧面手指的几何尺寸为：54mm(弦长)×45mm(宽度)×3mm(厚度)。为简化模型，分别将平面和弧面手指简化为相同尺寸的平面薄板 (平板) 和弧面薄板 (弧板) 刚体。

机器人手指抓取番茄的初始接触部位位于番茄的赤道面上，故在建立手指的几何模型时，取 xOy 平面上番茄表皮轮廓的最大横坐标点和最小横坐标点 (最大横坐标的相反数) 作为手指与番茄的初始接触点。为了研究指面类型和抓取位置对番茄抓取损伤的影响，本书共建立了 6 个三维实体抓取模型 (图 6.5)，相应子图标的含义如表 6.6 所示。考虑到番茄实体模型结构的对称性，为了减少计算机分析时所需时间和存储量，分别取三心室番茄几何模型的 1/2 体、四心室番茄几何模型的 1/4 体进行研究。

表 6.6　各抓取实体模型图标的含义

几何模型	相应图题	模型图题的含义
模型 1	图 6.5(a)	平板手指从三心室番茄的径臂正上方 (左侧) 或小室正上方 (右侧) 位置进行抓取
模型 2	图 6.5(b)	弧板手指从三心室番茄的径臂 (左侧) 或小室 (右侧) 位置进行抓取
模型 3	图 6.5(c)	平板手指从四心室番茄的径臂位置进行抓取
模型 4	图 6.5(d)	弧板手指从四心室番茄的径臂位置进行抓取
模型 5	图 6.5(e)	平板手指从四心室番茄的小室位置进行抓取
模型 6	图 6.5(f)	弧板手指从四心室番茄的小室位置进行抓取

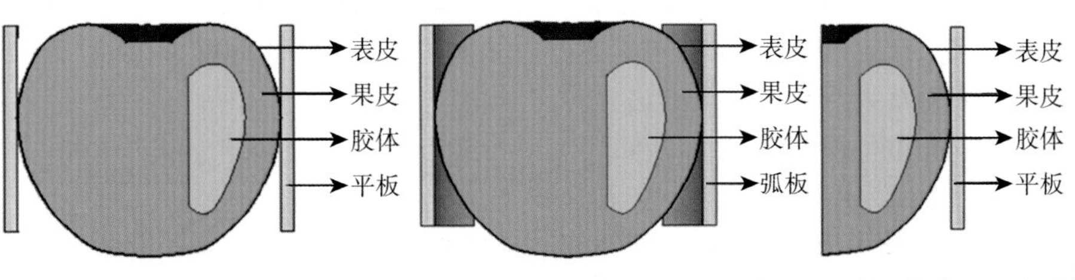

(a) 平板–小室 (径臂)–三心室番茄　(b) 弧板–小室 (径臂) –三心室番茄　(c) 平板–径臂–四心室番茄

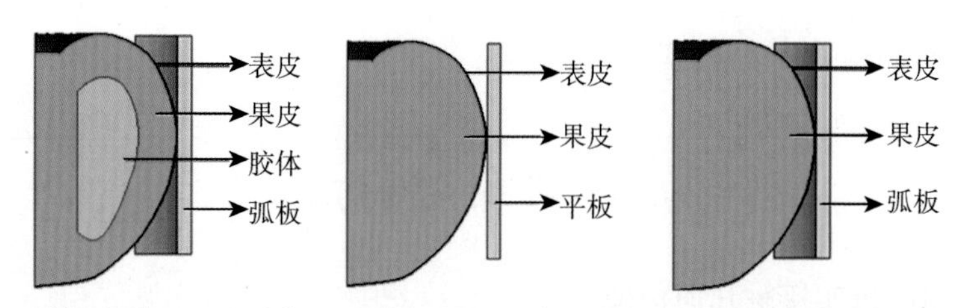

(d) 弧板–径臂–四心室番茄　(e) 平板–小室–四心室番茄　(f) 弧板–小室–四心室番茄

图 6.5　抓取实体模型

6.3.2　建立接触对

机器人手指抓取番茄时，机器人手指的弹性模量远大于番茄表皮的弹性模量，故可以将机器人手指定义为刚体，番茄表皮定义为柔体。机器人手指与番茄表皮之间的接触形式在抓取开始时为点–面接触，而后随抓取力的逐渐增大，手指与番茄表皮之间的接触形式转变为面–面接触。ANSYS 支持刚体与柔体之间的隐式面–面接触分析，刚性体的表面被当作目标面，用 TARGE170 接触单元模拟；柔性体的表面被当作接触面，用 CONTA174 接触单元模拟，CONTA174 单元为 8 节点的高阶四边形单元，通过消除中节点与 Solid95 单元匹配，以使在边上的节点协调。设定摩擦系数为 0.375，接触算法为增进的拉格朗日方法，接触刚度因子为 1，接触检查点位于高斯积分点上，调整初始接触条件为闭合间隙或减少初始穿透，初始接触调整带的值为 0.01，初始允许的穿透范围为 0~0.1。使用 TARGE170 与 CONTA174 接触单元定义机器人手指与番茄表面之间的 3D 接触对，整个刚性目标面的运动通过一个控制节点 (pilot) 控制。

6.3.3　模型验证方法

当机器人的手指抓取番茄时，随压缩率的逐渐增加，番茄各组成部分的细胞组织开始被破坏，而后番茄的内部结构破裂，裂纹开始从果梗附近沿果肩与果肩之间的交界线扩展，裂纹增大后，番茄的胶体逐渐从裂缝中流出。由稳定抓取试验 [365] 可知，机械手指对番茄施加的抓取力达到稳定抓取所需抓取力时，番茄的外部不会出现裂纹，但随抓取力的不同可能出现内部机械损伤。为了准确预测番茄内部的抓取机械损伤，该部分对所建三心室和四心室番茄有限元模型的正确性进行验证。验证方法为用刚性平板对所建有限元模型进行整果压缩模拟试验，而后与第 3 章番茄的整果压缩试验数据进行对比。

模拟试验的因素包括以下内容。

(1) 2 个加载位置：番茄的小室和径臂；

(2) 2 种结构类型：三心室番茄和四心室番茄；

(3) 4 个压缩率水平：4%、8%、12%、16%。

由第 3.2 节试验结果可知：当平板探头分别从三心室番茄的径臂和小室位置压缩，压缩率分别达到 15.67%和 16.23%时，三心室番茄开始出现裂纹；当平板探头分别从四心室番茄的径臂和小室位置压缩，压缩率分别达到 14.31%和 17.85%时，四心室番茄开始出现裂纹。

因本节主要研究番茄在外部载荷作用下破裂前的内部机械损伤问题，故该模拟试验仅取以上 4 个压缩率水平。为了考虑番茄各组成部分——表皮、果皮和胶体材料力学参数的波动，每个模型分别用平均弹性模量、最大弹性模量和最小弹性模量力学参数进行模拟试验，最后计算出预测值与实际值之间的误差。各模型的力学参数设定如表 6.7～ 表 6.10 所示。材料的最大弹性模量等于材料的平均弹性模量与其标准差之和，最小弹性模量等于平均弹性模量与其标准差之差。ANSYS 的分析类型选用静态大变形分析。

表 6.7 平板从小室位置压缩粉冠 906 三心室番茄后的试验值与预测值

项目	番茄的模型参数			压缩率 4% (2.44mm)		压缩率 8% (4.89mm)		压缩率 12% (7.33mm)		压缩率 16% (9.77mm)		平均误差/%
	$E_{表皮}$ /MPa	$E_{果皮}$ /MPa	$E_{胶体}$ /MPa	载荷 /N	误差 /%	载荷 /N	误差 /%	载荷 /N	误差 /%	载荷 /N	误差 /%	
试验数据				8.36		21.36		33.56		43.68		
FEA(E_{max})	11.776	0.868	0.198	8.84	−5.7	24.24	−13.4	43.6	−29.92	66.52	−52.29	25.36
FEA(E_{min})	7.404	0.584	0.05	5.28	36.8	14.20	33.5	25.92	22.77	38.62	11.58	26.18
FEA(E_{avg})	9.59	0.726	0.124	7.28	12.9	19.48	8.8	35.26	−5.07	53.6	−22.71	12.37

表 6.8 平板从径臂位置压缩粉冠 906 三心室番茄后的试验值与预测值

项目	番茄的模型参数			压缩率 4% (2.44mm)		压缩率 8% (4.89mm)		压缩率 12% (7.33mm)		压缩率 16% (9.77mm)		平均误差/%
	$E_{表皮}$ /MPa	$E_{果皮}$ /MPa	$E_{胶体}$ /MPa	载荷 /N	误差 /%	载荷 /N	误差 /%	载荷 /N	误差 /%	载荷 /N	误差 /%	
试验数据				9.04		22.88		35.54		46.48		
FEA(E_{max})	11.776	0.868	0.198	8.9	1.55	24.24	−5.94	43.64	−22.79	66.14	−42.29	18.15
FEA(E_{min})	7.404	0.584	0.05	5.28	41.59	14.22	37.85	25.74	27.57	39.32	15.40	30.61
FEA(E_{avg})	9.59	0.726	0.124	7.28	19.47	19.44	15.04	35.06	1.35	53.56	−15.23	12.77

表 6.9 平板从小室位置压缩粉冠 906 四心室番茄后的试验值与预测值

项目	番茄的模型参数			压缩率 4% (2.44mm)		压缩率 8% (4.89mm)		压缩率 12% (7.33mm)		压缩率 16% (9.77mm)		平均误差/%
	$E_{表皮}$ /MPa	$E_{果皮}$ /MPa	$E_{胶体}$ /MPa	载荷 /N	误差 /%	载荷 /N	误差 /%	载荷 /N	误差 /%	载荷 /N	误差 /%	
试验数据				7.10		17.74		34.86		43.48		
FEA(E_{max})	11.776	0.868	0.198	7.92	−11.55	21.82	−22.99	38.96	−11.76	59.6	−37.07	20.85
FEA(E_{min})	7.404	0.584	0.05	4.58	35.49	12.36	30.33	21.72	37.69	33.96	21.9	31.35
FEA(E_{avg})	9.59	0.726	0.124	6.34	10.7	17.26	2.71	30.54	12.39	46.94	−7.96	8.44

表 6.10 平板从径臂位置压缩粉冠 906 四心室番茄后的试验值与预测值

项目	番茄的模型参数			压缩率 4% (2.44mm)		压缩率 8% (4.89mm)		压缩率 12% (7.33mm)		压缩率 16% (9.77mm)		平均误差/%
	$E_{表皮}$ /MPa	$E_{果皮}$ /MPa	$E_{胶体}$ /MPa	载荷 /N	误差 /%	载荷 /N	误差 /%	载荷 /N	误差 /%	载荷 /N	误差 /%	
试验数据				7.18		18.96		44.28		54.84		
FEA($E_{\max}$)	11.776	0.868	0.198	9.60	−33.70	28.28	−49.16	53.40	−20.6	76.20	−38.95	35.60
FEA($E_{\min}$)	7.404	0.584	0.05	6.08	15.32	17.32	8.65	32.84	25.84	48.14	12.22	15.51
FEA(E_{avg})	9.59	0.726	0.124	7.84	−9.19	22.36	−17.93	42.18	4.74	63.18	−15.21	11.77

6.3.4 抓取损伤预测方法

所建的番茄有限元模型通过验证后，利用该模型对机器人手指抓取过程中番茄的内部机械损伤进行预测。

当并行机器人手指抓取番茄时，一对方向相反的法向力施加于手指与番茄的左右接触点上。如果该法向力是从水平方向上施加于接触点 (图 6.6)，手指抓取番茄不滑动时必须满足下式：

$$\begin{cases} f \leqslant \mu N \\ 2f = G \end{cases} \tag{6.12}$$

化简得

$$N \geqslant \frac{G}{2\mu} \tag{6.13}$$

式中，f 为机器人手指与番茄之间的摩擦力 (N)；μ 为机器人手指与番茄之间的静摩擦系数；N 为机器人手指施加于番茄的抓取力 (法向力)(N)；G 为番茄的重力 (N)。

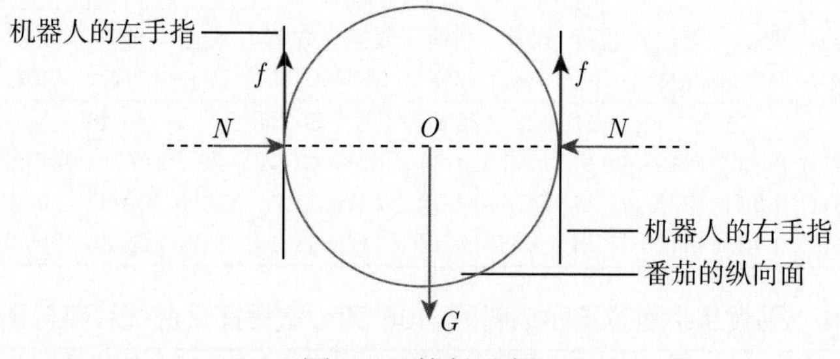

图 6.6 接触分析

由第 3 章试验所测得的番茄物理特性可知：三心室番茄的质量为 130.69～188.59 g，四心室番茄的质量为 109.46～181.3 g。从所查阅的文献可知，机器人手指面材料的主要类型有不锈钢、漆化不锈钢和橡胶。由第 3 章试验所测得的番茄力学特性可知：三心室番茄与 307 号不锈钢、漆化不锈钢和橡胶材料的平均静摩擦系数分别为 0.375、0.408 和 0.396；四心室番茄与 307 号不锈钢、漆化不锈钢和橡胶材料的平均静摩擦系数分别为 0.488、0.641 和 0.503。因此根据式 (6.13)，选用 307 号不锈钢、漆化不锈钢和橡胶材料的机器人手指分别抓取三心室番茄时，所需的最小稳定抓取力分别为 1.74~2.51 N、1.60~2.31 N 和 1.65~2.38 N。选用 307 号不锈钢、漆化不锈钢和橡胶材料的机器人手指分别抓取四心室番茄时，所需的最小稳定抓取力分别为 1.12~1.86 N、0.85~1.41 N 和 1.09~1.80 N。

为了预测抓取过程中番茄的内部机械损伤，根据以上试验数据设计机器人手指抓取番茄的模拟试验。试验设计因素包括以下几种。

(1) 2 个加载位置：番茄的径臂组织与小室组织；

(2) 2 种结构类型：三心室番茄和四心室番茄；

(3) 2 种指面类型：平板和弧板；

(4) 5 个加载力 (抓取力)：1 N、10 N、19 N、28 N、37 N。

所有抓取力通过控制节点施加到番茄的接触面上。模拟试验后通过特定截面观察番茄内部的应力和应变变化情况。

模拟试验中加载方式分 6 种。

(1) 平板–小室 (径臂)–三心室番茄，即利用刚性平板从三心室番茄的小室或径臂位置进行加载压缩；

(2) 平板–小室–四心室番茄，即利用刚性平板从四心室番茄的小室位置进行加载压缩；

(3) 平板–径臂–四心室番茄，即利用刚性平板从四心室番茄的径臂位置进行加载压缩；

(4) 弧板–小室 (径臂)–三心室番茄，即利用刚性弧板从三心室番茄的小室或径臂位置进行加载压缩；

(5) 弧板–小室–四心室番茄，即利用刚性弧板从四心室番茄的小室位置进行加载压缩；

(6) 弧板–径臂–四心室番茄，即利用刚性弧板从四心室番茄的径臂位置进行加载压缩。图 6.7 为模拟试验 1(加载方式 1) 中有限元模型在约束和力信息被施加后的初始状态。

6.3.5 不同加载方式的组元应力仿真

1. *番茄的有限元模型验证*

真实试验与模拟试验的结果如表 6.7~ 表 6.10 所示。$E_{表皮}$ 表示番茄表皮组织的弹性模量，$E_{果皮}$ 表示番茄果皮组织的弹性模量，$E_{胶体}$ 表示番茄胶体组织的弹性模量。通过真实压缩试验得到的参数值为试验值，通过有限元模型模拟试验得到的

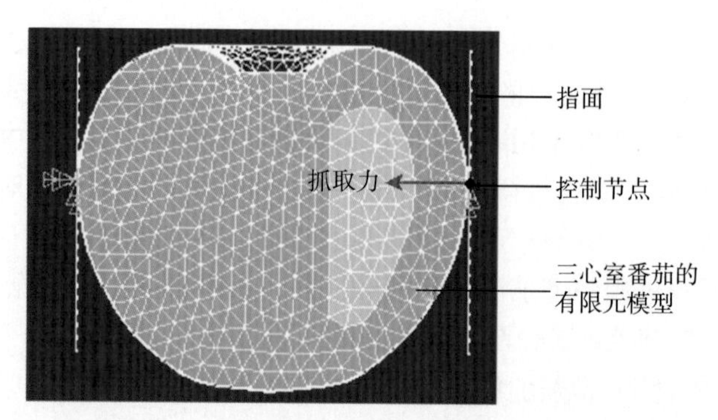

图 6.7　有限元模型被加载前的初始状态

参数值为预测值。表中误差项表示在指定的压缩率下，试验值与预测值之间的相对误差。平均误差项表示在指定有限元模型下，4 个误差项绝对值的平均值。

表 6.7 为刚性平板从小室位置压缩三心室番茄后的试验值与预测值。当压缩率为 4%时，在 FEA($E_{\max}$) 模型下试验值与预测值之间的相对误差最小，在 FEA($E_{\min}$) 模型下试验值与预测值之间的相对误差最大。当压缩率为 8%时，在 FEA(E_{avg}) 模型下试验值与预测值之间的相对误差最小，在 FEA($E_{\min}$) 模型下试验值与预测值之间的相对误差最大。当压缩率为 12%时，在 FEA(E_{avg}) 模型下试验值与预测值之间的相对误差最小，在 FEA($E_{\max}$) 模型下试验值与预测值之间的相对误差最大。当压缩率为 16%时，在 FEA($E_{\min}$) 模型下试验值与预测值之间的相对误差最小，在 FEA($E_{\max}$) 模型下试验值与预测值之间的相对误差最大。从平均误差上来看，在 FEA(E_{avg}) 模型下试验值与预测值之间的平均相对误差最小，为 12.37%；在 FEA($E_{\min}$) 模型下试验值与预测值之间的平均相对误差最大，为 26.18%。

表 6.8 为刚性平板从径臂位置压缩三心室番茄后的试验值与预测值。当压缩率分别为 4%和 8%时，在 FEA($E_{\max}$) 模型下试验值与预测值之间的相对误差最小，在 FEA($E_{\min}$) 模型下试验值与预测值之间的相对误差最大。当压缩率为 12%时，在 FEA(E_{avg}) 模型下试验值与预测值之间的相对误差最小，在 FEA($E_{\min}$) 模型下试验值与预测值之间的相对误差最大。当压缩率为 16%时，在 FEA(E_{avg}) 模型下试验值与预测值之间的相对误差最小，在 FEA($E_{\max}$) 模型下试验值与预测值之间的相对误差最大。从平均误差上来看，在 FEA(E_{avg}) 模型下试验值与预测值之间的平均相对误差最小，为 12.77%；在 FEA($E_{\min}$) 模型下试验值与预测值之间的平均相对误差最大，为 30.61%。

表 6.9 为刚性平板从小室位置压缩四心室番茄后的试验值与预测值。当压缩率分别为 4%和 8%时，在 FEA(E_{avg}) 模型下试验值与预测值之间的相对误差最小，在 FEA($E_{\min}$) 模型下试验值与预测值之间的相对误差最大。当压缩率为 12%时，

在 FEA($E_{\max}$) 模型下试验值与预测值之间的相对误差最小，在 FEA($E_{\min}$) 模型下试验值与预测值之间的相对误差最大。当压缩率为 16%时，在 FEA(E_{avg}) 模型下试验值与预测值之间的相对误差最小，在 FEA($E_{\max}$) 模型下试验值与预测值之间的相对误差最大。从平均误差上来看，在 FEA(E_{avg}) 模型下试验值与预测值之间的平均相对误差最小，为 8.44%；在 FEA($E_{\min}$) 模型下试验值与预测值之间的平均相对误差最大，为 31.35%。

表 6.10 为刚性平板从径臂位置压缩四心室番茄后的试验值与预测值。当压缩率为 4%时，在 FEA(E_{avg}) 模型下试验值与预测值之间的相对误差最小，在 FEA($E_{\max}$) 模型下试验值与预测值之间的相对误差最大。当压缩率为 12%时，在 FEA(E_{avg}) 模型下试验值与预测值之间的相对误差最小，在 FEA($E_{\max}$) 模型下试验值与预测值之间的相对误差最大。当压缩率分别为 8%和 16%时，在 FEA($E_{\min}$) 模型下试验值与预测值之间的相对误差最小，在 FEA($E_{\max}$) 模型下试验值与预测值之间的相对误差最大。从平均误差上来看，在 FEA(E_{avg}) 模型下试验值与预测值之间的平均相对误差最小，为 11.77%；在 FEA($E_{\max}$) 模型下试验值与预测值之间的平均相对误差最大，为 35.6%。

综上所述，由于四种加载情况下 FEA(E_{avg}) 模型的试验值与预测值之间的平均相对误差最小，分别为 12.37%、12.77%、8.44%和 11.77%。因此在 ANSYS 静态大应变分析中，番茄表皮、果皮和胶体的弹性模量分别取平均值时所对应的有限元模型较适合预测番茄的抓取损伤。该有限元分析方法曾被成功应用于西瓜的内部机械损伤预测中 [123,128]，其模型的试验值与预测值之间的平均相对误差分别为 7%和 11%。出现误差的原因可能是 [25,128,150−152]：

(1) 番茄的表皮、果皮和胶体生物质材料属于黏弹性材料，在有限元模型中将其简化为线弹性材料，忽略了材料的非线性。

(2) 番茄有限元模型简化的几何形状和尺寸与番茄实际形状和尺寸之间的差别。

(3) 真实试验加载位置与模拟试验加载位置之间的细小差异。

(4) 番茄表皮、果皮和胶体材料的力学特性参数存在较小误差。

2. 抓取位置与番茄机械损伤的关系

模拟试验后不同抓取位置下番茄各组成部分的应力分布结果如表 6.11~表 6.13 所示。F_1、F_2、F_3、F_4 和 F_5 分别表示模拟试验的第 1~5 个加载力。$\sigma_{\max}$ 和 $\sigma_{\min}$ 分别表示材料的最大 Von Mises 应力和最小 Von Mises 应力。$D_{\max}$ 表示材料的最大综合变形位移。ε_{T} 表示平板对番茄的压缩率，其值为平板的运动位移与番茄赤道面直径比值的百分数。

1) 加载方式 1：平板–小室 (径臂)–三心室番茄

表 6.11 为利用刚性平板从三心室番茄的小室 (径臂) 位置进行加载压缩后的试验结果，即加载方式 1 的试验结果。从表中可以明显看出，随加载力的逐渐增大 ($F_1 \rightarrow F_5$)，番茄的表皮、果皮和胶体的最大 Von Mises 应力、最小 Von Mises 应力和最大综合位移呈非线性增加。对于同一加载力而言，番茄表皮部分的最大 Von Mises 应力和最小 Von Mises 应力分别大于番茄果皮部分的最大 Von Mises 应力和最小 Von Mises 应力，番茄果皮部分的最大 Von Mises 应力和最小 Von Mises 应力分别大于番茄胶体部分的最大 Von Mises 应力和最小 Von Mises 应力。此外当加载力相同时番茄表皮和果皮部分的最大综合位移大于胶体部分的最大综合位移。这些都是由于番茄的表皮、果皮和胶体材料属性不同而引起的。

当加载力为 1 N 时，番茄表皮、果皮和胶体的最大 Von Mises 应力 $\sigma_{\max}$ 分别为 0.292 MPa、3.1×10^{-2} MPa、2.13×10^{-3} MPa，表皮、果皮和胶体的最大 Von Mises 应力都小于各自的极限应力，因此番茄内部没有机械损伤。当加载力为 10N 时，番茄表皮、果皮和胶体的最大 Von Mises 应力 $\sigma_{\max}$ 分别为 0.459 MPa、8.7×10^{-2} MPa、1.22×10^{-2} MPa，胶体材料的最大 Von Mises 应力大于其极限应力 0.012 MPa，故胶体内应力值大于极限应力的组织将产生机械损伤，三心室番茄的内部机械损伤亦由此产生，此时压缩率为 5.11%。当加载力为 19 N 时，番茄表皮、果皮和胶体的最大 Von Mises 应力 $\sigma_{\max}$ 分别为 0.541 MPa、0.127 MPa、1.24×10^{-2} MPa，果皮材料的最大 Von Mises 应力亦大于其极限应力 0.122 MPa，表明此时除了胶体产生机械损伤外，果皮组织也出现机械损伤，此时压缩率为 7.95%。当加载力为 28 N 时，番茄表皮、果皮和胶体的最大 Von Mises 应力 $\sigma_{\max}$ 分别为 0.612 MPa、0.129 MPa、1.25×10^{-2} MPa，表皮材料的最大 Von Mises 应力亦大于其极限应力 0.582 MPa，表明此时除了胶体和果皮产生机械损伤外，表皮成分也出现机械损伤，此时压缩率为 10.38%。

表 6.11　加载方式 1 的试验结果

番茄的组分	力学参数	F_1(1N)	F_2(10N)	F_3(19N)	F_4(28N)	F_5(37N)
		ε_T=0.87%	ε_T=5.11%	ε_T=7.95%	ε_T=10.38%	ε_T=12.51%
表皮	$\sigma_{\max}$/MPa	0.292	0.459	0.541	0.612	0.615
	$\sigma_{\min}$/MPa	2.32×10^{-3}	2.32×10^{-2}	4.52×10^{-2}	6.73×10^{-2}	8.53×10^{-2}
	$D_{\max}$/mm	0.528	3.083	4.816	6.3	7.6
果皮	$\sigma_{\max}$/MPa	3.1×10^{-2}	8.7×10^{-2}	0.127	0.129	0.132
	$\sigma_{\min}$/MPa	1.9×10-4	1.88×10^{-3}	3.67×10^{-3}	5.48×10^{-3}	7.23×10^{-3}
	$D_{\max}$/mm	0.528	3.083	4.816	6.3	7.6
胶体	$\sigma_{\max}$/MPa	2.13×10^{-3}	1.22×10^{-2}	1.24×10^{-2}	1.25×10^{-2}	1.26×10^{-2}
	$\sigma_{\min}$/MPa	6.36×10^{-5}	6.46×10^{-4}	1.25×10^{-3}	1.89×10^{-3}	2.53×10^{-3}
	$D_{\max}$/mm	0.354	2.524	4.155	5.598	6.868

图 6.8 为三心室番茄表皮、果皮和胶体部分的节点 Von Mises 应力云图。图 6.8(a) 直观表达了番茄在 5 个加载力水平下其表皮部分的 Von Mises 应力变化过程；图 6.8(b) 直观表达了番茄在 5 个加载力水平下其果皮部分的 Von Mises 应力变化过程；图 6.8(c) 直观表达了番茄在 5 个加载力水平下其胶体部分的 Von Mises 应力变化过程。图中 MX 所在位置为材料的最大 Von Mises 应力点位置，MN 所在位置为材料的最小 Von Mises 应力点位置。应力单位：kPa。

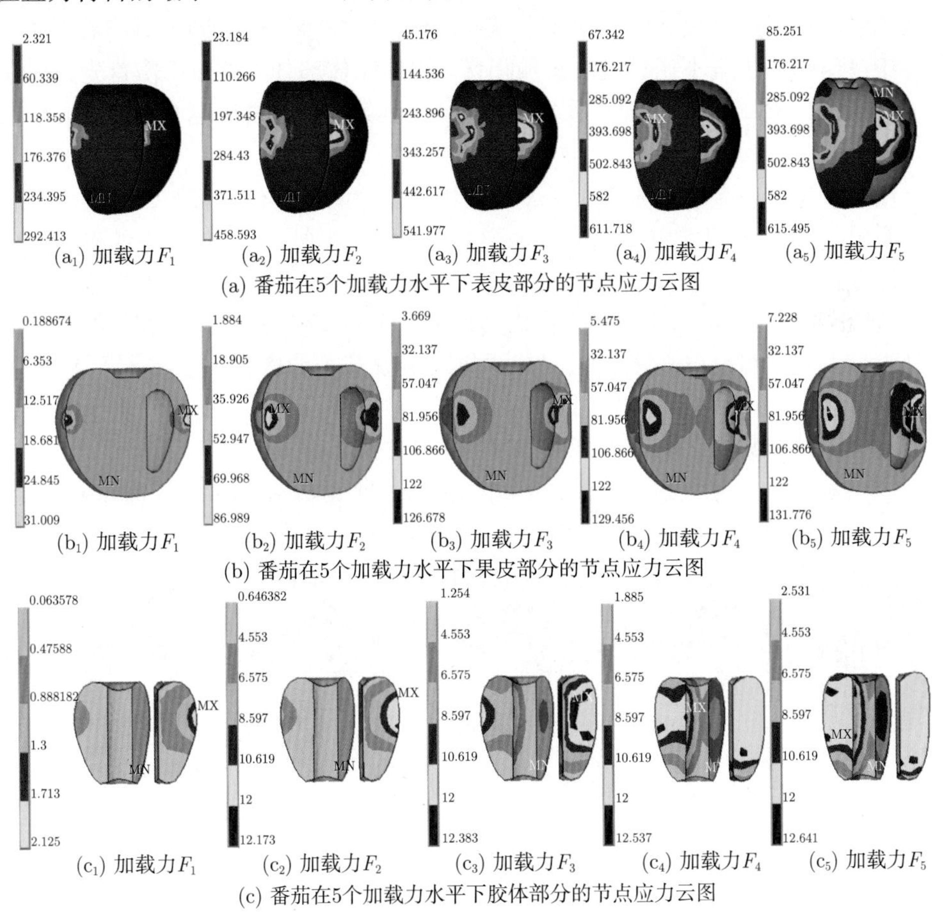

(a_1) 加载力 F_1　(a_2) 加载力 F_2　(a_3) 加载力 F_3　(a_4) 加载力 F_4　(a_5) 加载力 F_5

(a) 番茄在5个加载力水平下表皮部分的节点应力云图

(b_1) 加载力 F_1　(b_2) 加载力 F_2　(b_3) 加载力 F_3　(b_4) 加载力 F_4　(b_5) 加载力 F_5

(b) 番茄在5个加载力水平下果皮部分的节点应力云图

(c_1) 加载力 F_1　(c_2) 加载力 F_2　(c_3) 加载力 F_3　(c_4) 加载力 F_4　(c_5) 加载力 F_5

(c) 番茄在5个加载力水平下胶体部分的节点应力云图

图 6.8　三心室番茄表皮、果皮和胶体部分的节点应力云图

图 6.8(a_1)~(a_3)、(b_1)~(b_2)、(c_1) 中图标有 5 个值，自上而下应力从最小 Von Mises 应力值增大到最大 Von Mises 应力值。图 6.8(a_4)~(a_5)、(b_3)~(b_5)、(c_2)~(c_5) 中图标有 6 个值，自上而下应力从最小 Von Mises 应力值增大到最大 Von Mises 应力值，第 5 个应力值为相应材料的应力极限值。

从图中可以明显看出，当加载力为 F_2 时，番茄胶体内部分组织 (蓝色区域) 开始出现机械损伤；当加载力为 F_3 时，番茄果皮内部分组织 (蓝色区域) 也开始出现机械损伤；当加载力为 F_4 时，番茄表皮内部分组织 (蓝色区域) 开始出现机械损伤。随加载力的逐渐增大，番茄表皮、果皮和胶体部分的机械损伤面积逐渐增大。番茄表皮部分的机械损伤首先出现于左平板与番茄的接触点位置 (图 6.8(a_4) 的 MX 处)，而后随加载力的增大，右平板与番茄的接触点位置处也开始出现机械损伤，并逐渐向外扩展。番茄果皮部分的机械损伤首先出现在小室的内表面邻近加载点的位置 (图 6.8(b_3) 的 MX 处)，随着加载力的增大，位于同一纵向截面中的径臂中央组织亦出现不同程度的机械损伤。番茄胶体部分的机械损伤首先出现在图 6.8(c_2) 的 MX 处，而后随加载力的增大，胶体其他部位也出现不同程度的机械损伤。

图 6.9 为三心室番茄赤道面上表皮和果皮部分的节点位移云图。从图中可以明显看出，当平板从小室正上方对三心室番茄进行压缩时，小室正上方的果皮部分由于没有径臂支撑，因而产生的变形位移最大。相应地，径臂正下方的果皮部分由于有径臂支撑 (径臂与下平板垂直)，因而产生的变形位移最小。其他部位的变形位移处于最大位移和最小位移之间。与此同时，随加载力的增大 ($F_1 \rightarrow F_5$)，三心室番茄赤道面上表皮和果皮部分同一部位的变形位移逐渐增大。如小室正上方加载位置的果皮组织变形位移从 0.5425 mm 增大到 7.637 mm。

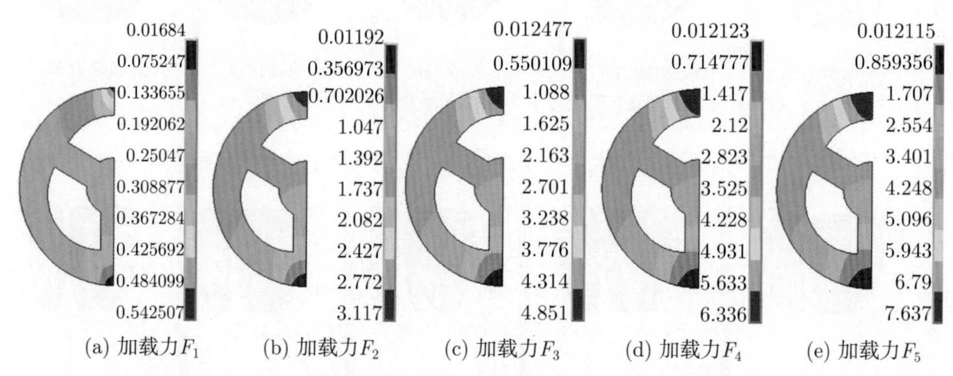

(a) 加载力F_1　(b) 加载力F_2　(c) 加载力F_3　(d) 加载力F_4　(e) 加载力F_5

图 6.9　三心室番茄 1/2 体赤道面上表皮和果皮部分的节点位移云图 (单位：mm)

2) 加载方式 2：平板–小室–四心室番茄

表 6.12 为利用刚性平板从四心室番茄的小室位置进行加载压缩后的试验结果，即加载方式 2 的试验结果。从表中可以明显看出，随加载力的逐渐增大 ($F_2 \rightarrow F_5$)，番茄表皮组织的最大 Von Mises 应力、最小 Von Mises 应力和最大综合位移呈非线性增加。对于同一加载力而言，番茄表皮部分的最大 Von Mises 应力和最小 Von Mises 应力分别大于番茄果皮部分的最大 Von Mises 应力和最小 Von Mises 应力，番茄果皮部分的最大 Von Mises 应力和最小 Von Mises 应力分别大于番茄胶体部

分的最大 Von Mises 应力和最小 Von Mises 应力。此外当加载力相同时番茄表皮的最大综合位移大于果皮部分的最大综合位移，果皮部分的最大综合位移大于胶体部分的最大综合位移。这些都是由于番茄的表皮、果皮和胶体材料属性不同而引起的。

表 6.12 加载方式 2 的试验结果

番茄的组分	力学参数	F_1(1N)	F_2(10N)	F_3(19N)	F_4(28N)	F_5(37N)
		ε_T=1.03%	ε_T=5.27%	ε_T=8.07%	ε_T=10.43%	ε_T=12.49%
表皮	σ_{max}/MPa	0.457	0.427	0.509	0.538	0.616
	σ_{min}/MPa	1.17×10^{-3}	1.11×10^{-2}	2.11×10^{-2}	3.2×10^{-2}	2.67×10^{-2}
	D_{max}/mm	0.64	3.216	4.928	6.364	7.628
果皮	σ_{max}/MPa	4.06×10^{-2}	8.08×10^{-2}	0.133	0.144	0.140
	σ_{min}/MPa	5.18×10^{-5}	5.74×10^{-4}	1.04×10^{-3}	1.37×10^{-3}	1.70×10^{-3}
	D_{max}/mm	0.60	3.182	4.896	6.334	7.596
胶体	σ_{max}/MPa	2.22×10^{-3}	1.24×10^{-2}	1.23×10^{-2}	1.23×10^{-2}	1.24×10^{-2}
	σ_{min}/MPa	7×10^{-5}	7.32×10^{-4}	1.43×10^{-3}	2.11×10^{-3}	2.72×10^{-3}
	D_{max}/mm	0.22	2.02	3.56	4.9	6.08

当加载力为 1N 时，番茄表皮、果皮和胶体的最大 Von Mises 应力 σ_{max} 分别为 0.457 MPa、4.06×10^{-2}MPa、2.22×10^{-3} MPa，表皮、果皮和胶体的最大 Von Mises 应力都小于各自的极限应力，因此番茄内部没有机械损伤。当加载力为 10 N 时，番茄表皮、果皮和胶体的最大 Von Mises 应力 σ_{max} 分别为 0.427 MPa、8.08×10^{-2}MPa、1.24×10^{-2} MPa，胶体材料的最大 Von Mises 应力大于其极限应力 0.012 MPa，故胶体内应力值大于极限应力的组织将产生机械损伤，四心室番茄的内部机械损伤亦由此产生，此时压缩率为 5.27%。当加载力为 19 N 时，番茄表皮、果皮和胶体的最大 Von Mises 应力 σ_{max} 分别为 0.509 MPa、0.133 MPa、1.23×10^{-2} MPa，果皮材料的最大 Von Mises 应力亦大于其极限应力 0.122 MPa，表明此时除了胶体产生机械损伤外，果皮组织也出现机械损伤，此时压缩率为 8.07%。当加载力为 37N 时，番茄表皮、果皮和胶体的最大 Von Mises 应力 σ_{max} 分别为 0.616 MPa、0.14 MPa、1.24×10^{-2} MPa，表皮材料的最大 Von Mises 应力亦大于其极限应力 0.582 MPa，表明此时除了胶体和果皮产生机械损伤外，表皮组织也出现机械损伤，此时压缩率为 12.49%。

图 6.10 为四心室番茄表皮、果皮和胶体部分的节点 Von Mises 应力云图。从图中可以明显看出，当加载力为 F_2 时，番茄胶体内部分组织 (蓝色区域) 开始出现机械损伤；当加载力为 F_3 时，番茄果皮内部分组织 (蓝色区域) 亦开始出现机械损伤；当加载力为 F_5 时，番茄表皮内部分组织 (蓝色区域) 开始出现机械损伤。随加载力的逐渐增大，番茄表皮、果皮和胶体部分的机械损伤面积逐渐增大。番

茄表皮部分的机械损伤首先出现在左平板与番茄的接触面下方的位置 (图 6.10(a_5) 的 MX 处)。番茄果皮和胶体组织开始出现机械损伤的部位与加载方式 1 的情况相同。

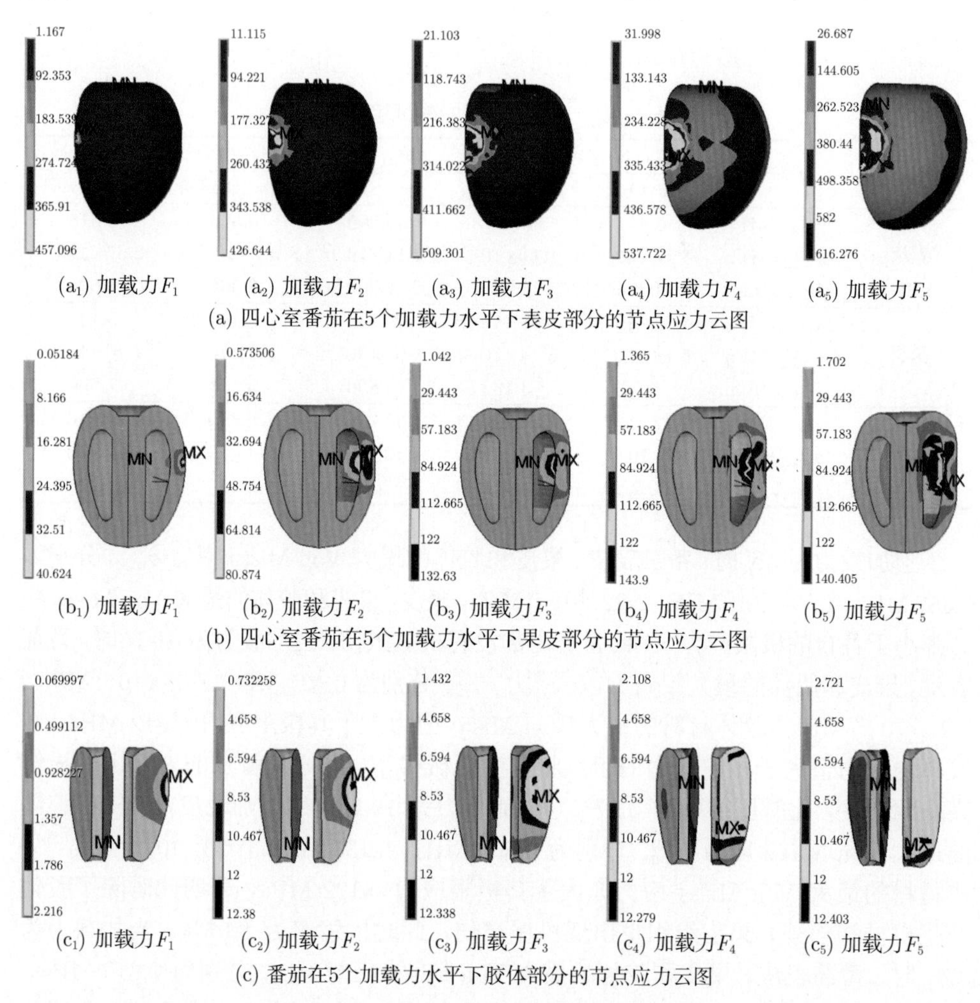

(a_1) 加载力F_1　(a_2) 加载力F_2　(a_3) 加载力F_3　(a_4) 加载力F_4　(a_5) 加载力F_5

(a) 四心室番茄在5个加载力水平下表皮部分的节点应力云图

(b_1) 加载力F_1　(b_2) 加载力F_2　(b_3) 加载力F_3　(b_4) 加载力F_4　(b_5) 加载力F_5

(b) 四心室番茄在5个加载力水平下果皮部分的节点应力云图

(c_1) 加载力F_1　(c_2) 加载力F_2　(c_3) 加载力F_3　(c_4) 加载力F_4　(c_5) 加载力F_5

(c) 番茄在5个加载力水平下胶体部分的节点应力云图

图 6.10　四心室番茄 1/4 体表皮、果皮和胶体部分的节点应力云图

图 6.11 为四心室番茄赤道面上表皮和果皮部分的节点位移云图。从图中可以明显看出，当平板从小室正上方对四心室番茄进行压缩时，小室正上方加载位置的果皮组织由于没有径臂支撑，因而产生的变形位移最大。其他部位离加载位置越远，变形位移越小。与此同时，随加载力的增大，四心室番茄赤道面上表皮和果皮部分同一部位的变形位移逐渐增大。如随加载力的增大 ($F_1 \rightarrow F_5$)，小室正上方果皮部分的变形位移从 0.6284 mm 增大到 7.61 mm。

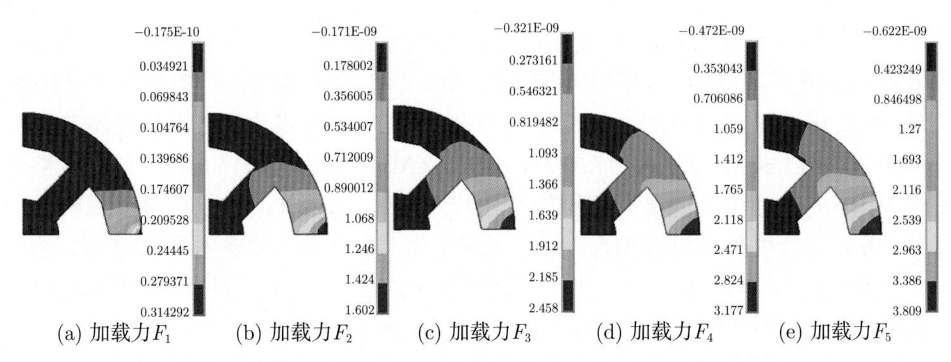

(a) 加载力F_1 (b) 加载力F_2 (c) 加载力F_3 (d) 加载力F_4 (e) 加载力F_5

图 6.11 四心室番茄 1/4 体赤道面上表皮和果皮部分的节点位移云图 (单位：mm)

3) 加载方式 3：平板–径臂–四心室番茄

表 6.13 为利用刚性平板从四心室番茄的径臂位置进行加载压缩后的试验结果，即加载方式 3 的试验结果。从表中可以明显看出，随加载力的逐渐增大 ($F_1 \rightarrow F_5$)，番茄的果皮和胶体的最大 Von Mises 应力、最小 Von Mises 应力和最大综合位移呈非线性增加。对于同一加载力而言，番茄表皮部分的最大 Von Mises 应力和最小 Von Mises 应力分别大于番茄果皮部分的最大 Von Mises 应力和最小 Von Mises 应力，番茄果皮部分的最大 Von Mises 应力和最小 Von Mises 应力分别大于番茄胶体部分的最大 Von Mises 应力和最小 Von Mises 应力。此外当加载力相同时番茄表皮的最大综合位移大于果皮部分的最大综合位移，果皮部分的最大综合位移大于胶体部分的最大综合位移。这些都是由于番茄的表皮、果皮和胶体材料属性不同而造成的。

表 6.13 加载方式 3 的试验结果

番茄的组分	力学参数	F_1(1N)	F_2(10N)	F_3(19N)	F_4(28N)	F_5(37N)
		ε_T=0.96%	ε_T=4.68%	ε_T=7.08%	ε_T=9.06%	ε_T=10.89%
表皮	σ_{max}/MPa	0.556	0.389	0.38	0.518	0.506
	σ_{min}/MPa	1.31×10^{-3}	1.4×10^{-2}	2.77×10^{-2}	4.21×10^{-2}	4.36×10^{-2}
	D_{max}/mm	0.612	2.86	4.32	5.54	6.66
果皮	σ_{max}/MPa	3.86×10^{-2}	8.19×10^{-2}	0.101	0.122	0.134
	σ_{min}/MPa	1.49×10^{-4}	1.47×10^{-3}	2.78×10^{-3}	4.07×10^{-3}	5.36×10^{-3}
	D_{max}/mm	0.58	2.82	4.28	5.5	6.62
胶体	σ_{max}/MPa	1.07×10^{-3}	9.49×10^{-3}	1.24×10^{-2}	1.27×10^{-2}	1.24×10^{-2}
	σ_{min}/MPa	7.51×10^{-5}	7.51×10^{-4}	1.42×10^{-3}	2.09×10-3	2.71×10^{-3}
	D_{max}/mm	0.128	1.228	2.216	3.126	4.068

当加载力为 1N 和 10N 时，番茄表皮、果皮和胶体的最大 Von Mises 应力 σ_{max} 分别小于各自的极限应力，因此番茄内部没有机械损伤。当加载力为 19 N 时，番茄表皮、果皮和胶体的最大 Von Mises 应力 σ_{max} 分别为 0.38 MPa、0.101MPa、1.24×

10^{-2} MPa，胶体材料的最大 Von Mises 应力大于其极限应力 0.012 MPa，故胶体内应力值大于极限应力的组织将产生机械损伤，四心室番茄的内部机械损伤亦由此产生，此时压缩率为 7.08%。当加载力为 28 N 时，番茄表皮、果皮和胶体的最大 Von Mises 应力 $\sigma_{\max}$ 分别为 0.518 MPa、0.122 MPa、1.27×10^{-2} MPa，果皮材料的最大 Von Mises 应力亦大于其极限应力 0.122 MPa，表明此时除了胶体产生机械损伤外，果皮成分也出现机械损伤，此时压缩率为 9.06%。当加载力为 37N 时，番茄表皮材料的最大 Von Mises 应力小于其极限应力 0.582 MPa，表明除胶体和果皮产生机械损伤外，表皮成分无机械损伤，此时压缩率为 10.89%。

图 6.12 为在加载方式 3 下四心室番茄表皮、果皮和胶体部分的节点 Von Mises 应力云图。从图中可以明显看出，当加载力为 F_3 时，番茄胶体内部分组织 (蓝色区域) 开始出现机械损伤；当加载力为 F_4 时，番茄果皮内部分组织 (蓝色区域) 亦开始出现机械损伤。随加载力的逐渐增大，番茄果皮和胶体部分的机械损伤面积逐渐增大。在该加载过程中，番茄表皮组织没有出现机械损伤。番茄果皮部分的机械损伤首先出现在纵向截面中的径臂中央组织 (图 6.12(b_4) 的 MX 处)，而后随加载力的增大，逐渐向外扩展。番茄胶体部分的机械损伤首先出现在图 6.12(c_3) 的 MX 处，而后随加载力的增大，胶体其他部位也出现不同程度的机械损伤。

图 6.13 为四心室番茄赤道面上表皮和果皮部分的节点位移云图。从图中可以明显看出，当平板从径臂正上方对四心室番茄进行压缩时，加载位置处产生的变形位移最大。其他部位离加载位置越远，变形位移越小。与此同时，随加载力的增大，四心室番茄赤道面上表皮和果皮部分同一部位的变形位移逐渐增大。如随加载力的增大 ($F_1 \rightarrow F_5$)，径臂正上方加载位置的果皮组织变形位移从 0.5993 mm 增大到 6.638 mm。

4) 三种加载方式的比较分析

根据以上分析，通过对比三种加载方式的模拟试验结果可知：

(1) 随着加载力的增大，3 种加载方式下番茄内部组织的损伤顺序依次为胶体、果皮和表皮。胶体和果皮组织出现的机械损伤属于中轻度损伤，由于细胞结构被破坏，从而破坏了底物与酶之间的分隔，产生一系列的酶促反应，使加载处颜色发生褐变 [366]。表皮组织损伤后，伤口破裂，使内层组织暴露，微生物直接在表面繁殖形成霉斑。因此同胶体和果皮组织的损伤相比，表皮组织的损伤将从更大程度上缩短番茄的货架期。

(2) 在相同加载力下，刚性平板从四心室番茄的径臂位置进行加载压缩后，平板对番茄的压缩率最小；刚性平板从四心室番茄的小室位置进行加载压缩后，平板对番茄的压缩率最大。

(3) 对于加载方式 1：当压缩率为 5.11%时，番茄内部的胶体组织首先出现机械损伤；当压缩率为 7.95%时，番茄内部的果皮组织出现机械损伤；当压缩率

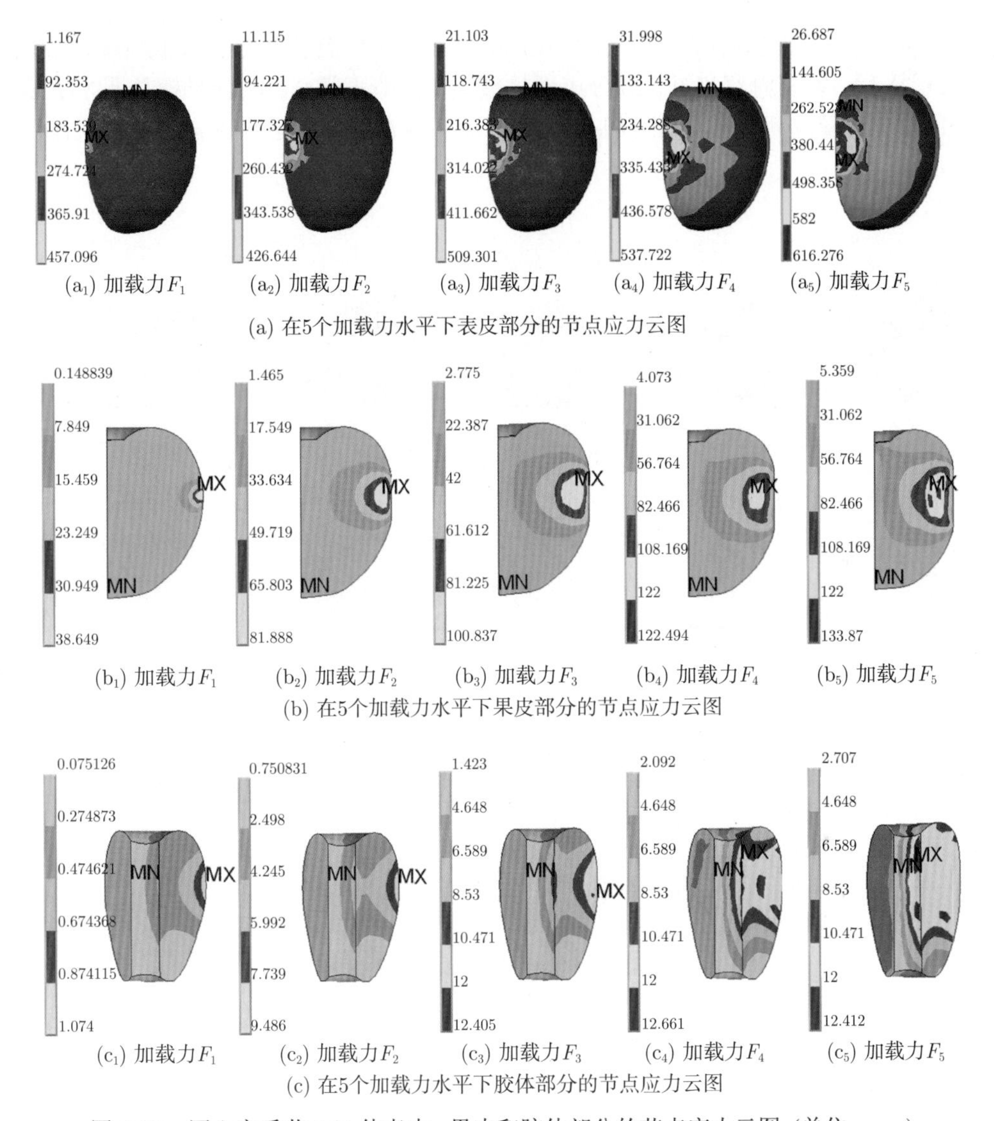

(a_1) 加载力F_1 (a_2) 加载力F_2 (a_3) 加载力F_3 (a_4) 加载力F_4 (a_5) 加载力F_5

(a) 在5个加载力水平下表皮部分的节点应力云图

(b_1) 加载力F_1 (b_2) 加载力F_2 (b_3) 加载力F_3 (b_4) 加载力F_4 (b_5) 加载力F_5

(b) 在5个加载力水平下果皮部分的节点应力云图

(c_1) 加载力F_1 (c_2) 加载力F_2 (c_3) 加载力F_3 (c_4) 加载力F_4 (c_5) 加载力F_5

(c) 在5个加载力水平下胶体部分的节点应力云图

图 6.12 四心室番茄 1/4 体表皮、果皮和胶体部分的节点应力云图 (单位：mm)

为 10.38%时，番茄内部的表皮组织出现机械损伤。对于加载方式 2：当压缩率为 5.27%时，番茄内部的胶体组织首先出现机械损伤；当压缩率为 8.07%时，番茄内部的果皮组织出现机械损伤；当压缩率为 12.49%时，番茄内部的表皮组织出现机械损伤。对于加载方式 3：当压缩率为 7.08%时，番茄内部的胶体组织首先出现机械损伤；当压缩率为 9.06%时，番茄内部的果皮组织出现机械损伤；当压缩率小于 10.89%时，番茄内部的表皮组织没有出现机械损伤。通过该分析可以预测在 3 种加载方式下番茄内部出现机械损伤的压缩率临界值。

(4) 当加载力相同时，刚性平板从四心室番茄的径臂位置进行加载压缩 (加载方式 3) 后，番茄内部各组织成分出现机械损伤的概率最小；刚性平板从四心室番茄的小室位置进行加载压缩 (加载方式 2) 后，番茄内部各组织成分出现机械损伤的概率最大。

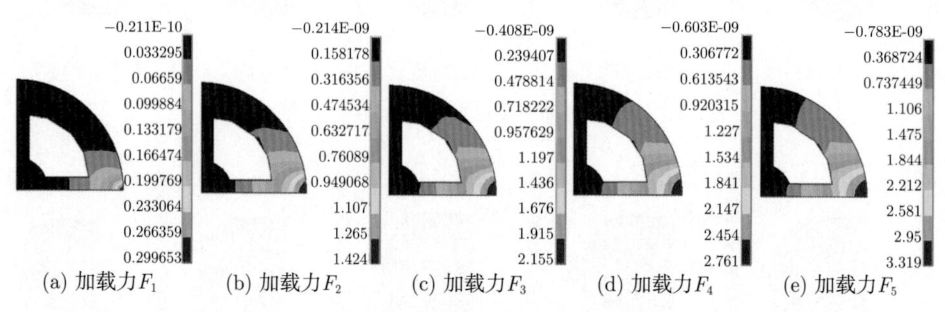

图 6.13　四心室番茄 1/4 体赤道面上表皮和果皮部分的节点位移云图 (单位：mm)

3. 指面类型与番茄机械损伤的关系

前一节介绍了平板对番茄有限元模型加载的试验结果，本节介绍弧板对番茄有限元模型加载的结果，试验后番茄各组成部分的应力分布结果如表 6.14~ 表 6.16 所示。而后对比分析指面类型对番茄机械损伤的影响。

1) 加载方式 4：弧板–心室–三心室番茄

表 6.14 为利用弧板从三心室番茄的小室 (径臂) 位置进行加载压缩后的试验结果，即加载方式 4 的试验结果。

表 6.14　加载方式 4 的试验结果

番茄的组分	力学参数	F_1(1N)	F_2(10N)	F_3(19N)	F_4(28N)	F_5(37N)
		ε_T=0.7%	ε_T=4.15%	ε_T=6.39%	ε_T=8.25%	ε_T=9.86%
表皮	σ_{max}/MPa	0.177	0.413	0.539	0.563	0.578
	σ_{min}/MPa	2.37×10^{-3}	2.12×10^{-2}	3.87×10^{-2}	5.65×10^{-2}	6.40×10^{-2}
	D_{max}/mm	0.411	2.514	3.878	5.011	5.995
果皮	σ_{max}/MPa	2.03×10^{-2}	6.63×10^{-2}	8.83×10^{-2}	0.109	0.125
	σ_{min}/MPa	1.93×10^{-4}	1.73×10^{-3}	3.16×10^{-3}	4.63×10^{-3}	6.03×10^{-3}
	D_{max}/mm	0.411	2.514	3.878	5.011	5.995
胶体	σ_{max}/MPa	1.93×10^{-3}	1.22×10^{-2}	1.22×10^{-2}	1.24×10^{-2}	1.25×10^{-2}
	σ_{min}/MPa	6.44×10^{-4}	6.24×10^{-4}	1.17×10^{-3}	1.74×10^{-3}	2.31×10^{-3}
	D_{max}/mm	0.304	2.12	3.41	4.505	5.473

从表中可以看出：

(1) 当加载力为 1 N 时，番茄表皮、果皮和胶体的最大 Von Mises 应力 σ_{max} 分别为 0.177 MPa、2.03×10^{-2} MPa、1.93×10^{-3} MPa，表皮、果皮和胶体的最大 Von Mises 应力都小于各自的极限应力，因此番茄内部没有机械损伤。

(2) 当加载力为 10 N 时，番茄表皮、果皮和胶体的最大 Von Mises 应力 $\sigma_{\max}$ 分别为 0.413 MPa、6.63×10^{-2} MPa、1.22×10^{-2} MPa，胶体材料的最大 Von Mises 应力大于其极限应力 0.012 MPa，故胶体内应力值大于极限应力的组织将产生机械损伤，在该加载方式下三心室番茄的内部机械损伤亦由此产生，此时压缩率为 4.15%。

(3) 当加载力为 37 N 时，番茄表皮、果皮和胶体的最大 Von Mises 应力 $\sigma_{\max}$ 分别为 0.578 MPa、0.125 MPa、1.25×10^{-2}MPa，果皮材料的最大 Von Mises 应力亦大于其极限应力 0.122 MPa，表明此时除了胶体产生机械损伤外，果皮组织也出现机械损伤，但表皮组织无机械损伤，此时压缩率为 9.86%。

2) 加载方式 5：弧板–心室–四心室番茄

表 6.15 为利用弧板从四心室番茄的小室位置进行加载压缩后的试验结果，即加载方式 5 的试验结果。

表 6.15　加载方式 5 的试验结果

番茄的组分	力学参数	F_1(1N)	F_2(10N)	F_3(19N)	F_4(28N)	F_5(37N)
		ε_T=0.81%	ε_T=4.16%	ε_T=6.24%	ε_T=7.93%	ε_T=9.39%
表皮	$\sigma_{\max}$/MPa	0.287	0.341	0.379	0.433	0.467
	$\sigma_{\min}$/MPa	1.16×10^{-3}	1.14×10^{-2}	2.19×10^{-2}	3.37×10^{-2}	4.32×10^{-2}
	$D_{\max}$/mm	0.247	1.266	1.901	2.417	2.861
果皮	$\sigma_{\max}$/MPa	2.59×10^{-2}	5.75×10^{-2}	8.8×10^{-2}	0.108	0.125
	$\sigma_{\min}$/MPa	5.92×10^{-5}	6.13×10^{-4}	1.19×10^{-3}	1.71×10^{-3}	2.11×10^{-3}
	$D_{\max}$/mm	0.234	1.252	1.887	2.404	2.849
胶体	$\sigma_{\max}$/MPa	2.02×10^{-3}	1.3×10^{-2}	1.26×10^{-2}	1.24×10^{-2}	1.23×10^{-2}
	$\sigma_{\min}$/MPa	6.26×10^{-5}	6.42×10^{-4}	1.24×10^{-3}	1.77×10^{-3}	2.11×10^{-3}
	$D_{\max}$/mm	0.109	0.848	1.408	1.889	2.315

从表中可以看出：

(1) 当加载力为 10 N 时，番茄表皮、果皮和胶体的最大 Von Mises 应力 $\sigma_{\max}$ 分别为 0.341 MPa、5.75×10^{-2} MPa、1.3×10^{-3} MPa，表皮、果皮和胶体的最大 Von Mises 应力都小于各自的极限应力，因此番茄内部没有机械损伤。

(2) 当加载力为 19 N 时，番茄表皮、果皮和胶体的最大 Von Mises 应力 $\sigma_{\max}$ 分别为 0.379 MPa、8.8×10^{-2} MPa、1.26×10^{-2} MPa，胶体材料的最大 Von Mises 应力大于其极限应力 0.012 MPa，故胶体内应力值大于极限应力的组织将产生机械损伤，在该加载方式下四心室番茄的内部机械损伤亦由此产生，此时压缩率为 6.24%。

(3) 当加载力为 37 N 时，压缩率为 9.39%，番茄表皮的最大 Von Mises 应力 $\sigma_{\max}$ 为 0.467 MPa，小于其极限应力 0.582 MPa，表明在设定的 5 个加载力作用下表皮组织无机械损伤。

3) 加载方式 6: 弧板–径臂–四心室番茄

表 6.16 为利用弧板从四心室番茄的小室位置进行加载压缩后的试验结果，即加载方式 6 的试验结果。

表 6.16 加载方式 6 的试验结果

番茄的组分	力学参数	F_1(1N)	F_2(10N)	F_3(19N)	F_4(28N)	F_5(37N)
		ε_T=0.76%	ε_T=3.80%	ε_T=5.78%	ε_T=7.38%	ε_T=8.77%
表皮	$\sigma_{\max}$/MPa	0.386	0.409	0.405	0.425	0.475
	$\sigma_{\min}$/MPa	1.31×10^{-3}	1.41×10^{-2}	1.66×10^{-2}	1.99×10^{-2}	1.24×10^{-2}
	$D_{\max}$/mm	0.468	2.32	3.524	4.5	5.352
果皮	$\sigma_{\max}$/MPa	2.94×10^{-2}	5.99×10^{-2}	7.94×10^{-2}	0.108	0.132
	$\sigma_{\min}$/MPa	1.47×10^{-4}	1.42×10^{-3}	2.62×10^{-3}	3.78×10^{-3}	4.9×10^{-3}
	$D_{\max}$/mm	0.434	2.286	3.49	4.468	5.32
胶体	$\sigma_{\max}$/MPa	1.03×10^{-3}	8.31×10^{-3}	1.23×10^{-2}	1.23×10^{-2}	1.25×10^{-2}
	$\sigma_{\min}$/MPa	7.44×10^{-5}	6.91×10^{-4}	1.27×10^{-3}	1.81×10^{-3}	2.3×10^{-3}
	$D_{\max}$/mm	0.126	1.132	1.984	2.736	3.418

从表中可以看出：

(1) 当加载力为 10 N 时，番茄表皮、果皮和胶体的最大 Von Mises 应力 $\sigma_{\max}$ 分别为 0.409 MPa、5.99×10^{-2} MPa、8.31×10^{-3} MPa，表皮、果皮和胶体的最大 Von Mises 应力都小于各自的极限应力，因此番茄内部没有机械损伤。

(2) 当加载力为 19 N 时，番茄表皮、果皮和胶体的最大 Von Mises 应力 $\sigma_{\max}$ 分别为 0.405 MPa、7.94×10^{-2}MPa、1.23×10^{-2} MPa，胶体材料的最大 Von Mises 应力大于其极限应力 0.012 MPa，故胶体内应力值大于极限应力的组织将产生机械损伤，在该加载方式下四心室番茄的内部机械损伤亦由此产生，此时压缩率为 5.78%。

(3) 当加载力为 37 N 时，番茄表皮、果皮和胶体的最大 Von Mises 应力 $\sigma_{\max}$ 分别为 0.475MPa、0.132MPa、1.25×10^{-2} MPa，果皮材料的最大 Von Mises 应力亦大于其极限应力 0.122 MPa，表明此时除了胶体产生机械损伤外，果皮组织也出现机械损伤，但表皮组织无机械损伤，此时压缩率为 8.77%。

4) 不同指面加载结果对比

通过对比加载方式 1 和 4、加载方式 2 和 5、加载方式 3 和 6 可知得：在加载位置、结构类型和加载力相同时，同刚性平板 (平面手指) 相比，刚性弧板 (弧面手指) 对番茄的压缩率较小，番茄内部组织产生机械损伤的概率也较小。

6.4 采摘夹持过程的动态仿真

末端执行器夹持过程运动学和动力学的仿真，是实现其运动规划和夹持控制的基础。仿真的目的主要是检测各个机构间的运动协调性以及建模的合理性，得到机构的运动学和动力学状态演示，并测量运动学和动力学的各个参数，得出手指与番茄的碰撞过程信息，并根据结果优化夹持策略。

末端执行器夹持仿真分析主要利用 ADAMS 软件，在模拟采摘夹持过程后，分析机构的运动，测量速度、加速度、力等要素，最后确定夹持过程番茄的碰撞力及应变能变化。

6.4.1 动态夹持仿真的软件实现

1. 动态夹持仿真的软件接口

运动学仿真分析软件 ADAMS 是对机械系统的运动学与动力学进行仿真计算的商用软件，其分析对象主要是多刚体 [367]。但是在机械系统中，柔性体将会对整个系统的运动产生重要影响，因此分析中若不考虑柔性体的影响将会造成很大的误差，同样也造成了整个系统中各个构件的受力状况和运动状态的误差，从而影响仿真中构件内部的应力应变分布。因此要提高仿真精度，得到精确的动力学仿真结果，对系统中的柔性体进行准确的应力应变分析，就需要用到 ANSYS 与 ADAMS 两个软件。

ANSYS 在建立柔性体有限元模型后，可生成 ADAMS 使用的柔性体模态中性文件 (.mnf 文件)，然后利用 ADAMS 中的 ADAMS/Flex 模块将此中性文件调入以生成相应的柔性体，利用模态叠加法计算其在动力学仿真过程中的变形及连接节点上的受力情况。这样在机械系统的动力学模型中就可以考虑零部件的柔性特性，提高了系统仿真的精度。与此相应地，ADAMS 进行动力学分析时可生成 ANSYS 软件使用的载荷文件 (.lod 文件)，该文件可向 ANSYS 软件输出动力学仿真后的载荷谱和位移谱信息。ANSYS 可直接调用此文件生成有限元分析中力的边界条件，以进行应力、应变以及疲劳寿命的评估分析和研究，这样可得到基于精确动力学仿真结果的应力应变分析结果，从而提高计算精度。

2. 动态夹持仿真的建模步骤

利用 ADAMS 与 ANSYS 程序联合对运动系统中的柔性体部件进行应力应变分析的完整步骤如下：

(1) 在 ANSYS 软件中建立柔性体的模型，选择适当的单元类型来划分单元，建立柔性体的有限元模型，利用 ADAMS.mac 宏文件生成 ADAMS 软件所需要的柔性体模态中性文件 (mnf 文件)。

(2) 在 ADAMS 软件中导入刚性体的模型，连接装配并添加模型化参数；读入模态中性文件，设置柔性体的连接方式，施加载荷进行系统动力学仿真。在后处理中，分析仿真过程的应力应变等信息。

6.4.2 末端执行器夹持系统虚拟样机建立 [266]

末端执行器的夹持过程实际上是执行器的手指与被采摘番茄的直接作用过程。在研究夹持碰撞过程时，为了提高运算速度，需要对模拟的系统进行简化。在进行夹持碰撞过程仿真时，将末端执行器的壳体、电机、手指的运功传递机构以及真空吸盘系统舍去，仅建立手指的三维实体模型，并保存为 x_t 文件。

1. Pro/E 与 ADAMS 的数据交换

在 ADAMS 中导入手指的实体模型，导入对话框如图 6.14 所示。

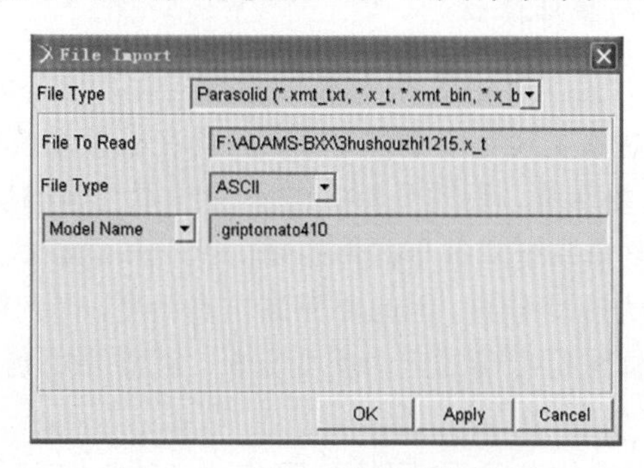

图 6.14 导入手指的几何模型

编辑手指模型的颜色、位置、材料等属性信息，手指材料选择材料库中的铝，其密度为 2.74×10^3kg/m^3，弹性模量为 7.17×10^4MPa，如图 6.15 所示，设置后即可自动得到每个手指的质心位置。

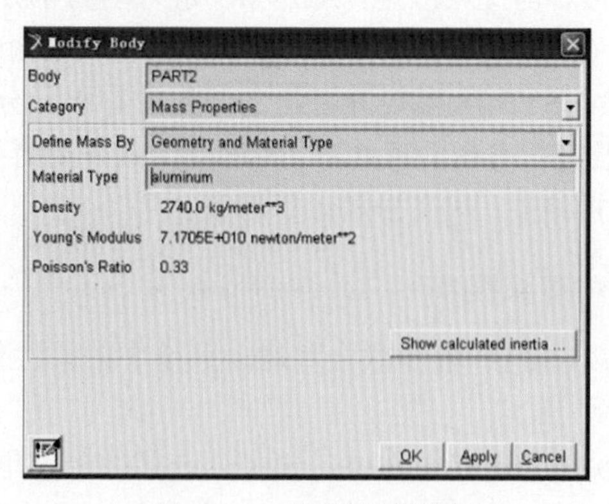

图 6.15 手指材料设置

2. ANSYS 与 ADAMS 的数据交换

将 ANSYS 中生成的模态中性文件复制到 ADAMS 的工作目录下，导入番茄非线性黏弹性模态中性文件，创建番茄柔性体，对话框如图 6.16 所示。

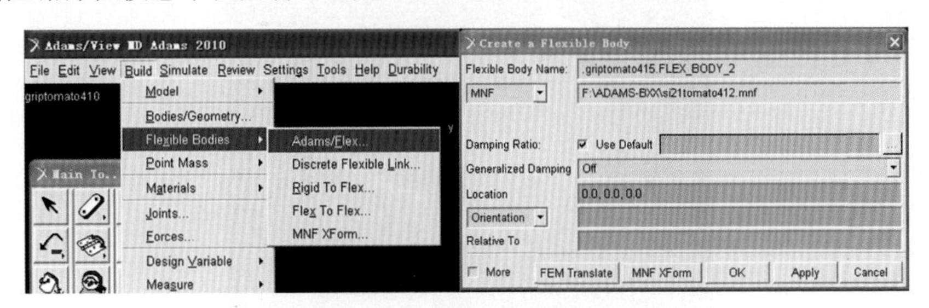

图 6.16 创建番茄柔性体

将番茄果脐置于坐标原点，果脐与果梗连线与 y 轴重合正立放置，导入番茄柔性体后如图 6.17 所示。

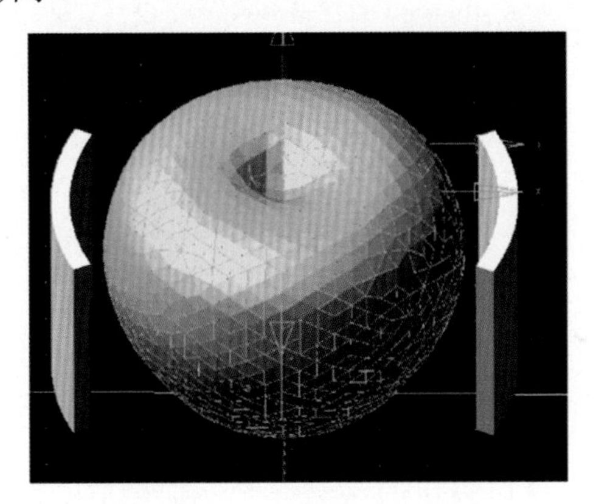
图 6.17 导入番茄.mnf 文件

编辑番茄的位置，实际采摘过程中，番茄的位置主要由果梗以及真空吸盘限定。

果梗处限制了番茄的 3 个移动自由度，真空波纹吸盘作用时限制了番茄的 3 个移动以及垂直于吸盘轴线的转动，果梗与吸盘联合作用，限制了番茄的 3 个移动自由度以及沿着 y 方向的转动自由度 (图 6.18)。因此在约束番茄的位置时，需要设置果梗处的球副约束和吸盘处的球副约束运动副。

手指在夹持过程中做相对的平行移动，故对两手指分别设置平移移动副，并分别添加直流电机驱动。

采摘夹持过程中，手指与番茄表面发生接触，因此将在接触的位置产生接触力。在手指与番茄从不接触到接触的过程中，由于存在相对运动，在接触处，手指与番茄将出现材料压缩，手指的动能转化为压缩势能，并伴随着能量的损失。手指与番茄间建立接触过程及方法如图 6.19 所示。

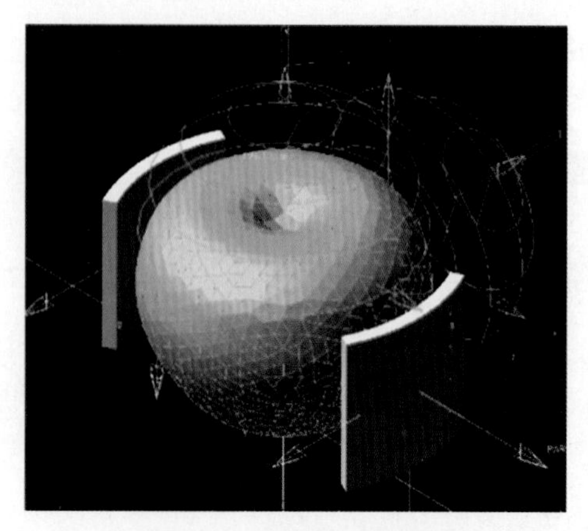

图 6.18　番茄的约束情况

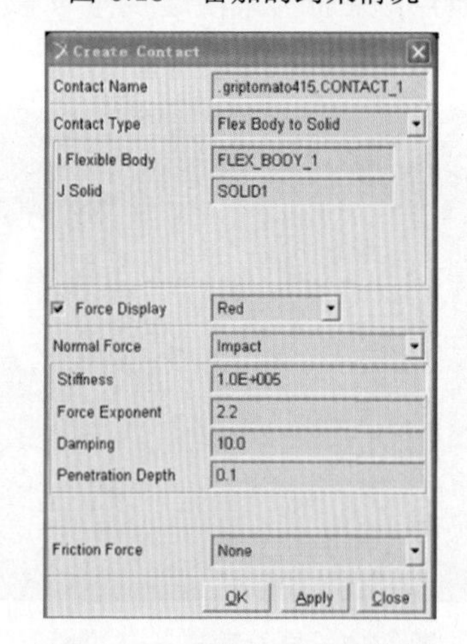

图 6.19　番茄与手指的接触

建立好的末端执行器手指夹持过程的虚拟样机模型如图 6.20 所示。

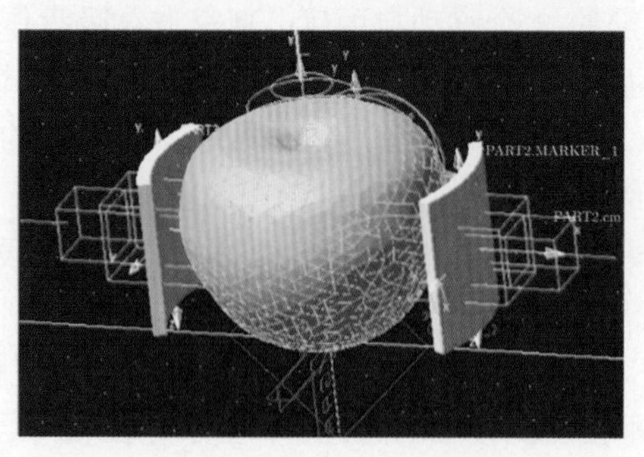

图 6.20　夹持系统的模型

6.4.3 末端执行器夹持番茄仿真分析 [266]

1. 仿真运行

在完成末端执行器夹持系统的建模、约束、运动副以及驱动的添加之后，根据番茄收获作业的实际要求，分别以不同的手指驱动运动速度，进行仿真试验，设置仿真的时间及步长，进行运动学仿真，图 6.21 为番茄被夹紧时的状态。

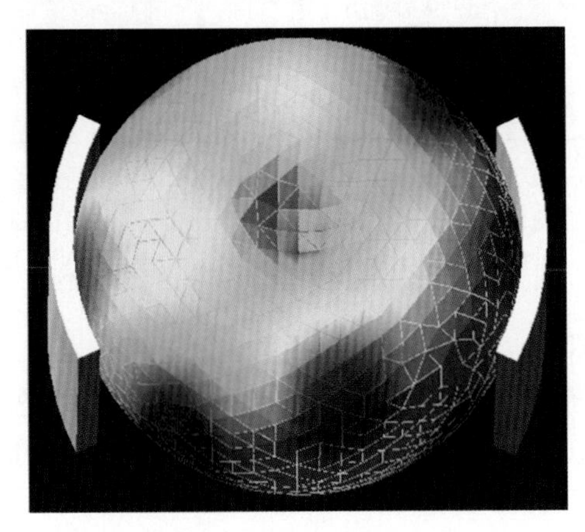

图 6.21 夹持过程仿真

设置末端执行器手指运动的驱动函数如式 (6.14) 所示，设置仿真运动时间和仿真步数，进入 ADAMS 后处理模块，运行得到接触力曲线。

$$(step(time,0,0,1,6)+step(time,6,0,1.4,1.2)+step(time,1.4,0,3,0)) \tag{6.14}$$

2. 仿真运行与试验验证

1) 碰撞力变化规律及验证

仿真过程发现：接触力曲线在手指接触番茄后迅速增大，到达一定值后呈现缓慢下降的趋势，有效反映了执行器手指在夹持时对番茄的冲击碰撞作用；而后手指保持夹紧状态，番茄的受力呈现一定的松弛特性。夹持过程中，接触力曲线存在一定的波动性，可能的原因是仿真中手指接触番茄存在一定的碰撞而导致一定的柔性体振动。

在手指初始开度及番茄压缩量相同的条件下，夹持过程中的碰撞力随夹持速度变化的仿真结果与碰撞试验结果如图 6.22 所示。可以看出，压缩量一定时，随着手指夹持速度的提高，夹持过程中的碰撞力显著增大，其变化关系基本符合指数函数关系。

同时，夹持碰撞仿真的碰撞力–速度规律与试验结果相一致，而仿真获得的峰值力比试验结果平均高出 16.1%，出现误差的原因可能是由于传动间隙、连接柔性等的存在，实际采摘机器人末端执行器的夹持器系统在夹持碰撞过程中存在弱的柔性特征，而仿真中则做了完全刚性化处理。

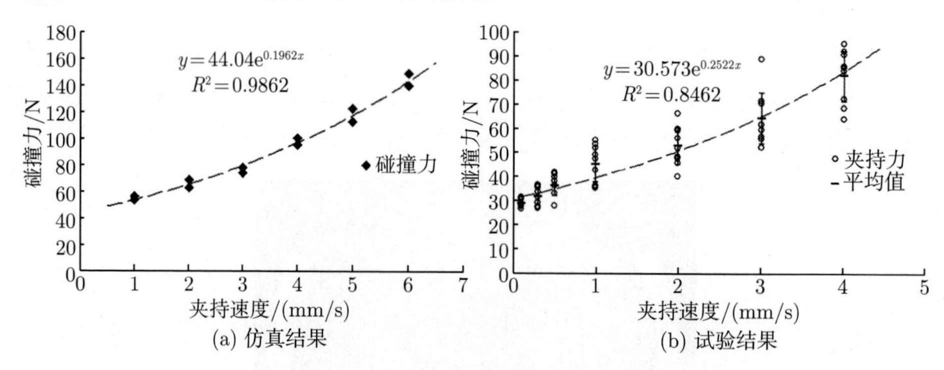

(a) 仿真结果　　(b) 试验结果

图 6.22　夹持碰撞力仿真结果的试验验证

2) 应变能变化规律

在夹持过程中番茄柔性体的应变能一定程度上反映了番茄的变形以及碰撞过程中的能量转移情况，在 ADAMS 仿真结束后，后处理得到的应变能曲线如图 6.23 所示。

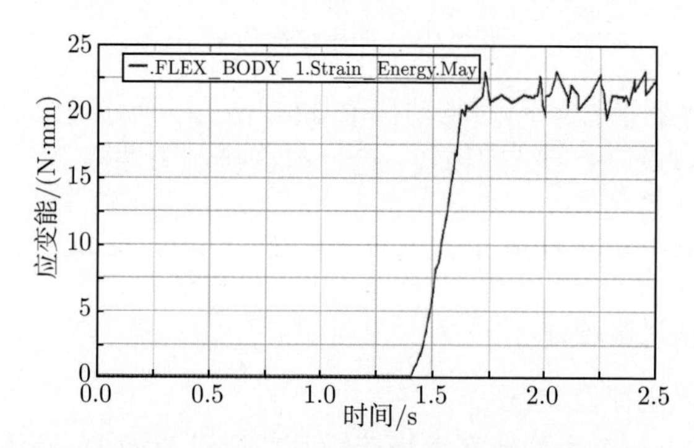

图 6.23　3mm/s 时番茄柔性体的应变能

在手指运动速度为 1~6mm/s 情况下，番茄柔性体在夹持过程中的应变能及其变化趋势如图 6.24 所示。应变能反映了在夹持过程中能量的吸收及转移情况，可以看出，手指运动速度提高，番茄的应变能也随之增大。

3) 碰撞仿真模型的应用

(1) 与第 4 章所建立的三阶段复合碰撞数学模型相结合，与试验相比，可有效扩展夹持速度、对象黏弹性、电机输出范围、夹持指面材料等因素和范围，开展更深入的分析，从而为基础研究和实际应用提供有力工具；

(2) 可对果实夹持碰撞的应力分布、应力强度、损伤发生部位等进行直观的分析和判断；

(3) 可进一步基于仿真模型，开展夹持控制模式与策略的构造与效果比较分析，从而为实现自动快速采摘作业提供基础支撑。

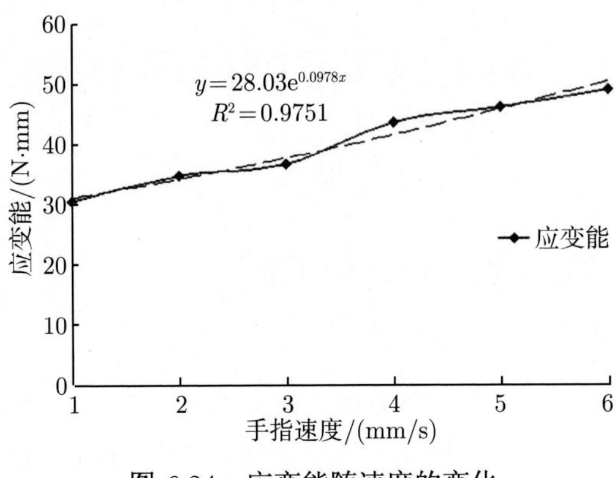

图 6.24 应变能随速度的变化

第 7 章　树上果实吸持拉动的模型分析

7.1　概　　述

7.1.1　真空吸持拉动在机器人采摘中的作用 [238]

1. 机器人采摘中的真空吸持应用

真空吸持在采摘机器人研究中得到了诸多的应用 [6,8,73,159,193,329,330,368]，将真空吸盘作为辅助装置，通过真空吸盘实现对果实的位置误差补偿、辅助定位和防止采摘、运送过程中的晃动，从而提高夹持和采摘的可靠性；针对柑橘、番茄等果实在冠层内相互挤碰生长的特点，为避免相邻果实对夹持作业的干涉，通过真空吸盘的吸持或吸持拉动使目标果实与邻近果实分开，获得充分的夹持采摘作业空间。

在面向不同类型、品种和栽培模式的采摘机器人末端执行器中，真空吸持系统得到了广泛的应用，其功能主要体现在以下方面。

(1) 获取果实。由真空吸盘的接触吸持或管筒吸头的吸入代替夹持，实现对果实的获取，再进行果梗的断开，从而完成采摘。如西班牙马德里自动工业学会的 R. Ceres 等开发的适用于苹果、柑橘、番茄等球形果实采摘的末端执行器 [193,194]、比利时 Johan Baeten 开发的苹果采摘机器人末端执行器 [73] 和英国鲁顿大学 J. N. Reed 等开发的蘑菇采摘机器人末端执行器 [368,369]、日本京都大学 Mikio Umeda 等开发的西瓜采摘机器人末端执行器 [158]、韩国成均馆大学 Heon Hwang 等开发的西瓜采摘机器人末端执行器 [159] 等，均只用吸盘吸持，再通过剪切和拉、扭、弯折等动作完成采摘。由于吸盘对果蔬尺寸和表面形状较大差异的适应性问题，单纯依靠吸盘吸持获取果实的可靠性受到一定限制。

Naoshi Kondo 等开发的樱桃番茄采摘机器人末端执行器 [26,27]、“吸入切断式”草莓采摘机器人末端执行器 [97,103] 和随后开发的 “吸入–勾取切断式” 草莓采摘机器人末端执行器 [97]，都利用吸头的吸入完成对果实的获取。对于草莓、樱桃等小型果实有较好的适用性，但在果实较大、果梗较短情况下效果明显变差，并且对较大的果实尺寸变化难以适应 [59,370]。

(2) 辅助夹持。Naoshi Kondo 与日本农机研究所 Shigehiko Hayashi 等联合开发的 “吸持–夹持切断式” 草莓采摘机器人末端执行器 [1,97,107]、荷兰瓦格宁根大学 E. J. Van Henten 等开发的黄瓜采摘机器人末端执行器 [126,127,371]、日本岐阜大学

Shigehiko Hayashi 等开发的茄子采摘机器人末端执行器 [133] 等，通过真空吸盘实现对果实的位置误差补偿、辅助定位和防止采摘、运送过程中的晃动，从而提高夹持和采摘的可靠性。试验表明，吸盘的辅助作用可以有效提高末端执行器的作业成功率。

(3) 隔离果实。日本久保田株式会社开发的柑橘采摘机器人 [370]、日本大阪府立大学的 Kanae Tanigaki 等开发的樱桃番茄采摘机器人末端执行器 [29]、Naoshi Kondo 等开发的两指和柔性四指末端执行器 [19−21]，美国俄亥俄州立大学 Peter Ling 等开发的柔性四指末端执行器等 [37]，针对柑橘、番茄等果实在冠层内相互挤碰生长的特点，为避免相邻果实对夹持作业的干涉，通过真空吸盘吸持目标果实并向后拉动一定距离，使目标果实与邻近果实分开，从而获得充分的作业空间。

2. 真空吸持的价值

根据采摘机器人中真空吸持的应用及研究现状，可以得出以下结论。

(1) 真空吸持能够较好地满足对柔嫩性的果蔬作业的需要，因而在采摘机器人发展中得到了广泛的应用。但是单纯依靠吸持实现获取的可靠性有限，而作为其辅助装置，对提高采摘作业性能效果明显，可以体现真空吸持的重要价值。

(2) 实际果实采摘中面临复杂的冠层空间状态，枝叶的遮挡阻碍和果实的挤碰对采摘作业的影响，是影响采摘成功率的主要因素。通过栽培模式的改进，枝叶干扰问题可以得到一定程度的改善 [97,107,124,126]，但是相互挤碰生长的干涉问题仍然成为影响番茄、柑橘、草莓等果蔬采摘成功率的关键障碍 [63,103,107]，而吸盘的吸持拉动是解决这一问题的有效方式。

作为末端进行番茄果实采摘作业的辅助动作，吸持拉动的目的是将目标果实从相互挤靠的多个果实之间隔离出来，避开同一果穗中相邻果实对手指夹持运动的阻碍，从而方便随后的夹持动作实施，避免手指对同一果穗中相邻果实的碰伤，满足成功夹持的需要。

7.1.2 树上果实真空吸持拉动问题的研究意义 [238,314]

1. 果实吸持拉动的力学问题

树上果实的真空吸持拉动存在着复杂的力与运动过程。首先，与夹持拉动不同，该过程借助于吸盘与果实间的真空吸力而实现，而真空吸力取决于真空度、果实尺寸、吸盘尺寸等多种因素；其次，吸持拉动的力与位移作用不仅作用于果实本身，更同时传递和作用于整个果–梗系统。因此，树上果实的真空吸持拉动成功率和作业效率受到果–梗系统力学特性、真空系统性能和控制策略的复杂影响。因此，机器人采摘中树上果实吸持拉动的优化控制策略的提出，必须以吸盘–果实力学作用与相应的果–梗系统间的力学响应为依据。

2. 果实吸持拉动距离的需要问题

作为末端进行番茄果实采摘作业的辅助动作，吸持拉动作业成功的关键，在于吸持拉动距离能否达到避免夹持过程中手指与相邻果实相碰的目标。而同时，吸持拉动距离过大则意味着果实与吸盘脱离脱落、电机过载等情况。因此，根据实际需要，确定适宜的吸持拉动距离，对于保证采摘成功率和降低能耗均具有关键性的影响。

避免夹持干涉的实需吸持拉动距离与同串果实的数目有关，而不同采摘轮次的串果数目不断变化，实需吸持拉动距离也不断变化。同时，可吸持拉动距离还受到果–梗系统与末端硬件的限制。因此，对机器人采摘中吸持拉动距离的可靠分析，对于实现成功采摘具有重要影响，是树上果实吸持拉动问题的关键。

3. 果实吸持拉动的节能作业问题

在末端采摘动作中，以真空泵连续运转提供真空模式，其真空吸持的能耗将大大超过其他环节，因而对于依赖于车载电力作业的移动机器人而言，将大大影响其连续移动作业的维持时间。

为此，建立适应树上果实真空吸持节能作业的新型真空系统，并通过其能耗规律分析与控制优化，有效挖掘其节能潜力，对于提高移动采摘机器人的性能与适应性，具有重要意义。

目前的研究集中于真空吸持系统的应用，仅有极少数文献对吸持拉动过程中的真空度变化及真空度与吸盘位移的关系进行了研究 [18]，而更深入真空吸持拉动基础规律和控制参数及策略优化等研究极度缺乏，严重影响了其实际作业性能以及进一步的推广应用。

7.1.3 研究内容与创新

(1) 建立了采摘机器人真空吸持拉动作业过程的吸持拉力多因素模型，反映了果实 (果梗)、吸盘多弹性体的力、变形与真空度和弹性体尺寸、刚度参数的有机联系，打下了吸持拉动优化控制的力–运动学基础。

(2) 针对农业对象的高度差异性特征，首次以概率论方法建立了夹持成功率综合指标并完成了控制参数/模式的优化，从而实现了高成功率、高效、节能的真空吸持拉动，解决了番茄机器人采摘中的关键难题。

7.2 真空吸盘吸持力学建模

7.2.1 球形果实的真空吸持力学模型 [238]

1. 吸力–负压理论模型

真空吸盘的外径称为公称直径，其吸持工件被抽空的直径称为有效直径 [122]。理论上，吸盘拉脱力与真空负压和吸盘有效面积成正比：

$$[F_\mathrm{s}] = |\Delta p_\mathrm{u}| \cdot A_\mathrm{e}/10^3 = |\Delta p_\mathrm{u}| \cdot \pi \cdot (\varPhi_\mathrm{e}/2)^2/10^3 \tag{7.1}$$

式中，$[F_\mathrm{s}]$ 为吸盘的拉脱力 (N)；Δp_u 为真空负压 (kPa)；A_e 为吸盘有效面积 (mm^2)；$\varPhi_\mathrm{e}$ 为吸盘有效直径 (mm)。

2. 平面吸持拉动的法向力平衡分析

如图 7.1 所示，在吸持物体后匀速吸持拉动的任意时刻，对吸盘具有以下平衡方程：

$$F_\mathrm{c} + F_\mathrm{p} = F_\mathrm{s} \tag{7.2}$$

式中，F_c 为被吸持对象与吸盘间的法向压力 (N)，决定于被吸持对象与吸盘间的压强和密封面积；F_p 为吸盘所受到的轴向外部拉力 (N)；F_s 为吸盘与被吸持对象之间的吸力 (N)，决定于真空度和吸持面积。即

$$p_\mathrm{c} \cdot (A_2 - A_\mathrm{s}) + F_\mathrm{p} = 10^{-3}\,|\Delta p_\mathrm{u}| \cdot A' \tag{7.3}$$

式中，A_2 为吸盘外径截面积 (mm^2)，$A_2 = \pi\varPhi_2^2/4$，$\varPhi_2$ 为吸盘的外径 (mm)，由表 4.6，$\varPhi_2$=20mm；A_s 为吸盘吸持面积 (mm^2)，$A_\mathrm{s} = \pi\varPhi_\mathrm{s}^2/4$，$\varPhi_\mathrm{s}$ 为吸盘吸持圆形面积的直径 (mm)；p_c 为吸盘密封面积上果实与吸盘之间的正压力 (MPa)。

吸盘在各力作用下发生变形：

$$10^{-3}\,|\Delta p_\mathrm{u}| \cdot A_\mathrm{s} - F_\mathrm{p} = k_\mathrm{p}\Delta z \tag{7.4}$$

式中，k_p 为吸盘弹性系数 (N/mm)，根据吸盘压缩试验结果及式 (7.4)，k_p=0.406。

在施加拉力 F_p 后，首先吸盘变形逐步恢复，吸盘与物体的密封面积 $A_2 - A'$ 逐渐减小，而吸持面积 A_s 逐渐增大，直至有效面积完全成为吸持面积。在吸盘的弹性变形范围内，吸盘压缩变形 Δz 与吸盘吸持圆形面积直径 $\varPhi_\mathrm{s}$ 的关系为

$$\varPhi_\mathrm{s} = \varPhi_\mathrm{e} - \frac{\Delta z}{\Delta z_0}(\varPhi_\mathrm{e} - \varPhi_1)\ (0 \leqslant \Delta z \leqslant \Delta z_0) \tag{7.5}$$

式中，Δz_0 为吸盘的最大压缩变形 (mm)，由表 4.6，Δz_0=8mm；$\varPhi_1$ 为吸盘的内径，由表 4.6，$\varPhi_1$=9mm。

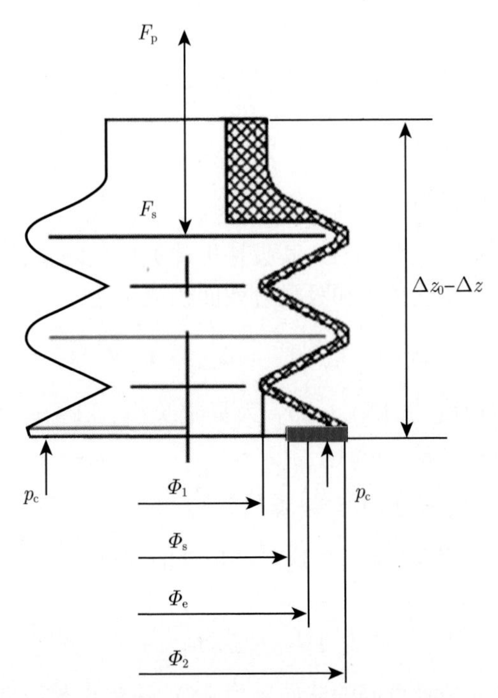

图 7.1　吸持拉动下的吸盘受力与变形

式 (7.2)、式 (7.3)、式 (7.4) 和式 (7.5) 联立得

$$F_{\mathrm{p}}=\frac{\pi}{4\times10^{3}}\left|\Delta p_{\mathrm{u}}\right|\left[\Phi_{\mathrm{e}}-\frac{\Delta z}{\Delta z_{0}}(\Phi_{\mathrm{e}}-\Phi_{1})\right]^{2}-k_{\mathrm{p}}\Delta z\quad(0\leqslant\Delta z\leqslant\Delta z_{0})\tag{7.6}$$

$$F_{\mathrm{s}}=\frac{\pi}{4\times10^{3}}\left|\Delta p_{\mathrm{u}}\right|\left[\Phi_{\mathrm{e}}-\frac{\Delta z}{\Delta z_{0}}(\Phi_{\mathrm{e}}-\Phi_{1})\right]^{2}\quad(0\leqslant\Delta z\leqslant\Delta z_{0})\tag{7.7}$$

$$p_{\mathrm{c}}=\frac{4k_{\mathrm{p}}\Delta z}{\pi\left\{\Phi_{2}^{2}-\left[\Phi_{\mathrm{e}}-\frac{\Delta z}{\Delta z_{0}}(\Phi_{\mathrm{e}}-\Phi_{1})\right]^{2}\right.}\quad(0\leqslant\Delta z\leqslant\Delta z_{0})\tag{7.8}$$

3. 球面吸持拉动的法向力平衡分析

果实表面为近似球面，当吸盘对球面进行吸持时，沿球面径向产生相应吸力与压力，而在吸盘轴向的吸力 F_s 和压力 F_c 为对应吸持面积与密封面积上分布力的合力 (图 7.2)。则有

$$p_{\mathrm{c}}\int_{\arcsin\Phi_{\mathrm{s}}/2R}^{\arcsin\Phi_{2}/2R}2\pi R^{2}\sin\xi\cos\xi\mathrm{d}\xi+F_{\mathrm{p}}=10^{-3}\left|\Delta p_{\mathrm{u}}\right|\int_{0}^{\arcsin\Phi_{\mathrm{s}}/2R}2\pi R^{2}\sin\xi\cos\xi\mathrm{d}\xi\tag{7.9}$$

$$10^{-3}|\Delta p_{\mathrm{u}}|\int_{0}^{\arcsin \varPhi_{\mathrm{s}}/2R} 2\pi R^2 \sin\xi \cos\xi \mathrm{d}\xi - F_{\mathrm{p}} = k\Delta z \tag{7.10}$$

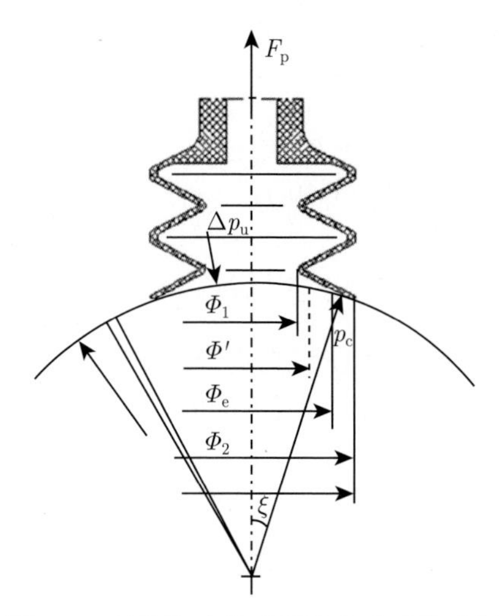

图 7.2 吸持拉动的球面法向力平衡分析

式 (7.5)、式 (7.9) 与式 (7.10) 联立，可解得

$$F_{\mathrm{p}} = \frac{\pi|\Delta p_{\mathrm{u}}|}{4\times 10^3}\left[\varPhi_{\mathrm{e}} - \frac{\Delta z}{\Delta z_0}(\varPhi_{\mathrm{e}} - \varPhi_1)\right]^2 - k_{\mathrm{p}}\Delta z \quad (0 \leqslant \Delta z \leqslant \Delta z_0) \tag{7.11}$$

$$F_{\mathrm{s}} = \frac{\pi}{4\times 10^3}|\Delta p_{\mathrm{u}}|\left[\varPhi_{\mathrm{e}} - \frac{\Delta z}{\Delta z_0}(\varPhi_{\mathrm{e}} - \varPhi_1)\right]^2 \quad (0 \leqslant \Delta z \leqslant \Delta z_0) \tag{7.12}$$

$$p_{\mathrm{c}} = \frac{4k_{\mathrm{p}}\Delta z}{\pi\left\{\varPhi_2^2 - \left[\varPhi_{\mathrm{e}} - \frac{\Delta z}{\Delta z_0}(\varPhi_{\mathrm{e}} - \varPhi_1)\right]^2\right\}} \quad (0 \leqslant \Delta z \leqslant \Delta z_0) \tag{7.13}$$

计算结果表明，球面吸持与平面吸持的吸力 F_{s}、拉力 F_{p}、压强 p_{c} 变化规律相同。故方便起见，以下仍以平面吸持进行分析，所得结论同样适用于球面吸持。

7.2.2 真空度对吸持力的影响

1. 试验材料与方法

试验在江苏大学农业装备与技术实验室进行。试验材料为采自镇江市蔬菜基地的半熟期番茄，番茄直径 62.62mm。利用细绳将番茄悬挂于支架上，并通过自制夹具与 HP-50 电子测力计相连，同时调整收获机器人机械手，使真空吸盘、电子测力计与果实中心位于同一水平线上。启动空压机，并打开真空发生器的吸气阀，由供气开/关电磁阀控制真空发生器压缩空气的输入；安装直径为 $\varPhi20$ 的 2.5 褶波纹吸盘，启动电机，使齿条带动吸盘前进并吸住果实后，以 2mm/s 的速度拉动果实返回直至脱开，由 Sony T10 数码相机进行摄影，实时记录并通过逐帧播放确定果实、吸盘脱开时刻的真空压力传感器和电子测力计示数。

2. 试验结果分析

试验测定发现 (图 7.3(a))，当真空负压 > -52kPa 时，真空负压与拉脱力之间具有良好的线性关系，其线性拟合方程为

$$[F_\mathrm{s}] = 0.1984\,|\Delta p_\mathrm{u}| + 0.943 \tag{7.14}$$

拟合优度 R^2 达到 0.9933。而在较高真空度时，数据点较为离散。在整个负压范围内，真空负压与拉脱力间呈二次曲线关系 (图 7.3(b))：

$$[F_\mathrm{s}] = -0.002\,|\Delta p_\mathrm{u}|\,2 + 0.3272\,|\Delta p_\mathrm{u}| - 0.9489 \tag{7.15}$$

拟合优度 R^2 亦达到 0.9854。

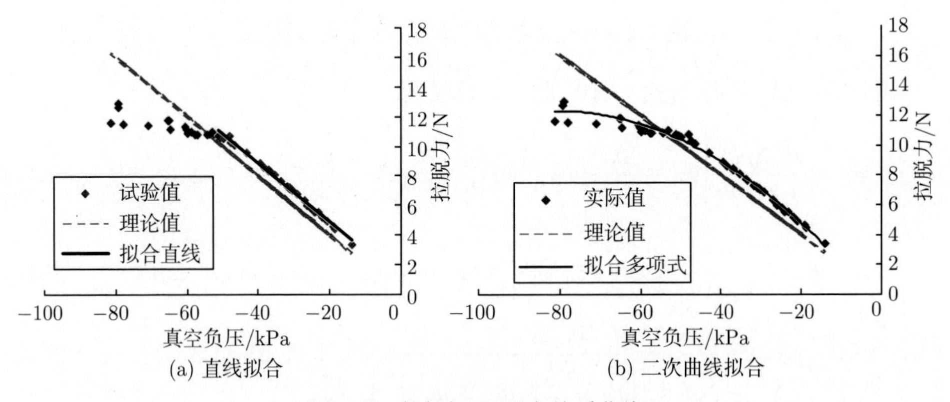

图 7.3　真空负压–吸力关系曲线

7.2.3　吸盘直径对吸持力的影响

1. 拉脱力–吸盘直径关系试验材料与方法

试验在江苏大学农业装备与技术实验室进行。试验材料为采自镇江市蔬菜基地的半熟期番茄，番茄直径 62.62mm。利用细绳将番茄悬挂于支架上，并通过自制夹具与 HP-50 电子测力计相连，同时调整收获机器人机械手，使真空吸盘、电子测力计与果实中心位于同一水平线上。启动空压机，并打开真空发生器的吸气阀，直至真空压力传感器示数达到稳定值；更换安装直径分别为 Φ20、Φ14、Φ9 的 2.5 褶波纹吸盘，启动电机，使齿条带动吸盘以 2mm/s 的速度前进，待真空压力传感器示数发生跃升，表明吸盘已成功吸持住果实，吸盘停止前进，记录跃升后的真空负

压稳定值；再次启动电机，使吸盘以 2mm/s 的速度拉动果实返回直至果实与吸盘脱开，由电子测力计测定并记录拉脱力的峰值，每一直径吸盘重复试验 30 次。试验装置及方法如图 7.4 所示。

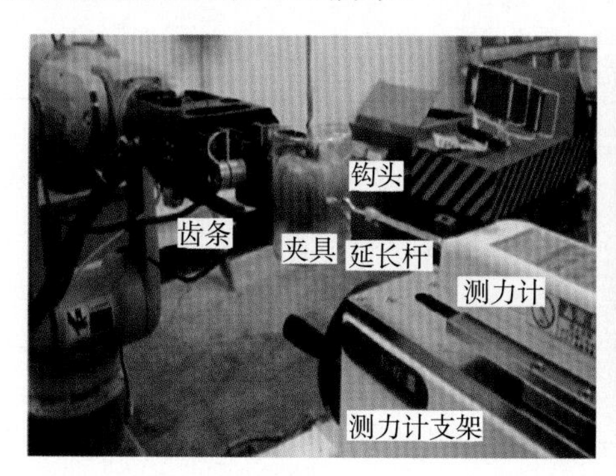

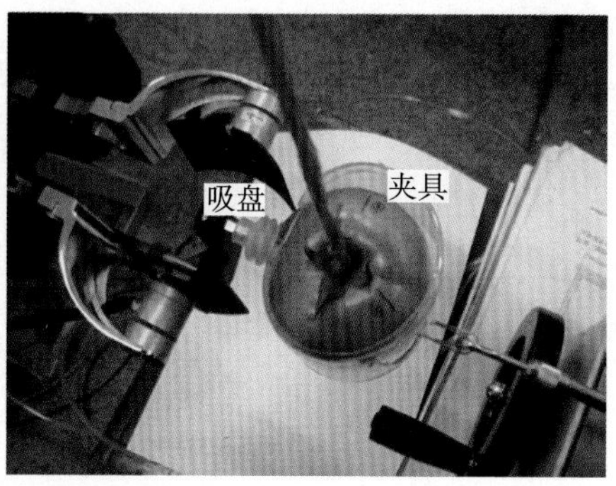

图 7.4 吸力–吸盘直径关系试验

2. 试验结果分析

试验发现 (图 7.5)，当真空负压为 −13.6kPa 时，$\Phi20$、$\Phi14$、$\Phi9$ 吸盘的平均拉脱力分别为 3.23N、1.58N 和 0.58N，拉脱力之比为 5.58:2.73:1。$\Phi20$、$\Phi14$、$\Phi9$ 吸盘多次重复测量的平均相对误差分别为 1.86%、2.31%和 1.67%，表明吸盘重复性能稳定。

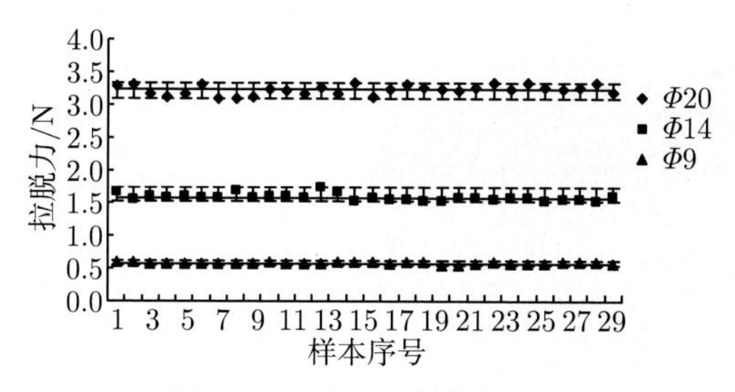

图 7.5 吸力–吸盘直径关系

7.2.4 果实表面轮廓对吸持力的影响

1. 实际吸力差异分析

根据式 (7.1) 可以得到不同直径吸盘的理论拉脱力，当真空负压为 −13.6kPa 时，其与番茄吸持试验中测定的实际平均拉脱力如表 7.1 所示。

由表 7.1 发现，实际拉脱力略高于理论拉脱力。

根据理论模型计算得到的拉脱力值与实际测定值存在一定差异。由图 7.3 可以发现，在较低真空度 ($\Delta p_{\mathrm{u}} > -54\mathrm{kPa}$) 时，实际测定拉脱力高于理论值，吸力–吸盘直径关系试验亦证实了该现象；而在较高真空度 ($\Delta p_{\mathrm{u}} < -54\mathrm{kPa}$) 时，实际测定拉脱力则低于理论值，数据点亦较为离散。其可能原因与果皮的黏着性、拉脱时测力计受到的冲击和吸盘与番茄曲面间的漏气等因素有关。

表 7.1　不同直径吸盘的理论与实际拉脱力

公称直径/mm	有效直径/mm	理论拉脱力/N	实际拉脱力/N	实际拉脱力/理论拉脱力
20	16	2.73	3.23	1.18
14	11	1.29	1.58	1.22
9	7	0.52	0.58	1.11

2. 果实表面形状的影响

以上拉脱力结果为对同一果实的同一位置进行吸持试验的结果。实际上，番茄果实并非规则的球体，其表面形状存在着变化，少数果实，特别是畸形果，其表面形状变化很大 (图 7.6)，吸盘在吸持过程中，由于不同部位曲率半径的明显差异，甚至出现内凹，将严重影响吸持。对如图 7.6 所进行的吸持拉脱力试验显示，在同一真空度水平下，由于位置 3 的外凸轮廓曲率较小，该位置每次试验的拉脱力较大且非常稳定；位置 1 由于存在凹凸和曲率的明显变化，可能出现吸持中拉脱力的较大变化；而位置 2 由于出现明显内凹，造成吸盘与果实表皮间无法形成封闭空间，从而造成吸持的失效 (图 7.7)。

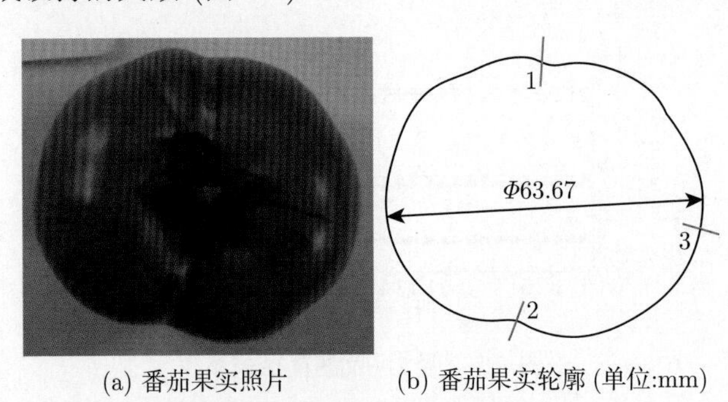

(a) 番茄果实照片　　(b) 番茄果实轮廓 (单位:mm)

图 7.6　番茄轮廓的图像提取

试验发现，由于不同真空吸盘许可的工件最小曲率半径存在差异 (表 7.2)，较小直径吸盘对番茄果实表面形状变化的适应性明显强于较大直径吸盘。因此，虽然较大直径的吸盘可以使有效面积大大增加，但其适应果实表面形状变化的能力快速下降，在吸持过程中影响吸持可靠性、造成吸持失效的概率也大大增加。综合考虑吸盘的拉脱力和形状适应性，$\Phi 20$ 吸盘是满足番茄果实吸持拉动需要的较为理想选择。

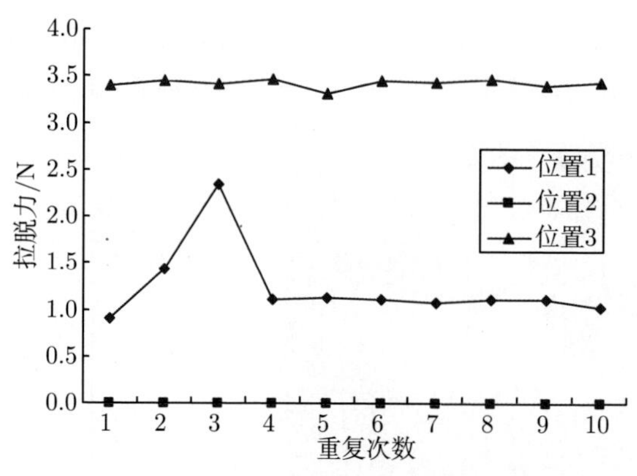

图 7.7　不同轮廓形状对拉脱力的影响

表 7.2　不同真空吸盘许可的工件最小曲率半径　　(单位：mm)

吸盘公称直径	50	30	20	14	9
最小工件曲率半径 R	75	35	30	15	10

7.3　真空吸持拉动力学模型

7.3.1　树上果实吸持拉动的运动学分析 [238,314]

1. 吸持拉动方向

当树上果实被吸持拉动时，果梗会同时承受拉伸与弯折载荷。由图 7.8 所示，当果实被斜向上吸持拉动时，果实的质量会对吸持产生较大影响，从而增大吸持失效的概率。而当果实被斜向下吸持拉动时，果梗会更多以承受拉伸载荷为主，由于吸持拉动距离有限，也增大了吸持脱离失效的可能。因此，在机器人采摘中选择吸盘沿水平方向完成果实的吸持和拉动。

2. 吸持拉动状态的位移

果梗与植株茎干连接处为固定端约束，依据理论力学原理，该约束可简化为两垂直方向分力 F_{r}、F_{t} 和一个力偶 M。同时，果实还受到自身重力的作用。果实在吸盘所施加的吸力 F_{s} 和压力 F_{c} 作用下，沿吸持方向产生一定的位移 x。实际上，该位移是由果实绕果梗与茎干的连接点转动所实现，由于转动，亦造成果实中心由 O 点移动至 O'，并与吸力 F_{s} 作用线产生一定的竖直方向偏离 y(图 7.8)。x、y 可由下列方程求得

$$x=(L+R)(\sin\alpha-\sin\alpha_0) \tag{7.16}$$

$$y=(L+R)(\cos\alpha_0-\cos\alpha) \tag{7.17}$$

式中，L 为果梗 (柄) 的长度 (mm)，为果梗与果柄长度之和；α 为吸持拉动中果梗 (柄) 的倾角 (rad)；α_0 为吸持拉动中果梗 (柄) 的初始倾角 (rad)。

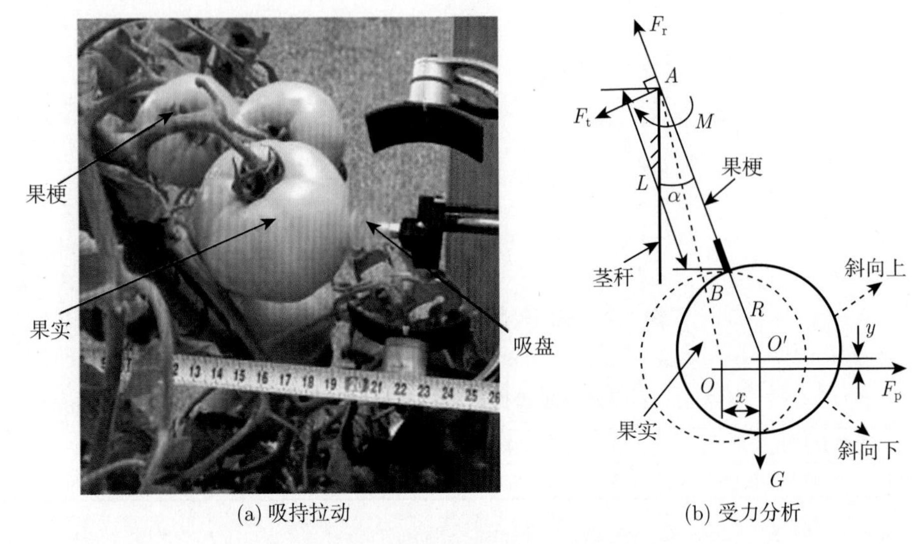

(a) 吸持拉动　　(b) 受力分析

图 7.8　吸持拉动状态受力分析

由式 (7.16)，水平位移 x 与果梗 (柄) 长度 L、果实半径 R、果梗 (柄) 倾角 α 均成正比，表明果梗 (柄) 越长、果实越大，越容易被水平吸持拉动一定的距离。反之，要实现一定的水平吸持拉动距离，当果梗 (柄) 较短、果实较小时，意味着果实将明显倾斜更大的角度。

7.3.2　树上果实吸持拉动的静力学分析

1. 吸持拉动状态的力平衡分析

真空系统开启状态下，吸盘在电机带动下随齿条前进，接触果实后迅速对果实产生吸力 F_s 并在密封面积上产生压力 F_c，由式 (7.2)，吸盘对果实的作用力 F_s-F_c 即齿条对吸盘的拉力 F_p。

吸持拉动状态的果实、吸盘受力如图 7.8(b) 所示。其平面力系平衡方程为

$$\sum F_x=0\rightarrow F_r\sin\alpha+F_t\cos\alpha=F_p \tag{7.18}$$

$$\sum F_y=0\rightarrow F_r\cos\alpha=G+F_t\sin\alpha \tag{7.19}$$

$$\sum M_A=0\rightarrow F_p[(L+R)\cos\alpha+y]=G(L+R)\sin\alpha+M \tag{7.20}$$

式 (7.20) 与式 (7.17) 联立，得

$$F_p=\frac{G(L+R)\sin\alpha+M}{(L+R)\cos\alpha_0} \tag{7.21}$$

果梗 (柄) 对果实施加的弯矩 M 取决于果梗与果枝弹性铰链的抗弯特性。在弹性范围内，有

$$M = k_0(\alpha - \alpha_0) \tag{7.22}$$

同时由式 (7.18)，有

$$\alpha = \arcsin\left(\frac{x}{L+R} + \sin\alpha_0\right) \tag{7.23}$$

将式 (7.18)、式 (7.23) 代入式 (7.21)，可得

$$F_{\mathrm{p}} = \frac{Gx + G(L+R)\sin\alpha_0 + k_0\left[\arcsin\left(\dfrac{x}{L+R} + \sin\alpha_0\right) - \alpha_0\right]}{(L+R)\cos\alpha_0} \tag{7.24}$$

2. 模型参数拟合

1) 果–梗系统物理特性

由番茄果–梗物理特性试验获得的各参数统计结果如表 7.3 所示。由图 7.9，各物理参数均接近于正态分布规律。

表 7.3 番茄果– 梗系统物理特性测量结果

指标	最大值	均值	最小值	标准差
α_0/rad	0.52	0.34	0	0.13
G/N	3.97	1.91	0.75	0.60
L/mm	152.74	77.68	25.40	29.73
R/mm	52.33	35.66	22.95	4.12

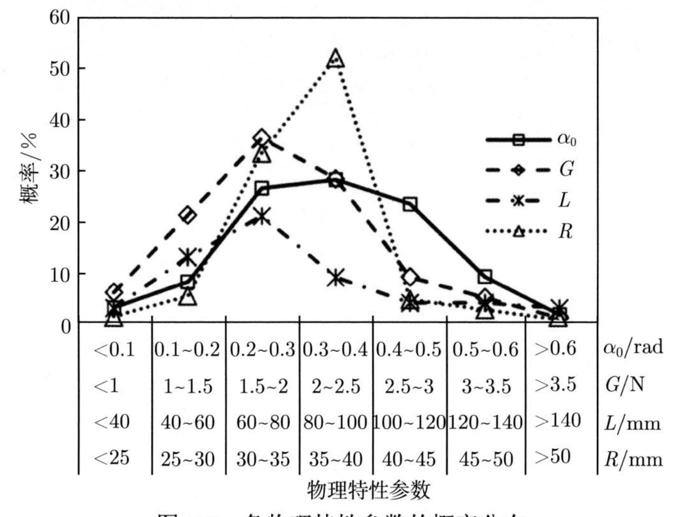

图 7.9 各物理特性参数的概率分布

2) 吸盘压缩试验

(1) 试验目的。

多褶吸盘在轴向具有较强的弹性和变形能力，从而具有突出的适应和补偿形位误差、提高吸持可靠性的能力。但是，在番茄果实被吸持后，由于一定真空度下吸盘内外的压力差及相应吸力作用，吸盘产生压缩变形；而在吸持拉动过程中，吸盘又受到果实–吸盘间的吸力及齿条对吸盘所施加拉力等作用而发生轴向的复合变形。吸盘的变形特性对吸持拉动的精确控制具有重要影响，本试验旨在确定 $\Phi 20/2.5$ 褶硅胶波纹吸盘的轴向力–变形关系。

(2) 试验材料与方法。

调整机械手和测力计支架，使测力计与吸盘轴线在同一水平线上；测力计安装延长杆和平头，并在平头的端面上通过双面胶固定一薄铝制平板；缓慢旋动摇柄使测力计及平头、平板前进并仔细观察，直至平板与吸盘接触，记录该初始位置的标尺读数；缓慢旋动摇柄，每进给 0.1mm 记录一次测力计示数，直至进给达 8mm (图 7.10)。

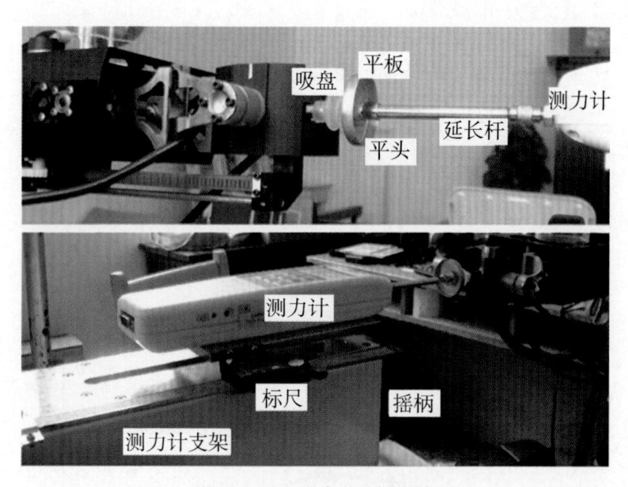

图 7.10　吸盘压缩试验

(3) 试验结果分析。

所选 $\Phi 20/2.5$ 褶波纹吸盘的最大可压缩行程为 8mm。试验表明 (图 7.11)，在吸盘轴向压缩变形量 7.2mm 以内，吸盘轴向压缩变形 Δz 与压缩力 F_{N} 之间存在良好的线性关系，其线性方程为

$$F_{\mathrm{N}} = 0.406\Delta z \quad (0 \leqslant \Delta z \leqslant 7.2\mathrm{mm}) \tag{7.25}$$

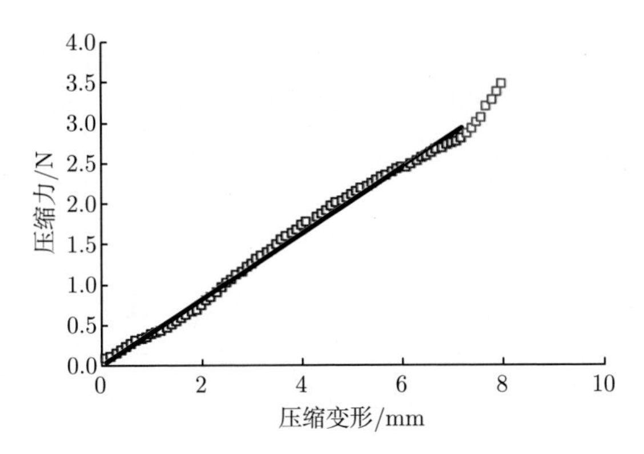

图 7.11 真空吸盘压缩力–压缩变形关系

拟合优度 R^2 达 0.9947。由此可得真空吸盘的弹性系数。但是，在压缩变形接近其最大可压缩行程时，压缩力急剧上升，其原因应是由于试验中存在吸盘压缩变形的初始位置误差，吸盘在接近最大压缩行程时已由轴向弹性变形接近刚性变形。

7.3.3 树上果实吸持拉动的效应分析

1. 吸持力–拉力关系与吸盘变形量–拉动距离差异

由式 (7.4)，是由于吸力 F_s 和拉力 F_p 的差异将导致吸盘产生变形 Δz，将 Δz_0, Φ_e, Φ 和 k_p 代入式 (7.6) 和式 (7.7)，分别得到吸力 F_s 和 Δz、拉力 F_p 和 Δz 之间的关系 (图 7.12)。

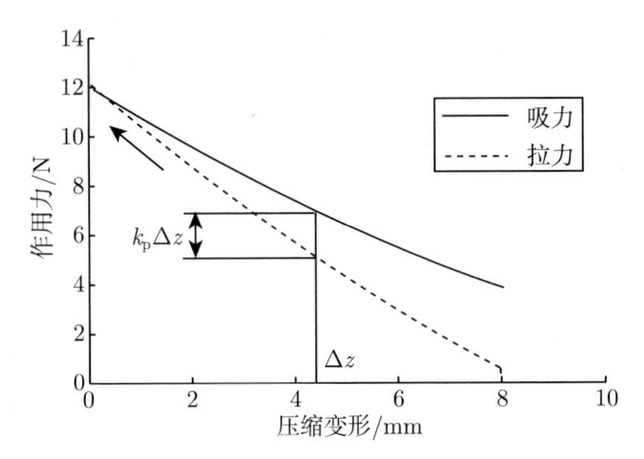

图 7.12 吸盘对果实的吸力与吸盘所受拉力关系曲线

由图 7.12，吸盘的最大变形发生于吸持拉动初期。初始变形将导致果实的初始位移 x_0，根据式 (7.24)，该初始位移 x_0 将导致初始的拉力 F_{p0}。但是该初始位移 x_0 不足以将目标果实从果束中拉离。

随着果实被吸持拉动的进行，拉力 F_p 将不断增大，同时吸力 F_s 也将逐步增加但增速较缓，故而拉力 F_p 和吸力 F_s 间的差距不断变小，吸盘的变形逐步恢复，并导致吸盘变形和拉动距离之间的差异：

$$s = x - \Delta z \ (\Delta z \geqslant 0) \tag{7.26}$$

式中，s 为吸盘的移动距离，是机器人采摘中的控制变量 (mm)。

当拉力 F_p 与吸力 F_s 达到相同时，吸盘的轴向变形 Δz 变为 0，也同时意味着吸盘密封面与果实表面脱开。在该移动距离上的吸力 F_s 即为拉脱力 $[F_s]$:

$$[F_s] = F_p|_{\Delta z=0} = \frac{\pi|\Delta p_u|}{4\times 10^3}\varPhi_e^2 \tag{7.27}$$

因此，要保证树上果实吸持拉动过程中吸盘与果实不意外脱开，拉力 F_p 应始终小于吸力 F_s。

2. 果实许可吸持拉动距离与拉动作业

1) 几何最大许可水平拉动距离

果实许可被吸持并水平拉动的距离同时受到几何和力学因素的限制。试验发现，在果实吸持拉动过程中会同时出现三种现象。

(1) 吸盘的密封唇沿着果实表面滑动；

(2) 吸盘的密封唇倾斜以适应果实表面；

(3) 吸盘的轴线弯曲以保持吸盘密封唇与果实表面间的接触。

如忽略吸盘的轴线弯曲，当果实中心超出吸盘竖直方向的有效直径范围时，吸盘将难以继续吸持果实 (图 7.13)，故有

$$y_{\max} = \frac{\varPhi_e}{2} \tag{7.28}$$

式中，$y_{\max}$ 为果实最大许可被吸持拉动的竖直距离 (mm)。

因此，由图 7.13 几何关系可得到几何学最大许可水平拉动距离为

$$[x_g] = (L+R)\left(\sqrt{1-\left(\cos\alpha_0 - \frac{R-\varPhi_e/2}{L+R}\right)^2} - \sin\alpha_0\right) \tag{7.29}$$

2) 力学最大许可水平拉动距离

由式 (7.24) 和图 7.12，由拉力 F_p 不能超过吸力 F_s 的力学限制，决定了果实的力学最大许可水平拉动距离 $[x_m]$。几何学和力学的许可水平拉动距离都必须满足机器人采摘的实际需要。通过式 (7.24) 和式 (7.29) 的计算可以得到如下结论。

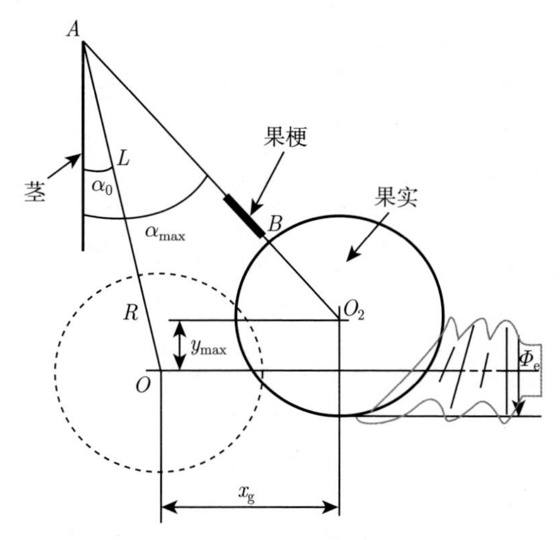

图 7.13 果实理论最大可被吸持拉动距离

(1) 如图 7.14 所示，随着果梗长度的增加，几何学和力学的许可水平拉动距离 $[x_g]$ 和 $[x_m]$ 都相应增大，表明较长果梗的果实更易于被吸持拉动。同时，果梗长度对力学的许可水平拉动距离 $[x_m]$ 的影响更大，因而较短果梗的果实需要更高的真空度来完成吸持拉动。

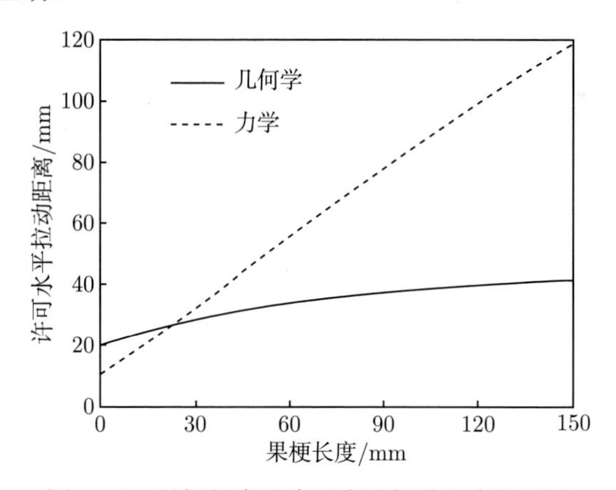

图 7.14 果梗长度对许可水平拉动距离的影响

(2) 如图 7.15 所示，随着果实尺寸的增大，几何学的许可水平拉动距离 $[x_g]$ 增加，而力学的许可水平拉动距离 $[x_m]$ 呈先增后减趋势，这是由于果实尺寸增加的同时其质量也相应增加。因此，对过小果实和过大果实，真空吸持拉动的失败概率都会更高。

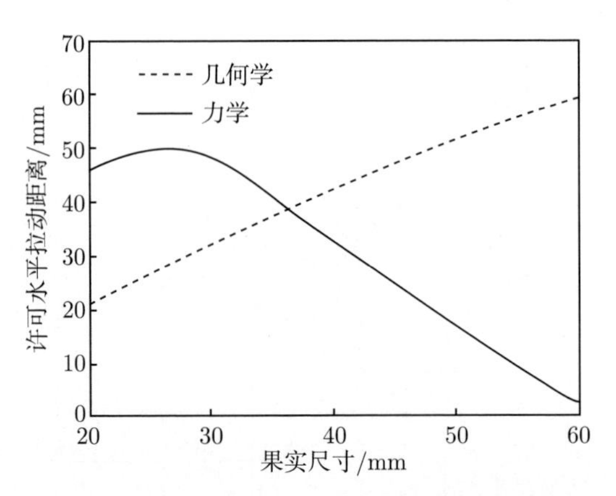

图 7.15　果实尺寸对许可水平拉动距离的影响

(3) 如图 7.16 所示，对理想球形果实而言，吸盘的尺寸越大，几何学的许可水平拉动距离 $[x_{\mathrm{g}}]$ 越小，而力学的许可水平拉动距离 $[x_{\mathrm{m}}]$ 则显著增加。同时对特定吸盘而言，对象的表面最小曲率半径非常关键，因而最小吸盘尺寸必须根据特定果实品种的尺寸统计规律来确定，在此基础上需根据吸持拉动的成功概率来最终确定吸盘的尺寸。

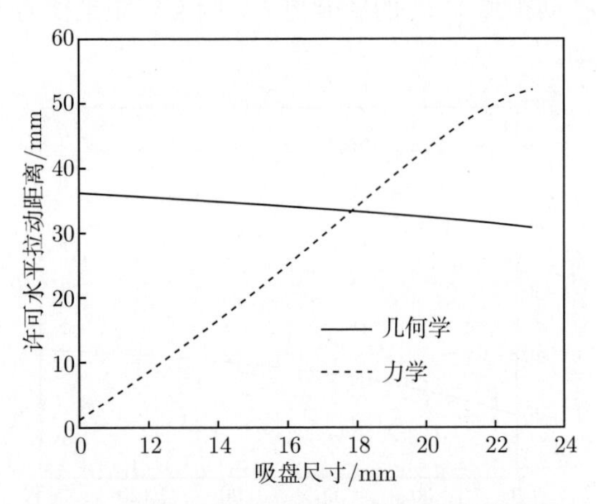

图 7.16　吸盘尺寸对许可水平拉动距离的影响

3) 低速与快速作业中的真空度与拉力规律

(1) 不同拉动距离下静态拉力与真空度阈值的正态分布。低速的吸持拉动作业可视为静态过程。其吸持拉力 F_{p0} 由式 (7.24) 确定。由式 (7.24) 可以发现，F_{p0} 除了与吸持拉动距离 H 相关外，还受到弯曲弹性系数 k、果实大小 R、果实质量 G、梗长 L 及初始位置 α_0 等多种因素的影响。为分析多种因素综合作用下吸持拉力的分布规律，对特定的吸持拉动距离 x，将 k_0、R、G、L、α_0 分别作为正态分布数列

代入式 (7.24)，获得拉动距离 x 分别为 5mm、10mm、15mm、20mm、25mm、30mm 下的拉力数列 F_{p0} 仍然遵从正态分布规律 (图 7.17)。

可以发现，所有概率密度曲线并非对称 (图 7.17(a))，而累积概率密度曲线则反映了一定静拉力 F_{p0} 下果实吸持拉动作业的成功率 (图 7.17(b))。可以看出，对同一吸持拉动距离，静拉力越大，成功吸持拉动的概率越高；而吸持拉动距离越大，要达到一定吸持拉动成功率所需的静拉力也越大。更高的吸持拉动成功率需要足够的静态拉力 F_{p0} 来保证，3.0N 的静态拉力能够保证吸持拉动距离 30mm 的成功率达到 98%。

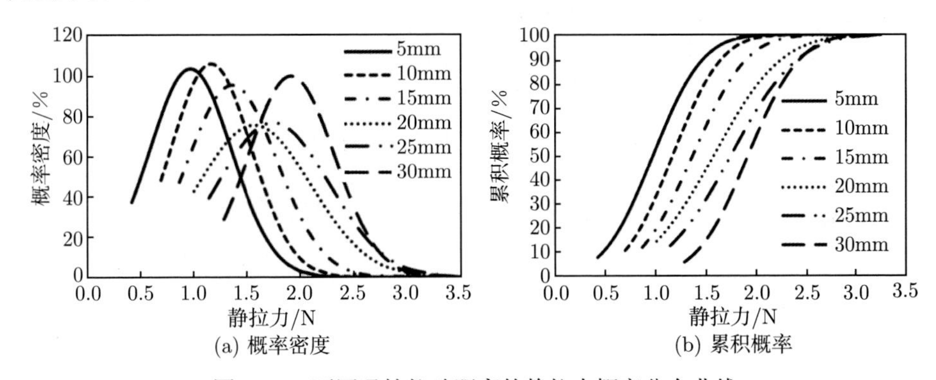

(a) 概率密度 (b) 累积概率

图 7.17 不同吸持拉动距离的静拉力概率分布曲线

由式 (7.13)，当吸盘压缩变形恢复为 0 时，即 $\Delta z=0$，吸盘与果实接触面上的压强变为 0，吸盘与果实脱离。

则由式 (7.24)，满足吸持拉动距离 x 需要的真空度阈值 $[\Delta p_{\mathrm{u}}]$ 为

$$[\Delta p_{\mathrm{u}}]=-\frac{1000\left\{Gx+G(L+R)\sin\alpha_0+k_0\left[\arcsin\left(\dfrac{x}{L+R}+\sin\alpha_0\right)-\alpha_0\right]\right\}}{64\pi(L+R)\cos\alpha_0}$$

$$(\Delta p_{\mathrm{u0}}>-89.4\mathrm{kPa}) \tag{7.30}$$

如图 7.18 所示，对特定的吸持拉动距离，真空度越高，其吸持拉动的成功率越高；反之，吸持拉动的距离越大，满足一定吸持拉动成功率所要求的真空度也越高。但在番茄尺寸未形成对被吸持拉动距离限制的前提下，拉力只需达到 3.2N，真空度只需达到 16%，即可保证几乎 100%的番茄果实成功实现被吸持拉动 30mm。

(2) 快速吸持拉动作业的真空度阈值。在快速吸持拉动作业的初始阶段具有较大的加速度以快速启动，同时在其结束阶段也具有较大的负加速度来实现快速减速。因此有

$$F_{\mathrm{p}}'(x) = F_{\mathrm{p}} \pm F_{\mathrm{p}}(a) \tag{7.31}$$

式中，$F_{\mathrm{p}}'(x)$ 为快速作业的拉力 (N)；a 为水平方向的果实加速度 ($\mathrm{mm/s^2}$)；$F_{\mathrm{p}}(a)$ 为获得加速度 a 所需施加的额外拉力 (N)。

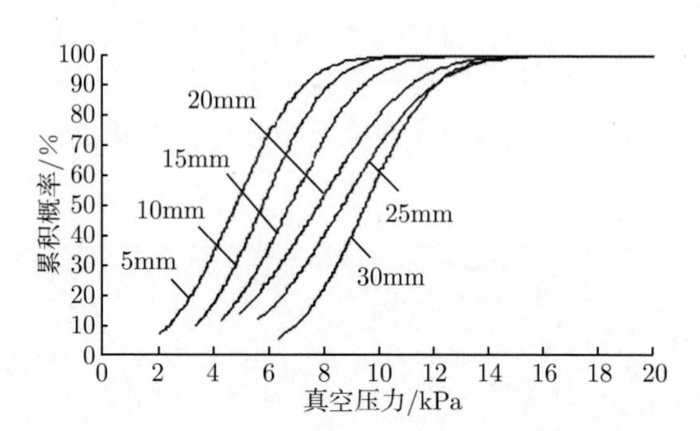

图 7.18　不同吸持拉动距离的真空压力阈值正态分布图

根据牛顿第二定律，$F_{\mathrm{p}}(a)$ 为果实的质量 m 和加速度 a 的乘积，和加速度成正比。以直线加减速度规律为例，有

$$F_{\mathrm{p}}'(x) = \begin{cases} F_{\mathrm{p}} + ma_0 \\ F_{\mathrm{p}} \\ F_{\mathrm{p}} - ma_0 \end{cases} \tag{7.32}$$

式中，a_0 为恒定加速度的绝对值。

为避免吸持拉动中的果实–吸盘意外脱离，拉力 $F_{\mathrm{p}}'(x)$ 不能超过吸盘拉脱力 $[F_{\mathrm{s}}]$:

$$F_{\mathrm{p}}'(x) \leqslant [F_{\mathrm{s}}] \tag{7.33}$$

因此，必须提供足够的真空度以保证吸力。根据式 (7.27) 有真空度阈值

$$|[\Delta p_{\mathrm{u}}(x)]| = \frac{4[F_{\mathrm{s}}]}{\pi \varPhi_{\mathrm{e}}^2} \tag{7.34}$$

式中，$[\Delta p_{\mathrm{u}}(x)]$ 为由水平吸持拉动距离 x 所决定的真空度阈值 (kPa)。

将式 (7.24)、式 (7.32)~ 式 (7.34) 联立计算可得果实水平吸持拉动的真空度阈值曲线 (图 7.19)。如图所示，在初始加速阶段，静态拉力 F_{p} 很小，但快速作业的拉力 $F_{\mathrm{p}}'(x)$ 和相应真空度阈值 $[\Delta p_{\mathrm{u}}(x)]$ 却出现极大的峰值。容易理解，快速作业中的这一特殊现象将可能导致果实与吸盘的意外脱离。

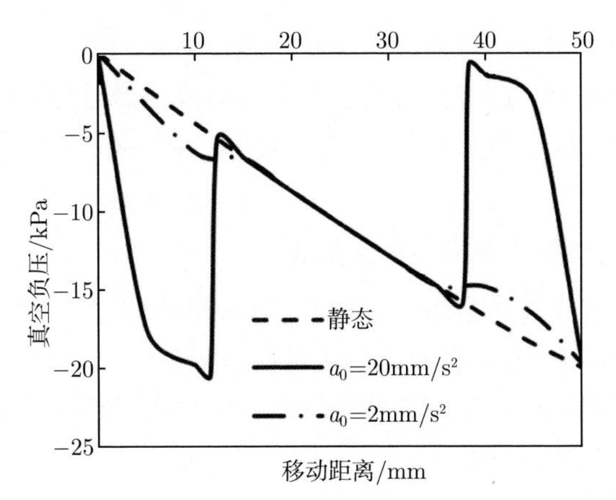

图 7.19 果实吸持拉动的真空负压

(R = 30 mm, L = 50 mm, G = 2 N, α_0= 20 rad)

7.4 树上果实吸持拉动的概率模型

7.4.1 果实吸持拉动的夹持干涉率与成功率 [238]

在未采摘前，番茄每穗通常生长有 3~5 个果实 (图 7.20)，真空吸持系统通过将果实吸持拉动一定距离，避开同一果穗中相邻果实对手指夹持运动的阻碍，避免手指对同一果穗中相邻果实的碰伤，满足成功夹持的需要。其作业成功的关键，在于吸持拉动距离能否达到避免夹持过程中手指与相邻果实相碰的目标。

(a) 3果 (b) 4果 (c) 5果

图 7.20 番茄果实的成穗生长

同时，吸持拉动距离越大，所需的吸盘吸力和齿条拉力越大，意味着所需真空度和维持真空度的能耗越高，对电机的能耗也越大，同时有可能出现果实与吸盘的脱离、电机过载等意外情况。因此，根据实际需要，确定适宜的吸持拉动距离，对于保证采摘成功率和降低能耗具有关键性的影响。

作为番茄采摘机器人末端执行器的一部分，真空吸持系统的作用通过提供辅助的吸持拉动动作，避免夹持时同一果穗中相邻果实的干涉，从而为番茄果实的成功夹持提供良好条件。其中夹持成功率为末端执行器避免夹持干涉实现成功夹持的比率，是成功完成吸持拉动作业和由此而避免夹持干涉两环节成功率的综合表征。

7.4.2 不同采摘轮次的每穗果实数目比重

当每个果穗中果实的数量越多，夹持过程的障碍越多，成功夹持的难度加大。在不同采摘轮次中，不同果实数果穗的比重在不断变化，成功夹持的难度也在不断变化，果实实际需要被真空吸持系统吸持拉动的距离必须保证手指对果实的成功夹持率达到生产所需的较高水平。

研究首先进行以下假设：

(1) 番茄每穗生长 3 只番茄、4 只番茄、5 只番茄的概率相同；

(2) 每一番茄达到采摘期并被采摘的概率相同。

1. 第 1 采摘轮次的每穗果实数目比重

初次采摘时，每穗 3 果、4 果和 5 果的概率分别为 1/3。

2. 第 2 采摘轮次的每穗果实数目比重

随着果实的不断成熟和被采摘，单果、双果出现且比重逐渐增加，而 5 果、4 果和 3 果的比重则在不断发生变化。

(1) 5 果中，各果在第 1 轮次中被采的概率相同，则在第 2 轮次采摘前仍为 5 果的概率为

$$\frac{1}{3}\cdot\frac{1}{6}=5.6\%$$

(2) 4 果的概率为保持 4 果和 5 果变为 4 果的概率之和：

$$\frac{1}{3}\cdot\frac{1}{5}+\frac{1}{3}\cdot\frac{1}{6}=12.2\%$$

(3) 同理，3 果的概率为保持 3 果、4 果变为 3 果、5 果变为 3 果的概率之和：

$$\frac{1}{3}\cdot\frac{1}{4}+\frac{1}{3}\cdot\frac{1}{5}+\frac{1}{3}\cdot\frac{1}{6}=20.6\%$$

(4) 双果的概率为 3 果变为双果、4 果变为双果、5 果变为双果的概率之和：

$$\frac{1}{3}\cdot\frac{1}{4}+\frac{1}{3}\cdot\frac{1}{5}+\frac{1}{3}\cdot\frac{1}{6}=20.6\%$$

(5) 单果的概率为 3 果变为单果、4 果变为单果、5 果变为单果的概率之和：

$$\frac{1}{3}\cdot\frac{1}{4}+\frac{1}{3}\cdot\frac{1}{5}+\frac{1}{3}\cdot\frac{1}{6}=20.6\%$$

同时，经过第 1 轮采摘后，采摘完成使每穗为 0 果实的概率为 3 果、4 果、5 果采摘完成的概率之和

$$\frac{1}{3}\cdot\frac{1}{4}+\frac{1}{3}\cdot\frac{1}{5}+\frac{1}{3}\cdot\frac{1}{6}=20.6\%$$

则在未完成采摘的果穗中，单果、双果、3 果、4 果和 5 果的比重分别为

(1) 单果、双果和 3 果：$\dfrac{20.6\%}{1-20.6\%}=25.9\%$；

(2) 4 果：$\dfrac{12.2\%}{1-20.6\%}=15.4\%$；

(3) 5 果：$\dfrac{5.6\%}{1-20.6\%}=7.0\%$。

3. 第 3 采摘轮次的每穗果实数目比重

在第 3 轮次采摘前，5 果 ~ 单果果穗的概率分别为

(1) 5 果：$7.0\%\cdot\dfrac{1}{6}$=1.2%；

(2) 4 果：$7.0\%\cdot\dfrac{1}{6}+15.4\%\cdot\dfrac{1}{5}=4.2\%$；

(3) 3 果：$7.0\%\cdot\dfrac{1}{6}+15.4\%\cdot\dfrac{1}{5}+25.9\%\cdot\dfrac{1}{4}=10.7\%$；

(4) 双果：$7.0\%\cdot\dfrac{1}{6}+15.4\%\cdot\dfrac{1}{5}+25.9\%\cdot\dfrac{1}{4}+25.9\%\cdot\dfrac{1}{3}=19.3\%$；

(5) 单果：$7.0\%\cdot\dfrac{1}{6}+15.4\%\cdot\dfrac{1}{5}+25.9\%\cdot\dfrac{1}{4}+25.9\%\cdot\dfrac{1}{3}+25.9\%\cdot\dfrac{1}{2}=32.3\%$。

而上轮次中采摘完成的概率亦为 32.3%，故在本轮次开始采摘前，5 果 ~ 单果果穗的比重分别为

(1) 5 果：$\dfrac{1.2\%}{1-32.3\%}=1.7\%$；

(2) 4 果：$\dfrac{4.2\%}{1-32.3\%}=6.3\%$；

(3) 3 果：$\dfrac{10.7\%}{1-32.3\%}=15.8\%$；

(4) 双果：$\dfrac{19.3\%}{1-32.3\%}=28.5\%$；

(5) 单果：$\dfrac{32.3\%}{1-32.3\%}=47.7\%$。

类似可以得到其他采摘轮次的每穗果实数目比重。不同采摘轮次的每穗果实数目比重如表 7.4 所示。

表 7.4　不同采摘轮次的每穗果实数目比重

采摘轮次	单果	双果	3 果	4 果	5 果
1	0	0	33.3%	33.3%	33.3%
2	25.9%	25.9%	25.9%	15.4%	7.0%
3	47.7%	28.5%	15.8%	6.3%	1.7%
4	63.5%	24.5%	9.0%	2.5%	0.5%
5	74.7%	19.2%	4.9%	1.0%	0.1%
6	82.5%	14.4%	2.7%	0.4%	0.05%

7.4.3　不同每穗果实数目所需拉动距离及其概率

当每穗仅有 1 个果实时，夹持过程不会产生相邻果实的干涉问题，而双果、3 果、4 果和 5 果情况下，可以简化为各果赤道位于同一平面的平面问题进行分析。为保证夹持果实时手指前端不会触碰到相邻果实，必须根据已知手指结构尺寸和果实的尺寸范围，确定果实需要被吸持拉动的距离。

1) 双果同面

如图 7.21 所示，图中，a 为吸持拉动后目标果实形心到相邻果实的轴向距离 (mm)；c 为吸持拉动前目标果实形心到相邻果实的轴向距离 (mm)；$x_{\min}$ 为理论最小吸持拉动距离 (mm)，根据图 7.21，有

$$x_{\min} = a - c \tag{7.35}$$

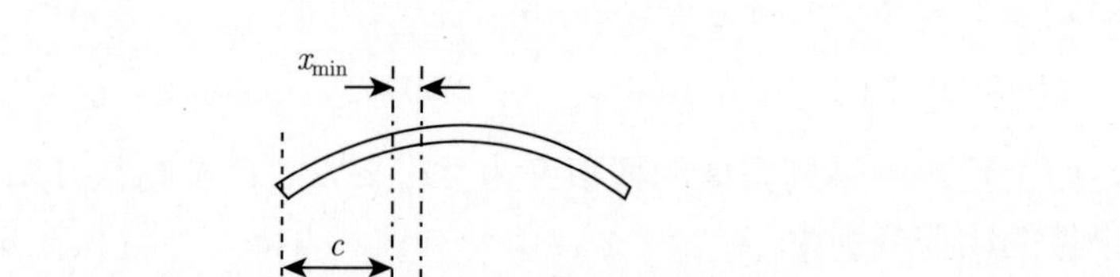

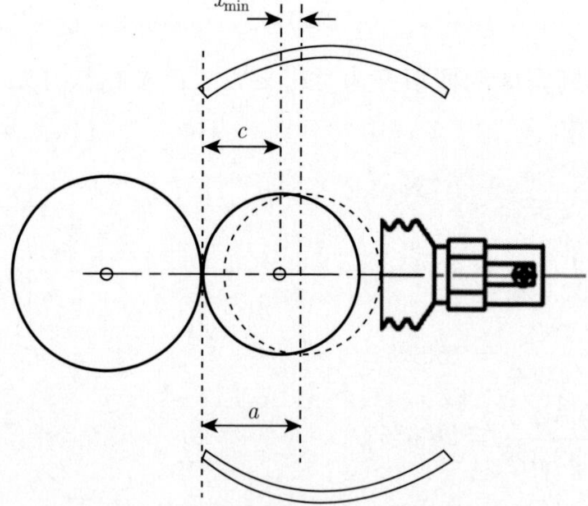

图 7.21　双果同面情况下的尺寸参数关系

当果实被吸持拉动到其形心到达手指弧面的对称中心时，手指完成对果实的夹持。当夹持时，手指前端沿末端执行器轴向刚好到达相邻果实时，即 a 刚好等于

手指前端到手指中心的轴向距离时，目标果实所需被吸持拉动距离为最小。根据设计参数已知手指前端到手指中心的轴向距离为 26.3mm，即 a=26.3mm。

在双果同面时，c 等于目标果实的半径。已知 95%番茄果实的半径在 25~45mm，则理论最小吸持拉动距离 $H_{\min}$ 的取值范围为 −18.7~1.3mm。则双果同面时只需 1.3mm 拉动距离即可满足成功夹持的需要。

双果采摘中，将实需吸持拉动距离视为均匀分布，则由于实际吸持拉动距离 H_0 偏小而造成夹持干涉的可能的概率 p_2 为

$$p_2 = \begin{cases} \dfrac{1.3 - x_0}{1.3 + 18.7} & (0 \leqslant x_0 < 1.3\text{mm}) \\ 0 & (x_0 \geqslant 1.3\text{mm}) \end{cases} \tag{7.36}$$

2) 3 果同面

如图 7.22 所示，根据几何关系，3 果同面时有

$$\begin{aligned} &\arcsin \frac{R_1 + c}{R_1 + R} + \arcsin \frac{R_2 + c}{R_2 + R} \\ &+ \arccos \frac{(R_1 + R)^2 + (R_2 + R)^2 - (R_1 + R_2)^2}{2(R_1 + R)(R_2 + R)} = \pi \end{aligned} \tag{7.37}$$

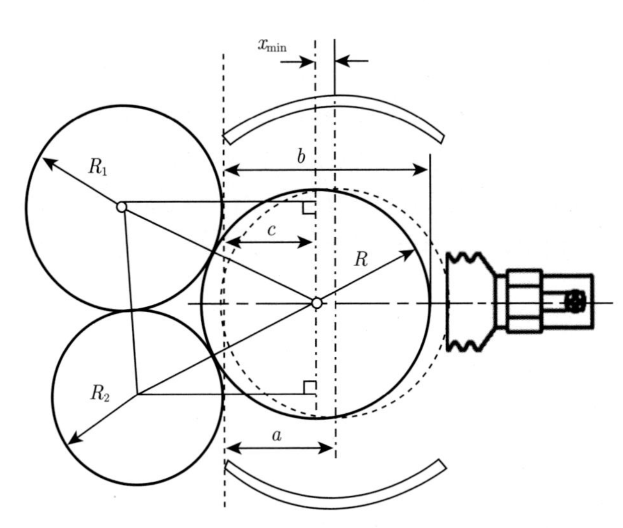

图 7.22 3 果同面情况下的尺寸参数关系

以 95%果实的极限尺寸进行理论实需吸持拉动距离的计算。果实在 3 果同面情况下，相邻果实与目标果实的极限尺寸具有 2^3=8 种组合关系，每一组合可能下的 c 值可由式 (7.37) 得到，则由式 (7.35) 可得各种可能下的 $x_{\min}$(表 7.5)。

由表 7.5 可以看出，仅在目标果实较小，而相邻果实极大的情况下，才需要拉动一定行程。3 果同面时最大仅需要拉动 17.68mm。

如果在采摘作业时，实际吸持拉动距离为 x_0，在 3 果采摘中，将实需吸持拉动距离视为均匀分布，则由于吸持拉动距离偏小而造成夹持干涉的可能的概率 p_3 为

$$p_3 = \begin{cases} \dfrac{17.68 - x_0}{17.68 + 14.09} & (0 \leqslant x_0 < 17.68\text{mm}) \\ 0 & (x_0 \geqslant 17.68\text{mm}) \end{cases} \tag{7.38}$$

表 7.5　3 果同面情况下的不同果实极限尺寸组合及其所需吸持拉动距离

(单位：mm)

序号	R_1	R_2	R	c	$x_{\min}$
1	25	25	25	15.30	11.00
2	25	45	25	14.66	11.65
3	25	45	45	37.60	−11.30
4	25	25	45	40.39	−14.09
5	45	45	45	32.94	−6.64
6	45	25	45	37.60	−11.30
7	45	25	25	14.66	11.65
8	45	45	25	8.62	17.68

3) 4 果同面

如图 7.23 所示，4 果同面时，95%番茄果实的极限尺寸具有 2^4=16 种组合关系，最小吸持拉动距离可由几何关系得到，但其解析方程式较为复杂。在 AutoCAD 环境下，根据各极限尺寸绘出几何图形 (图 7.24)，并通过 AutoCAD 的尺寸测量命令，得到尺寸 c，进而由式 (7.34) 可得各种可能下的 $x_{\min}$(表 7.6)。

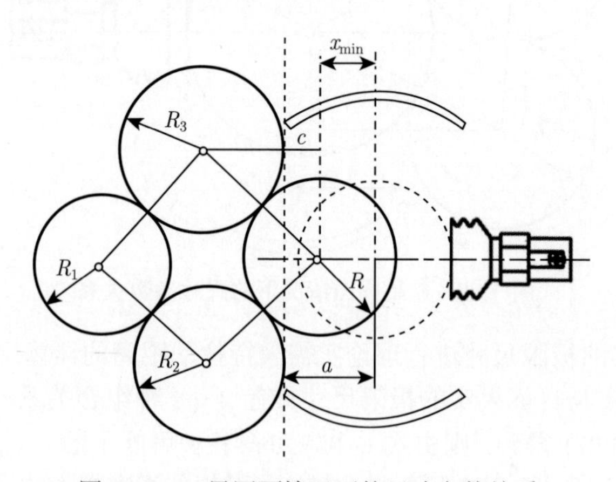

图 7.23　4 果同面情况下的尺寸参数关系

表 7.6　4 果同面情况下的不同果实极限尺寸组合及其所需吸持拉动距离

(单位：mm)

序号	R_1	R_2	R_3	R	c	$x_{\min}$
1	25	25	25	25	0~18.3	26.3~8
2	25	45	25	25	−20~1.7	46.3~24.6
3	25	25	45	25	−20~1.7	46.3~24.6
4	25	25	25	45	27.1~40.4	−0.8~−14.1
5	25	45	45	25	−20.0~25.1	46.3~1.2
6	25	45	25	45	21.0~37.6	5.3~−11.3
7	25	25	45	45	21.0~37.6	5.3~−11.3
8	25	45	45	45	12.9~32.9	13.4~−6.6
9	45	25	25	25	−7.1~18.3	33.4~8
10	45	45	25	25	−17.9~14.7	44.2~11.6
11	45	25	45	25	−17.9~14.7	44.2~11.6
12	45	25	25	45	20.0~40.4	6.3~−14.1
13	45	45	45	25	−32.9~8.6	59.2~17.7
14	45	45	25	45	11.3~37.6	15~−11.3
15	45	25	45	45	11.3~37.6	15~−11.3
16	45	45	45	45	0~33.6	26.3~−7.3

以第 8 种组合可能为例，其 c 值取值范围如图 7.24 所示确定。

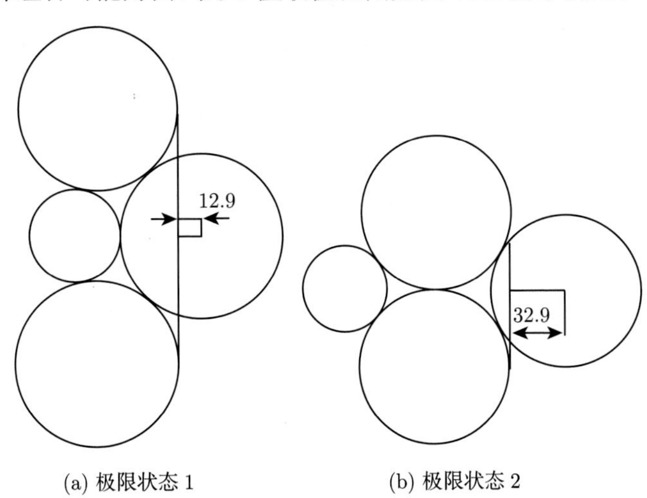

(a) 极限状态 1　　(b) 极限状态 2

图 7.24　4 果同面第 8 种组合可能的 c 值范围 (单位：mm)

4 果采摘中，将实需吸持拉动距离视为均匀分布，则由于实际吸持拉动距离 H_0 偏小而造成夹持干涉的可能的概率 p_4 为

$$p_4=\begin{cases}
\dfrac{1}{16}\cdot\left(2+1+1+\dfrac{5.3-x_0}{5.3+11.3}+\dfrac{13.4-x_0}{13.4+6.6}+1+2+\dfrac{6.3-x_0}{6.3+14.1}+1\right.\\
\quad\left.+\dfrac{15.0-x_0}{15.0+11.3}\times 2+\dfrac{26.3-x_0}{26.3+7.3}\right)\quad(0\leqslant H_0<1.2\text{mm}) & (7.39\text{a})\\
\dfrac{1}{16}\cdot\left(2+1+\dfrac{46.3-x_0}{46.3-1.2}+\dfrac{5.3-x_0}{5.3+11.3}+\dfrac{13.4-x_0}{13.4+6.6}+1+2\right.\\
\quad\left.+\dfrac{6.3-x_0}{6.3+14.1}+1+\dfrac{15.0-x_0}{15.0+11.3}\times 2+\dfrac{26.3-x_0}{26.3+7.3}\right)\\
\qquad(1.2\text{mm}\leqslant H_0<5.3\text{mm}) & (7.39\text{b})\\
\dfrac{1}{16}\cdot\left(2+1+\dfrac{46.3-x_0}{46.3-1.2}+\dfrac{13.4-x_0}{13.4+6.6}+1+2+\dfrac{6.3-x_0}{6.3+14.1}+1\right.\\
\quad\left.+\dfrac{15.0-x_0}{15.0+11.3}\times 2+\dfrac{26.3-x_0}{26.3+7.3}\right)\quad(5.3\text{mm}\leqslant H_0<6.3\text{mm}) & (7.39\text{c})\\
\dfrac{1}{16}\cdot\left(2+1+\dfrac{46.3-x_0}{46.3-1.2}+\dfrac{13.4-x_0}{13.4+6.6}+1+2+1\right.\\
\quad\left.+\dfrac{15.0-x_0}{15.0+11.3}\times 2+\dfrac{26.3-x_0}{26.3+7.3}\right)\quad(6.3\text{mm}\leqslant H_0<8.0\text{mm}) & (7.39\text{d})\\
\dfrac{1}{16}\cdot\left(2+\dfrac{26.3-x_0}{26.3-8.0}+\dfrac{46.3-x_0}{46.3-1.2}+\dfrac{13.4-x_0}{13.4+6.6}+\dfrac{33.4-x_0}{33.4-8.0}+2+1\right.\\
\quad\left.+\dfrac{15.0-x_0}{15.0+11.3}\times 2+\dfrac{26.3-x_0}{26.3+7.3}\right)\quad(8.0\text{mm}\leqslant H_0<11.6\text{mm}) & (7.39\text{e})\\
\dfrac{1}{16}\cdot\left(2+\dfrac{26.3-x_0}{26.3-8.0}+\dfrac{46.3-x_0}{46.3-1.2}+\dfrac{13.4-x_0}{13.4+6.6}+\dfrac{33.4-x_0}{33.4-8.0}\right.\\
\quad\left.+\dfrac{44.2-x_0}{44.2-11.6}\times 2+1+\dfrac{15.0-x_0}{15.0+11.3}\times 2+\dfrac{26.3-x_0}{26.3+7.3}\right)\\
\qquad(11.6\text{mm}\leqslant H_0<13.4\text{mm}) & (7.39\text{f})\\
\dfrac{1}{16}\cdot\left(2+\dfrac{26.3-x_0}{26.3-8.0}+\dfrac{46.3-x_0}{46.3-1.2}+\dfrac{33.4-x_0}{33.4-8.0}+\dfrac{44.2-x_0}{44.2-11.6}\times 2+1\right.\\
\quad\left.+\dfrac{15.0-x_0}{15.0+11.3}\times 2+\dfrac{26.3-x_0}{26.3+7.3}\right)\quad(13.4\text{mm}\leqslant H_0<15\text{mm}) & (7.39\text{g})\\
\dfrac{1}{16}\cdot\left(2+\dfrac{26.3-x_0}{26.3-8.0}+\dfrac{46.3-x_0}{46.3-1.2}+\dfrac{33.4-x_0}{33.4-8.0}+\dfrac{44.2-x_0}{44.2-11.6}\times 2\right.\\
\quad\left.+1+\dfrac{26.3-x_0}{26.3+7.3}\right)\quad(15\text{mm}\leqslant H_0<17.7\text{mm}) & (7.39\text{h})\\
\dfrac{1}{16}\cdot\left(2+\dfrac{26.3-x_0}{26.3-8.0}+\dfrac{46.3-x_0}{46.3-1.2}+\dfrac{33.4-x_0}{33.4-8.0}+\dfrac{44.2-x_0}{44.2-11.6}\times 2\right.\\
\quad\left.+\dfrac{59.2-x_0}{59.2-17.7}+\dfrac{26.3-x_0}{26.3+7.3}\right)\quad(17.7\text{mm}\leqslant H_0<24.6\text{mm}) & (7.39\text{i})\\
\dfrac{1}{16}\cdot\left(\dfrac{46.3-x_0}{46.3-24.6}\cdot 2+\dfrac{26.3-x_0}{26.3-8.0}+\dfrac{46.3-x_0}{46.3-1.2}+\dfrac{33.4-x_0}{33.4-8.0}+\dfrac{44.2-x_0}{44.2-11.6}\right.\\
\quad\left.\cdot 2+\dfrac{59.2-x_0}{59.2-17.7}+\dfrac{26.3-x_0}{26.3+7.3}\right)\quad(24.6\text{mm}\leqslant H_0<26.3\text{mm}) & (7.39\text{j})
\end{cases}$$

$$
\begin{cases}
\dfrac{1}{16}\cdot\left(\dfrac{46.3-x_0}{46.3-24.6}\cdot 2+\dfrac{46.3-x_0}{46.3-1.2}+\dfrac{33.4-x_0}{33.4-8.0}+\dfrac{44.2-x_0}{44.2-11.6}\cdot 2+\dfrac{59.2-x_0}{59.2-17.7}\right) \\
\qquad (26.3\text{mm}\leqslant H_0<33.4\text{mm}) \qquad (7.39\text{k}) \\
\dfrac{1}{16}\cdot\left(\dfrac{46.3-x_0}{46.3-24.6}\cdot 2+\dfrac{46.3-x_0}{46.3-1.2}+\dfrac{44.2-x_0}{44.2-11.6}\cdot 2+\dfrac{59.2-x_0}{59.2-17.7}\right) \\
\qquad (33.4\text{mm}\leqslant H_0<44.2\text{mm}) \qquad (7.39\text{l}) \\
\dfrac{1}{16}\cdot\left(\dfrac{46.3-x_0}{46.3-24.6}\cdot 2+\dfrac{46.3-x_0}{46.3-1.2}+\dfrac{59.2-x_0}{59.2-17.7}\right) \\
\qquad (44.2\text{mm}\leqslant H_0<46.3\text{mm}) \qquad (7.39\text{m}) \\
\dfrac{1}{16}\cdot\dfrac{59.2-x_0}{59.2-22.7} \quad (46.3\text{mm}\leqslant H_0<59.2\text{mm}) \qquad (7.39\text{n}) \\
0 \quad (H_0\geqslant 59.2\text{mm}) \qquad (7.39\text{o})
\end{cases}
$$

4) 5 果同面

如图 7.25 所示，5 果同面时，95%番茄果实的极限尺寸具有 2^5=32 种组合关系，同样在 AutoCAD 环境下，得到尺寸 c，进而由式 (7.34) 可得各种可能下的 $x_{\min}$(表 7.7)。

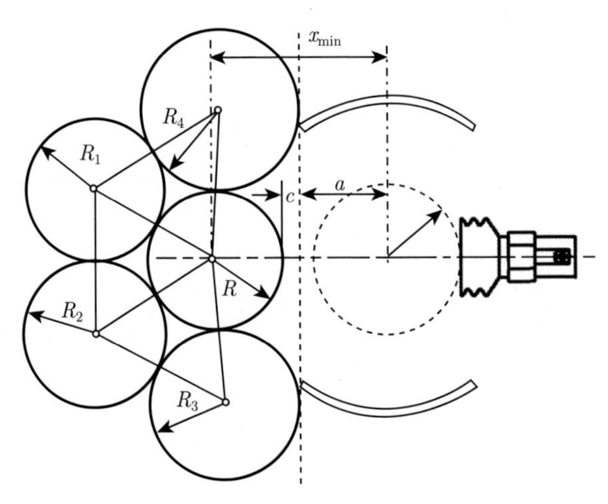

图 7.25 5 果同面情况下的尺寸参数关系

表 7.7 5 果同面情况下的不同果实极限尺寸组合及其所需吸持拉动距离

(单位：mm)

序号	R_1	R_2	R_3	R_4	R	c	$x_{\min}$
1	25	25	25	25	52	25~0	1.3~26.3
2	25	45	25	25	25	18.3~−32.9	8.0~59.2
3	25	25	45	25	25		
4	25	25	25	45	25		
5	45	25	25	25	25		
6	25	25	25	25	45	40.4~7.0	−14.1~19.3

续表

序号	R_1	R_2	R_3	R_4	R	c	$x_{\min}$
7	25	45	45	25	25	14.7～−56.1	11.6～82.4
8	25	25	45	45	25		
9	25	45	25	45	25		
10	45	25	25	45	25		
11	45	45	25	25	25		
12	45	25	45	25	25		
13	25	25	25	45	45	40.4～−2.1	−14.1～28.4
14	25	45	25	25	45		
15	25	25	45	25	45		
16	45	25	25	25	45		
17	25	25	45	45	45	37.6～−15.6	−11.3～41.9
18	25	45	25	45	45		
19	25	45	45	25	45		
20	45	25	45	25	45		
21	45	25	25	45	45		
22	45	45	25	25	45		
23	25	45	45	45	25	8.6～−67.9	17.7～94.2
24	45	45	45	25	25		
25	45	25	45	45	25		
26	45	45	25	45	25		
27	25	45	45	45	45	37.6～−26.9	−11.3～53.2
28	45	25	45	45	45		
29	45	45	25	45	45		
30	45	45	45	25	45		
31	45	45	45	45	25	8.6～−80	17.7～106.3
32	45	45	45	45	45	45～0	−18.7～26.3

以第 7～12 种组合可能为例，其 c 值取值范围由图 7.26 确定。

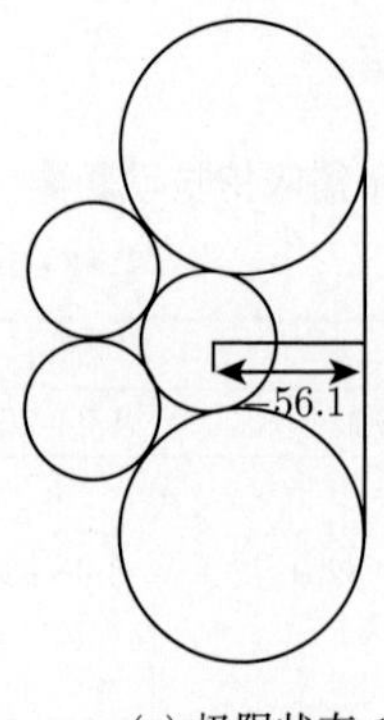

(a) 极限状态 1

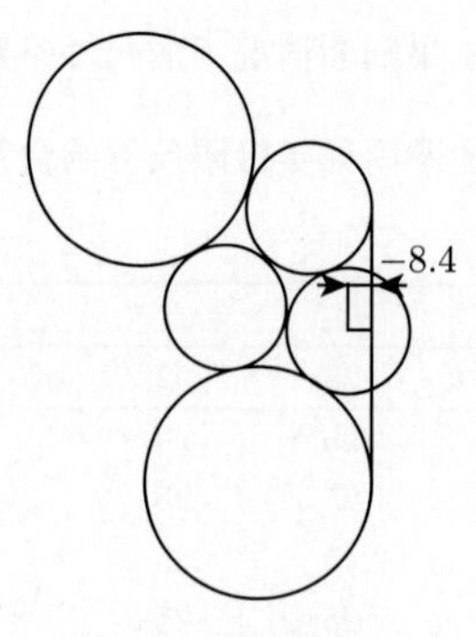

(b) 极限状态 2

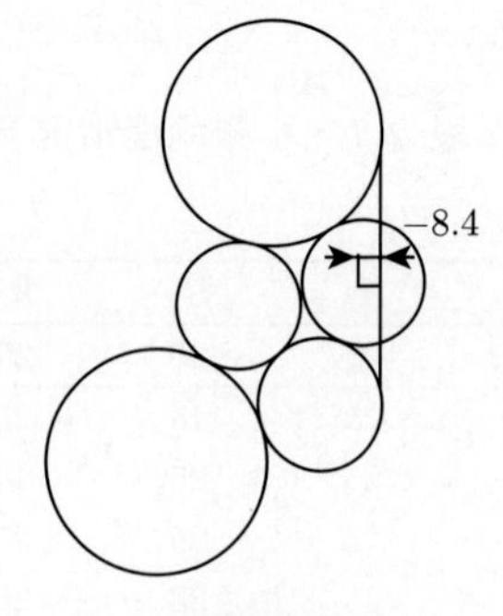

(c) 极限状态 3

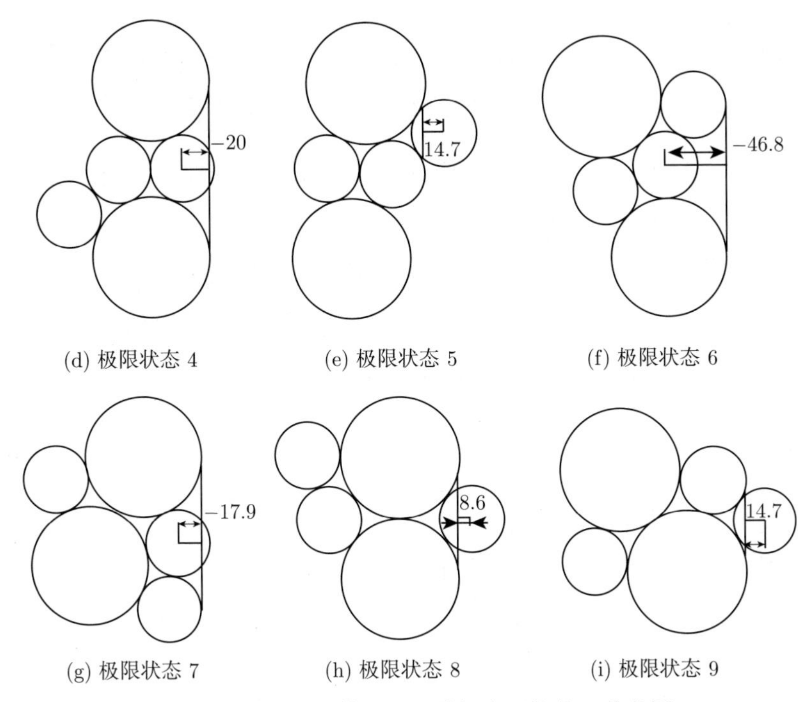

(d) 极限状态 4　(e) 极限状态 5　(f) 极限状态 6

(g) 极限状态 7　(h) 极限状态 8　(i) 极限状态 9

图 7.26 5 果同面第 7~12 种组合可能的 c 值范围

5 果采摘中，将实需吸持拉动距离视为均匀分布，则由于实际吸持拉动距离 x_0 偏小而造成夹持干涉的可能的概率 p_5 为

$$p_5=\begin{cases}\dfrac{1}{32}\left(1+4+\dfrac{19.3-x_0}{19.3+14.1}+6+\dfrac{28.4-x_0}{28.4+14.1}\cdot 4+\dfrac{41.9-x_0}{41.9+11.3}\cdot 6+4\right.\\ \qquad\left.+\dfrac{53.2-x_0}{53.2+11.3}\cdot 4+1\right)\quad (0\leqslant x_0<1.3\text{mm}) & (7.40\text{a})\\ \dfrac{1}{32}\left(\dfrac{26.3-x_0}{26.3-1.3}+4+\dfrac{19.3-x_0}{19.3+14.1}+6+\dfrac{28.4-x_0}{28.4+14.1}\cdot 4+\dfrac{41.9-x_0}{41.9+11.3}\right.\\ \qquad\left.\cdot 6+4+\dfrac{53.2-x_0}{53.2+11.3}\cdot 4+1\right)\quad (1.3\text{mm}\leqslant x_0<8.0\text{mm}) & (7.40\text{b})\\ \dfrac{1}{32}\left(\dfrac{26.3-x_0}{26.3-1.3}+\dfrac{59.2-x_0}{59.2-8.0}\cdot 4+\dfrac{19.3-x_0}{19.3+14.1}+6+\dfrac{28.4-x_0}{28.4+14.1}\right.\\ \qquad\left.\cdot 4+\dfrac{41.9-x_0}{41.9+11.3}\cdot 6+4+\dfrac{53.2-x_0}{53.2+11.3}\cdot 4+1\right)\\ \qquad\qquad (8.0\text{mm}\leqslant x_0<11.6\text{mm}) & (7.40\text{c})\\ \dfrac{1}{32}\left(\dfrac{26.3-x_0}{26.3-1.3}+\dfrac{59.2-x_0}{59.2-8.0}\cdot 4+\dfrac{19.3-x_0}{19.3+14.1}+\dfrac{82.4-x_0}{82.4-11.6}\cdot 6+\dfrac{28.4-x_0}{28.4+14.1}\right.\\ \qquad\left.\cdot 4+\dfrac{41.9-x_0}{41.9+11.3}\cdot 6+4+\dfrac{53.2-x_0}{53.2+11.3}\cdot 4+1\right)\\ \qquad\qquad (11.6\text{mm}\leqslant x_0<17.7\text{mm}) & (7.40\text{d})\end{cases}$$

$$
p_5=\begin{cases}
\dfrac{1}{32}\left(\dfrac{26.3-x_0}{26.3-1.3}+\dfrac{59.2-x_0}{59.2-8.0}\cdot 4+\dfrac{19.3-x_0}{19.3+14.1}+\dfrac{82.4-x_0}{82.4-11.6}\cdot 6+\dfrac{28.4-x_0}{28.4+14.1}\right. \\
\quad \left.\cdot 4+\dfrac{41.9-x_0}{41.9+11.3}\cdot 6++\dfrac{94.2-x_0}{94.2-17.7}\cdot 4+\dfrac{53.2-x_0}{53.2+11.3}\cdot 4+\dfrac{106.3-x_0}{106.3-17.7}\right) \\
\qquad (17.7\text{mm}\leqslant x_0<19.3\text{mm}) \qquad (7.40\text{e}) \\
\dfrac{1}{32}\left(\dfrac{26.3-x_0}{26.3-1.3}+\dfrac{59.2-x_0}{59.2-8.0}\cdot 4+\dfrac{82.4-x_0}{82.4-11.6}\cdot 6+\dfrac{28.4-x_0}{28.4+14.1}\cdot 4\right. \\
\quad \left.+\dfrac{41.9-x_0}{41.9+11.3}\cdot 6++\dfrac{94.2-x_0}{94.2-17.7}\cdot 4+\dfrac{53.2-x_0}{53.2+11.3}\cdot 4+\dfrac{106.3-x_0}{106.3-17.7}\right) \\
\qquad (19.3\text{mm}\leqslant x_0<26.3\text{mm}) \qquad (7.40\text{f}) \\
\dfrac{1}{32}\left(\dfrac{59.2-x_0}{59.2-8.0}\cdot 4+\dfrac{82.4-x_0}{82.4-11.6}\cdot 6+\dfrac{28.4-x_0}{28.4+14.1}\right. \\
\quad \left.\cdot 4+\dfrac{41.9-x_0}{41.9+11.3}\cdot 6+\dfrac{94.2-x_0}{94.2-17.7}\cdot 4+\dfrac{53.2-x_0}{53.2+11.3}\cdot 4+\dfrac{106.3-x_0}{106.3-17.7}\right) \\
\qquad (26.3\text{mm}\leqslant x_0<28.4\text{mm}) \qquad (7.40\text{g}) \\
\dfrac{1}{32}\left(\dfrac{59.2-x_0}{59.2-8.0}\cdot 4+\dfrac{82.4-x_0}{82.4-11.6}\cdot 6+\dfrac{41.9-x_0}{41.9+11.3}\cdot 6+\dfrac{94.2-x_0}{94.2-17.7}\right. \\
\quad \left.\cdot 4+\dfrac{53.2-x_0}{53.2+11.3}\cdot 4+\dfrac{106.3-x_0}{106.3-17.7}\right) \quad (28.4\text{mm}\leqslant x_0<41.9\text{mm}) \qquad (7.40\text{h}) \\
\dfrac{1}{32}\left(\dfrac{59.2-x_0}{59.2-8.0}\cdot 4+\dfrac{82.4-x_0}{82.4-11.6}\cdot 6+\dfrac{94.2-x_0}{94.2-17.7}\cdot 4+\dfrac{53.2-x_0}{53.2+11.3}\right. \\
\quad \left.\cdot 4+\dfrac{106.3-x_0}{106.3-17.7}\right) \quad (41.9\text{mm}\leqslant x_0<53.2\text{mm}) \qquad (7.40\text{i}) \\
\dfrac{1}{32}\left(\dfrac{59.2-x_0}{59.2-8.0}\cdot 4+\dfrac{82.4-x_0}{82.4-11.6}\cdot 6+\dfrac{94.2-x_0}{94.2-17.7}\cdot 4+\dfrac{106.3-x_0}{106.3-17.7}\right) \\
\qquad (53.2\text{mm}\leqslant x_0<59.2\text{mm}) \qquad (7.40\text{j}) \\
\dfrac{1}{32}\left(\dfrac{59.2-x_0}{59.2-8.0}\cdot 4+\dfrac{94.2-x_0}{94.2-17.7}\cdot 4+\dfrac{106.3-x_0}{106.3-17.7}\right) \\
\qquad (59.2\text{mm}\leqslant x_0<82.4\text{mm}) \qquad (7.40\text{k}) \\
\dfrac{1}{32}\left(\dfrac{94.2-x_0}{94.2-17.7}\cdot 4+\dfrac{106.3-x_0}{106.3-17.7}\right) \quad (82.4\text{mm}\leqslant x_0<94.2\text{mm}) \qquad (7.40\text{l}) \\
\dfrac{1}{32}\cdot\dfrac{106.3-x_0}{106.3-17.7} \quad (94.2\text{mm}\leqslant x_0<106.3\text{mm}) \qquad (7.40\text{m}) \\
0 \quad (x_0\geqslant 106.3\text{mm}) \qquad (7.40\text{n})
\end{cases}
$$

7.4.4　实需拉动距离对夹持干涉率的理论影响

由于单果无须吸持拉动，双果仅 1.3mm 即可实现成功夹持，则在拉动距离为

H 时的夹持成功率为扣除 3 果、4 果和 5 果情况下需要 H_0 以上行程的概率

$$s_{g(i)} = w_{3(i)}p_3 + w_{4(i)}p_4 + w_{5(i)}p_5 \quad (x_0 \geqslant 15\text{mm}) \tag{7.41}$$

式中，$s_{g(i)}$ 为第 i 采摘轮次吸持拉动后的总夹持干涉率 (%)；$w_{3(i)}$、$w_{4(i)}$、$w_{5(i)}$ 分别为在第 i 采摘轮次中 3 果、4 果和 5 果的比重 (%)。

得到拉动距离与夹持干涉率的关系如图 7.27 所示。由图 7.27(a) 可以看出，当同穗的果实数量越多，夹持干涉的概率越大，避免夹持干涉所需吸持拉动距离越大。由图 7.27(b) 发现果实的吸持拉动对避免夹持干涉的作用非常明显，在第一轮次对果实直接夹持的干涉概率高达 70.3%，在第二轮次仍达到 30% 以上。通过吸持拉动一定距离，有效避免了相邻果实对夹持的干涉。而仅拉动距离 10mm，即可使第一和第二轮次的夹持干涉率分别下降为 50.8% 和 19.8%；吸持拉动 20mm 时，夹持干涉率则已分别下降为 32.2% 和 10%。同时，随着采摘轮次的增多，每穗果实的平均数量不断下降，多果的比重不断降低，夹持干涉现象将明显减少。

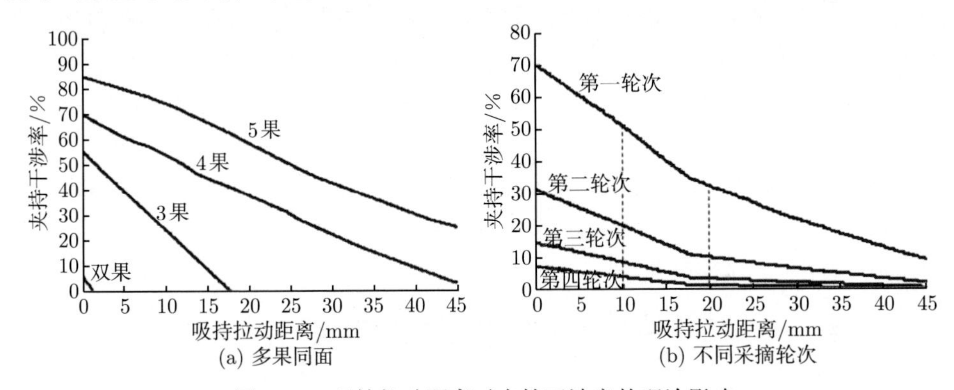

(a) 多果同面　　(b) 不同采摘轮次

图 7.27　吸持拉动距离对夹持干涉率的理论影响

实际上，由于以下因素，将使一定拉动距离时的夹持干涉率低于该理论值。

(1) 理论分析以多果同面，即简化为双果、3 果、4 果和 5 果赤道位于同一平面上的平面问题进行研究，但实际中多果赤道同面的概率极小，多数情况下各果赤道面具有一定角度和距离差异，从而使许可夹持的空间变大，使夹持成功率增加。

(2) 根据番茄的形态结构特性分析，其果实直径大小基本符合正态分布规律，即多数果实直径分布在平均值附近，在上述分析中极限尺寸下的取值范围也应呈正态分布，即吸持拉动距离在极限值附近的概率很小，由于计算量过于庞大而简化视为均匀分布所得到的夹持干涉概率 $p_i(i=3, 4, 5)$ 应超过实际干涉可能性。

7.4.5 吸持拉动距离的确定

拉动距离越大，吸持拉动后的夹持成功率越高，但吸持拉动成功率降低，实际

达到的夹持成功率为

$$s_{r(i)} = (1 - s_m) \cdot (1 - s_{g(i)}) \times 100\% \tag{7.42}$$

式中，$s_{r(i)}$ 为第 i 采摘轮次的夹持成功率 (%)；s_m 为由于番茄尺寸限制而无法成功实现预定吸持拉动目标的概率 (%)。

因而拉动距离的确定，必须综合考虑 s_g 和 s_m 的取值情况，以获得更高的实际夹持成功率。

综合式 (7.29)、式 (7.41) 和式 (7.42)，得到不同采摘轮次不同拉动距离的夹持成功率曲线 (图 7.28)。可以发现，在随着吸持拉动距离的增大，夹持成功率首先上升至一定水平，而后由于尺寸限制造成的拉动失败率，导致夹持成功率迅速下降。第一采摘轮次在吸持拉动 32~34mm 时，夹持成功率由不足 30%上升为最高 80%；第二轮次、第三轮次、第四轮次分别在吸持拉动 29~31mm、29~31mm、28~30mm 时夹持成功率达到最高。由于较前采摘轮次中每穗多果的比重较大，因而吸持拉动对夹持成功率的改善效果最为显著，且在 30mm 左右效果最为理想，而随着采摘轮次的增加，多果比重不断下降，吸持拉动 17~18mm 对夹持成功率的改善具有较明显效果，而继续增大吸持拉动距离的效果有限。如第一轮次中吸持拉动 30mm 时夹持成功率为 78.2%，比吸持拉动 20mm 的夹持成功率提高了 10.4%；而吸持拉动 20mm 时，第二轮次、第三轮次、第四轮次的夹持成功率已分别达 90.0%、96.6%和 98.8%，吸持拉动 30mm 时的夹持成功率则分别为 93.5%、97.8%和 99.2%，分别仅提高了 3.5%、1.2%和 0.4%。

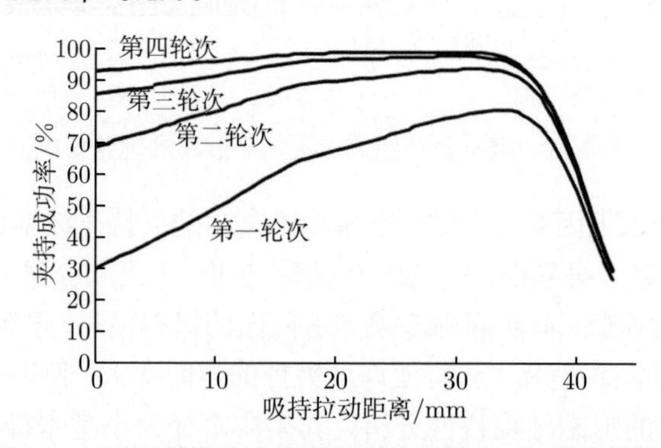

图 7.28 不同采摘轮次的实际夹持成功率–拉动距离曲线

第 8 章　机器人作业中果–梗分离方式的比较研究

8.1　概　　述

8.1.1　研究意义

机器人作业中，对果实的可靠夹持不仅要克服果实重力的作用，更关键的是要保证成功将果实从植株分离。不同果梗分离方式对于可靠夹持作用力的不同需要，使果梗分离方式的选择对柔顺收获具有重要的影响。

8.1.2　内容与创新

(1) 开展了机器人采摘中各类无工具式分离方式的系统分离原理与复合力学分析，并结合实验比较研究实现了各类无工具式采摘方式的比较论证与优选；

(2) 开展了果梗的非接触激光切割技术可行性的理论与实验研究，进而建立了切割效率与多因素的相关关系和优化控制模式，从而为实现快速柔顺采摘作业提供了有力支撑。

8.2　无工具式分离方式的试验比较

8.2.1　无工具式分离方式

果实的摘取是机器人收获的关键环节，对于采摘成功率和效率具有决定性的影响。摘取方式有工具式和无工具式两大类，工具式方法通过机械、热切割、激光切割等不同方式切断果梗实现摘取，而非工具式方法则依赖于腕部的拉、折、扭等动作将果实由离层处分离。

不同摘取方式的选择必须根据各类果实的果梗和离层的物理、力学特性来进行。如草莓、樱桃番茄等的果梗长而纤细，容易被切断，因而机械剪切方式得到了广泛采用。而番茄、黄瓜、茄子、甜椒等的果梗相对粗而短，尽管亦有相当多的样机采用了机械式剪切，但其剪切力往往高达上百牛，需要相当大的驱动力，因而使末端执行器的尺寸与质量显著增加，对其植株狭小冠层内作业的性能造成了严重影响。

非工具式摘取方式通常仅需夹持后的腕部动作来实施，因而结构更为简单，成本与能耗低，控制简便且通用性更强，被各类样机所广泛采用。理论上，由于离层的存在，番茄果实易于通过腕部动作而摘取，但是腕部动作的正确选择对于实现满意的机器人收获至关重要，尽管折断、扭断等不同方式分别见于不同应用，但基于离层特性的腕部摘取动作优选的针对性研究尚未开展。

8.2.2　株上果实的拉断采摘试验

1. 试验材料与方法

利用艾力 AEL 电动单柱测试台进行株上果实的拉断采摘试验。该设备最大承载测试质量为 500N；测试速度范围为 10~180mm/min；机台尺寸为 300mm×390mm×620mm；机台净重为 15kg；最大行程为 220mm。安装的 HF-50 数字推拉力计量程为 0~50 N，精度为 0.01 N。

将多株采自镇江蔬菜基地的番茄植株先后固定于支架上，随机选择从绿熟期到初熟期的番茄果实 20 个，由弹性夹夹持果实，并以 2.0 mm/s 的速度水平先后拉动，直至果实和果梗分离。加载数据通过 RS232 串口传送到计算机存储 (图 8.1)。

2. 试验结果

如图 8.2 所示，株上番茄果实的拉断力与拉断位移变化很大，拉断力和拉断位

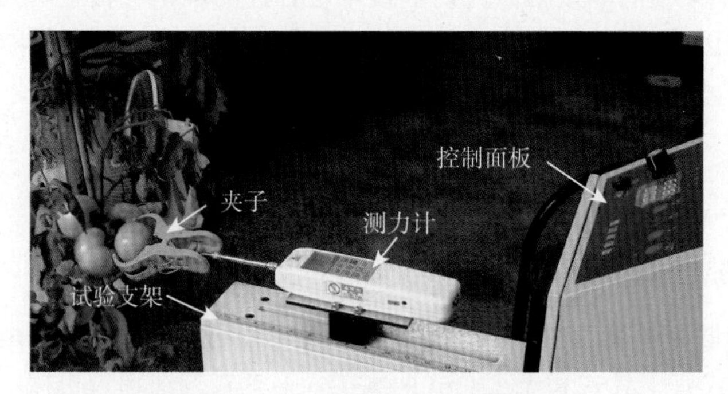

图 8.1　拉断采摘试验的加载

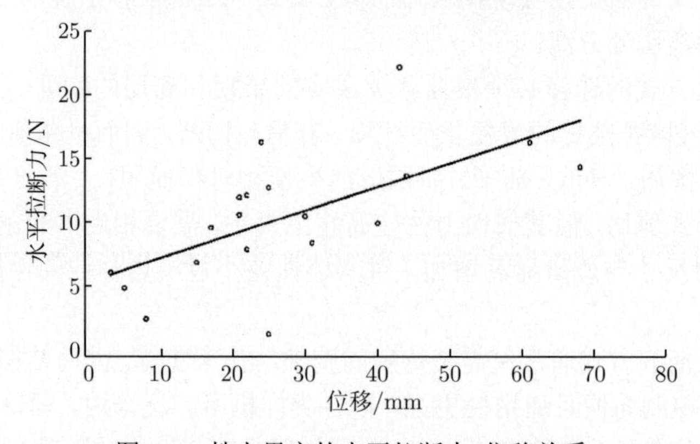

图 8.2　株上果实的水平拉断力–位移关系

移在 1.2~22.3 N 和 3.0~68.1mm，二者的均值分别为 10.47 N 和 27.3 mm，拉断力与拉断位移呈正线性相关 ($R^2 = 0.4034$)。

8.2.3 株上果实的扭断采摘试验

1. 试验材料与方法

如图 8.3 所示，利用所构建的无损采摘手臂系统进行株上番茄果实的扭断试验。试验中果实被水平可靠加持，并以腕部关节 T 的往复扭转实现扭断。分别以腕部摆角 45°、90°、180° 和 350°，对每一摆角随机选择从绿熟期到初熟期的株上番茄果实 10 个进行试验，腕部往复扭转速度均设定为 300°/s。所有试验过程由 Sony HDR-XR100E 摄像机全程记录，并通过视频回放测量记录每一试验中完成扭断的腕部摆动次数。

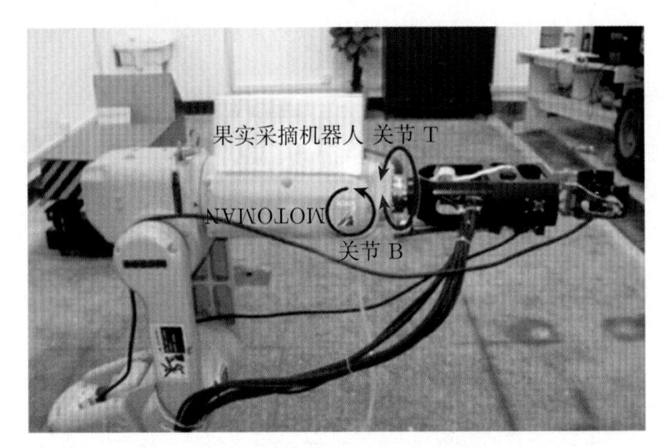

图 8.3 株上果实的扭断与折断加载

2. 试验结果

尽管扭断方式被现有研究广泛采用 [19,37,83−85]，但试验结果表明该方式实现果实采摘较为困难。随着摆角的增大，果实扭断所需的平均往复摆动次数递减，但即使以机械臂腕部的摆角极限 350° 来作业，果实扭断的平均往复摆动次数仍达到了 11.6 次，而最高往复次数则达到了 36 次，这意味着即使经过数十次的大角度往复扭转，仍有可能无法成功将果实采下。此外，在试验的任一摆角下，果实扭断的腕部往复摆动次数均存在着极大的差异。

8.2.4 株上果实的折断采摘试验

1. 试验材料与方法

以与株上果实的扭断采摘试验相同的材料与设备，通过机械臂 B 轴的摆动来完成果实的折断。分别以 B 轴摆角 20°、30°、40° 和 50°，以摆动速度 200°/s 进行向上和向下摆动两试验处理，对每一摆角和摆动方向随机选择从绿熟期到初熟期的株上番茄果实 20 个进行试验 (图 8.4)。

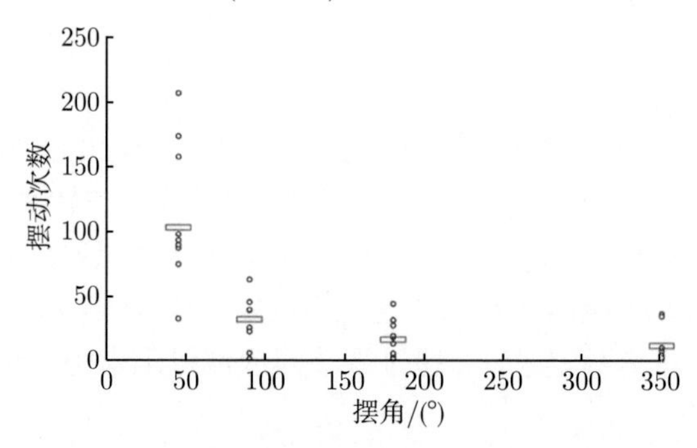

图 8.4　不同摆角下的果实扭断摆动次数

2. 试验结果

试验发现 (表 8.1)，随着弯折摆角的增大，折断采摘成功率随之增加，同时较长果梗的果实较难以被折下。然而，随着弯折摆角的增大，采摘中的意外现象也随之增加，如有可能造成果串从植株上拉落而造成损失。同时，相邻果、梗与末端执行器的干涉和意外碰伤等也随之出现 (图 8.5)。另外，向下折断比向上折断更易导致各类意外情况的发生 (图 8.6)。

表 8.1　株上番茄果实的折断采摘试验结果

弯折角度/(°)	样本数	成功数	果梗长度/mm		意外发生数	总成功率/%
			成功	失败		
–30	20	19	82.5	94.0	7	60.0
20	20	14	76.7	109.8	0	70.0
30	20	18	75.2	103.6	2	80.0
40	20	20	93.2	—	2	90.0
50	20	20	74.8	—	6	70.0
平均	20	18.2	80.3	105.1	3.4	72.9

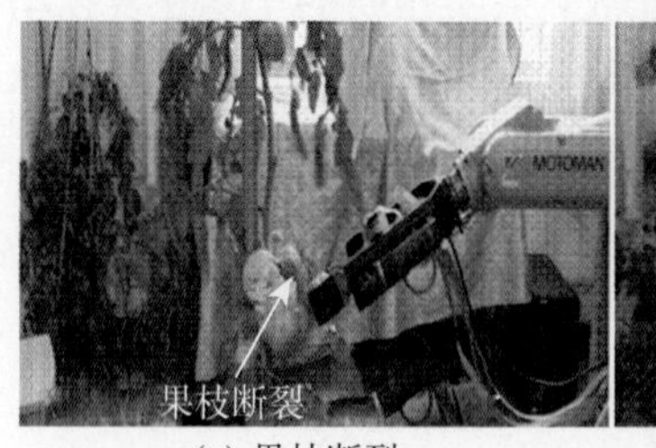

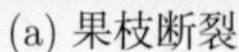

(a) 果枝断裂

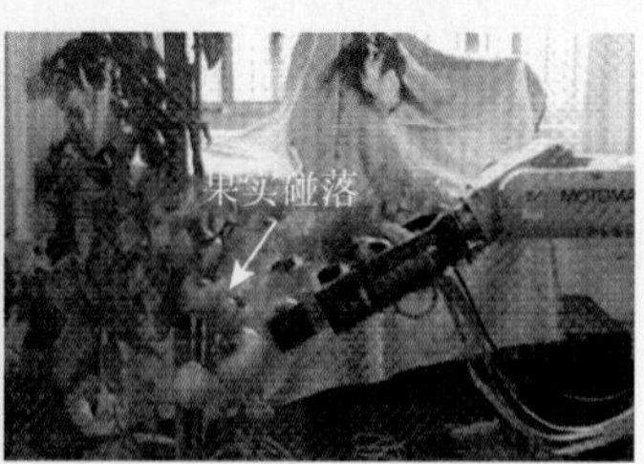

(b) 果实碰落

图 8.5　折断意外情况

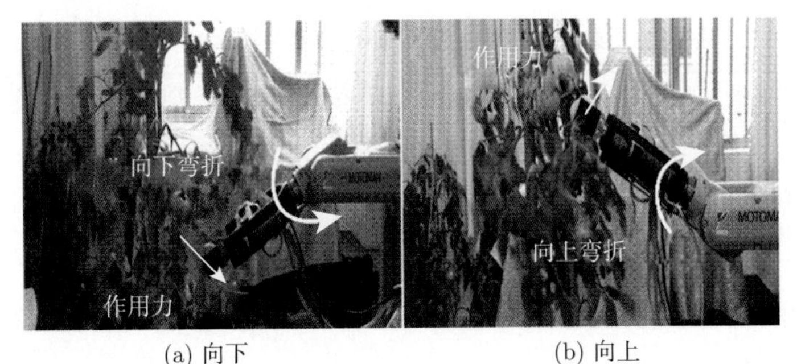

(a) 向下 (b) 向上

图 8.6 不同折断采摘方向及其力的施加

8.2.5 离层强度与分离理论

1. 果梗的加载–变形关系

离层断裂所需的载荷与变形由其刚度所决定。果梗被施加的载荷将导致果梗发生变形，变形量与载荷关系为

$$P = a\frac{\Delta\delta}{L_{\mathrm{b}}} \tag{8.1}$$

式中，P 为果梗所受载荷 (N 或 mN·m)；$\Delta\delta$ 为果梗所发生的变形 (mm 或 rad)；a 为果梗的刚度系数 (N 或 (N·mm^2)/rad)；L_{b} 为整个果梗的长度 (mm)。

由式 (8.1)，离层断裂所需的果梗变形量为

$$[\Delta\delta] = \frac{L_{\mathrm{b}}[P]}{a} \tag{8.2}$$

$$[\Delta\delta_{\mathrm{a}}] = \frac{L_{\mathrm{a}}}{L_{\mathrm{b}}}[\Delta\delta] \tag{8.3}$$

式中，$[P]$ 为离层强度 (N 或 mN·m)；$[\Delta\delta]$ 为离层断裂所需的整个果梗变形 (mm 或 rad)；$[\Delta\delta_{\mathrm{a}}]$ 为离层断裂所需的果柄变形 (mm 或 rad)；L_{a} 为果柄的长度 (mm)。

当载荷达到离层的强度极限时，果梗变形亦达到极限，果实被成功分离。

2. 单一载荷下的离层强度与刚度

通过测量，果梗、果柄的物理特性参数如表 8.2 所示。可以发现，果梗的平均长度达到果柄的 6.2 倍，因而根据式 (8.3)，离层断开所需的整个果梗的变形量要数倍于果柄的变形量。对扭断采摘方式而言，离层断开所需的单一方向的扭转角度将大大超过机械臂腕部的动作极限。因此，机械臂往往通过往复扭转来实现扭断采摘。

表 8.2　果梗与果柄的物理特性参数 (样本数为 100)

物理特性	最小值	最大值	均值	标准差
果柄长度 (L_a)/mm	8.02	19.53	13.17	2.38
果梗长度 (L_b)/mm	38.71	161.97	81.50	26.86
果柄直径/mm	1.99	5.05	3.26	0.63
果实直径/mm	45.94	91.48	71.45	6.89

而当采用往复扭转分离方式时，果实的分离则可归结为离层的疲劳断裂。由式 (8.1) 有

$$T_{\mathrm{f}} = a_{\mathrm{t}} \frac{\theta}{L_{\mathrm{b}}} \tag{8.4}$$

式中，θ 为果梗的扭转角度，与机械臂腕部施加的扭转角度一致 (rad)；T_{f} 为离层所受到的扭矩 (mN·m)；a_{t} 为离层的扭断刚度 (N·mm^2/rad)。

根据疲劳损伤理论，疲劳极限与疲劳次数间存在如下关系：

$$[T_{\mathrm{f}}]^m N = C \tag{8.5}$$

式中，$[T_{\mathrm{f}}]$ 为离层的扭转疲劳强度 (mN·m)；m 为幂指数, $m > 1$；N 为疲劳次数；C 为常数。

根据式 (8.4)，由于果梗长度上的扭转角度 θ 远小于离层扭断所需的扭转变形，离层所受到的扭矩 T_{f} 也远小于离层的扭转疲劳强度。根据式 (8.5)，往复扭断的疲劳次数 N 将变得很大，因此可以解释经过数十次扭转果实也难以采下的原因。

3. 实际复合载荷下的离层强度与刚度

在非工具式果实分离作业中，由于不同腕部动作的载荷施加方向和果梗方向通常不一致，离层往往受到复合载荷的作用 (表 8.3)。

表 8.3　不同机械臂腕部动作下的离层受载

腕部动作	拉			扭转		弯折		
方向关系	∠	//	⊥	∠	//	⊥	∠↗	∠↙
示意图	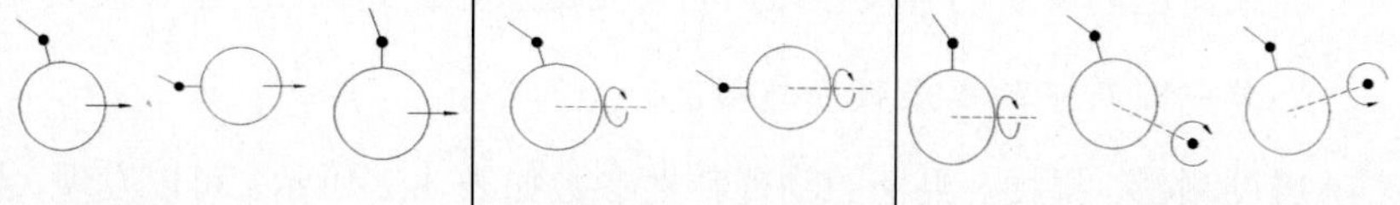							
离层受载形式	拉–弯复合	拉	弯	弯–扭复合	扭	弯	弯–压复合	弯–拉复合

1) 株上果实的拉断采摘

试验结果已表明，离层的平均拉断强度和最大拉断强度分别为 23.01N 和 34.29N，与株上果实的拉断采摘试验中的拉力结果相比要大得多。这一显著差异

是由于离层的复合受载导致的。在株上果实的拉断采摘试验中，由于果梗姿态的多样性和变化，造成机械臂施加的拉离动作方向常常和果梗方向不一致，因而离层实际受到拉–弯的复合载荷。由图 8.7，有静态力平衡关系

$$M_{\mathrm{a}} = F_{\mathrm{p}}(L_{\mathrm{a}} + R)\sin\alpha \tag{8.6}$$

$$F_{\mathrm{a}} \approx F_{\mathrm{p}}\cos\alpha \tag{8.7}$$

$$\frac{M_{\mathrm{a}}}{R_{\mathrm{a}}} + F_{\mathrm{a}} \leqslant [F_{\mathrm{a}}] \tag{8.8}$$

式 (8.6)~ 式 (8.8) 中，M_{a} 为离层所受弯矩 (mN·m)；F_{p} 为机械臂对果实施加的拉力 (N)；α 为拉力方向与果梗间的夹角 (rad)；R_{a} 为离层半径 (mm)；F_{a} 为离层所受拉力 (N)；$[F_{\mathrm{a}}]$ 为离层的拉断强度 (N)。

将式 (8.6) 和式 (8.7) 代入式 (8.8)，有

$$\frac{F_{\mathrm{p}}(L_{\mathrm{a}} + R)\sin\alpha}{R_{\mathrm{a}}} + F_{\mathrm{p}}\cos\alpha \leqslant [F_{\mathrm{a}}] \tag{8.9}$$

因而实现株上果实拉断所需施加的拉力为

$$[F_{\mathrm{p}}] = \frac{[F_{\mathrm{a}}]}{\dfrac{L_{\mathrm{a}} + R}{R_{\mathrm{a}}}\sin\alpha + \cos\alpha} \tag{8.10}$$

式中，$[F_{\mathrm{p}}]$ 为机械臂施加的拉断力 (N)。

由于式 (8.10) 中 $L_{\mathrm{a}} + R \gg R_{\mathrm{a}}$，致使分母显著大于 1，故可解释腕部施加的拉断载荷 $[F_{\mathrm{p}}]$ 显著低于离层的拉断强度 $[F_{\mathrm{a}}]$。

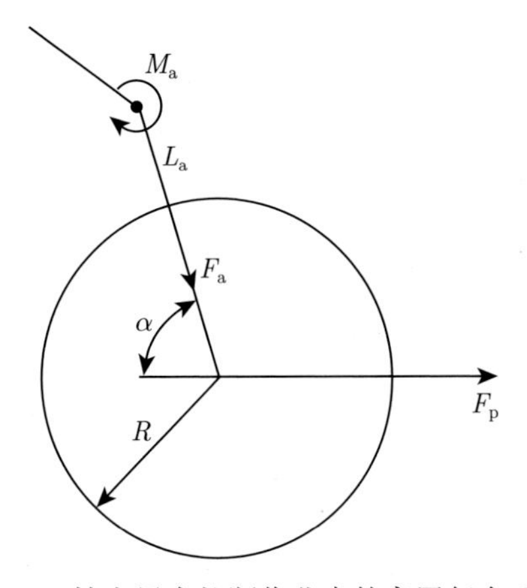

图 8.7 株上果实拉断作业中的离层复合受载

2) 株上果实的扭断采摘

在株上果实的扭转采摘中，绝大多数情况下离层受到扭–弯复合载荷的作用。因此，当扭转动作轴线与果梗的夹角较大时，离层的断裂主要由离层的弯折强度和刚度所决定 (图 8.8(a))，果实可较易被采下；而当此夹角较小时，离层的断裂主要由扭转强度和刚度所决定 (图 8.8(b))，往往难以采下。试验中，当机械臂以其最高速度往复扭转时，最大扭断时间超过了 60s，这在实际作业中是难以承受的。

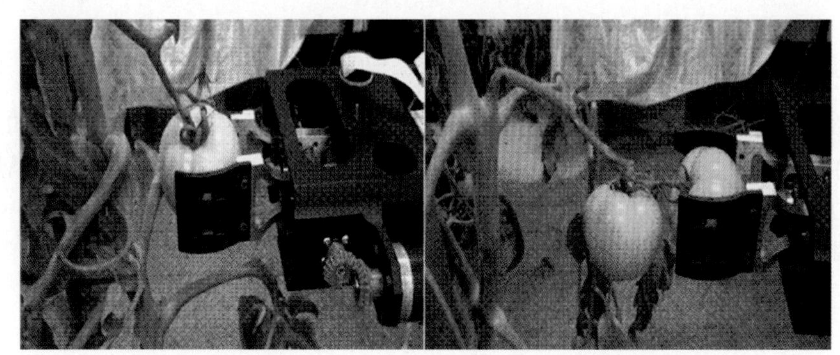

(a) 大夹角　　(b) 小夹角

图 8.8　扭断作业中的扭转轴线与果梗关系

3) 株上果实的折断采摘

如表 8.3 所示，在株上果实的折断采摘中，当向上弯折时，离层的断裂主要由其弯折强度和刚度所决定，机械臂关节的较小扭矩；而向下弯折时，离层的断裂则主要由其拉伸强度和刚度所决定。

综合动作实施的方便性、成功率和意外出现的概率，以 $30^\circ \sim 40^\circ$ 向上弯折是较为理想的无工具采摘方式。

8.3　果梗激光分离的试验探索

8.3.1　果梗激光分离方法的提出

由于农业作业环境的高度非结构化和果实分布、果梗方位与尺寸所呈现的高度差异性和随机性，造成机械式果梗分离装置和方式的有效采摘成功率和末端装置的轻便性等与实际应用要求均存在相当大的距离。国内外研究者从未停止对果、梗分离方式的探索，E. J. Van Henten 和张凯良分别在其末端装置中应用电极和电热丝等热切割方式进行黄瓜、草莓的采摘 [126,324]，但其适应性仍受到较大限制。

与上述方式相比，激光切割技术最大的特点在于通过高能激光束的聚焦实现对象的非接触式切割，近年来在金属和非金属无机材料加工中得到了广泛应用，在木材等有机材料的切割上也显示出了独特优势 [372−374]。将激光应用于果梗的切割可以有效避免接触式切割所受到的空间限制和非结构化环境的影响，并有望摆脱目前所有果、梗分离装置必须针对特定果蔬品种和栽培模式而进行特殊设计的现状，提供通用的果、梗分离装置和方法，促进采摘机器人技术的成熟和应用推广。

8.3.2 生物材料的激光切割原理及优势 [375−376]

1. 激光切割原理

激光切割利用激光束能量的高度集中性，通过聚焦投射到对象表面时，被吸收并瞬时产生高温，发生不同效应而导致材料的移除，从而实现对对象的切割。与工业材料不同，生物组织的激光切割中存在光致热、热传导和组织响应的相继发生过程 [377]，并由于激光波长、焦斑能量密度、照射时间、组织特性等的差异而产生不同的温度响应 [378]，从而可能导致碳化、烧蚀、气化、热效应以及光蚀除、光致击穿等非热效应 [378−382]。激光光斑中心处的温升可近似表示为 [381]

$$T = \frac{2 \times 10^3 A\rho_0}{\lambda}\sqrt{\frac{at}{\pi}} \tag{8.11}$$

式中，T 为激光光斑中心处的温升 (K)；A 为物料对激光的吸收率 (%)；ρ_0 为焦斑热功率密度 (W/mm^2)；λ 为物料的导热系数 (W/(m·K))；a 为物料的热扩散率 (mm^2/s)；t 为照射时间 (s)。

2. 激光应用于果梗的切割的优势

果梗的组织构造复杂 (图 8.9)，由外生韧皮部、初生皮层和内皮包裹，内部又含有木质部、内生韧皮部和髓等不同组织。果梗材质决定了其光–热响应参数具有特殊性，从而导致其与工业材料的激光切割效果的明显差异。

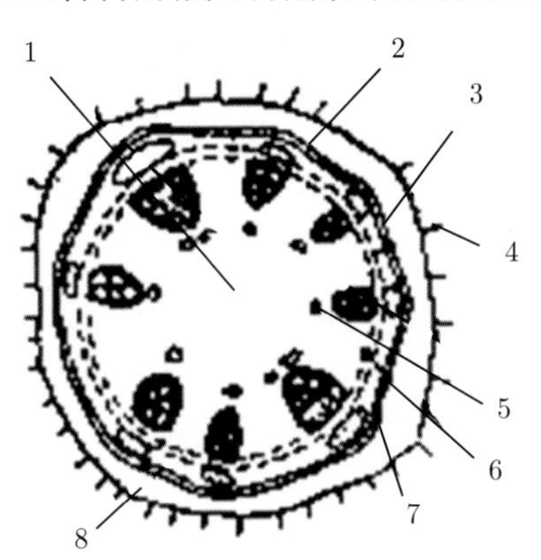

图 8.9 番茄果梗的内部结构 [280]

1. 髓; 2. 木质部; 3. 形成层; 4. 外生韧皮部; 5. 内生韧皮部; 6. 内鞘; 7. 内皮; 8. 初生皮层

理论上，激光应用于果梗的切割将具有明显优势：

(1) 多数干木材的导热系数在 0.1~0.2 W/(m·K)，水的导热系数则为 0.6 W/(m·K)，而金属材料的导热系数通常在 40~400W/(m·K)，由式 (8.11) 可以推断，鲜果梗充分利用激光能量使切口温度迅速上升的能力远远强于金属材料。但生长期内植株上鲜果梗的含水率高，如黄瓜果梗的平均含水率达到 90%以上 (图 8.10)，含水率越高将会使激光切割效果越差。

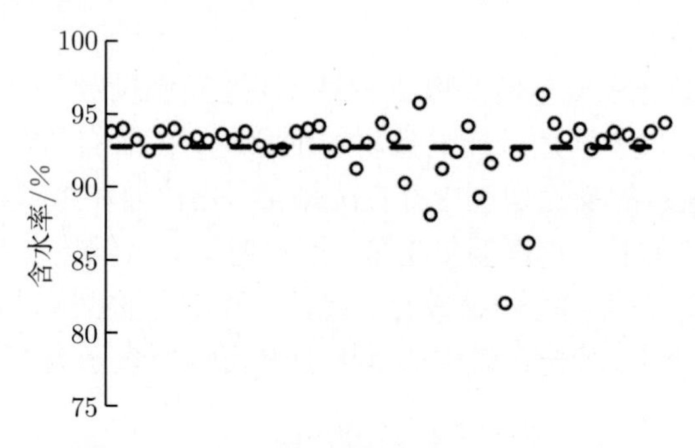

图 8.10　生长期内鲜黄瓜果梗的含水率

(2) 过强的镜面反射一直是影响金属板材激光切割效率的关键问题，金属材料表面对常用激光波长的反射率通常达到 80%以上，导致目前激光加工设备功率多在千瓦级，甚至纯铜、纯铝等材料的激光加工至今仍是难题 [383]。而大部分农业物料是由无数细小的内部界面组成，在光学上是各向异性的，当一束光照射到水果上时只有 4%的入射光能被镜面反射 [284]，更为粗糙的果梗表面则能更加有效地吸收激光照射。

(3) 除铅、铝等以外，多数金属材料的熔点都在 1000℃以上，如纯铁的熔点超过 1500℃，气化点则达到 2740℃。而木材的燃点通常为 250~300℃, 当温度超过约 500℃开始气化，可推知果梗产生热效应的响应温度远低于多数金属材料，有限的激光焦斑功率密度即可实现切割，有利于选择不同类型激光器并以较低功率实施果梗的激光切断作业。

8.3.3　果梗激光分离的特殊性 [375,376]

果梗的某些特性使其激光切割可能呈现特殊的规律。

(1) 与工业加工中的大尺寸平面板材对象不同，果梗表面为较小直径的近似柱面 (图 8.11)。目前激光照射的传热和温度场分析多基于半无限大表面的假设而得出 [381,383−385]，而果梗的小作用面传热方式与温度场分布必然存在着很大的差异。同时，激光束聚焦在果梗的近似柱形表面时，如焦斑直径与果梗直径量级相近，则光束对果梗表面的入射角度差异将会显现 (图 8.11)。

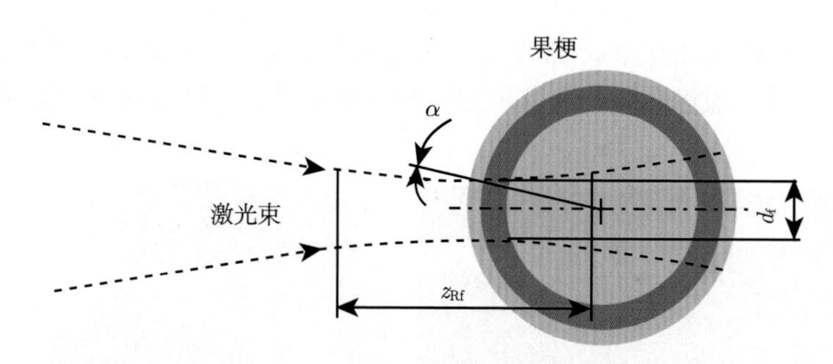

图 8.11 激光束对果梗的照射示意图

(2) 果梗内部组织的多样性和非均匀性形成分层效应 (图 8.11)，造成在果梗不同切割深度位置存在激光照射效应和切割机理的差异性，从而可能使激光切割的效率、深度与切口质量等出现差异。

(3) 由其不规则性和个体差异性所决定，任何针对农业物料的特性研究和装备开发都必须基于其统计学规律来完成。果梗个体的尺寸与特性差异对于激光切割的适应性提出了要求。

8.3.4 果梗激光穿透与切割试验

1. 试验材料

从镇江蔬菜基地现场采集金鹏 5 号番茄鲜果梗 100 只，并于江苏大学农业装备与技术实验室当天完成实验，室温为 20~30℃。对每只果梗进行编号，并用游标卡尺 (精度 0.01mm) 测量直径。

2. 试验设备

为了实现精确的参数设定和测量，实验在如图 8.12 所示 [375,376] 实验平台上完成，激光系统采用吉泰 GTDC0613T 型光纤耦合半导体激光器 (功率 30W，中心波长 980nm，阈值电流为 0.55A) 和大恒 GCO-2901 光纤输出聚焦镜组 (倍率 1:1，焦距 49mm)。聚焦镜通过固定环安装于实验平台基座上，可通过松开紧定螺钉进行聚焦镜位置调整。实验中果梗粘贴于有机玻璃板上，两有机玻璃板固定于水平平动座上，平动座可由电动机通过螺旋传动驱动进行竖直移动，从而使焦斑扫过果梗实现切割。

3. 试验方法

(1) 为测量焦斑的实际位置和直径，在一竖直固定板上贴加 9mm×30mm 不锈钢板，调整位置使聚焦透镜垂直于不锈钢板表面。首先将聚焦透镜与不锈钢板的距离调整为 30mm，将激光器打开并将输出功率设定为 15W，而后缓慢移动聚焦透镜并通过 Sony HDR-XR100E 数字相机进行观察，直至不锈钢板上的激光光斑达到最小 (图 8.13)。通过图像处理获取焦斑的实际直径，并测量获得实际焦距。

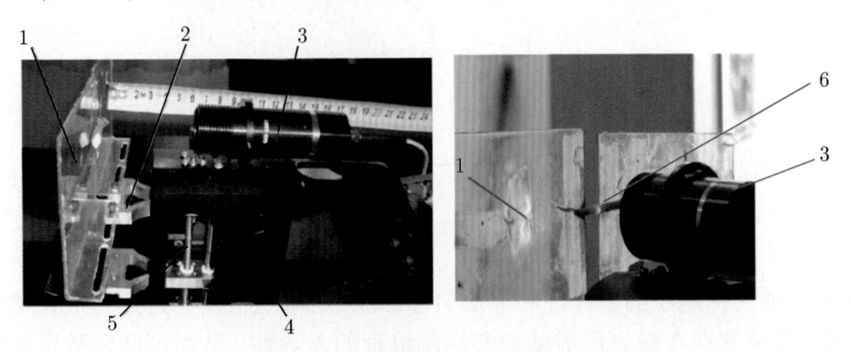

图 8.12　果梗激光切割实验平台

1. 有机玻璃板; 2. 平动座; 3. 聚焦镜; 4. 基座; 5. 螺杆; 6. 果梗

图 8.13　焦斑的测量

(2) 为研究果梗直径对激光穿透时间的影响，利用果梗激光切割实验平台，使聚焦镜与有机玻璃板平面保持垂直，按标准实际焦距调整聚焦镜与果梗表面距离，将激光输出功率设定为 15W，随机选择 18 只果梗进行穿透试验。

(3) 为研究输出功率对激光穿透时间的影响，利用果梗激光切割实验平台，使聚焦镜与有机玻璃板平面保持垂直，按标准实际焦距调整聚焦镜与果梗表面距离，分别将激光器驱动功率设置为 1W、2.75W、3.75W、5W、6.25W、10W、15W、25W 和 30W 9 种水平，对每一果梗沿轴向的不同部位分别进行 3 次穿透试验。

(4) 离焦量是实际焦斑位置和对象近表面间的距离，当焦斑位于对象表面以外时为正离焦，反之为负离焦。为研究离焦量对激光穿透时间的影响，利用果梗激光切割实验平台，使聚焦镜与有机玻璃板平面保持垂直，设定激光输出功率为 15W，通过调整聚焦镜的轴向位置，设置离焦量为 −10 mm、−7 mm、−5 mm、−3 mm、0 mm、+2 mm、+4 mm、+6 mm 和 +8mm 9 个水平，对每一果梗沿轴向的不同部位分别进行 3 次穿透试验。

(5) 为考察激光光束入射角对穿透时间的影响，设定激光器输出功率为 15W，标准焦距，通过调整有机玻璃板角度，设置 0°, 10°, 20°, 25°, 35°, 45°, 50°, 60°, 65° 9 个激光束入射角水平，对每一果梗沿轴向的不同部位分别进行 3 次穿透试验 (图 8.14)。

图 8.14 不同入射角的果梗激光切割试验

所有实验过程由 Sony HDR-XR100E 数码摄像机实时记录，并通过逐帧播放 (25 帧/s) 确定果梗穿透与切割时间。

4. 实验结果

1) 焦距与焦斑直径

在传统的透镜系统中难以避免地存在焦点漂移现象，从而导致脚边位置的变化，因此需测量实际的焦距。尽管近红外激光焦点无法被肉眼所观察，但通过 CCD 可以有效观测得到。利用 CCD 方法测量得本激光系统在 50mm 焦距位置形成最小直径 2.10mm 的圆形光斑 (图 8.13)。

2) 果梗直径与激光穿透性能

番茄果梗直径在 1.99~5.05mm，均值和标准偏差分别为 3.26mm 和 0.63 (图 8.15)，与标准材料相比其尺寸变化较大。

试验发现，当激光输出功率为 15W 时，穿透时间在 6.8~15.2s。激光穿透果梗所需时间与果梗直径成正比 (图 8.16)，直线拟合关系式为

$$T = 2.92D \tag{8.12}$$

式中，T 为穿透时间 (s)；D 为果梗直径 (mm)。

拟合优度为 0.928。

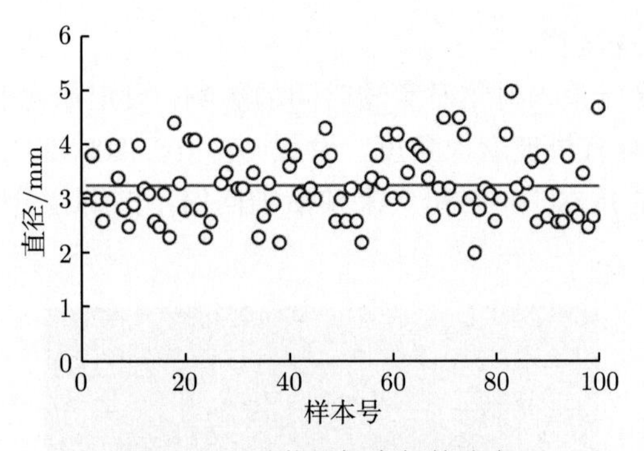

图 8.15　番茄果梗直径的分布

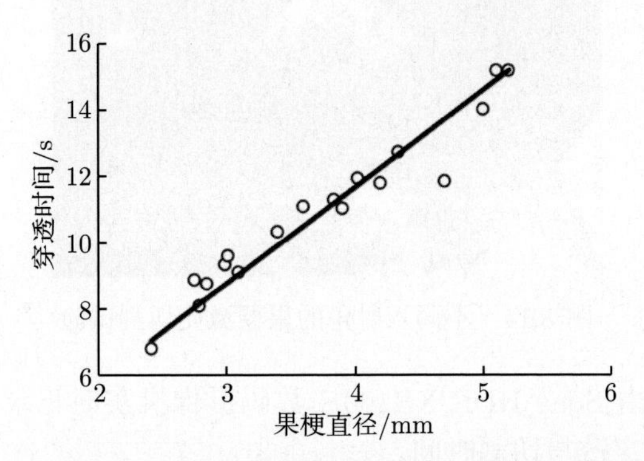

图 8.16　激光穿透时间与果梗直径的关系

3) 激光束功率与果梗穿透时间

试验中，为消除果梗直径差异对激光穿透时间的影响，首先根据激光穿透时间与果梗直径的线性关系进行了数据的修正。实验过程中发现，随着激光束功率的增大，果梗穿透时间不断下降，且下降趋势随功率继续增大而变缓 (图 8.17)。激光穿透时间与激光输出功率间呈幂函数关系：

$$T = 22.81P^{-0.49} \tag{8.13}$$

式中，P 为激光输出功率 (W)。

拟合优度为 0.967。

4) 离焦量与果梗穿透性能

实验发现穿透时间与离焦量呈现二次函数关系，并在离焦量为 -2mm 时达到最短 (图 8.18)：

$$T = 0.27Z_{\mathrm{d}}^2 + 0.76Z_{\mathrm{d}} + 6.39 \tag{8.14}$$

式中，Z_{d} 为离焦量 (mm)。

拟合优度为 0.893。

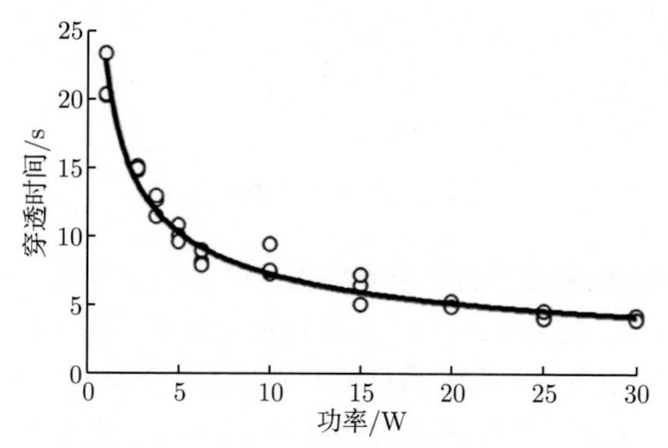

图 8.17 穿透时间与激光输出功率的关系

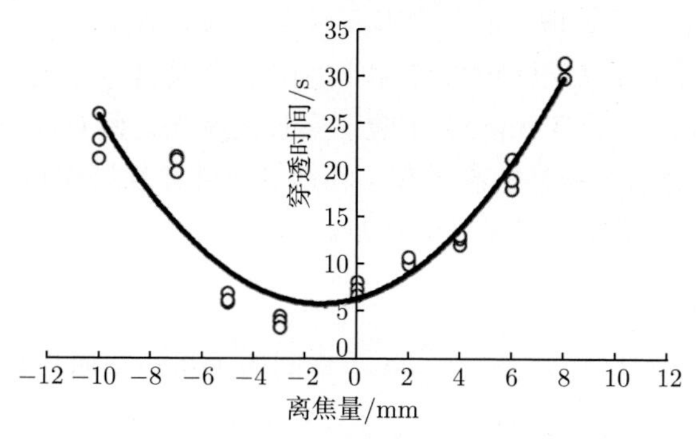

图 8.18 穿透时间与离焦量影响的关系

5) 入射角与果梗穿透性能

当激光束垂直入射果梗时，穿透时间最短，并随着入射角的增大而明显增加(图 8.19)。

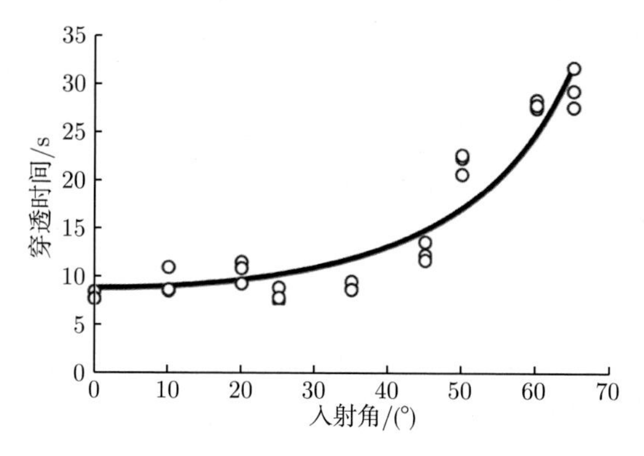

图 8.19 穿透时间与入射角影响的关系

8.3.5　激光穿透性能及其影响因素 [375,376]

1. 切割能力

激光焦斑的热功率密度计算式为

$$\rho_0 = 4k_{\mathrm{d}}k_{\mathrm{t}}k_{\mathrm{a}}P/\pi d_{\mathrm{f}}^2 \tag{8.15}$$

式中，k_{d} 为激光束传输效率系数，激光束由光纤接入聚焦镜，进而入射到果梗表面，传输损失极小，k_{d} 取为 0.98；k_{t} 为聚焦镜透光率，据产品样本取为 0.97；k_{a} 为果梗对激光能量的吸收率，据植物材料的光谱反射率特征，果梗对于 980nm 波长光束的反射率为 44%[27,386]，其透光率接近 0，故 k_{a} 取为 0.56；d_{f} 为焦斑直径 (mm)。

据式 (8.15) 及已知参数，则在垂直照射和 0 离焦量条件下，焦斑热功率密度 4.95W/mm^2 即可实现番茄果梗的穿透和切割，而金属材料激光加工所需焦斑热功率密度通常达到 $10^4 \sim 10^7$W/mm^2。实验证实果梗激光切割对能量集中度的要求极低，应归因于果梗表面对激光的高吸收率和低导热性使焦斑能量被充分利用，在果梗较低的热效应响应温度下易于产生切割。

2. 规律的特殊性

实验发现，果梗穿透切割速度与各因素间的关系与金属板材加工体现出一定的差异性。

(1) 激光穿透时间与果梗直径成正比关系，而金属板材的激光钻孔或切割中已广泛证实，随着厚度增加，钻孔或切割所用时间增加的速率明显加快 [387,388]。该差异应与果梗小直径柱面形状有关，果梗直径越大，光束在果梗表面的投射面积以及光束边界对果梗表面的入射角会有所减小 (图 8.11)，从而使穿透时间–直径间非线性关系得到改善而接近线性。

(2) 平板材料的激光打孔与切割中已被广泛证实，打孔或切割时间的增长速度明显快于打孔或切割深度的增加 [389−394]。而当激光光束投射到柱体表面时，在边缘部位较大的入射角使平均的吸收功率密度下降。果梗直径越大，则边界效应被减缓，从而有助于弥补切割时间与直径的非线性关系，使果梗的穿透时间与果梗直径呈现近似线性关系。

3. 适应性

如图 8.11 所示，另一个激光切割与打孔中的重要参数是焦深，指的是激光束保持能量集中度的轴向范围 [395]：

$$z_{\mathrm{Rf}} = 8K_{\mathrm{f}}F^2 \tag{8.16}$$

式中，z_{Rf} 为焦深 (mm)；K_{f} 为光束参数积 (mm·rad)；F 为聚焦镜焦数，据产品样本 $F=2$。

激光束的焦深与焦斑直径的关系为 [395]

$$K_{\mathrm{f}}=\frac{d_{\mathrm{f}}^{2}}{2z_{\mathrm{Rf}}} \tag{8.17}$$

将式 (8.17) 代入式 (8.16)，根据已知参数可得该激光系统的焦深为 8.4mm，与番茄果梗的直径相比，该焦深能够保证良好的穿透和切割效果。实验显示激光切割对果梗直径、焦斑定位精度和入射角度具有良好的适应性，表明在果梗较低的热效应响应条件下，激光束的焦深能够很好地满足果梗切割的需要。

作为激光光束质量的评价指标，特定激光系统的光束参数积 K_{f} 为定值，因而据式 (8.17)，焦深和焦斑直径互相影响。半导体激光器可以通过准直和调整焦距等方式继续减小焦斑直径，但焦深将会相应减小，从而对其适应性造成不利影响。

4. 切割速度

从试验结果发现，激光穿透与切割的速度仍然过慢，效率难以达到实际作业的要求。尽管据图 8.18 通过采用最佳负离焦量可以将切割效率提高 30% 以上，但距离实际作业所需效率仍有相当大的距离。

实验发现，由半导体激光器的光束质量所决定，同样焦深条件下其焦斑直径远大于应用广泛的 CO_2、Nd:YAG 等激光器，造成焦斑热功率密度过低，通过燃烧效应实现果梗切割 (图 8.20)。

图 8.20 果梗激光切割的燃烧效应

1. 燃烧火焰；2. 果梗

在燃烧效应下，果梗首先被烘干再燃烧，鲜果梗的 90% 以上高含水率大大降低了切割的效率。生物组织的激光切割实验已经证实，当焦斑热功率密度达到一定水平后将产生气化效应，即内部组织的沸腾，蒸汽冲破细胞壁，使组织分裂并带走碎屑而完成切割 [378−380]。根据果蔬机器人采摘的作业灵活性需要，如选择采用较高光束质量的光纤传导 Nd:YAG 激光器甚至更高光束质量的新型光纤激光器 (图 8.21)，可在保持理想焦深的同时，有效提高焦斑热功率密度 $10^2 \sim 10^3$ 倍，从而实现快速气化切割。

图 8.21　配备光纤激光器的农业物料切割实验平台

8.3.6　果梗激光切割的实现 [376]

1. 果梗的激光切割速度

由于焦斑直径小于果梗直径，必须通过焦斑的移动来实现对果梗的切割。在所开发的无损采摘末端执行器中，焦斑的移动是由电机带动聚焦透镜转动实现的 (图 8.20，图 8.21)。利用果梗激光切割实验平台，使聚焦镜与有机玻璃板平面保持垂直，设定激光器驱动电流为 6A，标准焦距，通过电动机转速设定，平动座移动速度从 1.74×10^{-2}mm/s 开始以间隔 1.74×10^{-2}mm/s 逐次增大，每一速度下进行 20 次果梗切割实验，直至移动速度增大至无法完成切断。

试验结果表明，当激光束的切割速度超过 17.47×10^{-2}mm/s 后，将无法切断果梗。切割时间与穿透和切割作用时间均与果梗直径成正比，同一功率下切割时间为穿透时间的 3~4 倍 (图 8.22，图 8.23)。

由激光穿透试验所得规律可知，当增大激光输出功率并采用负离焦后，切割速度亦可以明显加快。在实际机器人作业时，由于黄瓜冠层环境复杂，无法保证激光束与黄瓜果梗之间完全垂直切割，同时负离焦量亦需要更精确的视觉与机械系统对果梗的定位来保证。

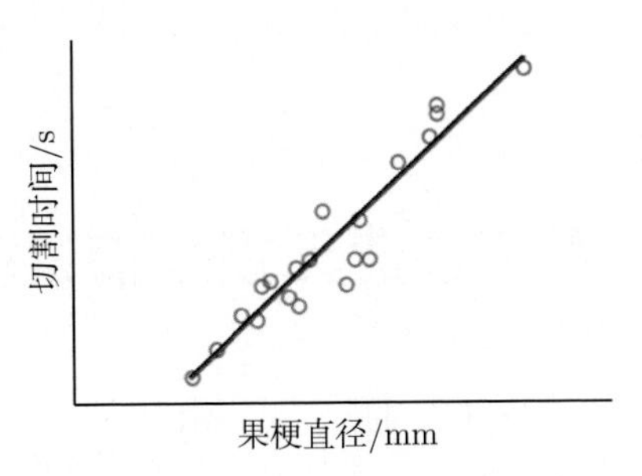

图 8.22 切割时间–果梗直径关系

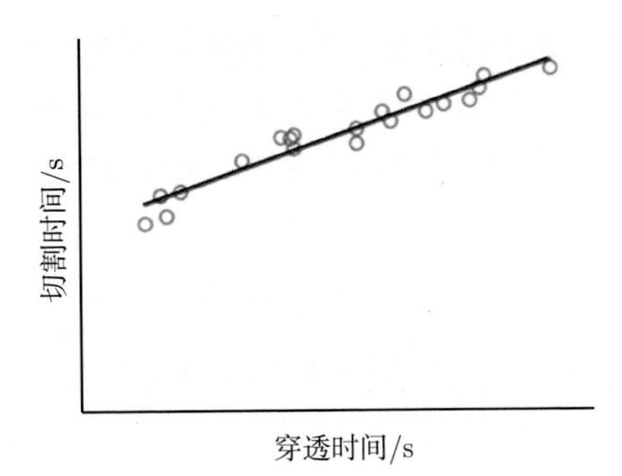

图 8.23 切割时间–穿透时间关系

2. 切割运动控制策略

以试验结果为基础依据，确定了激光切割运动控制策略：

(1) 机械手将末端执行器运送至采摘位置后，视觉系统测量果实的距离；

(2) 末端执行器吸持拉动果实至指定位置，视觉系统进行果梗的精确定位；

(3) 机械臂调整末端执行器相对果梗的位姿，使透镜垂直果梗，焦距为 47~48mm；

(4) 启动激光器，电流为 12A；

(5) 同时电机带动聚焦透镜摆动使激光焦斑扫过果梗，电机转速为 50r/min，电机运转时间为 30s；

(6) 视觉系统判断果梗是否切割成功，如切割不成功则电机反向旋转，使光束重新扫过果梗，完成切割。

第9章 番茄快速无损采摘试验研究

9.1 概 述

9.1.1 研究意义

末端执行器的定位、果梗的分离、果实的移送必须通过手–臂的协调动作才能完成，针对番茄成束生长特性的相邻果隔离辅助动作亦占据重要位置，因此高成功率果实快速柔顺采摘的实现，必须借由末端执行器各装置的协调动作和手–臂协调动作才能实现。

9.1.2 内容与创新

(1) 将果实两指快速夹持的加减速能耗与夹持碰撞力的优化控制相结合，基于PMAC+EPOS 控制系统得到了保证稳定可靠夹持的电流值和高概率柔顺夹持的控制模式与参数；

(2) 通过辅助真空吸持过程吸持–拉动模型与参数优化，建立了末端执行器多动作协调的优化控制模式；

(3) 基于商用机械臂 + 自开发末端执行器的无损采摘系统，构建了“混合式”手臂协调控制模式，并进行了试验验证和分析，从而为实现果实的快速无损自动采摘作业提供了直接依据。

9.2 快速柔顺夹持的参数优化

9.2.1 运动控制系统的 PID 参数调整[396]

在机电一体化系统中，为了获得良好的稳态性能和动态特性，需要对系统的控制环进行校正和调整。当系统的电动机系统、机械传动结构等确定以后，就需要根据被控物理系统的动力学性能对伺服环 PID(比例积分微分) 滤波器进行调节，以达到系统稳定性好、响应速度快及跟随误差小的目的。

1. 运动控制系统的控制结构

夹持机构的运动控制系统采用复合控制，PMAC2A-PC/104 运动控制器内置数字 PID+ 前馈伺服控制算法，闭合系统的位置环和速度环，EPOS-24/5 驱动器通过模拟电流调节器闭合系统的电流环，如图 9.1 所示。

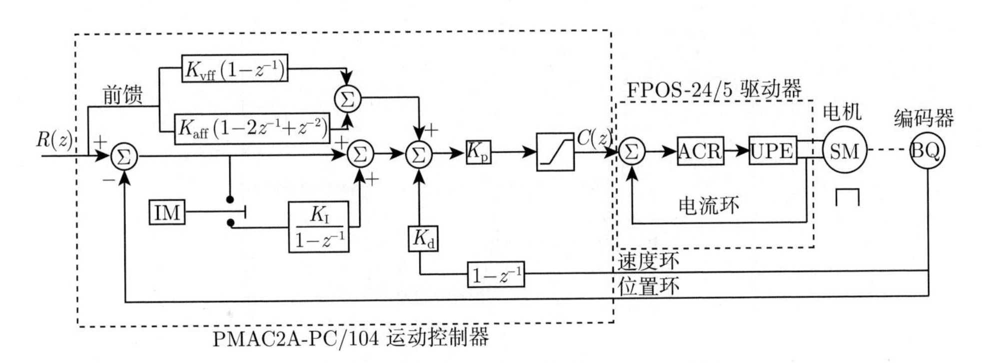

图 9.1 复合控制

ACR: 电流调节器; UPE: 直流 PWM 变换器; SM: 电机; BQ: 编码器

2. 电流环的 PI 调整

1) 电流环的分析

电流环的主要作用是限制电机的最大电流和保证电机恒转矩输出，因此电流调节器主要有以下作用：

(1) 启动过程保证电动机能够获得最大允许的动态电流；

(2) 在转速的调节过程中，使电流跟随电流给定值而变化；

(3) 有自动过载保护作用，且在过载故障消失后能自动恢复正常工作。

电流环属于运动控制系统的内环，因此在调节系统的 PID 时，应先调整电流环，再依次对系统的速度环和位置环进行调节。

2) 电流环的 PI 调节

(1) 设定阶跃信号的参数。如图 9.2 所示，设阶跃电流为 1000mA，调节时间为 20ms。

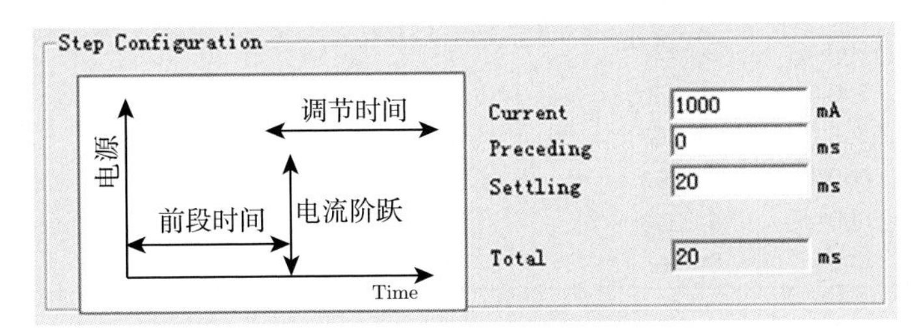

图 9.2 阶跃信号参数设定界面

(2) 调节 PI。设初始 P=800，I=200，阶跃响应和误差曲线如图 9.3 所示，先进行自动调节，后进行手动调节，直至满足要求。为评定误差和调节时间最小，用常用的误差绝对值积分指标 (IAE) 来衡量。

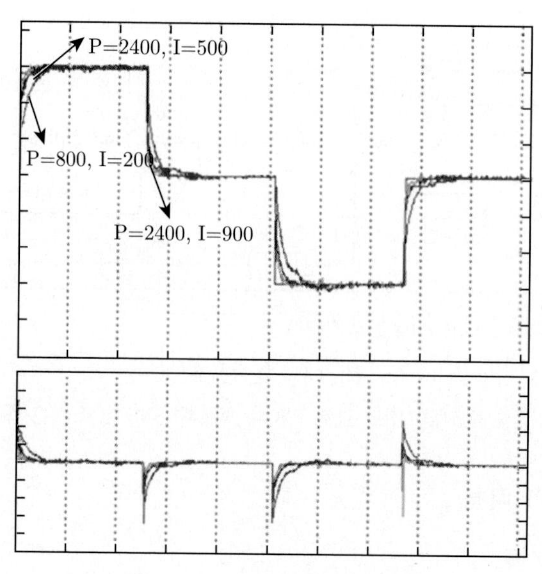

图 9.3　阶跃响应和误差曲线

通过自动调节 PI(比例项和积分项)，系统根据 IAE 的大小，自动确定出最优性能下的 PI 值。自动调节后，逐次增大 I 值，步长为 50，手动调节的 PI 参数与阶跃响应指标如表 9.1 所示。调整后，当 P=2400，I=900 时 IAE 最小值为 20 017，其上升时间为 0.8ms，无超调量，调节时间为 1.1ms，达到较好的调节效果。

表 9.1　PI 参数与阶跃响应指标

PI 参数			响应指标		
P	I	IAE	上升时间/ms	超调量/%	调节时间/ms
2400	900	20 017	0.8	0	1.1
2400	850	20 706	0.9	0	1.3
2400	800	20 427	1	0	1.4
2400	750	20 350	1.1	0	1.5
2400	700	23 368	1.2	0	1.6
2400	650	24 663	1.5	0	2
2400	600	24 543	1.8	0	2.4
2400	550	26 506	2	0	2.8

3. 运动控制器的开环测试

PMAC 的开环测试目的是检验驱动器闭环 PID 性能调节的好坏，在脉冲 + 方向控制模式下，开环测试 [397] 还可以检验 PMAC 中频率发生器 (PFM) 的工作情况。测试方式是用 O 指令向输出寄存器写入一个数值，该值表示指定值所占比例，然后在报告窗口检测电机的运行情况。缺省的 PFMCLK 是 9.83MHz，Ix69 为

20 480(相当于电压 6.25V)，根据

$$\mathrm{Ix69}=\frac{\mathrm{MaxFreq(kHz)}}{\mathrm{PFMCLK(kHz)}}\times 65\ 536 \tag{9.1}$$

可得允许 PMAC 控制器的最大输出频率约为 3.07MHz，输入指令和测试结果如表 9.2 所示。

表 9.2 开环测试数据

指令值	输出电压/V	输出频率/kHz	实际频率/kHz	实际转速/(r/min)
O1	6.25x1%	30.7	31.2	935
O2	6.25x2%	61.4	60.1	1803
O3	6.25x3%	92.1	91.4	2711
O4	6.25x4%	122.8	123.8	3714
O5	6.25x5%	153.5	154.7	4642
O6	6.25x6%	184.2	185.9	5577
O7	6.25x7%	214.9	215.1	6512
O8	6.25x8%	245.6	244.8	7345

从测试结果可以算出转速平均误差为 0.8%，说明系统连接正常，驱动器闭环的 PID 参数经调节后系统内环具有良好的响应特性。

4. 运动控制器速度环和位置环的 PID 调整

1) 运动控制器的 PID 控制算法 [397−400]

(1)PID 滤波器工作原理。

标准的 PMAC 控制器提供一个 PID 位置环伺服滤波器 (图 9.1)、闭合系统的位置环和速度环。该滤波器是通过设置每个电机的适当 I 值来调节的：

① 比例增益 “K_{p}”-Ix30 的作用是提供系统所需的刚性；

② 微分增益 “K_{d}”-Ix31 的作用是提供足够的阻尼保证系统稳定；

③ 积分增益 “K_{I}”-Ix33 的作用是消除稳态误差；

④ 决定积分增益 Ix34 是全程有效还是只在控制速度为 0 时才有效；

⑤ 速度前馈增益 “K_{vff}”-Ix32 的作用是减小由于微分增益的引入所引起的跟随误差，与输入信号的变化速度成正比；

⑥ 加速度前馈增益 “K_{aff}”-Ix35 的作用是减小或消除由于系统惯性 (与输入信号的变化加速度成正比) 带来的跟随误差。

(2)PMAC 中 PID 控制算法的主要特点。

① 死区滤波。为了避免控制作用过于频繁，消除由于频繁动作所引起的振荡，

采用带死区的 PID 控制算法，控制算式为

$$e(k)=\begin{cases}0 & |e(k)|\leqslant|e_0| \\ e(k) & |e(k)|>|e_0|\end{cases} \tag{9.2}$$

式中，$e(k)$ 为位置跟踪偏差；e_0 为可调参数，其具体数值可根据实际控制对象由实验确定，e_0 值太小会使控制动作过于频繁，达不到稳定被控对象的目的；e_0 值太大则系统将产生较大的滞后。

带死区滤波的控制系统实际上是一个非线性系统，当 $|e(k)|\leqslant|e_0|$ 时，数字调节器的输出为零；当 $|e(k)|>|e_0|$ 时，数字调节器有 PID 输出。

② 积分分离。在普通的 PID 控制中，引入积分环节的目的是消除静差。但在过程的启动、结束或大幅度增减设定时，短时间内系统输出有很大偏差，会造成 PID 运算的积分积累，致使控制量超过执行机构可能允许的最大动作范围对应的极限控制量，引起系统较大的超调，甚至振荡，这是不能允许的。

积分分离的基本思想是当被控量与设定值有偏差时，取消积分作用，以免由于积分作用使系统稳定性降低，超调量增大；当被控量与设定值无偏差时，引入积分控制，消除静差，提高控制精度。

③微分先行。微分先行的特点是只对输出量进行微分，而对给定量不进行微分。因此在改变给定值时，控制器输出 u 不会产生大的改变。该控制策略适用于给定值频繁升降的场合，可以避免给定值升降时引起的系统振荡，从而明显改善系统的动态特性。

微分部分的传递函数为

$$\frac{u_{\mathrm{d}}(z)}{y(z)}=K_{\mathrm{d}}(1-z^{-1}) \tag{9.3}$$

④前馈补偿。速度前馈和加速度前馈补偿的引入增加了系统的零点，但系统的极点没有改变，因此系统的稳定性没有改变，而通过适当调节零点在 z 平面上的位置改善系统稳态性能和动态性能。

(3)PID 的实际算法。

$$\begin{aligned}\mathrm{DAC_{out}}(n)=&2^{-19}\times\mathrm{Ix30}\times\Bigg[\Bigg(\mathrm{Ix08}\times\Bigg\{\mathrm{FE}(n)+\Big[\mathrm{Ix32}\times\mathrm{CV}(n)+\mathrm{Ix35}\times\mathrm{CA}(n)\Big]/128\\&+\mathrm{Ix33}\times\mathrm{IE}(n)/2^{23}\Bigg\}\Bigg)-\mathrm{Ix31}\times\mathrm{Ix09}\times\mathrm{AV}(n)/128\Bigg]\end{aligned} \tag{9.4}$$

式中，$\mathrm{DAC_{out(\mathit{n})}}$ 为 16 位的伺服周期输出命令 (−32768 到 +32767)，它被转换成 −10V 到 +10V 的输出，$\mathrm{DAC_{out(\mathit{n})}}$ 的值由 Ix69 定义；Ix08 为电机 X 的一个内

部位置放大系数 (默认为 96)；Ix09 为电机 X 速度环的一个内部放大系数 (默认为 96)；FE(n) 为伺服周期 n 内所得的跟随误差，即为该周期内指令位置与实际位置的差值 [CP(n) − AP(n)]； AV(n) 为伺服周期 n 内的实际速度，即为每个伺服周期最后两个实际位置的差值 [AP(n) − AP($n-1$)]；CV(n) 为伺服周期 n 内的指令速度，即为每个伺服周期最后两个指令位置的差值 [CP(n) − CP($n-1$)]；CA(n) 为伺服周期 n 内的指令加速度，即为每个伺服周期最后两个指令速度的差值 [CV(n)−CV($n-1$)]；IE(n) 为伺服周期 n 内的跟随误差的积分，大小为 $\sum_{j=0}^{n-1}[\mathrm{FE}(j)]$。

(4) 传递函数。

根据以上 PMAC 中的 PID 实际算法，可以得出速度环中比例项的传递函数为

$$G_{\mathrm{b}}(z) = 2^{-19}K_{\mathrm{p}} \tag{9.5}$$

微分项的传递函数为

$$G_D(z) = \beta \times 2^{-7}K_{\mathrm{d}}(1 - z^{-1}) \tag{9.6}$$

位置环中 PI 项的传递函数为

$$G_P(z) = \alpha \times \frac{z(1 + 2^{-23}K_{\mathrm{I}}) - 1}{z - 1} \tag{9.7}$$

式 (9.6) 和式 (9.7) 中，α=Ix08；β=Ix09。

2) DAC 校准

通常 DAC(数模转换) 器件的主要误差是零点偏移误差，因此在使用时首先要进行 DAC 零点偏移校准。 PMAC 内部的 DAC 校准是通过一个事先编好的内部 PLC 程序完成的，校准过程如下：

(1) 设定重复测试次数和校准步长。 重复测试 10 次，校准步长为 0.01，检测 PMAC 中 DAC 器件的零点偏移误差，其值为 10 次测试结果的平均值。

(2) 执行校准。PMAC 中 DAC 器件的零点偏移误差保存在变量 I129 中，测试结果 (图 9.4) 显示零点偏移误差为 −1(16 DAC bits)，开环死区大小为 69 DAC bits，该死区的形成是由于控制器、驱动器和电机的连接造成的，为了实现精确控制，需要进行补偿。

(3) 补偿偏移量。选择补偿后，变量 I129 的值变为推荐值 −1，保存在 PMAC 的寄存器中，输出指令值在写入输出指令寄存器之前，先与 I129 的值相加，实现自动补偿。

3) 速度环和位置环的 PID 调节

(1) 使电机闭环。

使用#1j/在线命令使 1 号电机闭环，并用#1? 在线命令查询 1 号电机的状态，如果在线窗口返回状态字 812...，表示电机已经闭环，否则重复使电机闭环命令。

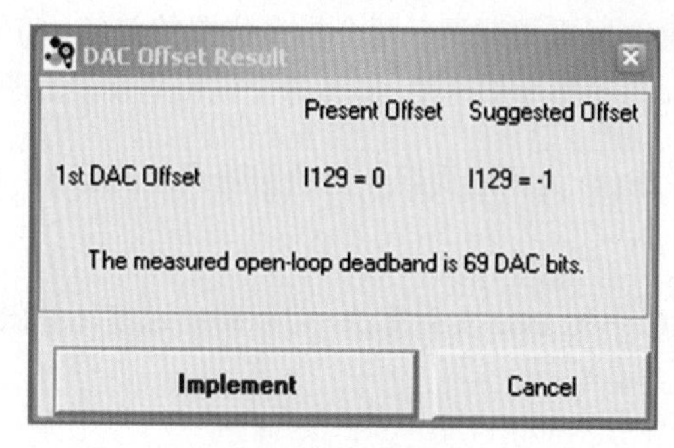

图 9.4 校准结果

(2) 用阶跃响应调整伺服环 PID。

① 进入 “PID Interactive Tuning Motor #1” 对话框，如图 9.5 所示。在 “Left Axis Plot” 中选择要绘制的响应曲线种类，包括位置、速度、加速度、跟随误差及 DAC 输出。因要进行阶跃响应，故只能选择位置。

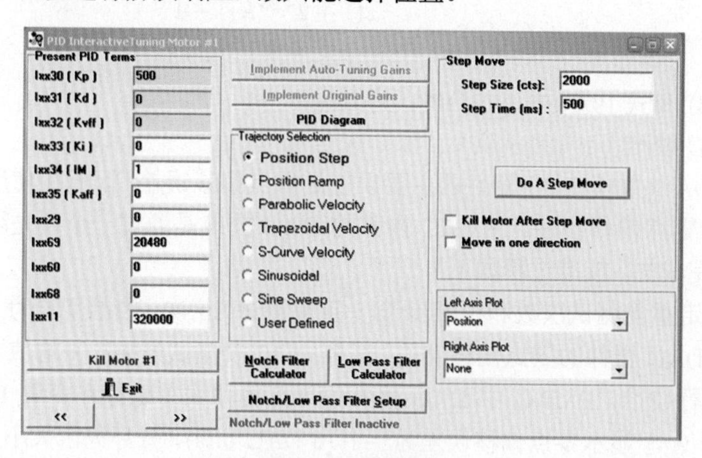

图 9.5 调整界面

② 令 Ixx31=0、Ixx34=1、Ixx33=0、Ixx32=0、Ixx35=0、Ixx30=500，输入阶跃大小 (step size) 和阶跃时间 (step time)，按下 “Do A Step Move”，执行一次阶跃响应。

③ 等待主机下传数据，采集到的数据自动被画成阶跃响应曲线，同时上升时间、超调量、调节时间等被计算出来，如图 9.6(a) 所示，实际位置远小于指令位置，

响应迟缓，原因是系统刚性太小，需增大 K_p。

④ 增大 K_p(Ix30)，步长为 500，调节过程如图 9.6(b)~(d) 所示，图 9.6(d) 在出现最小上升时间的情况下有较大超调，原因是系统阻尼太小，需增大 K_d。

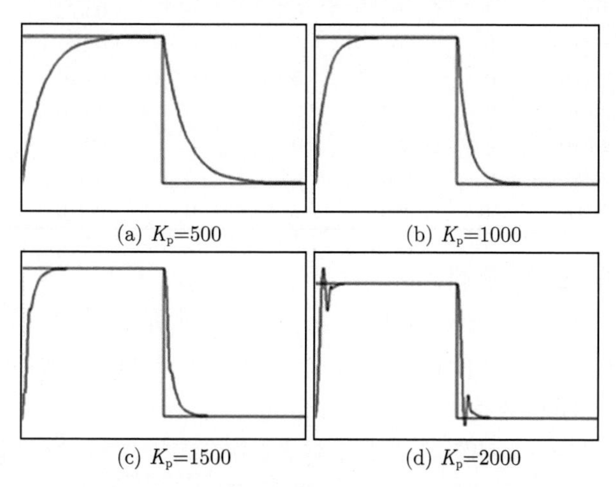

图 9.6 脉冲响应曲线 ($K_\mathrm{d} = 0, K_\mathrm{I} = 0$)

⑤ 逐渐增加 K_d (Ix31)，降低超调量，调节过程如图 9.7(a)~(c) 所示，最终获得无超调的响应曲线 (图 9.7(c))，但是从图上可以看出仍存在稳态误差。

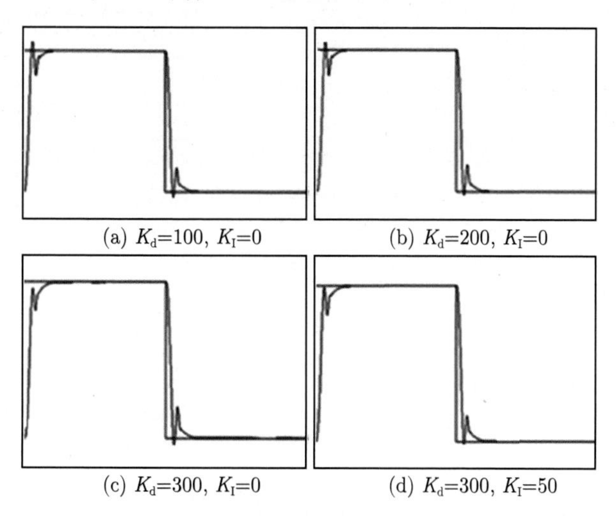

图 9.7 脉冲响应曲线 ($K_\mathrm{p} = 2000$)

⑥ 逐渐增加 K_I(Ix33)，减小系统的稳态误差。调节结果如图 9.7(d) 所示，上升时间 t_r 为 0.016(s)，调整时间 t_s 为 0.027(s)，超调量 δ 为 0。对应的响应特性见表 9.3。

表 9.3 阶跃响应调整参数表

图形	$K_{\rm p}$	$K_{\rm I}$	$K_{\rm d}$	$K_{\rm vff}$	$K_{\rm aff}$	$t_{\rm r}$	$t_{\rm s}$	δ
图 9.6(a)	500	0	0	0	0	0.154	0.505	0
图 9.6(b)	1000	0	0	0	0	0.073	0.292	0
图 9.6(c)	1500	0	0	0	0	0.045	0.167	0
图 9.6(d)	2000	0	0	0	0	0.016	0.029	0
图 9.7(a)	2000	0	100	0	0	0.016	0.029	6.3%
图 9.7(b)	2000	0	200	0	0	0.016	0.029	5.9%
图 9.7(c)	2000	0	300	0	0	0.013	0.027	0
图 9.7(d)	2000	50	300	0	0	0.016	0.027	0

(3) 抛物线响应调节前馈。

① 进入 “PID Interactive Tuning Motor #1” 对话框 (图 9.8)，在 “Trajectory Selection” 中选择 “Parabolic Velocity”, 在 “Left Axis Plot” 中选择速度，在 “Right Axis Plot” 中选择跟随误差。

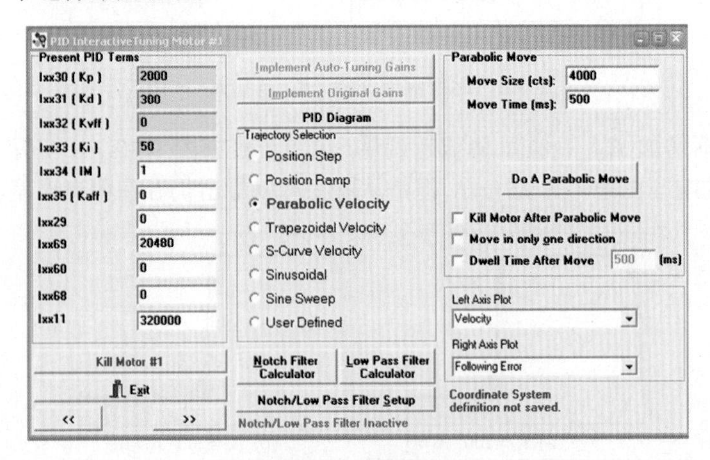

图 9.8 调整界面

② 不改变已有参数值，输入抛物线的运动步长 (move size) 和运动时间 (move time)，按下 “Do A Parabolic Move”, 执行一次抛物线响应。

③ 等待主机下传数据，进行数据采集并将采集到的数据画成曲线与命令曲线进行比较。

增大 $K_{\rm vff}$(Ix32), 重复响应过程，调节过程如图 9.9 所示，参数设置见表 9.4, 图 9.9(a)~(f)，速度跟随误差过大，原因是阻尼的引入造成的，需增加速度前馈；图 9.9(g) 速度跟随误差反相，原因是速度前馈过大，需减小速度前馈；图 9.9(h) 跟随误差曲线形状接近方波，与理想情况相近，此时跟随误差减到最小，并且集中在中部，沿运动轨迹均匀分布。

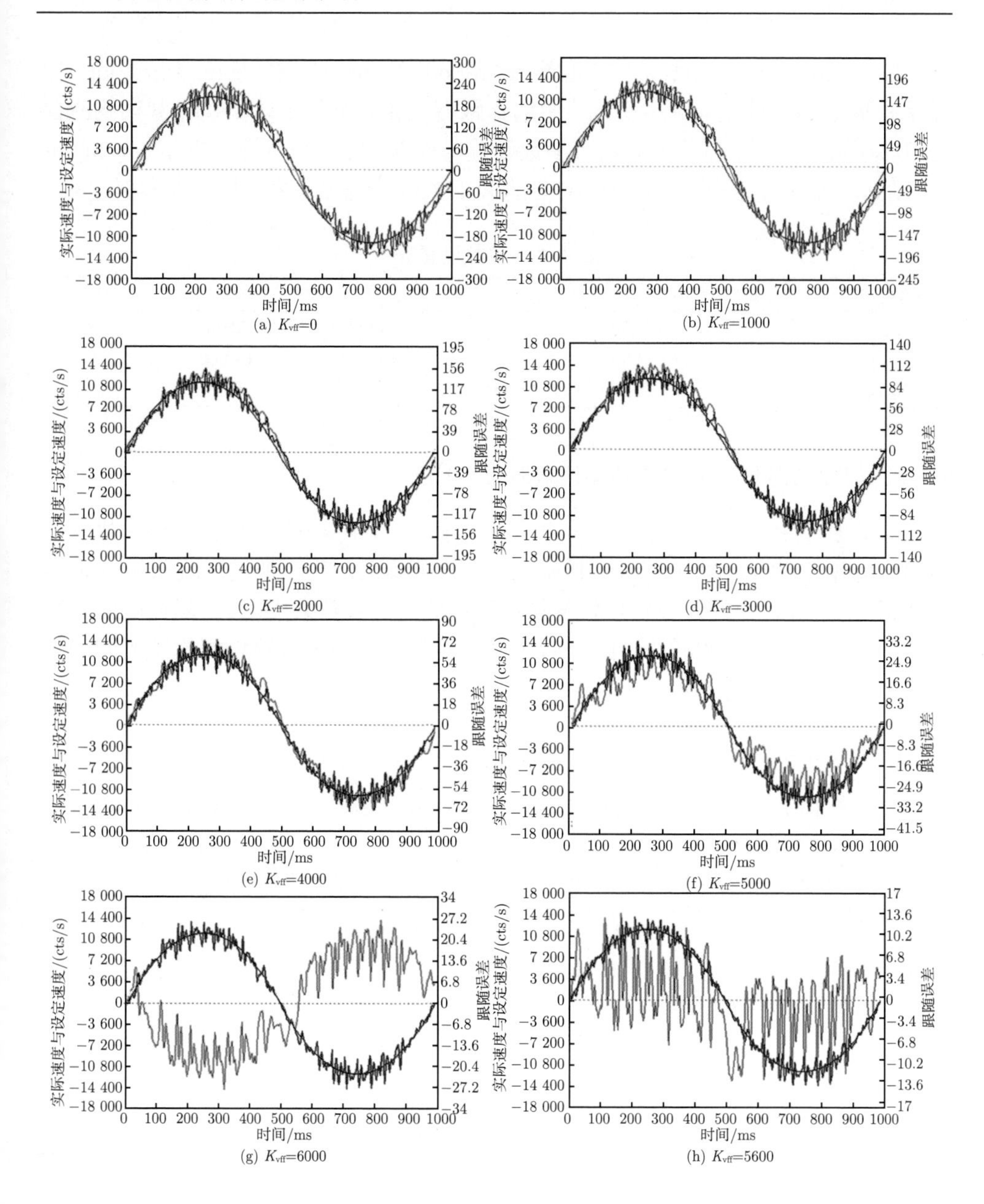

(a) K_{vff}=0 (b) K_{vff}=1000 (c) K_{vff}=2000 (d) K_{vff}=3000 (e) K_{vff}=4000 (f) K_{vff}=5000 (g) K_{vff}=6000 (h) K_{vff}=5600

图 9.9 正弦波响应曲线 ($K_{\mathrm{aff}}=0$)

表 9.4 参数设置表

编号	a	b	c	d	e	f	g	h
K_{vff}	0	1000	2000	3000	4000	5000	6000	5600
K_{aff}	0	0	0	0	0	0	0	0
$E_{\max}$	240	196	156	112	72	33	27	12.4

在 “Trajectory Selection” 中选择 “Parabolic Velocity”, 在 “Left Axis Plot” 中选择加速度，在 “Right Axis Plot” 中选择跟随误差。加入 K_{aff}(Ix35), 观察响应曲线和加速度跟随误差的变化，调节参数设置与误差如表 9.5 所示，当 K_{aff}=20 000 时，动态跟随误差达到较小值 10cts, 该误差的大部分是由噪声或机械摩擦引起的。

表 9.5 参数设置表

编号	a	b	c	d	e	f
K_{vff}	5600	5600	5600	5600	5600	5600
K_{aff}	0	4000	8000	10 000	15 000	20 000
$E_{\max}$	13	12	11.6	11.2	10.8	10.4

9.2.2 加减速过程中的加速和减速段耗能分析[396]

加减速控制是运动控制领域中的关键技术之一，PMAC 运动控制器对执行机构的加减速控制有三种加减速控制算法：梯形加减速、半 S 曲线加减速和 S 曲线加减速，这些算法是通过设定电机各加速阶段的时间参数来实现的，然而时间参数设置对电机的耗能影响较大，因此本章深入研究了不同加减速控制算法的时间参数设定与耗能之间的关系。

1. *夹持系统的加减速过程*

如图 9.10 所示，夹持系统的加减速过程包括 “加速—匀速—减速” 三个阶段。

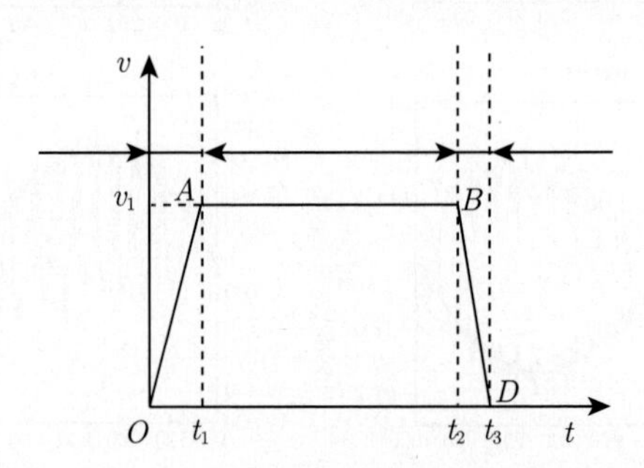

图 9.10 夹持系统的加减速过程

(1) 第一阶段 (OA 段) 为加速段，电机的速度从 0 增大到设定值 v_1，拖动手指加速运动。

(2) 第二阶段 (AB 段) 为匀速段，电机的速度保持 v_1 恒定，即手指匀速运动；当手指接触番茄后，进入第三阶段 (BD 段) 减速段，电机速度从 v_1 逐渐减到 0。通常将加减速过程的第一和第二阶段称为手指夹持番茄的第 I 过程，手指从初始位置运动到同番茄表皮刚刚接触的位置，位移为 L_1。

(3) 第三阶段称为手指夹持番茄的第Ⅱ过程，手指从刚刚接触番茄到稳定夹持番茄，位移为 L_2，该过程中手指的动能转换为番茄的弹性势能，如图 9.11 所示。

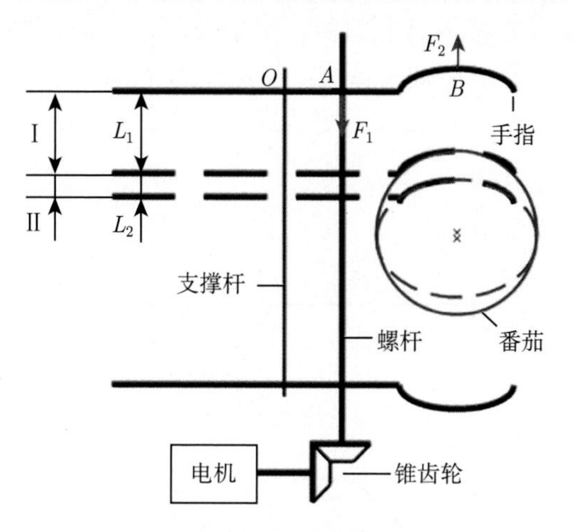

图 9.11 稳定夹持过程

F_1：螺杆施加给手指的轴向力；F_2：番茄施加给手指的力

2. 加减速控制算法的实现流程

PMAC 运动控制器中的 S 曲线加减速控制算法实现过程如图 9.12 所示。

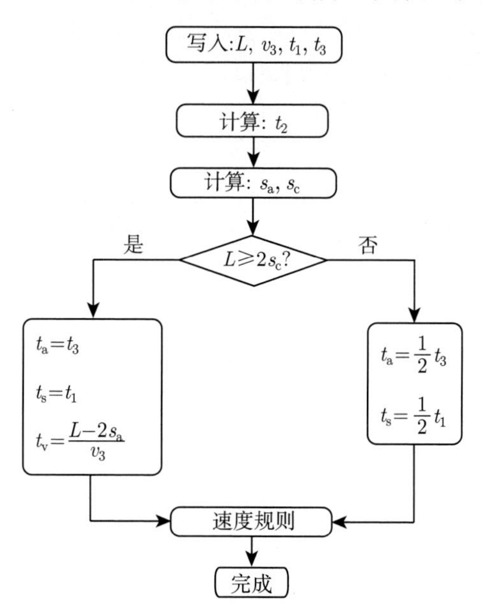

图 9.12 PMAC 的 S 曲线加减速算法实现流程图

在速度规划初始阶段，对任一具体任务，总位移 L 和匀速段速度 v_3 是根据具体情况设定的，恒定不变；而加速时间 t_1 和总加速时间 t_3 是可以变化的，它决定速度规划采用何种加减速算法 (图 9.13)。当 $t_1=0$，$t_2=t_3$ 时，采用梯形加减速算法；当 $t_1=t_2$ 时，采用半 S 曲线加减速算法；当 $t_1>0$，$t_3=t_1+t_2$ 时，采用 S 曲线加减速算法。

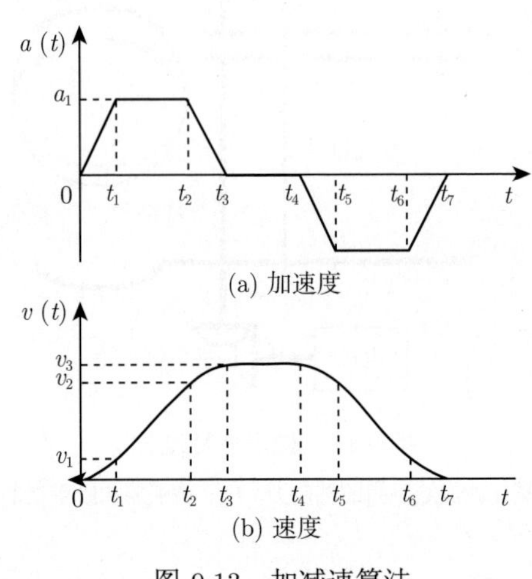

图 9.13　加减速算法

3. 不同加减速控制算法的耗能分析

由于不同加减速算法在时间参数设置不同时，其加减速过程所消耗的能量不同，因此本节对时间参数的设定与电机耗能之间的关系进行了推导。

1) 理想加减速控制算法的耗能 [401]

电机在工作过程中，将电能 P_{el} 转化为机械能 P_{mech}，同时产生热损耗 P_{J}，耗能最小即是在运动控制过程中要求电机的平均热损耗 P_{J} 最小。

理论上，在电机中耗能最小的最佳加减速的速度轮廓是一个抛物线 (图 9.14)，但是在实际中抛物线速度轮廓的产生比较复杂，常使用次优速度轮廓 (梯形、二次样条曲线、S 曲线) 代替。

2) 梯形加减速控制算法的耗能

假设最佳梯形速度轮廓的加速段、匀速段和减速段的运动时间如图 9.15(a) 所示，则在时间 $[0,\ t_1]$ 内的速度曲线方程为

$$v = At + B \tag{9.8}$$

满足边界条件：

$$\begin{cases} v|_{t=0} = v_0 \\ v|_{t=t_1} = v_1 \end{cases}$$

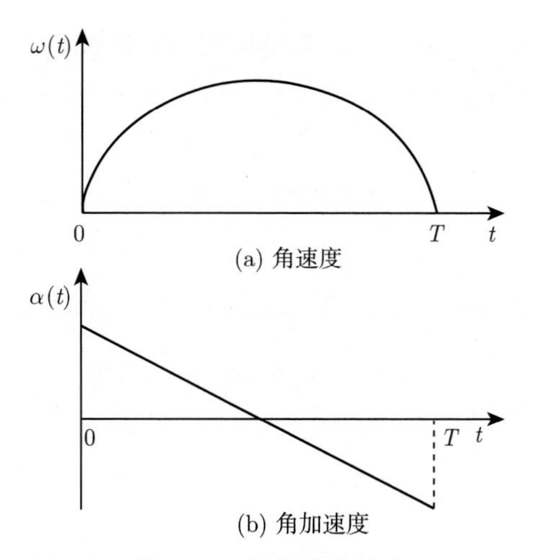

(a) 角速度

(b) 角加速度

图 9.14 最优速度轮廓

根据边界条件计算可得加速段位移方程：

$$s_{\mathrm{a}}=\int_0^{t_1} v\mathrm{d}t=v_0t_1+\frac{1}{2}(v_1-v_0)t_1=\frac{1}{2}(v_1+v_0)t_1 \tag{9.9}$$

式中，s_{a} 为加速段的位移 (mm)。

根据加减速的对称性，减速段位移与加速段位移 s_{a} 相等。假设在规划总位移 L 中，所需电机的角位移为 θ，v_0=0，则

$$\begin{aligned}\theta&=2s_{\mathrm{a}}+s_{\mathrm{c}}\\&=2\times\frac{v_1}{2}t_1+v_1(T-2t_1)\\&=v_1(T-t_1)\end{aligned} \tag{9.10}$$

式中，s_{c} 为匀速段的位移 (mm)。

则有速度函数 $\omega(t)$：

$$\omega(t)=\begin{cases}\dfrac{\theta}{t_1(T-t_1)}\cdot t & 0<t\leqslant t_1\\ \dfrac{\theta}{T-t_1} & t_1<t\leqslant T-t_1\\ \dfrac{\theta}{t_1(T-t_1)}\cdot(T-t) & T-t_1<t\leqslant T\end{cases} \tag{9.11}$$

已知电机单周期内的热损耗 E 为 [401]

$$E=\frac{J^2r}{K_{\mathrm{M}}^2}\int_0^T\left(\frac{\mathrm{d}\omega}{\mathrm{d}t}\right)^2\mathrm{d}t \tag{9.12}$$

式中，J 为总转动惯量 ($\mathrm{kg\cdot m^2}$)；K_M 为电机的力矩常数。

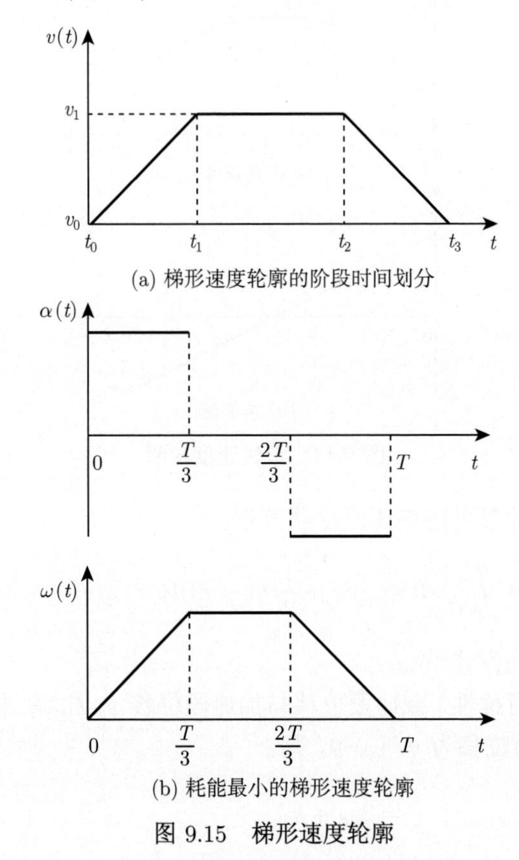

(a) 梯形速度轮廓的阶段时间划分

(b) 耗能最小的梯形速度轮廓

图 9.15　梯形速度轮廓

将式 (9.11) 代入式 (9.12)，得梯形曲线加减速的能量函数：

$$E = \frac{rJ^2\theta^2}{K_\mathrm{M}^2} \cdot \frac{2}{t_1(T-t_1)^2} \tag{9.13}$$

由式 (9.13) 求得最小值为

$$E = \frac{13.5rJ^2\theta^2}{K_\mathrm{M}^2 T^3} \tag{9.14}$$

当 $t_1 = T/3$ 时，式 (9.14) 成立。即当加速段、匀速段和减速段的运动时间相等时，得到的速度轮廓为耗能最小的梯形速度轮廓，如图 9.15(b) 所示。

3) 半 S 曲线加减速控制算法的耗能

假设最佳半 S 曲线速度轮廓的加加速段、减加速段、匀速段、加减速段和减减速段的运动时间如图 9.16(a) 所示，则在时间 $[0,\ t_1]$ 内的加速度曲线方程为

$$a = At + B \tag{9.15}$$

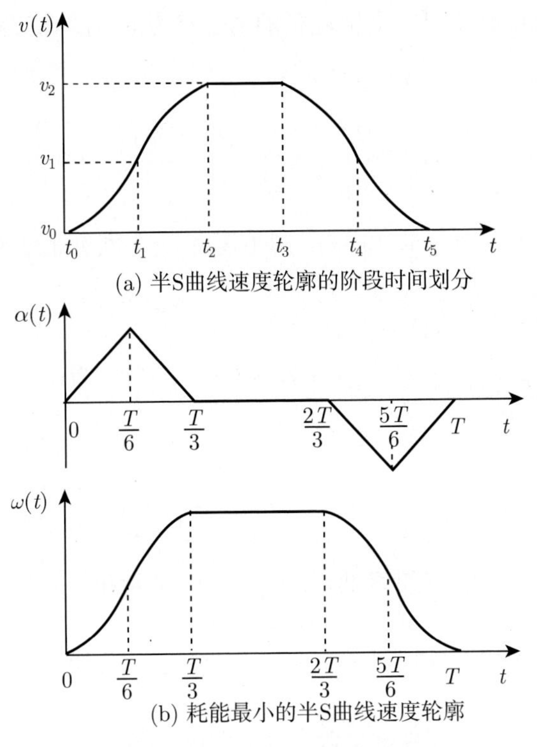

图 9.16 半 S 曲线速度轮廓

根据边界条件可得加速段的加速度曲线方程，进而通过积分得到加速段的速度与位移方程。

(1) 加速度曲线方程：

$$a=\begin{cases}\dfrac{2}{t_1^2}\left(\dfrac{v_2}{2}-v_0\right)\cdot t & 0<t\leqslant t_1\\ -\dfrac{2}{t_1^2}\left(\dfrac{v_2}{2}-v_0\right)\cdot t+\dfrac{4}{t_1}\left(\dfrac{v_2}{2}-v_0\right) & t_1<t\leqslant t_2\end{cases}\tag{9.16}$$

(2) 速度曲线方程：

$$v=\begin{cases}\dfrac{1}{t_1^2}\left(\dfrac{v_2}{2}-v_0\right)\cdot t^2+v_0 & 0<t\leqslant t_1\\ -\dfrac{1}{t_1^2}\left(\dfrac{v_2}{2}-v_0\right)\cdot t^2+\dfrac{4}{t_1}\left(\dfrac{v_2}{2}-v_0\right)\cdot t+4v_0-v_2 & t_1<t\leqslant t_2\end{cases}\tag{9.17}$$

(3) 位移方程：

$$s_{\mathrm{a}}=(v_2+v_0)t_1\tag{9.18}$$

假设在规划总位移 L 中，所需电机的角位移为 θ，v_0=0，则

$$\begin{aligned}\theta &= 2s_{\mathrm{a}} + s_{\mathrm{c}} \\ &= 2 \times v_2 t_1 + v_2(T - 4t_1) \\ &= v_2(T - 2t_1)\end{aligned} \tag{9.19}$$

将式 (9.19) 变形后代入式 (9.17)，用角速度 $\omega(t)$ 表示速度函数：

$$\omega(t) = \begin{cases} \dfrac{\theta}{2t_1^2(T-2t_1)} \cdot t^2 & 0 < t < t_1 \\ \dfrac{\theta}{(T-2t_1)t_1} \cdot (-\dfrac{t^2}{2t_1} + 2t - t_1) & t_1 < t < 2t_1 \\ \dfrac{\theta}{T-2t_1} & 2t_1 < t < T - 2t_1 \\ \omega_4(t) & T - 2t_1 < t < T - t_1 \\ \omega_5(t) & T - t_1 < t < T \end{cases} \tag{9.20}$$

式中，$\omega_n(t)$ 为第 n 区间的速度函数，$\omega_4(t)$、$\omega_5(t)$ 分别和 $\omega_1(t)$、$\omega_2(t)$ 关于 $t = T/2$ 对称。

将式 (9.20) 代入式 (9.12) 可得半 S 曲线加减速的能量函数：

$$E = \frac{rJ^2\theta^2}{K_{\mathrm{M}}^2} \cdot \frac{4}{3t_1(T-2t_1)^2} \tag{9.21}$$

由式 (9.21) 求得其最小值为

$$E = \frac{18rJ^2\theta^2}{K_{\mathrm{M}}^2 T^3} \tag{9.22}$$

当 $t_1 = T/6$ 时，式 (9.22) 成立。即当加加速段、减加速段、加减速段和减减速段的运动时间相等且为 $T/6$、匀速段的运动时间为 $T/3$ 时，得到的速度轮廓为耗能最小的半 S 曲线速度轮廓，如图 9.16(b) 所示。

4) S 曲线加减速控制算法的耗能

最佳 S 曲线速度轮廓的加加速段、匀加速段、减加速段、匀速段、加减速段、匀减速段和减减速段的运动时间如图 9.17(a) 所示，根据 S 曲线加减速控制算法推导公式和曲线边界条件，假设其在时间 $[0, t_3]$ 内的加速度曲线方程：

$$a = \begin{cases} At + B_1 & 0 < t \leqslant t_1 \\ At_1 + B_1 & t_1 < t \leqslant t_2 \\ -At + B_2 & t_2 < t \leqslant t_3 \end{cases} \tag{9.23}$$

根据边界条件可得加速段的加速度曲线方程，进而通过积分得到加速段的速度与位移方程。

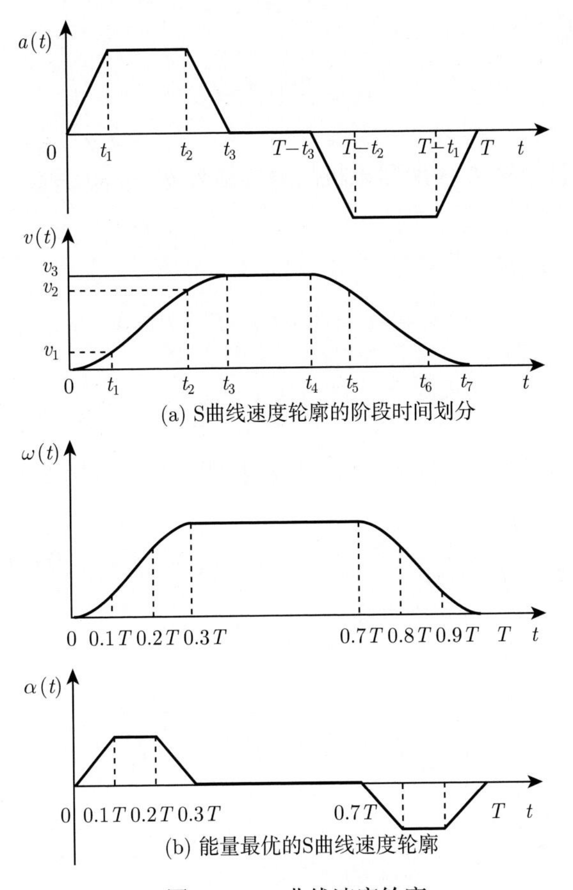

图 9.17　S 曲线速度轮廓

(1) 加速度曲线方程:

$$
a = \begin{cases} \dfrac{a_1}{t_1}t & 0 < t \leqslant t_1 \\ a_1 & t_1 < t \leqslant t_2 \\ -\dfrac{a_1}{t_1}t + \dfrac{a_1 t_3}{t_1} & t_2 < t \leqslant t_3 \end{cases} \tag{9.24}
$$

(2) 速度曲线方程:

$$
v = \begin{cases} \dfrac{v_3}{2t_1t_2}t^2 & 0 < t \leqslant t_1 \\ \dfrac{v_3}{t_2}t - \dfrac{v_3 t_1}{2t_2} & t_1 < t \leqslant t_2 \\ -\dfrac{v_3}{2t_1t_2}t^2 + \dfrac{v_3t_3}{t_1t_2}t + v_3 - \dfrac{v_3t_3^2}{2t_1t_2} & t_2 < t \leqslant t_3 \end{cases} \tag{9.25}
$$

(3) 位移方程：

$$s_a = \frac{v_3}{2}(t_1 + t_2) \tag{9.26}$$

假设在规划总位移 L 中所需电机的角位移为 θ，v_0=0，则

$$\begin{aligned} \theta &= 2s_{\rm a} + s_{\rm c} \\ &= 2 \times \frac{v_3}{2}(t_1 + t_2) + v_3[T - 2(t_1 + t_2)] \\ &= v_3[T - (t_1 + t_2)] \end{aligned} \tag{9.27}$$

将式 (9.27) 变形后代入式 (9.25)，用角速度 $\omega(t)$ 表示速度函数：

$$\omega(t) = \begin{cases} \dfrac{\theta}{2t_1t_2\left[T - (t_1 + t_2)\right]} \cdot t^2 & 0 < t \leqslant t_1 \\ \dfrac{\theta}{t_2\left[T - (t_1 + t_2)\right]} \cdot \left(t - \dfrac{t_1}{2}\right) & t_1 < t \leqslant t_2 \\ \dfrac{\theta}{t_1t_2\left[T - (t_1 + t_2)\right]} \cdot \left[-\dfrac{t^2}{2} + (t_1 + t_2)t - \dfrac{t_1^2 + t_2^2}{2}\right] & t_2 < t \leqslant t_3 \\ \dfrac{\theta}{T - (t_1 + t_2)} & t_3 < t \leqslant T - t_3 \\ \omega_5(t) & T - t_3 < t \leqslant T - t_2 \\ \omega_6(t) & T - t_2 < t \leqslant T - t_1 \\ \omega_7(t) & T - t_1 < t \leqslant T \end{cases} \tag{9.28}$$

将式 (9.28) 代入式 (9.12)，得到 S 曲线的能量函数为

$$E = \frac{rJ^2\theta^2}{K_{\rm M}^2} \cdot \frac{2(3t_2 - t_1)}{3t_2^2[T - (t_2 + t_1)]^2} \tag{9.29}$$

利用 MATLAB 画出该能量函数的图形 (取时间步长为 0.01)，如图 9.18 所示。

当 x_2=0.32，x_1=0.01 时，S 曲线加减速算法的耗能逼近最小值。编写该函数的 MATLAB 程序，寻找 S 曲线加减速算法的耗能最小值，表 9.6 为设置不同步长时，得到的 M 最小值。

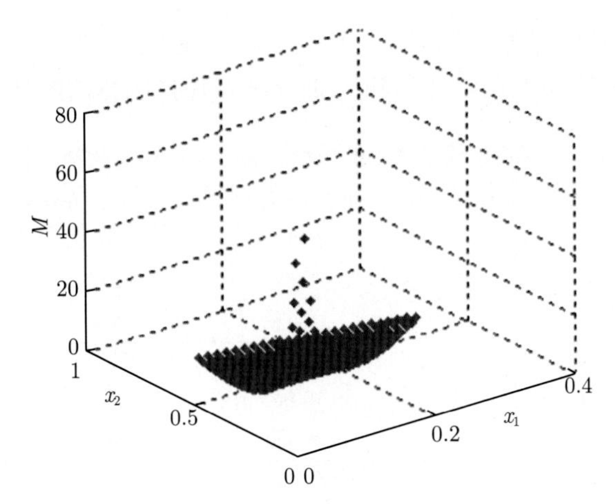

图 9.18 S 曲线能量函数图形

时间系数 $x_1=t_1/T, x_2=t_2/T, E=MrJ^2\theta^2/K_{\mathrm{M}}$，$M$ 为耗能系数

表 9.6 步长、时间系数 (x_1、x_2) 与 M

步长	x_2	x_1	$M_{\min}$
0.1	0.2	0.1	17.007
0.05	0.3	0.05	14.903
0.01	0.32	0.01	13.779

通过表 9.6 可以看出，当步长越小，通过计算得到的 M 最小值越逼近其实际最小值。因此在应用 S 曲线加减速算法时，t_1、t_2 分别在 $0.01T$ 和 $0.32T$ 附近取值时，能够获得基于能量最优的 S 曲线速度轮廓。其耗能为

$$E=\frac{13.779rJ^2\theta^2}{K_{\mathrm{M}}^2T^3} \tag{9.30}$$

即当加加速段、加减速段、减加速段和减减速段的运动时间相等且为 $0.01T$，匀加速段和匀减速段的运动时间相等且为 $0.31T$ 时，得到的速度轮廓为基于能量最优的 S 曲线速度轮廓，如图 9.17(b) 所示。

4. 不同加减速控制算法的耗能比较

根据以上推导, 将不同加减速算法在不同设置时间时的耗能与最优速度轮廓的耗能进行比较，如表 9.7 所示。

通过分析表 9.7 发现：

(1) 对于同一种加减速控制算法，当加加速时间和匀加速时间设置为不同值时，耗能差别较大。尤其是半 S 曲线加减速算法，其在表 9.7 中的耗能比高达 6:1。

(2) 对于不同的加减速控制算法，其最小耗能差别也较明显，特别是半 S 曲线加减速算法最小耗能明显高于梯形和 S 曲线加减速控制算法的最小耗能。

表 9.7 不同加减速算法的耗能与最优速度轮廓的耗能比较

	参数	最优速度轮廓	梯形速度轮廓	半 S 曲线速度轮廓	S 曲线速度轮廓
最小耗能	时间设置 (t_1,t_2)		$(T/3,0)$	$(T/6,0)$	$(0.01T,0.32T)$
	耗能系数 M	12	13.5	18	13.779
	耗能百分数		12.5%	50%	14.83%
较大耗能	时间设置 (t_1,t_2)		$(T/7,0)$	$(T/7,0)$	$(T/7,2\mathrm{T}/7)$
	耗能系数 M	12	19.06	18.29	17.86
	耗能百分数		58.8%	52.44%	48.83%
较大耗能	时间设置 (t_1,t_2)		$(T/9,0)$	$(T/9,0)$	$(T/9,2\mathrm{T}/9)$
	耗能系数 M	12	22.78	108	16.875
	耗能百分数		89.8%	8	40.63%

注：耗能百分比 =(加减速曲线的耗能 − 最优速度轮廓的耗能)/最优速度轮廓的耗能。

据文献 [402]，C. Lewin 通过分析冲击揭示了 S 曲线加减速算法在准确性和平稳性方面优于梯形加减速和半 S 曲线加减速算法；而在耗能方面 S 曲线加减速算法的耗能大于梯形加减速算法，小于半 S 曲线加减速算法的耗能。因此综合平稳性和耗能因素考虑，对采摘机器人夹持系统的加减速过程应该使用 S 曲线加减速控制算法。

9.2.3 快速柔顺夹持的速度优化

加减速过程中的匀速段速度是决定稳定夹持效率的关键因素，快速夹持时存在手指对番茄的较大瞬间碰撞作用力，损伤的可能性也越大；同时手指运动越快，电机耗能就越大。以耗能最小和稳定夹持效率最高为指标，可实现对夹持系统加减速过程中匀速段的速度优化。

1. 电机输入电流 (输出力矩) 与夹持力实验

由平板压缩试验结果可知，在番茄的弹性变形范围内，半熟期番茄受力与变形呈线性关系 (图 3.20)，在实现精确柔性夹持则须建立准确的电机输出力矩 (电流) 与夹持力之间的数学模型。理论上，电机输出力矩–夹持力数学模型可通过机械传动系统的机构受力分析来实现，但由于系统各传动环节的动、静摩擦系数难以准确得到，故通过实验测定法建立电机输出力矩与手指夹持力之间的数学模型。

1) 实验材料与方法

(1) 实验材料：实验所选材料为半熟期粉冠 906 号番茄，椭圆形，表面无损伤痕迹。所采番茄的横向、纵向直径分别为 70.28～75.65mm 和 69.84～75.01mm；质量为 177~211g。

(2) 实验装置：所用实验装置实物图如图 9.19 所示。

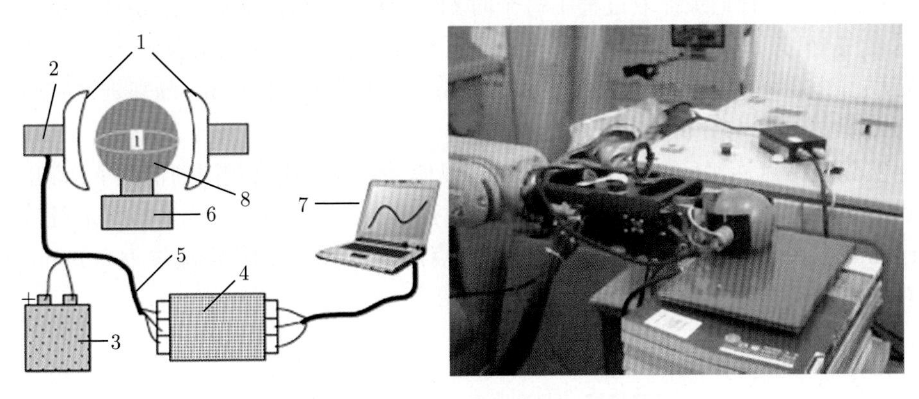

图 9.19 电机输出力矩与夹持力实验装置

1. 手指；2. 力传感器；3. 蓄电池；4.AD 数据采集卡；5. 导线；6. 支撑台；7.PC 机；8. 番茄

手指装在末端执行器上，其开合由直流电机控制，通过电机的上位机软件可以设置不同的电流值改变电机的最大输出力矩，从而改变手指的夹持力。当手指夹持番茄时，装在手指上的力传感器可以实时检测夹持力的变化，数据采集卡将采集到的传感器模拟电压信号转换成数字信号后传递到 PC 机，经运算后输出。所用力传感器的量程为 50N，精度 0.01N。

(3) 初始电流测定。图 9.20 是手指空载匀速运动时电机所需的电流，其最大约为 420mA，该电流用于克服手指夹持机构的传动摩擦力。因此在建立电机电流与手指夹持力之间的数学关系模型中，电流的设置应大于 420mA。

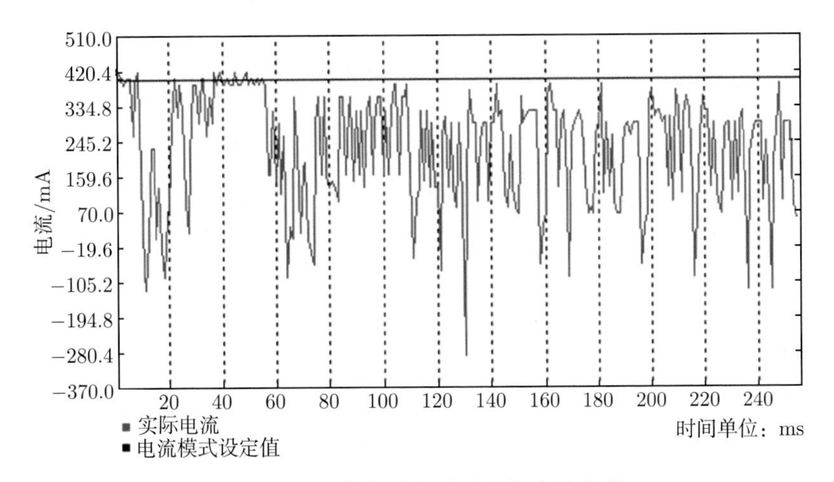

图 9.20 手指匀速运动段电机电流变化

(4) 实验方法。从所采到的番茄中随机抽取 10 个，分成两组并编号。通过上位机软件，间隔 100mA，设置电机所用最大电流的值为 500~2100mA，分别抓取番茄。力传感器实时记录抓取过程中每个时刻的力变化，最后数据通过 AD 数据采集卡保存在 PC 机中。同时为了观察在低速下不同速度对夹持力的影响，在第 1 组中取带动手指运动的电机运行速度为 25r/min，第 2 组为 50r/min，分别进行实验。

2) 数据处理与分析

实验数据点连接后如图 9.21 所示，可以明显看出在电流相同的情况下，即电机输出力矩相同时，电机运动速度越高，其对番茄的夹持力越大。当电机运动速度为 25r/min 时，结合夹持系统的传动结构的特点，计算出手指的运动速度为 0.09mm/s，可视为准静态情况。

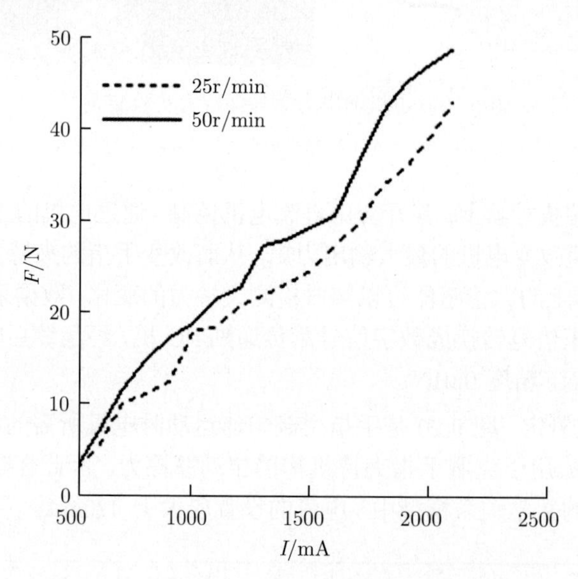

图 9.21 电机输入电流与夹持力实验的实验结果

2. 手指稳定夹持力实验

番茄个体之间的尺寸、质量与力学参数均存在一定的差异，而在实际采摘作业中，根据每一个体的上述特征选定夹持电流输入是不现实的。由于 80%以上番茄的质量分布在 140~250g，误差不超过 ±2%，故考虑对于质量分布在 140~250g 范围内的番茄，使用同一稳定夹持力而保证每一个体的变形均在弹性变形范围内。

1) 实验材料与方法

(1) 实验材料。实验所选材料为同一批次的半熟期粉冠 906 号番茄。所选番茄的横向、纵向直径分别为 65.38~82.04mm 和 64.31~81.08mm；质量为 143~247g。

(2) 实验方法。实验时，从所采的番茄中随机抽取 10 个并编号。通过上位机软件，设置电机所用最大电流的值从 400mA 开始, 逐次递增 10mA，速度值设为 25r/min，分别抓取番茄。记录下稳定夹持番茄时所需的最小电流 $I_{\min}$ 和番茄变形 5mm(弹性阶段) 时电机所需电流 $I_{\max}$。

2) 实验结果与分析

手指稳定夹持力实验的结果如表 9.8 所示，可以看出对于质量分布在 140~250g 范围内的半熟期番茄，稳定夹持番茄所需的电机电流存在一个公共带 [650，1600]mA，根据图 9.21，稳定夹持力的范围为 7.7~28.9N，因此机器人在采摘差异较小的番茄时，可以使用同一稳定夹持力。

表 9.8 手指稳定夹持力实验的实验结果

编号	横向直径/mm	纵向直径/mm	质量/g	$I_{\min}$/mA	$I_{\max}$/mA
1	74.52	74.61	175	500	1800
2	71.58	71.24	180	520	1850
3	65.81	66.4	143	450	1600
4	77.52	73.68	194	550	1900
5	82.04	81.08	247	650	2100
6	76.28	75.72	200	580	1900
7	74.05	76.32	219	630	1950
8	65.38	64.31	145	460	1600
9	74.11	74.62	201	580	1900
10	72.13	70.46	182	510	1850

3. 手指运动速度与夹持力实验

1) 实验材料与方法

(1) 实验材料。实验所选材料为同一批次的半熟期粉冠 906 号番茄，椭圆形，表面无损伤痕迹。所选番茄的横向、纵向直径分别为 65.38~82.04mm 和 64.31~81.08mm；质量为 139~247g。

(2) 实验方法。实验装置同上，实验时，从所选的番茄中随机抽取 15 个，分成三组并编号，通过上位机软件，设置电机所用最大电流的值为 800mA、1000mA、1200mA、1400mA 和 1600mA，分别夹持番茄。夹持速度分别取 25r/min、50r/min、250r/min、500r/min、750r/min、1000r/min、1500r/min、2000r/min、2500r/min 和 3000r/min，进行多次夹持。力传感器实时记录夹持过程中每个时刻的力变化，最后数据通过 AD 数据采集卡保存在 PC 机中。

2) 实验结果与分析

对每组数据取平均值，实验结果如图 9.22 所示。

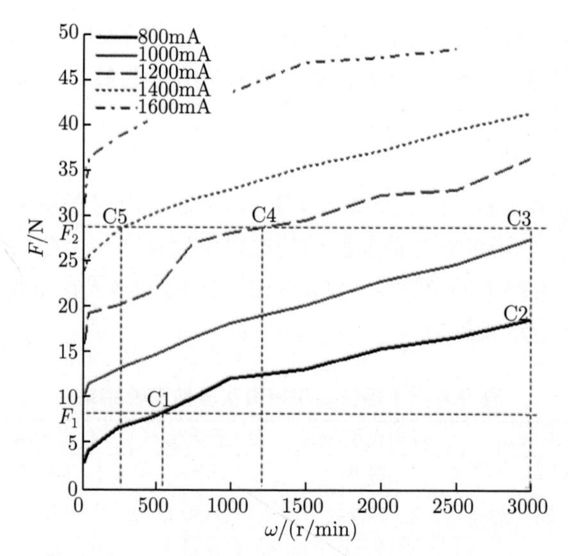

图 9.22　手指运动速度与夹持力实验的实验结果

F_1 为最小稳定夹持力，F_2 为最大稳定夹持力

从图中可以看出，在不同速度下应施加不同的夹持电流输入，手指才能稳定夹持番茄，电流越大，稳定夹持的电机转速越受限制：

$$I = \begin{cases} 800\text{mA} & \omega \geqslant 520 \\ 1000\text{mA} & 25 \leqslant \omega \leqslant 3000 \\ 1200\text{mA} & 25 \leqslant \omega \leqslant 1400 \\ 1400\text{mA} & 25 \leqslant \omega \leqslant 250 \end{cases} \tag{9.31}$$

从采摘效率方面考虑，只有当 650mA$\leqslant I \leqslant$1000mA 时，才能以 3000r/min 的电机转速实施抓取，完成一次稳定抓取动作的时间最多为 1s，从而达到与人工采摘单次稳定抓取的相近效率，满足实际采摘作业要求。

9.3　真空吸持拉动的控制优化

9.3.1　最大拉动速度与加速段位移的关系 [238]

1. 齿条理论最高持续速度

由第 4 章所示无损采摘末端执行器内吸盘进给机构的结构，电机经减速器和齿轮齿条的啮合传动，带动齿条前进和后退。由电机转速所决定，齿条的理论最高持续速度 v_{r0} 为

$$v_{\text{r0}} = \frac{n_{\text{b1}}\pi m_0 z}{60 i_{\text{b}}} \tag{9.32}$$

式中，n_{b1} 为吸盘进给机构电机的额定速度 (r/min)；m_0 为吸盘进给机构齿轮-齿条的模数；z 为吸盘进给机构齿轮的齿数；i_b 为吸盘进给机构减速器的减速比，已知 $i_b=24$。

代入已知参数，可得 $v_{r0}=401.4\text{mm/s}$。

2. 最高拉动速度的确定

对直线加速规律，有

$$s_0 = \frac{v_0^2}{2a_0} \tag{9.33}$$

不同速度下的加速段位移与加速度关系曲线如图 9.23 所示。由式 (9.33) 及图 9.23，加速段位移 s_0 与速度 v_0 的平方成正比。因此，过高的拉动速度将使加速段位移 s_0 过大。

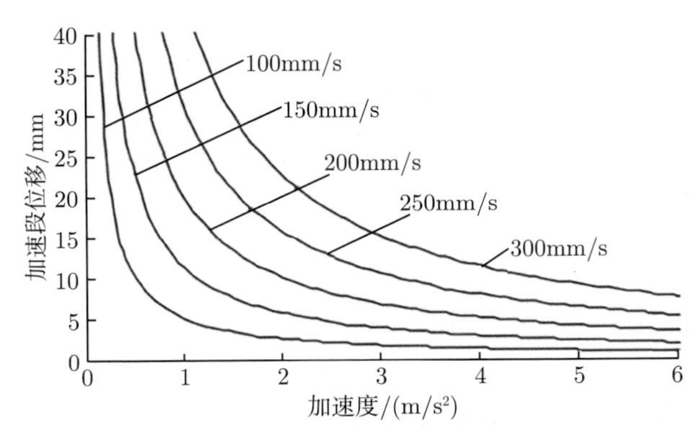

图 9.23 不同拉动速度下的加速阶段位移与加速度关系

根据快速吸持拉动作业的拉力公式 (7.31)，动态条件下的吸持拉力变化过程如图 9.24 所示。结合式 (7.31) 与图 9.24，可以看出，如加速段位移 s_0 加大，将导致吸持拉动过程中峰值拉力的变大，甚至无法在吸持拉动距离范围内完成加速—匀速—减速过程。但同时，过低的拉动速度又造成吸持拉动的效率降低。综合两因素，将吸持拉动速度确定为 200mm/s。

3. 最大加速度与静吸持拉力的关系

1) 吸盘进给机构的等效转动惯量

吸盘进给机构的等效转动惯量由下式得到：

$$J_{br} = J_{b1} + J_{b_2}\frac{1}{i_b^2} + m_r\left(\frac{v_r}{w_{b1}}\right)^2 \tag{9.34}$$

式中，J_{br} 为吸盘进给机构的等效转动惯量 $(\text{g}\cdot\text{mm}^2)$；$J_{b1}$ 为吸盘进给机构电机的转动惯量，由产品样本，$J_{b1}=417\text{g}\cdot\text{mm}^2$；$J_{b2}$ 为吸盘进给机构减速器的转动惯量，由产品样本, $J_{b2} = 40\text{g}\cdot\text{mm}^2$；$m_r$ 为齿条及导杆的质量 (g)，经测定 m_r=80.7g；v_r 为吸盘的速度 (mm/s)；ω_{b1} 为吸盘进给机构电机的角速度 (rad/s)。

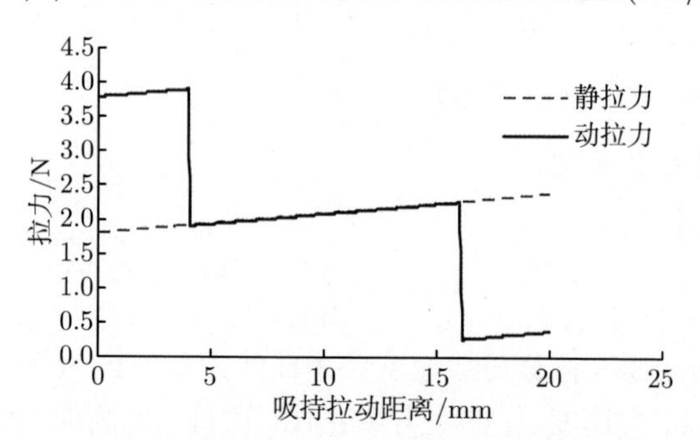

图 9.24　动态条件下的吸持拉力变化过程

由

$$v_r = \frac{\omega_{b1} m z}{2 i_b} \tag{9.35}$$

有

$$v_r/\omega_{b1} = mz/2i_b \tag{9.36}$$

已知 m_0=0.8，z=30，则 v_r/ω_{b1} =0.5mm/rad。

则可计算得 $J_{br} = 437.2\text{g}\cdot\text{mm}^2$。

2) 吸盘进给机构的摩擦力矩

吸盘进给机构运转过程中，受到摩擦力矩的作用，其值可以在空载条件下测试计算得到。

在空载条件下，利用 EPOS 控制器界面程序，在匀速运动模式下，令电机以 10r/min 匀速运动，利用界面程序的数据记录功能，记录得到匀速运动过程中的电流变化 (图 9.25)，从而由下式得到吸盘进给机构的摩擦力矩：

$$M_{bf} = \gamma_{b_M} \cdot I_{bf}/1000 \tag{9.37}$$

式中，M_{bf} 为吸盘进给机构的摩擦力矩 (mN·m)；γ_{bM} 为吸盘进给机构电机的转矩常数 (mN·m/A)，由产品样本 γ_{bM}=24.4mN·m/A；I_{bf} 为吸盘进给机构电机克服摩擦力矩运转所需电流 (mA)，由图 9.25，I_{bf} 的均值为 90mA。

则由式 (9.37)，可得吸盘进给机构的摩擦力矩为 2.20mN·m。

3) 吸持拉动的负载转矩

在吸盘吸持果实并拉动果实后退过程中，齿条必须提供吸持拉动所需的拉力 F_p，则电机的负载转矩为

$$M_{bw} = F_p \frac{v_r}{\omega_{b1}} = 0.5F_p \tag{9.38}$$

式中，M_{bw} 为吸盘进给机构电机的负载转矩 (mN·m)。

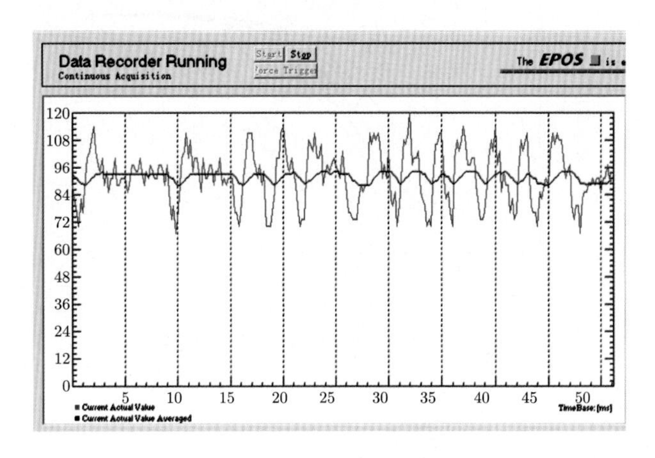

图 9.25 空载时吸盘进给机构电机的电流

4) 最大加速度

吸持拉动时，吸盘进给机构在电机转矩的带动下，克服负载转矩和摩擦转矩的作用，使齿条加速，其理论最大加速度为

$$\beta_0 = \frac{M_{\mathrm{b}} - M_{\mathrm{bf}} - M_{\mathrm{bw0}}}{J_{\mathrm{br}}} \times 10^6 \tag{9.39}$$

式中，β_0 为齿条吸持拉动的理论最大角加速度 (rad/s^2)；M_{b} 为吸盘进给机构电机的额定转矩 (mN·m)，由产品样本 M_{b}=12.1mN·m；M_{bw0} 为克服匀速运动时拉力 F_{p0} 所需的负载转矩 (mN·m)，$M_{\mathrm{bw0}}=0.5F_{\mathrm{p0}}$。

而齿条的最大加速度为

$$a_0 = \frac{mz}{2i_{\mathrm{b2}}}\beta_0 = \frac{M_{\mathrm{b}} - M_{\mathrm{bf}} - M_{\mathrm{bw0}}}{2J_{\mathrm{br}}} \times 10^6 \tag{9.40}$$

式中，a_0 为吸盘运动的最大加速度，进行真空度阈值计算时，即果实被吸持拉动的最大加速度 (mm/s^2)。

如图 9.26 所示，当吸持拉动距离在 10mm 以内时，所需静拉力较小，拉力为 2.0N 时的吸持拉动成功率超过 98.6%。取 $F_{\mathrm{p0}}(s_0)$=2.0N，则由式 (9.39)，有 a_0=10.18m/s^2，

将之代入式 (9.33)，有 s_0=1.96mm。

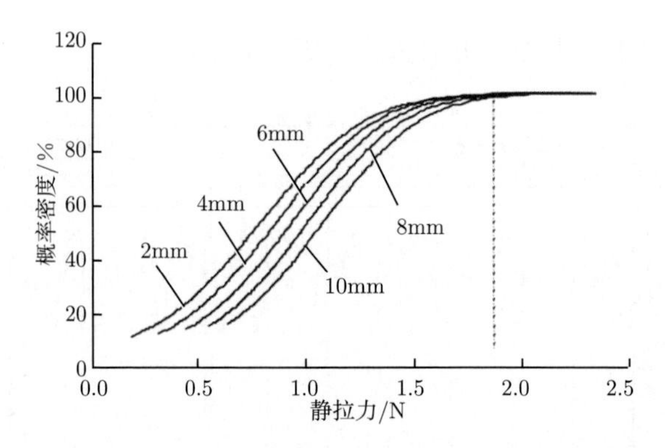

图 9.26　不同吸持拉动距离的静拉力概率分布

9.3.2　动吸持拉力与真空度阈值的关系 [238]

将已知量代入快速吸持拉动作业的拉力公式 (7.32)，将果实质量以正态分布数列代入，得到加速段结束时刻动拉力的正态概率分布图 (图 9.27)，当拉力 $F_{\mathrm{p}}(s_0)$ 达 5.0N 时，成功吸持拉动的概率达 99.8%。真空度阈值为

$$[\Delta p_{\mathrm{u}}] = -\frac{1000}{64\pi}F_{\mathrm{p}}(s_0) = -24.9\mathrm{kPa}$$

由图 9.24，除加速阶段结束时刻出现拉力峰值外，将分别于减速阶段开始时刻和行程结束时刻出现峰值，其中减速阶段开始时刻峰值等于静态分析值：

$$F_{\mathrm{p}}(x_0 - s_0) = F_{\mathrm{p0}}(x_0 - s_0) \tag{9.41}$$

而行程结束时刻峰值则等于静态分析值与减速度项的差值：

$$F_{\mathrm{p}}(s_0) = F_{\mathrm{p0}}(s_0) - 10^{-6}ma_0 \tag{9.42}$$

由图 7.18，当吸持拉动 30mm 时，静态真空度阈值为 16kPa，故减速阶段开始时刻和行程结束时刻的真空度阈值均低于 16kPa。其中行程结束时刻，将已知量代入式 (9.42)，将果实质量以正态分布数列代入，得到行程结束时刻动拉力的正态概率分布图 (图 9.28)，在番茄尺寸未形成对被吸持拉动距离限制的前提下，仅需 2.5N 即可实现几乎 100%果实的 30mm 吸持拉动行程。

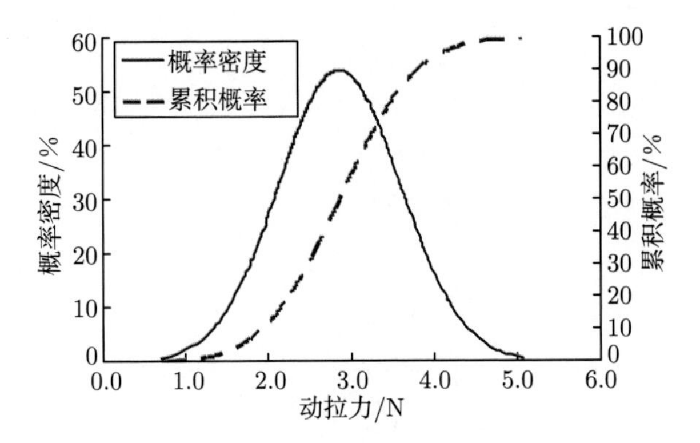

图 9.27 加速段结束时刻动吸持拉力的概率分布

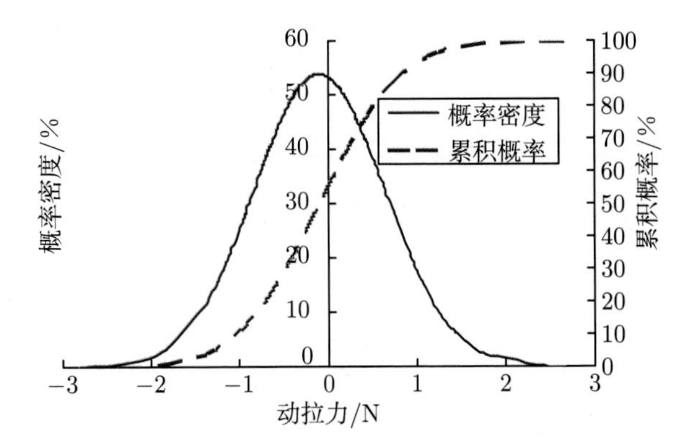

图 9.28 行程结束时刻动吸持拉力的概率分布

9.3.3 吸持拉动的位移/位置参数优化 [238]

1. 齿条行程与拉动距离的关系

1) 齿条行程与拉动距离的理论关系

在真空吸持系统的实际作业中，通过控制齿条的移动实现对果实的吸持拉动，由于吸盘变形 Δz 的存在，齿条位移 s 与果实实际被拉动的位移 x 并不一致。由图 9.29，有

$$x + z - \Delta z = s + z \tag{9.43}$$

即

$$\Delta z = x - s \quad (\Delta z \geqslant 0) \tag{9.44}$$

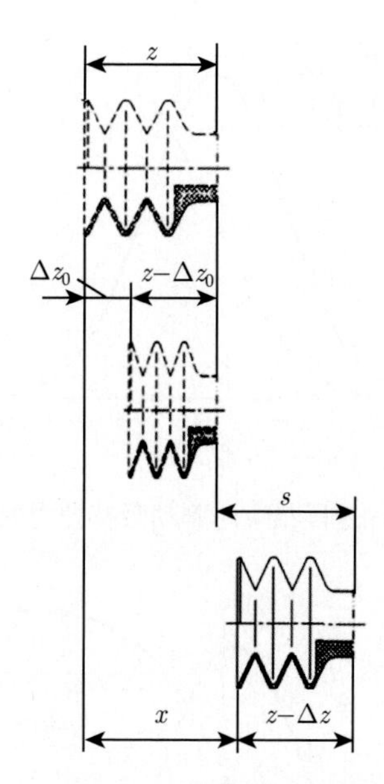

图 9.29　吸持拉动距离与齿条行程的关系

2) 吸持拉力的峰值时刻

由式 (7.4)，吸盘的压缩变形取决于吸持拉力和真空度水平，即真空吸力与拉力的差值导致吸盘的压缩变形。同时，由单向阀的真空维持特性，真空度将随吸持拉动的进行而逐渐下降。吸持拉动中出现拉力峰值的三个时刻，其时间分别为

(1) $t(s_0)=\dfrac{v_0}{a_0}$=0.02s；

(2) $t(x_0-s_0)=\dfrac{v_0}{a_0}+\dfrac{H_0-2s_0}{v_0}$=0.15s；

(3) $t(x_0)=\dfrac{2v_0}{a_0}+\dfrac{H_0-2s_0}{v_0}$=0.17s。

3) 吸持拉力峰值时刻的真空度水平与吸力

单向阀是利用两侧的压差，使气流只能单向而不能反向流动的方向控制阀。单向阀在真空系统断电或误操作等情况下，具有一定维持真空的能力。同时，合理地利用单向阀的真空维持能力，可以有效节省压缩空气的消耗，大大节省能源。合理利用单向阀对于真空吸持系统的节能和效率至关重要。

试验发现，在吸持果实状态下，关闭供气电磁阀停止压缩空气的供气后，单向阀仍能维持约 7s 的真空状态，能够维持最高真空度的 63%以上达 2.1s(图 9.30)。在 15%以上，真空度随时间呈近似线性下降。如将真空度开始下降时刻作为时间 0 点，则

$$\Delta p_{\mathrm{u}}=16.48t-89.4 \tag{9.45}$$

其拟合优度 R^2 达 0.9999。

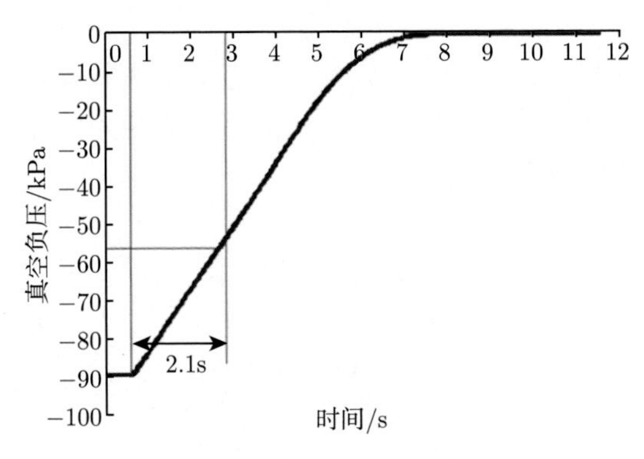

图 9.30 单向阀负压维持曲线

由单向阀维持真空度的下降曲线式 (9.45)，吸持拉动中出现拉力峰值的三个时刻的真空负压分别为

(1) $\Delta p_{\rm u}(t(s_0)) = -89.1\text{kPa}$；

(2) $\Delta p_{\rm u}(t(x_0 - s_0)) = -86.9\text{kPa}$；

(3) $\Delta p_{\rm u}(t(x_0)) = -86.6\text{kPa}$。

则由拉脱力–真空度关系试验及式 (7.15)，吸持拉动中出现拉力峰值的三个时刻的真空吸力均达到 10N 以上。吸持拉动完成后，吸盘将继续吸持果实直至手指完成对果实的夹持。手指完成夹持的时间预估为 2s，则由式 (9.45)，完成夹持时真空负压为 −53.6kPa，由拉脱力–真空度关系试验及式 (7.15)，真空吸力仍达 10N 以上。

4) 齿条行程与拉动距离的实际关系

由上文分析可知，吸持拉动过程中最大拉力仅 5.0N，因而真空吸力与拉力的差值达 5.0N 以上。据吸盘压缩试验及式 (7.25)，该差值将导致吸盘的完全压缩。

因此，在果实的吸持拉动过程中，首先吸盘与果实接触并被成功吸持后，吸盘达到 Δz_0=8mm 的完全压缩，并保持该状态至果实被成功夹持。如吸盘前进至与果实接触时停止，则由式 (9.44)，吸持拉动中齿条的实际行程仅需 22mm。实际作业时，为保证吸盘与果实的充分接触以形成封闭空间，增加 8mm 的行程余量，仍取齿条行程 H_0 为 30mm，以保证吸持成功率。

2. 末端执行器与吸盘初始位置

1) 末端执行器初始位置

作业时，首先机械手将末端执行器运送至果实附近，然后吸盘从初始位置伸出，吸持并拉动果实至夹持中心位置。末端执行器与吸盘的初始位置是执行吸持拉动作业的起始，保证末端执行器与吸盘合理的初始位置是完成吸持拉动作业的基础。

由于不同果实的尺寸差异很大，如图 9.31 所示，可根据作业前由采摘机器人视觉系统所获得的果实距离和尺寸信息，由夹持中心至果实形心的距离为 30mm 确定末端执行器的初始位置。

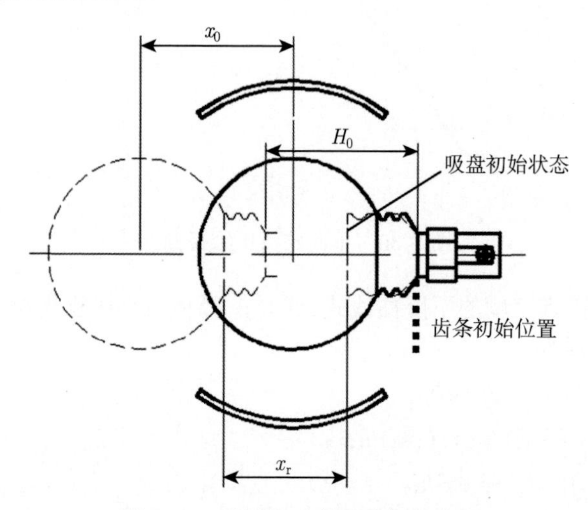

图 9.31 吸持拉动的吸盘初始位置

2) 吸盘的初始位置

在齿条带动吸盘前进的开始时刻，吸盘处于自然状态，当前进 H_0 后，吸盘吸持果实并压缩。因此，开始时刻吸盘口相对果实最近端的距离 x_r 为 $H_0 - 8$，即 22mm(图 9.31)。作业时，由视觉系统或距离传感器测定吸盘口距果实最近端的距离，并由控制系统调整其达到预定距离，以此确定吸盘的初始位置。

9.3.4 运动协调的控制模式优化 [238]

1. 吸持与齿条运动协调

1) 吸持与齿条运动协调的不同模式

真空吸持系统对番茄果实的吸持拉动作业，需要真空系统和机械系统的协调动作才能完成。在作业的每一周期中，真空产生与解除、吸气与吹气，与吸盘前进、停歇和后退的动作时机必须能够紧密配合，二者的有效协调是保证吸持拉动成功的关键。二者的不同协调模式所产生的效果亦有明显差异。

为有效节省能源消耗，本真空吸持系统采用间歇供气作业方式。为成功吸持果实，启动真空的时机与吸盘到达最前端接触果实的时刻有关。理论上的能量和效率最优模式，是在接触果实的同时启动真空，但在实际作业时，由于果实距离信息误差和机械运动误差等因素的存在，二者不可能达到同时。由此产生以下两类协调控制方式。

(1) 先供气，后接触。先打开供气电磁阀，产生真空，然后齿条带动吸盘到达果实并与之接触，使真空度迅速跃升，实现对果实的吸持。

(2) 先接触，后供气。首先齿条带动吸盘到达果实并与之接触，然后供气电磁阀打开迅速产生真空，实现对果实的吸持。

两种协调方式各有特点：

(1) 果实与吸盘的充分接触以形成封闭空间，是成功吸持的关键，也是决定两协调模式可行性的关键。从控制的实现上，“先供气，后接触” 可以根据果实的距离信息和齿条前进速度，设定供气电磁阀的打开时机，使之在接触果实前产生真空，而接触果实后真空的跃升可以作为接触果实和成功吸持的判据，为齿条是否停止前进提供判断条件。

而 “先接触，后供气” 可以通过视觉或接触传感信息确定吸盘是否已接触果实，以实现判断和反馈控制。而无感知的 “先接触，后供气” 模式，通过前述的放大齿条行程，使吸盘充分压缩，以保证其与果实的可靠接触，再打开供气电磁阀，由真空度是否迅速上升判断是否已接触果实和成功吸持，如果答案为 “否”，则继续前进一定行程，再次进行判断。

(2) 从能耗上，“先供气，后接触” 的供气时机需人为设定，在未到达果实前造成压缩空气的浪费，且每一周期的压缩空气消耗各有差异而无法准确把握。而 “先接触，后供气” 则不存在压缩空气的浪费问题，有利于节能作业。

2) 不同模式的运动参数优化

(1) “先供气，后接触” 模式。当控制系统检测到真空度的跃升沿后，发出停止指令，电机减速并停止运动。电机的减速速率可以在 PMAC 的 I215 变量中设定。则停止命令发出后电机的减速过程的时间和位移分别为

$$t_{\mathrm{c}} = \frac{v_{\mathrm{p}}}{a_{\mathrm{c}}} \tag{9.46}$$

$$s_{\mathrm{c}} = \frac{1}{2}\frac{v_{\mathrm{p}}^2}{a_{\mathrm{c}}} \tag{9.47}$$

式中，t_{c} 为停止命令发出后齿条的减速过程所用时间 (s)；s_{c} 为停止命令发出后齿条的减速过程位移 (mm)；v_{p} 为齿条前进的最大速度 (mm/s)；a_{c} 为齿条减速速率 ($\mathrm{mm/s^2}$)。

吸盘前进的最大减速速率为

$$a_{\mathrm{c}} = \frac{M_{\mathrm{b}} + M_{\mathrm{bf}}}{2J_{\mathrm{br}}} \times 10^6 \tag{9.48}$$

将已知量代入，可得 a_c 为 $16.4\mathrm{m/s}^2$。

由式 (9.46) 和式 (9.47)，当齿条以理论最高持续速度前进时，此时减速后的时间和位移分别 0.025s 和 4.91mm。

同样，可计算得到对称加减速算法下齿条空载前进的最大加速度、时间和位移分别为

$$a_\mathrm{d} = \frac{M_\mathrm{b} - M_\mathrm{bf}}{2J_\mathrm{br}} \times 10^6 = 11.3\mathrm{m/s}^2$$

$$vspace1.5mm t_\mathrm{d} = 0.036\mathrm{s}$$

$$s_\mathrm{d} = 7.13\mathrm{mm}$$

(2) 无感知的 “先接触，后供气” 模式。无感知下，“先接触，后供气” 根据预定行程前进并停止，然后打开供气电磁阀，如果真空度迅速上升至吸持状态，表明成功吸持；否则吸盘再次前进一定距离，再次检测真空度进行判断。

2. *释放与夹持协调*

对果实的吸持拉动为实施夹持动作创造了有利条件。但吸持拉动与后继的夹持动作必须实现良好的协调，才能保证果实被顺利采摘。其协调的关键在于吸持拉动后吸盘对果实的释放方式、吸盘释放与手指夹持的时机问题。释放与夹持的动作干涉有可能导致果实的脱落、损伤或夹持的失败。

协调方式：

(1) 先释放，后夹持。吸盘先将果实释放，然后手指进行夹持。由于吸盘将果实释放后，果实将回复吸持拉动前的原位，夹持将无法完成，也失去了吸持拉动的意义，显然不可行。

(2) 先夹持，后主动释放。在到达预定吸持拉动距离后，由于单向阀的真空维持效果，吸盘对果实仍维持一定的吸力，因而在手指完成对果实的夹持后，通过打开吹气电磁阀，使吸盘主动释放果实。

(3) 先夹持，后自动释放。由于单向阀的真空维持能力有限，在手指完成对果实的夹持后，真空度不断下降，直至果实自动被释放。

第二和第三种方式的区别在于通过吹气实施主动释放，但吹气除了增加控制复杂性外，更增加了额外的压缩空气消耗。由于夹持完成后到将果实放入果箱之间，存在果梗分离、机械手将果实运送至果箱的过程，在目前技术水平条件下，这一过程的时间足够满足单向阀作用下真空度下降和吸盘对果实释放的需要。因此，“先夹持，后自动释放” 是最为理想的选择。

9.4 手臂协调的快速柔顺采摘控制

9.4.1 手臂协调控制模式 [344]

1. 理论手臂协调控制模式

采摘机器人必须通过手–臂的协调动作来完成采摘任务，而手臂的协调动作存在不同模式 (表 9.9)。

表 9.9 不同的手臂协调控制模式

控制模式	顺序式	交替式	并行式	混合式
手臂动作顺序	●★	●★●★	● ★	●★(●/★ 并行)★

注：● 为机械臂动作；★ 为末端执行器动作。

(1) 顺序模式：即末端执行器和机械臂中其一部件动作执行完毕，另一部件启动依次执行相应动作。

(2) 交替模式：末端执行器和机械臂先后多次启停，并依次完成各自动作。

(3) 并行模式：末端执行器和机械臂同时动作。

(4) 混合模式：周期中存在顺序和并行的不同模式混合。

从顺序模式到混合模式，手臂协调控制的难度相应增加。在实际采摘作业中，通常机械臂先将末端执行器送到采摘作业位置，而当末端将果实采下后，机械臂再将末端执行器和果实送到果箱位置，末端执行器将果实释放。因此，在每一采摘作业周期中，机械臂和末端执行器都将启停多次，因而需要手臂的交替或混合控制模式来实现。而对于本研究所开发的无损采摘末端执行器，在每一采摘作业周期中又存在多个动作单元的执行。因此，完成动作流程的优化与控制模式的构建对实现机器人采摘作业的高成功率和效率至关重要。

2. 采摘机器人不同手臂协调控制模式的动作流程

基于商用机械臂与自开发末端执行器的硬件结构和采摘作业方式，提出了两类控制流程并进行了试验比较。图 9.32 和图 9.33 分别为试验采用的交替模式和混合模式两种动作流程。采摘动作的基本流程如下。

(1) 在采摘作业周期内，控制系统首先进行路径规划并将末端执行器送到目标果实附近的采摘位置，果实相对末端执行器的位置由距离传感器检测得到；

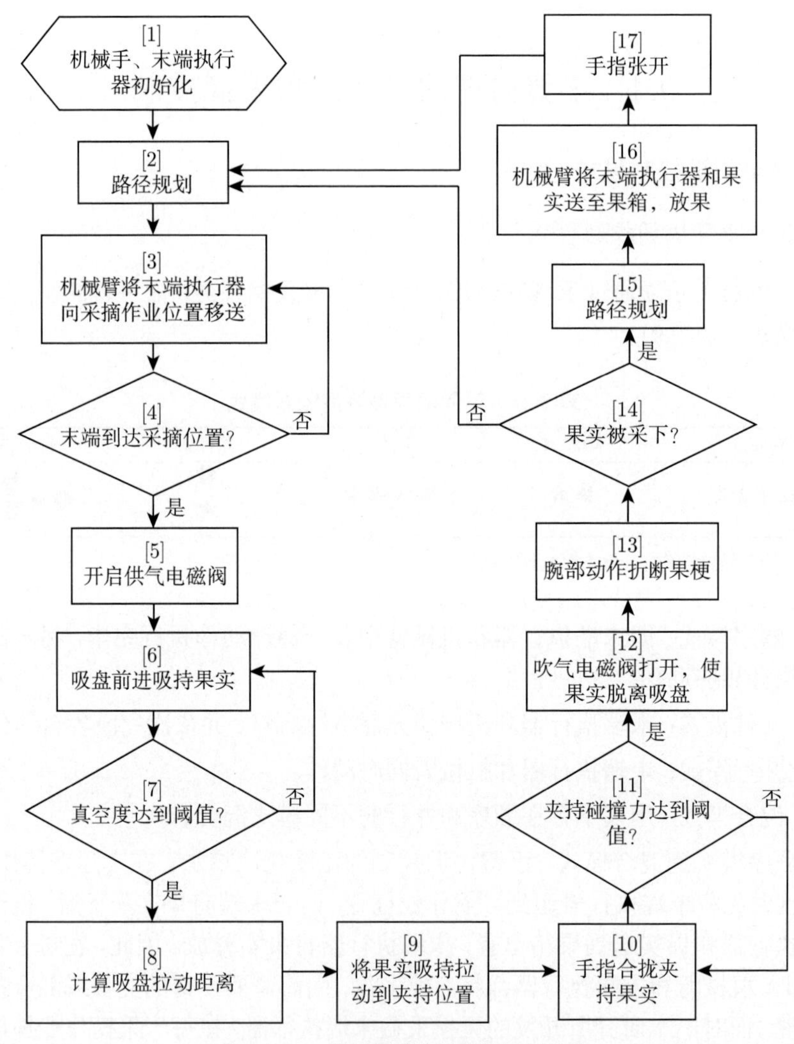

图 9.32　交替模式的采摘作业流程

(2) 供气电磁阀打开使真空发生器产生真空，真空吸盘前行吸持果实，吸持的成功率由负压传感器来完成判断;

(3) 然后控制系统计算吸盘需向后拉动的距离，果实被向后吸持拉动到夹持位置;

(4) 手指并拢进行夹持，一旦指端力传感器检测到夹持碰撞力达到阈值，表明已可靠夹持，则手指停止运动，同时吹气电磁阀打开使果实与吸盘顺利脱开;

(5) 最后，机械臂将末端执行器和果实送到果箱上方，手指张开将果实放入果箱。

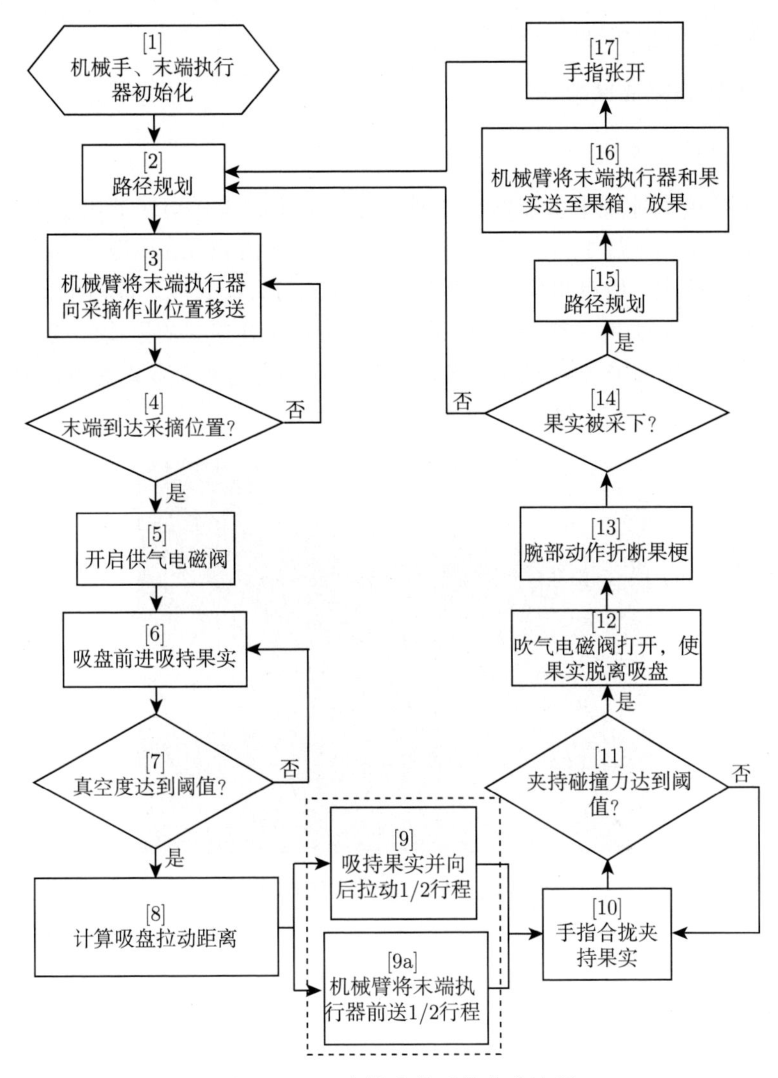

图 9.33 混合模式的采摘作业流程

两类流程的 "吸持拉动" 步骤 [9] 存在一定的差异。在图 9.32 所示的交替模式中，果实被吸持并拉动到夹持位置；而在图 9.33 所示的混合模式中，在果实被吸持向后拉动的同时，机械臂将整个末端执行器向前移送，从而使吸盘仅向后移动 1/2 的距离即到达夹持位置。在交替模式的动作流程中 (图 9.32)，基于手臂控制系统的继电器通信电路 (图 4.26、图 4.27)，通过依次设定和改变末端执行器控制器 PMAC 和机械臂控制器 JRC 的数字口输入状态，使末端执行器和机械臂实现交替的启停；而在混合模式中的 "吸持拉动" 步骤 [9] 中，通过同时设定 PMAC 与 JRC 的数字口输入为 "0" 和 "ON"，使 WINSCAPS 和 PComm32PRO 程序内同时执行

末端执行器动作 [9] 和机械臂的动作 [9a]。

9.4.2　手臂协调采摘试验 [344]

1. 试验材料与方法

自镇江蔬菜基地采集番茄植株 5 棵，并在半小时内送至江苏大学现代农业装备与技术实验室，室温 15～25 ℃，所有试验在 1 天内完成。将番茄植株的根部与枝干固定于立杆上，所有果实编号并测量其直径与果梗长度。各随机选择果实 30 个，分别执行图 9.32 所示交替模式和图 9.33 所示混合模式的采摘作业流程。试验中，末端执行器从水平方向夹持果实，并按照无工具式采摘方式的效果比较结果，以向上弯折 40° 的方式完成果实的摘取 (图 9.34)。

图 9.34　手臂协调采摘试验现场图

2. 结果与分析

1) 不同控制模式的可行性

试验结果表明，商用机械臂和自行开发的末端执行器能够良好集成，封闭式 JRC 控制器与开放式 PMAC 控制系统之间的通信能够保证交替控制模式和混合控制模式的实现。采摘作业中，在获得果实与果箱坐标信息后，JRC 控制器自动完成逆运动学计算与路径规划，大大方便了自动采摘作业的实现。但是，由于整个控制系统必须由两独立控制器和 PC 机组成，距离更高集成度的理想控制结构仍有一定距离。

2) 不同控制模式的成功率

从末端执行器到达采摘作业位置到将果实摘下，需完成吸持、拉动、夹持和分离等多个动作，因而由各环节决定了最终的采摘成功率。由表 9.10 所示，在混合模式下 25 个果实被成功采下，而在交替模式下仅有 21 个果实采摘成功。

表 9.10 不同模式下的采摘成功率试验结果

控制模式	样本量	失败数				成功率/%
		吸持	拉动	夹持	分离	
交替式	30	2	7	0	0	70.0
混合式	30	2	2	1	0	83.3

3) 不同控制模式的失败原因

试验结果表明，采摘过程中，以向上弯折 40° 的方式完成果实摘取的成功率达到了 100%，而主要在吸持拉动环节出现了失败，同时也可能对夹持造成不利影响。

(1) 由于果实较小或表面形状不规则、吸盘与果实相对位置不佳，使果实表面与吸盘密封唇间无法形成封闭的空间并产生真空，造成部分果实未能被成功吸持。

吸持成功率主要与吸盘唇口与果实表皮间封闭空间形成的难易程度有关。对于直径较大且吸持部位表面形状较为理想的果实，能容易地实现吸持而无须过大行程余量。而果实较小或表面形状不规则、吸盘与果实相对位置不佳等情况，可通过加大行程余量，以充分利用吸盘的补偿与适应能力，提高吸持成功率。

如图 9.35(a) 所示，通过增加吸盘的压缩变形，可以实现对吸盘口与果实表面一定倾角或不规则表面一定程度的补偿；如图 9.35(b) 所示，对于吸盘与果实的相对位置偏差，吸盘的挠曲变形可以实现一定程度的补偿。

尽管该真空吸盘体现了良好的补偿与适应能力，但对于果实过小或表面形状很不规则、出现凹凸变化的情况，即使继续加大行程余量，仍然难以实现吸持。

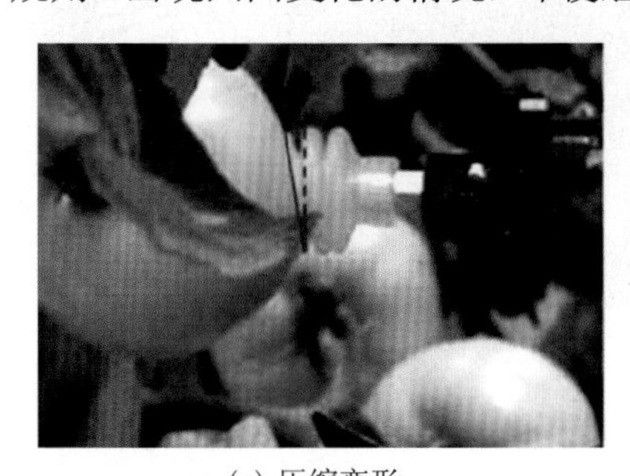

(a) 压缩变形

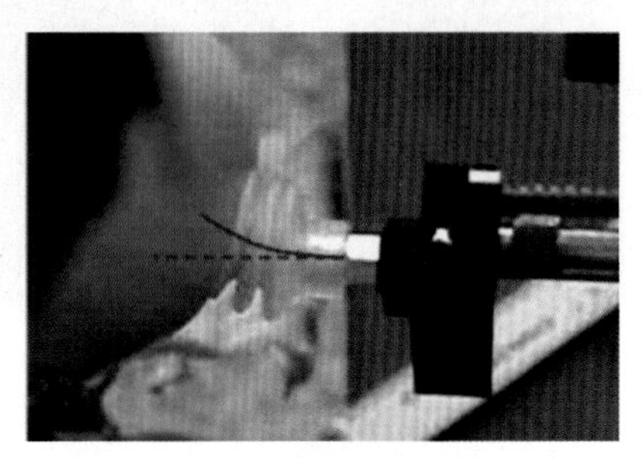

(b) 挠曲变形

图 9.35 吸盘变形的补偿能力

(2) 吸持拉动距离、果梗的直径和长度都可能造成果实吸持拉动的失败。容易理解，越小的果实、越短的果梗，将更难以被吸持拉动足够的距离，而更短的拉动距离则更容易实现。

在吸持拉动过程中，如果拉力 F_{p} 达到吸力 F_{s}，即 $F_{\mathrm{s}}-F_{\mathrm{p}}=0$，此时吸盘变形完全恢复，将造成果实与吸盘的脱离，从而造成失败 (图 9.36(a))。

同时吸持拉动过程中，由于离层同时承受弯矩和径向拉力的作用，并随拉动距离的增大而不断增加，当其超过离层的折断弯矩或拉断力时，就会由于果梗 (柄) 被折断或拉断而导致果实被意外吸掉 (图 9.36(b))。真空度越高，会使拉动脱落的可能有所减少，但同时使果梗分离的概率相应增加。

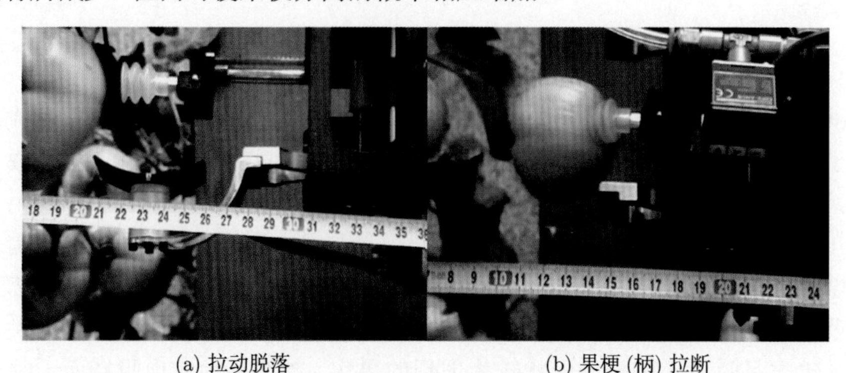

(a) 拉动脱落　　(b) 果梗 (柄) 拉断

图 9.36　吸持拉动失败的不同现象

(3) 试验结果表明，当无吸持拉动或吸持拉动距离不足而进行夹持时，将出现无法完成夹持、果实夹持偏离中心和手指对相邻果实的碰伤 (图 9.37)，也表明吸持拉动对番茄机器人采摘中的避免夹持干涉具有显著的效果。

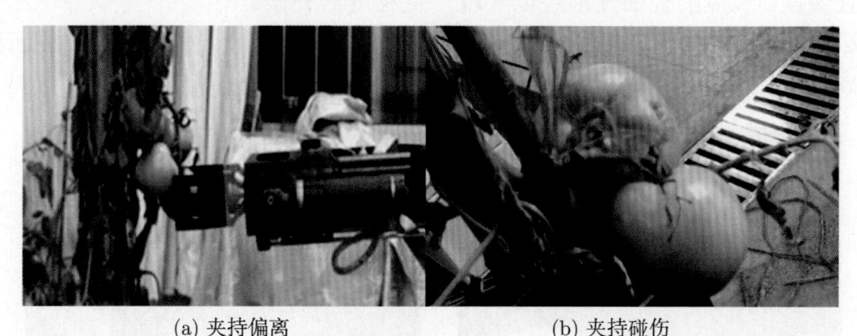

(a) 夹持偏离　　(b) 夹持碰伤

图 9.37　夹持中出现的干涉现象

对混合控制模式而言，由于吸持拉动距离的减小，拉动成功率明显高于交替控制模式，但是相应的夹持干涉概率会相应增大。但总体而言，对于合理的吸持拉动距离，混合控制模式的采摘综合成功率具有突出的优势。

3. 不同控制模式的执行时间

在每个采摘周期中，由于目标果实的位置、大小不同，末端到达采摘作业位置所需的时间是不同的。由于果实大小存在差异，每一果实采摘中各动作的执行时间均存在着差异。大样本试验结果发现，除机械臂对末端执行器的大范围移送以外，交替模式与混合模式下的平均采摘作业时间分别为 6.2s 和 6.0s。由于拉动动作的并行化，混合模式稍快于交替模式。但是，由于拉动动作的快速化，两模式之间的执行时间差异很小。

参 考 文 献

[1] Hayashi S, Shigematsu K, Yamamoto S, et al. Evaluation of a strawberry-harvesting robot in a field test[J]. Biosystems Engineering, 2010, 105(2): 160-171.

[2] Sanders K F. Orange harvesting systems review[J]. Biosystems Engineering, 2005, 90(2): 115-125.

[3] 尹建军, 毛罕平, 王新忠, 等. 不同生长状态下多目标番茄图像的自动分割方法 [J]. 农业工程学报, 2006, 22(10): 149-153.

[4] Yin H, Chai Y, Yang S X, et al. Ripe tomato recognition and localization for a tomato harvesting robotic system[C]//Proceedings of the Soft Computing and Pattern Recognition, 2009.

[5] 近藤直, 門田充司, 野口伸. 农业机器人 (2) 机构与实例 [M]. 孙明, 李民赞, 译. 北京: 中国农业大学出版社, 2009.

[6] Hayashi S, Sakaue O. Basic operation of tomato harvesting system using robot: manufacture of two-finger harvesting hand with auxiliary cutting device and basic experiment for harvest[J]. National Research Institute of Vegetables Ornamental Plants and Tea, 1997, 12: 133-142.

[7] Chiu Y C, Chen S, Lin J F. Study of an autonomous fruit picking robot system in greenhouses[J]. Engineering in Agriculture, Environment and Food, 2013, 6(3): 92-98.

[8] Chiu Y C, Yang P Y, Chen S. Development of the end-effector of a picking robot for greenhouse-grown tomatoes[J]. Applied Engineering in Agriculture, 2013, 29(6): 1001-1009.

[9] Chiu Y C, Chen S, Lin J F. Study of an autonomous picking robot system for greenhouse grown tomatoes[C]//Proceedings of the 6th International Symposium on Machinery and Mechatronics for Agriculture and Biosystems Engineering(ISMAB), 2012.

[10] Chiu Y C, Chen S, Yang P Y, et al. Integrated test of an autonomous tomato picking robot[C]//Proceedings of the 7th CIGR Section Ⅵ International Technical Symposium on"Innovating the Food Value Chain" Postharvest Technology and Agri-Food Processing, 2012.

[11] 川村登, 藤浦建史, 浦元信, 他. 果実収穫用ロボット [J]. 農業機械学会誌, 1985, 47(2): 237-241.

[12] 川村登, 並河清, 藤浦建史, 他. 農業用ロボットの研究 I マイコン制御による果実収穫用マニピュレータ [J]. 農業機械学会誌, 1984, 46(3): 353-358.

[13] Takahashi Y, Ogawa J, Saeki K. Automatic tomato picking robot system with human interface using image processing[C]//Proceedings of the 27th Annual Conference of Industrial Electronics Society, 2001.

[14] 近藤直. 特集大地とロボット農作業ロボットの基本的構成要素 [J]. 日本ロボット学会誌, 1994, 12(7): 952-955.

[15] 門田充司, 近藤直, 芝野保徳, 他. トマト収穫用ハンドに関する研究 (2)[J]. 農業機械学会誌, 1994, 56(Z): 391-392.

[16] 近藤直, 芝野保徳, 毛利建太郎, 他. トマト収穫用ハンドに関する研究 [J]. 農業機械学会誌, 1992, 54(Z): 235-236.

[17] 近藤直. ロボットハンドの研究開発の課題と展望果実収穫用ロボットハンドを例にして [J]. 農業機械学会誌, 1996, 58(1): 139-144.

[18] Kondo N, Monta M, Fujiura T, et al. Study on control method for redundant manipulator—control of tomato harvesting manipulator with 7 degrees of freedom[J]. SHITA, 1993, 5(1): 44-53.

[19] Monta M, Kondo N, Ting K. End-effectors for tomato harvesting robot[J]. Artificial Intelligence Review, 1998, 12(1): 11-25.

[20] Kondo N, Ting K C. Robotics for Bioproduction Systems[M]. Michigan, US: American Society of Agricultural Engineers, 1998.

[21] Krikke J. Robotics research exploits opportunities for growth[J]. IEEE Pervasive Computing, 2005, 4(3): 7-10.

[22] 門田充司, 近藤直. 一段逆さ仕立てトマト収穫用エンドエフェクタ [J]. 農業機械學會誌, 1998, 60(6): 97-104.

[23] Yasukawa S, Li B, Sonoda T, et al. Development of a tomato harvesting robot[C]//Proceedings of the 2017 International Conference on Artificial Life and Robotics, 2017.

[24] Yaguchi H, Nagahama K, Hasegawa T, et al. Development of an autonomous tomato harvesting robot with rotational plucking gripper[C]//Proceedings of the 2016 IEEE/RSJ Intelligent Robots and Systems(IROS), 2016.

[25] Chen X, Chaudhary K, Tanaka Y, et al. Reasoning-based vision recognition for agricultural humanoid robot toward tomato harvesting[C]//Proceedings of the 2015 IEEE/RSJ International Conference on Intelligent Robots and Systems(IROS), 2015.

[26] Kondo N, Nishitsuji Y, Ling P P, et al. Visual feedback guided robotic cherry tomato harvesting[J]. Transactions of the ASAE, 1996, 39(6): 2331-2338.

[27] Kondo N, Ting K. Robotics for Plant Production[M]. Artificial Intelligence for Biology and Agriculture, Springer. 1998: 227-243.

[28] 近藤直, 西辻嘉昭, 門田充司, 他. 房状小果実のロボット収穫のための位置検出アルゴリズム [J]. 農業機械学会誌, 1996, 58(S): 489-492.

[29] Tanigaki K, Fujiura T, Akase A, et al. Cherry-harvesting robot[J]. Computers and Electronics in Agriculture, 2008, 63(1): 65-72.

[30] Kondo N, Taniwaki S, Tanihara K, et al. An end-effector and manipulator control for tomato cluster harvesting robot [C]//Proceedings of the 2007 American Society of Agricultural and Biological Engineers(ASABE)Annual International Meeting, 2007.

[31] Kondo N, Yamamoto K, Shimizu H, et al. A machine vision system for tomato cluster harvesting robot[J]. Engineering in Agriculture, Environment and Food, 2009, 2(2):

60-65.

[32] Kondo N, Yata K, Iida M, et al. Development of an end-effector for a tomato cluster harvesting robot[J]. Engineering in Agriculture, Environment and Food, 2010, 3(1): 20-24.

[33] 韓麗, 藤浦建史, 向井克彦, 他. ハンドに三次元視覚センサを装着したミニトマト収穫ロボット [J]. 農業機械学会誌, 1999, 61(S): 389-390.

[34] 藤浦建史. 三次元視覚センサをもつトマト収穫ロボット (¡特集¿ 農業におけるシステム技術最前線)[J]. システム/制御/情報, 2010, 54(4): 149-154.

[35] Fujiura T, Wada T, Nishiura Y, et al. Robot for harvesting cherry tomatoes in mobile cultivation facilities(Part 2)—harvesting experiment[J]. Journal of the Japanese Society of Agricultural Machinery, 2010, 72(2): 152-159.

[36] Fujiura T, Wada T, Nishiura Y, et al. Robot for harvesting cherry tomatoes in mobile cultivation facilities, 1: Outline of the robot and 3-D image recognition[J]. Journal of the Society of Agricultural Machinery, Japan, 2010.

[37] Ling P P, Ehsani R, Ting K C, et al. Sensing and end-effector for a robotic tomato harvester [C]//Proceedings of the ASAE Annual Meeting Paper, F, 2004.

[38] 纪超. 温室果蔬采摘机器人视觉信息获取方法及样机系统研究 [D]. 北京: 中国农业大学, 2014.

[39] 纪超, 张震华, 于建, 等. 温室串番茄采摘机器人关键技术研究 [EB/OL]. 北京: 中国科技论文在线 http: //www. paper. edu. cn/releasepaper/content/201302-478[2013-02-27].

[40] Feng Q C, Wang X N, Wang G, et al. Design and test of tomatoes harvesting robot[C]// Proceedings of the International Conference on Information and Automation, 2015.

[41] 王晓楠, 伍萍辉, 冯青春, 等. 番茄采摘机器人系统设计与试验 [J]. 农机化研究, 2016, (4): 94-98.

[42] Zhao Y S, Gong L, Liu C, et al. Dual-arm Robot Design and Testing for Harvesting Tomato in Greenhouse[J]. IFAC-PapersOnLine, 2016, 49(16): 161-165.

[43] 项荣, 段鹏飞. 番茄采摘机器人夜间照明系统设计与试验 [J]. 农业机械学报, 2016, 47(7): 8-14.

[44] 毛罕平. 温室番茄收获机器人选择性收获作业信息获取与路径规划研究 [D]. 镇江: 江苏大学, 2012.

[45] 梁喜凤, 苗香雯, 崔绍荣, 等. 番茄收获机械手运动学优化与仿真试验 [J]. 农业机械学报, 2005, 36(7): 96-100.

[46] Blandini G, Levi P. First approaches to robot utilization for automatic citrus harvesting[J]. Land and Water Use, 1989: 1903-1907.

[47] Muscato G, Prestifilippo M, Abbate N, et al. A prototype of an orange picking robot: past history, the new robot and experimental results[J]. Industrial Robot: an International Journal, 2005, 32(2): 128-138.

[48] Recce M, Taylor J, Plebe A, et al. Vision and neural control for an orange harvesting robot [C]//Proceedings of the International Workshop on Neural Networks for Identification, Control, Robotics, and Signal/Image, 1996.

[49] Plebe A, Grasso G. Localization of spherical fruits for robotic harvesting[J]. Machine Vision and Applications, 2001, 13(2): 70-79.

[50] Allotta B, Buttazzo G, Dario P, et al. A force/torque sensor-based technique for robot harvesting of fruits and vegetables[C]//Proceedings of the Intelligent Robots and Systems'90. "Towards a New Frontier of Applications", 1990.

[51] Raparelli T, Beomonte Zobel P, Durante F. Development of a picking device of an orange harvesting machine[C]//Proceedings of the International Conference on Fluid Power Transmission and Control, 2005.

[52] Harrell R. Economic analysis of robotic citrus harvesting in Florida[J]. Transactions of the ASAE, 1987, 30(2): 298-0304.

[53] Burks T, Villegas F, Hannan M, et al. Engineering and horticultural aspects of robotic fruit harvesting: opportunities and constraints[J]. HortTechnology, 2005, 15(1): 79-87.

[54] Pool T A, Harrell R C. An end-effector for robotic removal of citrus from the tree[J]. Transactions of the ASAE, 1991, 34(2): 373-0378.

[55] Harrell R C, Slaughter D C, Adsit P D. A fruit-tracking system for robotic harvesting[J]. Machine Vision and Applications, 1989, 2(2): 69-80.

[56] Hannan M W, Burks T F. Current developments in automated citrus harvesting[C]// 2004 ASAE Annual Meeting. American Society of Agricultural and Biological Engineers, 2004.

[57] Flood S J. Design of a robotic citrus harvesting end effector and force control model using physical properties and harvesting motion tests[D]. Florida: University of Florida, 2006.

[58] Lee B S, Rosa U A. Development of a canopy volume reduction technique for easy assessment and harvesting of Valencia citrus fruits[J]. Transactions of the ASABE, 2006, 49(6): 1695-1703.

[59] Lee B S, Rosa U A, Cheetancheri K. End-effector for automated citrus harvesting[C]// 2006 ASAE Annual Meeting. American Society of Agricultural and Biological Engineers, 2006.

[60] Macconnell T. Robotic Mechanical Harvester for Fresh Market Citrus for Fresh Market Citrus[R]. Postharvest Annual Report, 2008.

[61] Aloisio C, Mishra R K, Chang C Y, et al. Next generation image guided citrus fruit picker [C]//Proceedings of the International Conference on Technologies for Practical Robot Applications(TePRA), 2012.

[62] Fujiura T, Ura M, Kawamura N, et al. Fruit harvesting robot for orchard[J]. Journal of the Japanese Society of Agricultural Machinery, 1990, 52(2): 35-42.

[63] 李芳繁, 王智立. 采摘柑橘果实机器手臂之研制 [J]. 农业机械学刊, 1999, 8(3): 1-8.
[64] 卢伟, 宋爱国, 蔡健荣, 等. 柑橘采摘机器人结构设计及运动学算法 [J]. 东南大学学报 (自然科学版), 2011, 41(1): 95-100.
[65] 姚吉园, 熊伟, 杨力. 柑橘收获机器人末端执行器的设计和优化 [J]. 科技资讯, 2012, (4): 1.
[66] 张水波. 柑橘采摘机器人末端执行器研究 [D]. 杭州: 浙江工业大学, 2011.
[67] Peterson D L, Bennedsen B S, Anger W C, et al. A systems approach to robotic bulk harvesting of apples[J]. Transactions of the ASAE, 1999, 42(4): 871-876.
[68] Davidson J R, Mo C. Mechanical design and initial performance testing of an apple-picking end-effector [C]//Proceedings of the ASME International Mechanical Engineering Congress and Exposition(IMECE), 2015.
[69] Davidson J R, Mo C. Conceptual design of an end-effector for an apple harvesting robot[C]//Proceedings of the Conference on Automation Technology for Off-Road Equipment(ATOE), 2014.
[70] Davidson J R, Mo C, Silwal A, et al. Human-machine collaboration for the robotic harvesting of fresh market apples[C]//Proceedings of the IEEE ICRA 2015 Workshop on Robotics in Agriculture, 2015.
[71] Davidson J R, Silwal A, Hohimer C J, et al. Proof-of-concept of a robotic apple harvester[C]//Proceedings of the 2016 IEEE/RSJ International Conference on Intelligent Robots and Systems(IROS), 2016.
[72] Silwal A, Davidson J R, Karkee M, et al. Design, integration, and field evaluation of a robotic apple harvester[J]. Journal of Field Robotics, 2017, 34(6): 1140-1159.
[73] Baeten J, Donné K, Boedrij S, et al. Autonomous fruit picking machine: a robotic apple harvester[C]//Field and Service Robotics. Springer Berlin Heidelberg, 2008: 531-539.
[74] Nguyen T T, Kayacan E, De Baedemaeker J, et al. Task and motion planning for apple harvesting robot[J]. IFAC Proceedings Volumes, 2013, 46(18): 247-252.
[75] Luo H F, Wei G W. System design and implementation of a novel robot for apple harvest[J]. INMATEH-Agricultural Engineering, 2015, 46(2): 85-94.
[76] Guo J L, Zhao D A, Ji W, et al. Design and control of the open apple-picking-robot manipulator [C]//Proceedings of the 2010 3rd IEEE International Conference on Computer Science and Information Technology(ICCSIT), 2010.
[77] Zhao D An, Lv J D, Ji W, et al. Design and control of an apple harvesting robot[J]. Biosystems Engineering, 2011, 110(2): 112-122.
[78] 赵德安, 姬伟, 陈玉, 等. 果树采摘机器人研制与设计 [J]. 机器人技术与应用, 2014, (5): 16-20.
[79] 马强. 苹果采摘机器人关键技术研究 [D]. 北京: 中国农业机械化科学研究院, 2012.
[80] 顾宝兴, 姬长英, 王海青, 等. 智能移动水果采摘机器人设计与试验 [J]. 农业机械学报, 2012, 43(6): 153-60.

[81] 苏媛, 杨磊, 宋欣, 等. 智能移动苹果采摘机器人的设计及试验 [J]. 农机化研究, 2016, (1): 159-62.
[82] Kataoka T, Ishikawa Y, Hiroma T, et al. Hand mechanism for apple harvesting robot[J]. Journal of the Japanese Society of Agricultural Machinery, 1999, 61(1): 131-139.
[83] Bulanon D M, Okamoto H, Hata S I. Feedback control of manipulator using machine vision for robotic apple harvesting[C]//Proceedings of the 2005 ASAE Annual Meeting. American Society of Agricultural and Biological Engineers, 2005.
[84] Bulanonet D M, Kataoka T, Okamoto H. Determing the 3-D location of the apple fruit during harvest[C]//Proceedings of the ASAE Conference, 2004.
[85] Bulanon D M, Kataoka T. Fruit detection system and an end effector for robotic harvesting of Fuji apples[J]. Agricultural Engineering International: CIGR Journal, 2010, 12(1): 203-210.
[86] Setiawan A I, Furukawa T, Preston A. A low-cost gripper for an apple picking robot[C]// Proceedings of the ICRA'04. 2004 IEEE International Conference on Robotics and Automation, 2004.
[87] Scarfe A J. Development of an autonomous kiwifruit harvester[D]. Manawatu, New Zealand: Massey University, 2012.
[88] Scarfe A J, Flemmer R C, Bakker H H, et al. Development of an autonomous kiwifruit picking robot[C]// Proceedings of the 4th International Conference on Autonomous Robots and Agents, 2009.
[89] 张发年, 李桢, 王滨, 等. 猕猴桃果实物理参数与损伤因素的研究 [J]. 农机化研究, 2014, (11): 141-145.
[90] 陈军, 王虎, 蒋浩然, 等. 猕猴桃采摘机器人末端执行器设计 [J]. 农业机械学报, 2012, 43(10): 151-154.
[91] 高浩, 王虎, 陈军. 猕猴桃采摘机器人的研究与设计 [J]. 农机化研究, 2013, 35(2): 73-76.
[92] 傅隆生, 张发年, 槐岛芳德, 等. 猕猴桃采摘机器人末端执行器设计与试验 [J]. 农业机械学报, 2015, 46(3): 1-8.
[93] 张发年. 猕猴桃无损采摘末端执行器的设计与研究 [D]. 咸阳: 西北农林科技大学, 2014.
[94] Kondo N, Hisaeda K, Hatou K, et al. Harvesting robot for strawberry grown on annual hill top(part 1)manufacture of the first prototype robot and fundamental harvesting experiment[J]. Journal of Society of High Technology in Agriculture, 2000, 12(1): 23-29.
[95] Arima S, Shibusawa S, Kondo N, et al. Traceability based on multi-operation robot; information from spraying, harvesting and grading operation robot[C]// Proceedings of the 2003 IEEE/ASME International Conference on Advanced Intelligent Mechatronics, 2003.
[96] Kondo N, Monta M, Hisaeda K. Harvesting robot for strawberry grown on annual hill top, 2: Manufacture of the second prototype robot and fundamental harvesting

experiment[J]. Journal of Society of High Technology in Agriculture(Japan), 2001.

[97] Kondo N, Ninomiya K, Hayashi S, et al. A new challenge of robot for harvesting strawberry grown on table top culture[C]// Proceedings of the 2005 ASAE Annual Meeting. American Society of Agricultural and Biological Engineers, 2005.

[98] 崔永杰, 永田雅輝, 郭峰, 他. マシンビジョンによる内成り栽培用イチゴ収穫ロボットの研究 (第 2 報)[J]. 農業機械学会誌, 2007, 69(2): 60-68.

[99] Guo F, Cao Q X, Masateru N. Fruit detachment and classification method for strawberry harvesting robot[J]. International Journal of Advanced Robotic Systems, 2008, 5(1): 41-48.

[100] 崔永杰, 小林太一, 永田雅輝. イチゴ収穫ロボットの超音波センサに関する基礎研究 [J]. 宮崎大学農学部研究報告, 2005, 51(1): 9-16.

[101] 崔永杰, 永田雅輝, 槐島芳徳, 他. マシンビジョンによる内成り栽培用イチゴ収穫ロボットの研究 (第 1 報). ロボットの構造および果実の認識 [J]. 農業機械学会誌, 2006, 68(6): 59-67.

[102] Arima S, Kondo N, Yagi Y, et al. Harvesting robot for strawberry grown on table top culture, 1: Harvesting robot using 5 DOF manipulator[J]. Journal of Society of High Technology in Agriculture(Japan), 2001.

[103] Arima S, Kondo N, Monta M. Strawberry harvesting robot on table-top culture[C]// Proceedings of the 2004 ASAE Annual Meeting. American Society of Agricultural and Biological Engineers, 2004.

[104] Nagasaki Y, Hayashi S, Nakamoto Y, et al. Development of a table-top cultivation system for robot strawberry harvesting[J]. Japan Agricultural Research Quarterly: JARQ, 2013, 47(2): 165-169.

[105] 有馬誠一, 近藤直, 八木洋介, 他. 高設栽培用イチゴ収穫ロボット (第 1 報)5 自由度マニピュレータを用いた収穫ロボット [J]. 植物工場学会誌, 2001, 13(3): 159-166.

[106] 有馬誠一, 門田充司, 難波和彦, 等. 高設栽培用イチゴ収穫ロボット (第 2 報) つり下げ型マニピュレータを有する収穫ロボット [J]. 植物工場学会誌, 2003, 15(3): 162-168.

[107] Shiigi T, Kurita M, Kondo N, et al. Strawberry harvesting robot for fruits grown on table top culture[C]// Proceedings of the 2008 American Society of Agricultural and Biological Engineers International Conference, 2008.

[108] Shigematsu K, Hayashi S, Yamamoto S, et al. Study on the annual utilization of a harvesting robot for forcing culture in strawberries[J]. Journal of the Japanese Society of Agricultural Machinery, 2009, 71(6): 106-114.

[109] Hayashi S, Yamamoto S, Sarito S, et al. Development of a movable strawberry-harvesting robot using a travelling platform[C]//Proceedings of the International Conference of Agricultural Engineering, Valencia, Spain. 2012.

[110] Hayashi S, Yamamoto S, Saito S, et al. Field operation of a movable strawberry-harvesting robot using a travel platform[J]. Japan Agricultural Research Quarterly:

JARQ, 2014, 48(3): 307-316.

[111] Yamamoto S, Hayashi S, Yoshida H, et al. Development of a Stationary Robotic Strawberry Harvester with Picking Mechanism that Approaches Target Fruit from Below(Part 1): Development of the End-effector[J]. Journal of the Japanese Society of Agricultural Machinery, 2009, 71(6): 6-8.

[112] 山本聡史, 林茂彦, 吉田啓孝, 他. 下側接近を特徴とする定置型イチゴ収穫ロボットの開発 (第 2 報)[J]. 農業機械学会誌, 2010, 72(2): 133-142.

[113] 山本聡史, 林茂彦, 吉田啓孝, 他. 下側接近を特徴とする定置型イチゴ収穫ロボットの開発 (第 3 報)[J]. 農業機械学会誌, 2010, 72(5): 479-486.

[114] 山下智輝, 田中基雅, 山本聡史, 他. いちご収穫ロボット「M 型 3 号機」用 RT コンポーネントの開発 [J]. 計測自動制御学会論文集, 2012, 48(1): 51-59.

[115] 林茂彦, 山本聡史, 齋藤貞文, 他. 内側収穫ロボットを用いたイチゴ果実への接近収穫方法の検討 [J]. 農業機械学会誌, 2012, 74(4): 325-333.

[116] 陈利兵. 草莓收获机器人采摘系统研究 [D]. 北京: 中国农业大学, 2005.

[117] 张凯良, 杨丽, 王粮局, 等. 高架草莓采摘机器人设计与试验 [J]. 农业机械学报, 2012, 43(9): 165-172.

[118] 冯青春, 郑文刚, 姜凯, 等. 高架栽培草莓采摘机器人系统设计 [J]. 农机化研究, 2012, 34(7): 128-132.

[119] Feng Q C, Wang X, Zheng W G, et al. New strawberry harvesting robot for elevated-trough culture[J]. International Journal of Agricultural and Biological Engineering, 2012, 5(2): 1-8.

[120] 天羽弘一, 高倉直. キユウリ果実の収穫用ロボットハンドの開発 [J]. 農業気象, 1989, 45(2): 93-97.

[121] 有馬誠一, 近藤直, 芝野保徳, 他. キユウリ収穫ロボットの研究 (第 2 報) キユウリの物理的特性に基づくハンド部の試作と収穫基礎実験 [J]. 農業機械学会誌, 1994, 56(6): 69-76.

[122] 有馬誠一. ファイトテクノロジーの展開 (2) 果菜類収穫ロボットと栽培様式 [J]. 農業機械学会誌, 1996, 58(6): 158-164.

[123] Kondo N, Monta M, Noguchi N. Agricultural Robots: Mechanisms and Practice[M]. Apollo Books, 2011.

[124] Arima S, Kondo N, Nakamura H. Development of robotic system for cucumber harvesting[J]. Japan Agricultural Research Quarterly: JARQ, 1996.

[125] Van Henten E J, Bac C W, Hemming J, et al. Robotics in protected cultivation[J]. IFAC Proceedings Volumes, 2013, 46(18): 170-177.

[126] Van Henten E J, Hemming J, Van Tuijl B A J, et al. An autonomous robot for harvesting cucumbers in greenhouses[J]. Autonomous Robots, 2002, 13(3): 241-258.

[127] Van Henten E J, Van Tuijl B A J, Hemming J, et al. Field test of an autonomous cucumber picking robot[J]. Biosystems engineering, 2003, 86(3): 305-313.

[128] Tang X Y, Zhang T Z, Liu L, et al. A new robot system for harvesting cucumber[J]. ASABE Paper, 2009, 096463.

[129] 纪超, 冯青春, 袁挺, 等. 温室黄瓜采摘机器人系统研制及性能分析 [J]. 机器人, 2011, 33(6): 726-730.

[130] 钱少明, 杨庆华, 王志恒, 等. 黄瓜抓持特性与末端采摘执行器研究 [J]. 农业工程学报, 2010, (7): 107-12.

[131] 王燕. 黄瓜采摘机器人运动规划与控制系统研究 [D]. 杭州: 浙江工业大学, 2010.

[132] 金理钻. 基于双目视觉的黄瓜采摘机器人关键技术的研究 [D]. 上海: 上海交通大学, 2013.

[133] Hayashi S, Ganno K, Ishii Y, et al. Robotic harvesting system for eggplants[J]. Japan Agricultural Research Quarterly: JARQ, 2002, 36(3): 163-168.

[134] 林茂彦, 雁野勝宣, 石井征亜, 他. ナス収穫エンドエフェクタの開発 [J]. 植物工場学会誌, 2001, 13(2): 97-103.

[135] Hayashi S, Ganno K, Kurosaki H, et al. Robotic harvesting system for eggplants trained in V-shape(Part 2)[J]. Journal of Society of High Technology in Agriculture, 2003, 15(4): 211-216.

[136] Hayashi S, Ota T, Kubota K, et al. Robotic harvesting technology for fruit vegetables in protected horticultural production[J]. Information and Technology for Sustainable Fruit and Vegetable Production, 2005: 227-236.

[137] 刘长林, 张铁中, 杨丽. 茄子采摘机器人末端执行器设计 [J]. 农机化研究, 2008, (12): 62-64.

[138] 宋健, 孙学岩, 张铁中, 等. 茄子采摘机器人机械传动系统设计与开发 [J]. 机械传动, 2009, 33(5): 36-38.

[139] 宋健, 孙学岩, 张铁中, 等. 开放式茄子采摘机器人设计与试验 [J]. 农业机械学报, 2009, 40(1): 143-7.

[140] Oka K, Kitamura S. Sweet Pepper Picking Robot in Greenhouse Horticulture[J]. Conference Paper, 2006.

[141] Kitamura S, Oka K. Recognition and cutting system of sweet pepper for picking robot in greenhouse horticulture[C]//Proceedings of the 2005 IEEE International Conference on Mechatronics and Automation, 2005.

[142] Kitamura S, Oka K, Ikutomo K, et al. A distinction method for fruit of sweet pepper using reflection of LED light[C]// Proceedings of the SICE Annual Conference, 2008.

[143] Kitamura S, Oka K. Improvement of the ability to recognize sweet peppers for picking robot in greenhouse horticulture[C]// Proceedings of the International Joint Conference, SICE-ICASE, 2006.

[144] Eizentals P, Oka K. 3D pose estimation of green pepper fruit for automated harvesting[J]. Computers and Electronics in Agriculture, 2016, 128: 127-140.

[145] Bachche S, Oka K. Performance testing of thermal cutting systems for sweet pepper harvesting robot in greenhouse horticulture[J]. Journal of System Design and Dynamics,

2013, 7(1): 36-51.

[146] Bachche S G. Automatic Harvesting for Sweet Peppers in Greenhouse Horticulture[J]. 2013.

[147] Bachche S, Oka K, Sakamoto H. Development of thermal cutting system for sweet pepper harvesting robot in greenhouse horticulture[C]//Proceedings of the JSME Conference on Robotics and Mechatronics, Hamamatsu, Japan, 2012.

[148] Schütz C, Pfaff J, Baur J, et al. A modular robot system for agricultural applications[C]//Proceedings of the International Conference of Agricultural Engineering, 2014.

[149] Hemming J, Bac C W, van Tuijl B A J, et al. A robot for harvesting sweet-pepper in greenhouses[C]//Proceedings of the International Conference of Agricultural Engineering, 2014.

[150] Lehnert C, Sa I, McCool C, et al. Sweet pepper pose detection and grasping for automated crop harvesting[C]// Proceedings of the 2016 IEEE International Conference on Robotics and Automation, 2016.

[151] Vitzrabin E, Edan Y. Changing task objectives for improved sweet pepper detection for robotic harvesting[J]. IEEE Robotics and Automation Letters, 2016, 1(1): 578-584.

[152] Kondo N. Harvesting robot based on physical properties of grapevine[J]. Japan Agricultural Research Quarterly, 1995, (29)171.

[153] Monta M, Kondo N, Shibano Y. Agricultural robot in grape production system[C]// Proceedings of the 1995 IEEE International Conference on Robotics and Automation, 1995.

[154] 近藤直, 芝野保徳, 毛利建太郎, 他. ブドウ管理収穫用ロボットの基礎的研究 (第 1 報) マニピュレータおよび収穫用ハンド部 [J]. 農業機械学会誌, 1993, 55(6): 85-94.

[155] Michihisa I, Umeda M, Namikawa K. Studies on agricultural hydraulic manipulator(Part 3)[J]. Journal of the Japanese Society of Agricultural Machinery, 1996, 58(4): 19-27.

[156] Michihisa I, Furube K, Namikawa K, et al. Development of watermelon harvesting gripper[J]. Journal of the Japanese society of Agricultural Machinery, 1996, 58(3): 19-26.

[157] Sakai S, Osuka K, Fukushima H, et al. Watermelon harvesting experiment of a heavy material handling agricultural robot with LQ control[C]//Proceedings of the 2002 IEEE/RSJ International Conference on Intelligent Robots and Systems, 2002.

[158] Umeda M, Kubota S, Iida M. Development of “STORK”, a watermelon-harvesting robot[J]. Artificial Life and Robotics, 1999, 3(3): 143-147.

[159] Hwang H, Kim S C. Development of multi-functional tele-operative modular robotic system for greenhouse watermelon[C]//Proceedings of the 2003 IEEE/ASME International Conference on Advanced Intelligent Mechatronics, 2003.

[160] 夏红梅, 王红军, 甄文斌. 菠萝采摘混联机构的设计与运动学分析 [J]. 机械设计, 2013, 30(9): 28-32.

[161] 王海峰, 李斌, 刘广玉, 等. 菠萝采摘机械手的设计与试验 [J]. 农业工程学报, 2012, 28(26): 42-46.

[162] 张日红, 施俊侠, 张瑞华. 菠萝自动采摘机的结构设计 [J]. 安徽农业科学, 2011, 39(16): 9861-9863.

[163] Razali M H, Wan I W I, Ramli A R. Integrated recognition strategies for vision system(Oil Palm Harvesting)[C]//The 2nd National Intelligent Systems And Information Technology Symposium(ISITS'07), 2007.

[164] Wan I W I. Research and development of oil palm harvester robot at University Putra Malaysia[J]. International Journal of Engineering and Technology, 2010, 7(2): 87-94.

[165] Aljanobi A A, Al-Hamed S A, Al-Suhaibani S A. A setup of mobile robotic unit for fruit harvesting[C]//Proceedings of the 19th International Workshop on Robotics in Alpe-Adria-Danube Region, F, 2010.

[166] Razzaghi E, Massah J, Vakilian K A. Mechanical analysis of a robotic date harvesting manipulator[J]. Russian Agricultural Sciences, 2015, 41(1): 80-85.

[167] Shokripour H, Ismail W I W, Shokripour R, et al. Development of an automatic cutting system for harvesting oil palm fresh fruit bunch(FFB)[J]. African Journal of Agricultural Research, 2012, 7(17): 2683-2688.

[168] Wibowo T S, Sulistijono I A, Risnumawan A. End-to-end coconut harvesting robot[C]// Proceedings of the 2016 International Electronics Symposium, 2016.

[169] Mani A, Jothilingam A. Design and fabrication of coconut harvesting robot: COCOBOT[J]. International Journal of Innovative Research in Science, Engineering and Technology, 2014, 3(s3): 1351-1354.

[170] Senthilkumar S K, Srinivas A, Kuriachan M, et al. Development of automated coconut harvester prototype[J]. Development, 2015, 4(8): 7134-7140.

[171] Dubey A P, Pattnaik S M, Banerjee A, et al. Autonomous control and implementation of coconut tree climbing and harvesting robot[J]. Procedia Computer Science, 2016, 85: 755-766.

[172] Megalingam R K, Pathmakumar T, Venugopal T, et al. DTMF based robotic arm design and control for robotic coconut tree climber[C]// Proceedings of the 2015 International Conference on Computer, Communication and Control(IC4), 2015.

[173] Abraham A, Girish M, Vitala H R, et al. Design of harvesting mechanism for advanced remote-controlled coconut harvesting robot(A. R. C. H-1[J]. Indian Journal of Science and Technology, 2014, 7(10): 1465-1470.

[174] Abraham A, Vysakh A S, Philip J, et al. Fabrication of advanced remote-controlled coconut harvesting robot(ARCH-1)incorporating rapid prototyping technology[J].

[175] Clary C D, Ball T, Ward E, et al. Performance and economic analysis of a selective asparagus harvester[J]. Applied Engineering in Agriculture, 2007, 23(5): 571-577.

[176] Irie N, Taguchi N, Horie T, et al. Asparagus harvesting robot coordinated with 3-D vision sensor[C]// Proceedings of the IEEE International Conference on Industrial Technology, 2009.

[177] Murakami N, Otsuka K, Inoue K, et al. Robotic cabbage harvester[J]. JSAM, 1994, 56(4): 67-74.

[178] Murakami N, Otsuka K, Inoue K, et al. Development of robotic cabbage harvester(part 1)[J]. Journal of the Japanese Society of Agricultural Machinery, 1999, 61(5): 85-92.

[179] Murakami N, Otsuka K, Inoue K, et al. Development of robotic cabbage harvester(Part 2)[J]. Journal of the Japanese Society of Agricultural Machinery, 1999, 61(5): 93-100.

[180] Cho S I, Chang S J, Kim Y Y, et al. AE—automation and emerging technologies: development of a three-degrees-of-freedom robot for harvesting lettuce using machine vision and fuzzy logic control[J]. Biosystems Engineering, 2002, 82(2): 143-149.

[181] Chung S H, Fujiura T, Dohi M, et al. Selective harvesting robot for crisp head vegetables(Part 3)[J]. Journal of the Japanese Society of Agricultural Machinery. 1999, 61(5): 101-107.

[182] Chen J, Chen Y, Jin X J, et al. Research on a Parallel Robot for Green Tea Flushes Plucking[C]//Proceedings of the 5th International Conference on Education, Management, Information and Medicine, F, 2015.

[183] 高凤. 名优茶并联采摘机器人结构设计与仿真 [D]. 南京: 南京林业大学, 2013.

[184] 高凤, 陈勇. 名优茶并联采摘机器人的结构设计与工作空间分析 [J]. 机床与液压, 2015, (3): 12-15.

[185] Li H, Li C, Xu L M, et al. Fresh Tea Picking Robot Based on DSP[C]// Proceedings of the 7th International Conference on Computer and Computing Technologies in Agriculture(CCTA). Springer, 2013.

[186] 陆鑫, 李恒, 徐丽明, 等. 双臂式茶叶采摘机器人的改进设计 [J]. 农机化研究, 2015, (2): 101-106.

[187] 秦广明, 赵映, 肖宏儒, 等. 4CZ-12 智能采茶机器人设计及田间试验 [J]. 中国农机化学报, 2014, 35(1): 152-156.

[188] Noordam J C, Hemming J, Van Heerde C, et al. Automated rose cutting in greenhouses with 3D vision and robotics: analysis of 3D vision techniques for stem detection[C]// Proceedings of the International Conference on Sustainable Greenhouse Systems-Greensys 2004 691. 2004.

[189] Rath T, Kawollek M. Robotic harvesting of Gerbera Jamesonii based on detection and three-dimensional modeling of cut flower pedicels[J]. Computers and electronics in agriculture, 2009, 66(1): 85-92.

[190] Kohan A, Borghaee A M, Yazdi M, et al. Robotic harvesting of rosa damascena using stereoscopic machine vision[J]. World Applied Sciences Journal, 2011, 12(2): 231-237.

[191] Antonelli M G, Auriti L, Zobel P B, et al. Development of a new harvesting module for saffron flower detachment[J]. The Romanian Review Precision Mechanics Optics and Mechatronics, 2011, 39: 163-168.

[192] Gürel C, Erden A. Conceptual Design of a Rose Harvesting Robot for Greenhouses[C]// Proceedings of the 20th International Conference on Mechatronics and Machine Vision in Practice-M2ViP, 2013.

[193] Ceres R, Pons J L, Jimenez A R, et al. Design and implementation of an aided fruit-harvesting robot(Agribot)[J]. Industrial Robot: An International Journal, 1998, 25(5): 337-346.

[194] Ceres R, Pons J L, Jimenez A R, et al. Agribot: A robot for aided fruit harvesting[J]. Industrial Robot, 1998, 25(5): 337-346.

[195] Kahya E, Arin S. Research on robotics application in fruit harvesting[J]. 农业科学与技术: b, 2014, (5): 386-392.

[196] 熊俊涛, 叶敏, 邹湘军, 等. 多类型水果采摘机器人系统设计与性能分析 [J]. 农业机械学报, 2013, 44(s1): 230-235.

[197] 湯川典昭, 並河清, 藤浦建史. 果実収穫用ロボットの視覚フィードバック制御 (第 1 報) 光照射式 2 値濃淡複合画像処理法の利用 [J]. 農業機械学会誌, 1990, 52(3): 53-59.

[198] 藤浦建史, 浦元信, 川村登, 他. 果樹園用収穫ロボットの研究 [J]. 農業機械学会誌, 1990, 52(2): 35-42.

[199] 藤浦建史, 川村登, 浦元信, 他. 果樹園用収穫ロボットの研究 (I)[J]. 農業機械学会誌, 1988, 50(S): 131.

[200] 浦元信, 川村登, 藤浦建史, 他. 果樹園用収穫ロボットの研究 (II)[J]. 農業機械学会誌, 1988, 50(S): 132.

[201] 近藤直, 芝野保徳. 8 自由度を有する農業用ロボットの研究 — 障害物回避のための冗長性の利用 [J]. 農業機械学会誌, 1991, 53(6): 49-57.

[202] Tateshi Fujiura T O, Takuji Ishida, , Tingxi Lin Y N, Hideo Ikeda. Multi-functional robot for tomato production[J]. The 2nd International Symposium on Machinery and Mechatronics for Agriculture and Bio-systems Engineering, 2004, 125-128.

[203] Dohi M, Fujiura T, Nakao S, et al. Multi-purpose robot for vegetable production(Part 2)[J]. Journal of the Japanese Society of Agricultural Machinery, 1994, 56(2): 101-108. 土肥誠, 藤浦建史, 中尾清治, 他. 野菜用多機能ロボットの研究 (第 2 報) 葉菜類移植収穫作業への適用 1994, 56(2): 101-108.

[204] Dohi M. Development of multipurpose robot for vegetable production[J]. Japan Agricultural Research Quarterly, 1996, 30(4): 227-32.

[205] Baur J, Pfaff J, Ulbrich H, et al. Design and development of a redundant modular multipurpose agricultural manipulator[C]// Proceedings of the 2012 IEEE/ASME International Conference on Advanced Intelligent Mechatronics(AIM), 2012.

[206] 有馬誠一, 近藤直, 芝野保徳, 他. キユウリ収穫ロボットの研究 (第 1 報) キユウリの栽培様式およびマニピュレータの機構の検討 [J]. 農業機械学会誌, 1994, 56(1): 55-64.

[207] 林茂彦, 太田智彦, 久保田興太郎, 他. イチゴの収穫選果作業の省力化に関するアンケート調査 [J]. 農業機械学会誌, 2004, 66(S): 111-112.

[208] Dimeas F, Sako D V, Moulianitis V C, et al. Towards designing a robot gripper for efficient strawberry harvesting[C]//Proceedings of the 22nd International Workshop on Robotics in Alpe-Adria-Danube Region–RAAD, 2013.

[209] 王通, 尹建军. 一种抓取果实的欠驱动手指机构设计与静力学分析 [J]. 农机化研究, 2016, (3): 110-114.

[210] 金寅德. 基于 FPA 的气动柔性苹果采摘末端执行器研究 [D]. 杭州: 浙江工业大学, 2010.

[211] 鲍官军, 高峰, 荀一, 等. 气动柔性末端执行器设计及其抓持模型研究 [J]. 农业工程学报, 2009, 25(10): 121-126.

[212] 杨庆华, 金寅德, 钱少明, 等. 基于气动柔性驱动器的苹果采摘末端执行器研究 [J]. 农业机械学报, 2010, 41(9): 154-158.

[213] Pettersson A, Davis S, Gray J O, et al. Design of a magnetorheological robot gripper for handling of delicate food products with varying shapes[J]. Journal of Food Engineering, 2010, 98(3): 332-338.

[214] 姬伟, 罗大伟, 李俊乐, 等. 果蔬采摘机器人末端执行器的柔顺抓取力控制 [J]. 农业工程学报, 2014, 30(9): 19-26.

[215] Dimeas F, Sako D V, Moulianitis V C, et al. Design and fuzzy control of a robotic gripper for efficient strawberry harvesting[J]. Robotica, 2015, 33(5): 1085-1098.

[216] Ceccarelli M, Figliolini G, Ottaviano E, et al. Designing a robotic gripper for harvesting horticulture products[J]. Robotica, 2000, 18(1): 105-111.

[217] 王学林, 姬长英, 周俊, 等. 基于力外环控制的果蔬抓取技术研究 [J]. 浙江农业学报, 2009, 21(6): 627-632.

[218] 冯良宝. 基于滑觉和力外环控制的水果抓取控制算法研究 [D]. 南京: 南京农业大学, 2010.

[219] Kim S W, Misra A K, Modi V J. Contact dynamics and force control of space manipulator systems[J]. Philosophical Transactions of the Royal Society of London A: Mathematical, Physical and Engineering Sciences, 2001, 359(1788): 2271-2286.

[220] Brogliato B, Orhant P. Contact stability analysis of a one degree-of-freedom robot[J]. Dynamics and Control, 1998, 8(1): 37-53.

[221] Yoshida K, Mavroidis C, Dubowsky S. Impact dynamics of space long reach manipulators[C]// Proceedings of the 996 IEEE International Conference on Robotics and Automation, 1996.

[222] Hariharesan S. Modeling, simulation and experimental verification of contact/impact dynamics in flexible articulated structures[D]. Texas Tech University, 1998.

[223] Lu F, Ishikawa Y, Kitazawa H, et al. Measurement of impact pressure and bruising of apple fruit using pressure-sensitive film technique[J]. Journal of Food Engineering, 2010,

96(4): 614-620.

[224] Idah P A, Ajisegiri E S A, Yisa M G. An assessment of impact damage to fresh tomato fruits[J]. Au Jt, 2007, 10(4): 271-275.

[225] Stropek Z, Go ła cki K. Determining apple mass on the basis of rebound energy during impact[J]. Polish academy of sciences branch in Lublin. TEKA. Commission of motorization and power industry in agriculture, 2007, 7: 100-105.

[226] Albaloushi N S, Azam M M, Amer Eissa A H. Mechanical properties of tomato fruits under storage conditions[J]. Journal of Applied Sciences Research, 2012, 8(6): 3053-3064.

[227] Fluck R C, Halsey L H. Impact forces and tomato bruising[J]. Florida Agricultural Experiment Station Journal Series, 1973, 5109: 239-242.

[228] Chen P, Ruiz-Altisent M, Barreiro P. Effect of impacting mass on firmness sensing of fruits[J]. Transactions of the ASAE, 1996, 39(3): 1019-1023.

[229] Golacki K, Bobin G, Stropek Z. Bruise resistance of apples(Melrose variety)[J]. TEKA Kom. Mot. Roln. OLPAN, 2009, 9: 40-47.

[230] 李小昱, 王为. 苹果碰撞响应数学模型的研究 [J]. 农业工程学报, 1996, 12(4): 204-207.

[231] 连振昌, 洪滉佑. 苹果碰击损伤之研究 [J]. 农业机械学刊, 2007, 16(1): 49-59.

[232] 卢立新. 苹果 - 瓦楞纸板缓冲跌落动力学模型 [J]. 农业工程学报, 2008, 24(9): 276-280.

[233] 卢立新. 跌落冲击下果实动态力学模型 [J]. 工程力学, 2009, 26(4): 228-233.

[234] Groves J D. Predicting physical properties of tomatoes with impact force analysis[D]. Columbus: The Ohio State University, 1985.

[235] 李智国. 基于番茄生物力学特性的采摘机器人抓取损伤研究 [D]. 镇江: 江苏大学, 2011.

[236] 李正理, 张新英. 植物解剖学 [M]. 北京: 高等教育出版社, 1984.

[237] 刘继展, 李萍萍, 李智国, 等. 面向机器人采摘的番茄力学特性试验 [J]. 农业工程学报, 2008, 24(12): 66-70.

[238] 刘继展. 番茄采摘机器人真空吸持系统分析与优化控制研究 [D]. 镇江: 江苏大学, 2010.

[239] Mpotokwane S M, Gaditlhatlhelwe E, Sebaka A, et al. Physical properties of bambara groundnuts from Botswana[J]. Journal of Food Engineering, 2008, 89(1): 93-98.

[240] Owolarafe O K, Olabige M T, Faborode M O. Physical and mechanical properties of two varieties of fresh oil palm fruit[J]. Journal of Food Engineering, 2007, 78(4): 1228-1232.

[241] 中华人民共和国卫生部. 食品中水分的测定方法 [M]. 北京: 中国国家标准化管理委员会. 2003.

[242] Kheiralipour K, Tabatabaeefar A, Mobli H, et al. Some mechanical and nutritional properties of two varieties of apple(Malus domestica Borkh L.)in Iran[J]. American-Eurasian Journal of Agricultural and Environment Science, 2008, 3: 343-346.

[243] Masoudi H, Tabatabaeefar A, Borghaee A M. Determination of storage effect on mechanical properties of apples using the uniaxial compression test[J]. Canadian Biosystems Engineering 2007, 49(3): 329-333.

[244] Alamar M C, Vanstreels E, Oey M L, et al. Micromechanical behaviour of apple tissue in tensile and compression tests: Storage conditions and cultivar effect[J]. Journal of Food Engineering, 2008, 86(3): 324-333.

[245] Fidelibus M W, Teixeira A A, Davies F S. Mechanical properties of orange peel and fruit treated pre–harvest with gibberellic acid[J]. Transactions of the ASAE, 2002, 45(4): 1057-1062.

[246] Vanstreels E, Alamar M C, Verlinden B E, et al. Micromechanical behaviour of onion epidermal tissue[J]. Postharvest Biology and Technology, 2005, 37(2): 163-173.

[247] Singh K K, Reddy B S. Post-harvest physico-mechanical properties of orange peel and fruit[J]. Journal of Food Engineering, 2006, 73(2): 112-120.

[248] Mali S, Grossmann M V E, García M A, et al. Mechanical and thermal properties of yam starch films[J]. Food Hydrocolloids, 2005, 19(1): 157-164.

[249] Srinivasa P C, Ravi R, Tharanathan R N. Effect of storage conditions on the tensile properties of eco-friendly chitosan films by response surface methodology[J]. Journal of Food Engineering, 2007, 80(1): 184-189.

[250] Montero-Calderón M, Rojas-Graü M A, Martín-Belloso O. Mechanical and chemical properties of Gold cultivar pineapple flesh(Ananas comosus)[J]. European Food Research and Technology, 2010, 230(4): 675-686.

[251] Harker F R, Stec M G H, Hallett I C, et al. Texture of parenchymatous plant tissue: a comparison between tensile and other instrumental and sensory measurements of tissue strength and juiciness[J]. Postharvest biology and technology, 1997, 11(2): 63-72.

[252] Wei Y P, Wang C S, Wu J S B. Flow properties of fruit fillings[J]. Food Research International, 2001, 34(5): 377-381.

[253] Pitts M J, Davis D C, Cavalieri R P. Three-point bending: An alternative method to measure tensile properties in fruit and vegetables[J]. Postharvest Biology and Technology, 2008, 48(1): 63-69.

[254] Prasad A V R, Rao K M, Nagasrinivasulu G. Mechanical properties of banana empty fruit bunch fibre reinforced polyester composites[J]. Indian Journal of Fibre and Textile Research, 2009, 34(2): 162-167.

[255] 龚良贵, 熊拥军. 工程力学 [M]. 北京: 清华大学出版社, 2006.

[256] Sadrnia H, Rajabipour A, Jafari A, et al. Internal bruising prediction in watermelon compression using nonlinear models[J]. Journal of Food Engineering, 2008, 86(2): 272-280.

[257] Bargel H, Neinhuis C. Tomato fruit growth and ripening as related to the biomechanical properties of fruit skin and isolated cuticle[J]. Journal of Experimental Botany, 2005, 56(413): 1049-1060.

[258] Batal K M, Weigele J L, Foley D C. Relation of stress-strain properties of tomato skin to cracking of tomato fruit[J]. HortScience, 1970, 5(1): 223-224.

[259] Matas A, Cobb E, Bartsch J, et al. Biomechanics and anatomy of Lycopersicon esculentum fruit peels and enzyme-treated samples[J]. American Journal of Botany, 2004, 91(3): 352.

[260] Koch J L, Nevins D J. Tomato fruit cell wall : I. use of purified tomato polygalacturonase and pectinmethylesterase to identify developmental changes in pectins[J]. Plant Physiology, 1989, 91(3): 816-822.

[261] Bargel H, Neinhuis C. Altered tomato fruit cuticle biomechanics of a pleiotropic non ripening mutant[J]. Journal of Plant Growth Regulation, 2004, 23(2): 61-75.

[262] Kabas O, Ozmerzi A. Determining the mechanical properties of cherry tomato varieties for handling[J]. Journal of Texture Studies, 2008, 39(3): 199-209.

[263] Gładyszewska B, Ciupak A. Changes in the mechanical properties of the greenhouse tomato fruit skins during storage[J]. Technical Sciences, 2009, 12(1): 1-8.

[264] Thompson D S. Extensiometric determination of the rheological properties of the epidermis of growing tomato fruit[J]. Journal of Experimental Botany, 2001, 52(359): 1291-1301.

[265] 王芳, 王春光, 杨晓清. 西瓜的力学特性及其有限元分析 [J]. 农业工程学报, 2008, 24(11): 118-121.

[266] 白欣欣. 采摘机器人快速夹持的碰撞仿真与参数优化 [D]. 镇江: 江苏大学, 2012.

[267] 王海亭. 中国番茄 [M]. 哈尔滨: 黑龙江科学技术出版社, 2001.

[268] 王维民. 果胶及胶分解酶对果蔬组织软化的影响 [J]. 山东轻工学院学报, 1993, (3): 37-38.

[269] 刘继展, 李萍萍, 李智国, 等. 面向机器人采摘的番茄力学特性实验 [J]. 农业工程学报, 2008, 24(12): 67-70.

[270] Altuntas E, Sekeroglu A. Effect of egg shape index on mechanical properties of chicken eggs[J]. Journal of Food Engineering, 2008, 85(4): 606-612.

[271] Coskuner Y, Karababa E. Physical properties of coriander seeds(Coriandrum sativum L.)[J]. Journal of Food Engineering, 2007, 80(2): 408-416.

[272] Alayunt F N, Çakmak B, Can H Z. Friction and rolling resistance coefficients of fig[C]// Proceedings of the I International Symposium on Fig, Izmir, F, International Society for Horticultural Science, 1998.

[273] Caliir S, Haciseferoullari H, Zcan M, et al. Some nutritional and technological properties of wild plum(Prunus spp.)fruits in Turkey[J]. Journal of Food Engineering, 2005, 66(2): 233-237.

[274] Jahromi M K, Jafari A, Rafiee S, et al. Some physical properties of date fruit(cv. Lasht)[J]. International Agrophysics, 2008, 22(3): 221-224.

[275] Jannatizadeh A, Naderi Boldaji M, Fatahi R, et al. Some postharvest physical properties of Iranian apricot(Prunus armeniaca L.)fruit[J]. International Agrophysics, 2008, 22(2): 125.

[276] Naderiboldaji M, Khadivi Khub A, Tabatabaeefar A, et al. Some physical properties of sweet cherry Fruit[J]. American-Eurasian Journal of Agricultural and Environmental Science, 2008, 3(4): 513-520.

[277] Chen P, Hasegawa Y, Yamashita M. Grasping control of robot hand using fuzzy neural network[J]. Lecture Notes in Computer Science, 2006, 3972(2): 1178-1187.

[278] Glossas N, Aspragathos N. Fuzzy logic grasp control using tactile sensors[J]. Mechatronics, 2001, 11(7): 899-920.

[279] 刘继展, 李萍萍, 李智国, 等. 番茄采摘机器人真空吸盘装置设计及试验研究 [J]. 纪念中国农业工程学会成立 30 周年暨中国农业工程学会 2009 年学术年会 (CSAE 2009) 论文集, 2009.

[280] 齐藤隆, 片冈节男. 番茄生理基础 [M]. 上海: 上海科学技术出版社. 1981.

[281] 中国国内贸易局. 中华人民共和国行业标准 SBT 10331—2000 番茄, 2000.

[282] [USDA]US Department of Agriculture. United States standards for grades of fresh tomatoes, 1997.

[283] Kilickan A, Guner M. Physical properties and mechanical behavior of olive fruits(Olea europaea L.)under compression loading[J]. Journal of Food Engineering, 2008, 87(2): 222-228.

[284] 周祖锷. 农业物料学 [M]. 北京: 农业出版社, 1994.

[285] 屠康, 朱文学, 姜松. 食品物性学 [M]. 南京: 东南大学出版社, 2006.

[286] Kubilay V, Faruk O. Determining the strength properties of the dixired peach variety[J]. Turkish Journal of Agriculture and Forestry, 2003, 27(3): 155-60.

[287] Baltazar A, Espina-Lucero J, Ramos-Torres I, et al. Effect of methyl jasmonate on properties of intact tomato fruit monitored with destructive and nondestructive tests[J]. Journal of Food Engineering, 2007, 80(4): 1086-1095.

[288] 王海鸥. 猕猴桃苹果的流变特性及品质研究 [D]. 镇江; 江苏大学, 2004.

[289] Williams S H, Wright B W, Truong V, et al. Mechanical properties of foods used in experimental studies of primate masticatory function[J]. American Journal of Primatology, 2005, 67(3): 329-346.

[290] Linden V V, Ketelaere B D, Desmet M, et al. Determination of bruise susceptibility of tomato fruit by means of an instrumented pendulum[J]. Postharvest Biology and Technology, 2006, 40(1): 7-14.

[291] Van Linden V, De Baerdemaeker J. The phenomenon of tomato bruising: where biomechanics and biochemistry meet[C]//Proceedings of the V International Postharvest Symposium, 2005.

[292] Li Z G, Li P P, Liu J Z. Effect of tomato internal structure on its mechanical properties and degree of mechanical damage[J]. African Journal of Biotechnology, 2010, 9(12): 1816-1826.

[293] Sessiz A, Esgici R, Kızıl S. Moisture-dependent physical properties of caper(*Capparis* ssp.)fruit[J]. Journal of Food Engineering, 2007, 79(4): 1426-1431.

[294] Al-Yahyai R, Davies F S, Schaffer B, et al. Effect of soil water depletion on growth, yield, and fruit quality of carambola in gravelly loam soil[J]. Proceedings of the 2005 Annual Meeting , Florida State Horticultural, 2005, 118.

[295] 吴帆. 可控环境下黄瓜生物量积累模型研究 [D]. 镇江: 江苏大学, 2009.

[296] 刘明池, 小岛孝之, 田中宗浩, 等. 草莓果实含水量对品质的影响 [J]. 华北农学报, 2002, 17(3): 114-117.

[297] Akar R, Aydin C. Some physical properties of gumbo fruit varieties[J]. Journal of Food Engineering, 2005, 66(3): 387-393.

[298] Aviara N A, Shittu S, Haque M. Physical properties of guna fruits relevant in bulk handling and mechanical processing[J]. International Agrophysics, 2007, 21(1): 7-16.

[299] Fathollahzadeh H, Mobli H, Jafari A, et al. Effect of moisture content on some physical properties of barberry[J]. Journal of Agriculture and Environment, 2008, 3(5): 789-794.

[300] Kabas O, Ozmerzi A, Akinci I. Physical properties of cactus pear(Opuntia ficus india L.)grown wild in Turkey[J]. Journal of Food Engineering, 2006, 73(2): 198-202.

[301] Razavi S M A, Emadzadeh B, Rafe A, et al. The physical properties of pistachio nut and its kernel as a function of moisture content and variety: Part I. Geometrical properties[J]. Journal of Food Engineering, 2007, 81(1): 209-217.

[302] Paliyath G, Murr D P, Handa A K, et al. Postharvest biology and technology of fruits, vegetables, and flowers[M]. Iowa: Wiley-Blackwell Publishing, 2008.

[303] Bartz J A, Brecht J K. Postharvest physiology and pathology of vegetables[M]. Gainesville: Marcel Dekker, Inc. , 2003.

[304] Shirazi A, Cameron A C. Measuring transpiration rates of tomato and other detached fruit[J]. HortScience, 1993, 28(10): 1035-1038.

[305] Assi N, Jabarin A, Al-Debei H. Technical and economical evaluation of traditional vs. advanced handling of tomatoes in Jordan[J]. Journal of Agronomy(Pakistan), 2009, 8(1): 39-44.

[306] Elshiekh F A, Abu-Goukh A-B A. Effect of harvesting method on quality and storability of grape fruits[J]. University of Khartoum Journal of Agricultural Sciences(Sudan), 2008, 16(1): 1-14.

[307] Kumar A, Ghuman B S, Gupta A K. Non-refrigerated storage of tomatoes—effect of HDPE film wrapping[J]. Journal of Food Science and Technology, 1999, 36(5): 438-440.

[308] Javanmardi J, Kubota C. Variation of lycopene, antioxidant activity, total soluble solids and weight loss of tomato during postharvest storage[J]. Postharvest Biology and Technology, 2006, 41(2): 151-155.

[309] Khan M A, Ahmad I. Morphological studies on physical changes in apple fruit after storage at room temperature[J]. Journal of Agriculture and Social Sciences, 2005, 1(2):

102-104.

[310] Mccornack A A. Postharvest weight loss of Florida citrus fruits[C]//Proceedings of the Florida State Horticultural Society 1975 Annual Meeting, Buena Vista, F, 1975.

[311] Abbasi N A, Iqbal Z, Maqbool M, et al. Postharvest quality of mango(Mangifera indica L.)fruit as affected by chitosan coating[J]. Pakistan Journal of Botany, 2009, 41(1): 343-357.

[312] Mahajan P V, Oliveira F A R, Macedo I. Effect of temperature and humidity on the transpiration rate of the whole mushrooms[J]. Journal of Food Engineering, 2008, 84(2): 281-288.

[313] Bauer S, Schulte E, Thier H-P. Composition of the surface wax from tomatoes[J]. European Food Research and Technology, 2004, 219(3): 223-228.

[314] Liu J Z, Li P P, Mao H P. Mechanical and kinematic modeling of assistant vacuum sucking and pulling operation of tomato fruits in robotic harvesting[J]. Transactions of the Asabe, 2015, 58(3): 539-550.

[315] Szymkowiak E J, Irish E E. Interactions between jointless and wild-type tomato tissues during development of the pedicel abscission zone and the inflorescence meristem[J]. Plant Cell, 1999, 11(2): 159-175.

[316] 門田充司, 近藤直, Ting K C, 他. Single Truss Upside Down Tomato Production System を用いた収穫ロボットシステム (2)[J]. 農業機械学会誌, 1997, 59(S): 323-324.

[317] Kobayashi T, Kijima R, Ojika T, et al. Development of Fruits Harvesting Robot System Aided by Virtual Reality Techniques(Part 2). Visual Feedback Control[J]. Shokubutsu Kojo Gakkaishi, 1996, 8(4): 264-270.

[318] Ota T, Yamashita T, Hayashi S, et al. Development of a tomato harvesting robot with a vision system using specular reflection. (Part 2)-Vehicle-Motion Control by Motion-Image Processing and Harueiting Experiment. Journal of the Japanese Society of Agricultural Machinery, 2010,72: 595-603.

[319] 赵金英. 基于三维视觉的西红柿采摘机器人技术研究 [D]. 北京: 中国农业大学, 2006.

[320] 王粮局, 张铁中, 褚佳, 等. 大容差高效草莓采摘末端执行器设计与试验 [J]. 农业机械学报, 2014, (s1): 252-258.

[321] Zhang F N, Li Z, Wang B, et al. Study on recognition and non-destructive picking end-effector of kiwifruit[C]//Proceedings of the 2014 11th World Congress on Intelligent Control and Automation(WCICA), 2014.

[322] Kondo N, Monta M, Noguchi N. Agricultural Robot: Mechanisms and Practice. Kyoto Uniuersity Press, 2011.

[323] Bachche S, Oka K, Sakamoto H. Development of current based temperature arc thermal cutting system for green pepper harvesting robot[C]//Proceedings of the Shikoku-section Joint Convention of the Institute of Electrical and related Engineers, 2012.

[324] 张凯良, 杨丽, 张铁中. 草莓收获机器人末端执行器的设计 [J]. 农机化研究, 2009, 31(4): 54-56.

[325] 片岡崇, 石川雄三, 広間達夫, 他. リンゴ収穫ロボットのためのハンド機構 [J]. 農業機械学会誌, 1999, 61(1): 131-139.

[326] 張樹槐, 片岡崇. 寒冷地における果樹栽培の機械化リンゴ収穫作業のロボット化 [J]. 農業機械学会誌, 2000, 62(3): 18-21.

[327] 张麒麟. 苹果采摘机器人末端执行器的设计与研究 [D]. 南京: 南京农业大学, 2011.

[328] 崔鹏. 苹果采摘机器人末端执行器的设计研究 [D]. 北京: 中国农业机械化科学研究院, 2010.

[329] 刘继展, 李萍萍, 倪齐, 等. 番茄采摘机器人真空吸盘装置设计与试验 [J]. 农业机械学报, 2010, 41(10): 170-173.

[330] 刘继展, 李萍萍, 李智国. 番茄采摘机器人末端执行器的硬件设计 [J]. 农业机械学报, 2008, 39(3): 109-112.

[331] 刘杰, 张玉茹. 机器人灵巧手抓持分类器的设计与实现 [J]. 机器人, 2003, 25(3): 259-263.

[332] Yamano I, Maeno T. Five-fingered robot hand using ultrasonic motors and elastic elements[C]// Proceedings of the 2005 IEEE International Conference on Robotics and Automation, 2005.

[333] 彭光正, 余麟, 刘昊. 气动人工肌肉驱动仿人灵巧手的结构设计 [J]. 北京理工大学学报, 2006, 26(7): 593-597.

[334] Barcohen Y, Shahinpoor M. Flexible low-mass robotic arm actuated by electroactive polymers[C]//Proceedings of the SPIE—The International Society for Optical Engineering, 1998.

[335] Yang K, Wang Y. Design, drive and control of a novel SMA-actuated humanoid flexible gripper[J]. Journal of Mechanical Science and Technology, 2008, 22(5): 895-904.

[336] Belfiore N P, Pennestr E. An atlas of linkage-type robotic grippers[J]. Mechanism and Machine Theory, 1997, 32(7): 811-833.

[337] Jia B, Zhu A, Yang S X, et al. Integrated gripper and cutter in a mobile robotic system for harvesting greenhouse products[C]//Proceedings of the 2009 IEEE International Conference on Robotics and Biomimetics(ROBIO), 2009.

[338] Liu J, Li P, Li Z. A multi-sensory end-effector for spherical fruit harvesting robot[C]// Proceedings of the 2007 IEEE International Conference on Automation and Logistics, 2007.

[339] 刘继展, 李萍萍, 李智国, 等. 球形果实采摘机器人末端执行器及其控制方法: 中国, 200710020501.6[P]. 2007.

[340] 刘继展, 李萍萍, 李智国, 等. 果蔬采摘机器人末端执行器: 中国, 200710020500.1[P]. 2007.

[341] 王凤云. 番茄采摘机械手与末端执行器的运动协调控制研究 [D]. 镇江: 江苏大学, 2011.

[342] Liu J Z, Li Z G, Li P P, et al. Design of a laser stem-cutting device for harvesting

robot[C]// Proceedings of the IEEE International Conference on Automation and Logistics, 2008.
[343] 刘继展, 李萍萍, 毛罕平. 果蔬收获机器人柔顺采摘末端执行器: 中国 200810019826.7[P]. 2008.
[344] Liu J Z, Li Z G, Wang F Y, et al. Hand-arm coordination for a tomato harvesting robot based on commercial manipulator[C]// Proceedings of the 2013 IEEE International Conference on Robotics and Biomimetics(ROBIO), 2013.
[345] 刘继展, 白欣欣, 李萍萍, 等. 果实快速夹持复合碰撞模型研究 [J]. 农业机械学报, 2014, 45(4): 49-54.
[346] 刘继展, 白欣欣, 李萍萍. 番茄果实蠕变特性表征的 Burger's 修正模型 [J]. 农业工程学报, 2013, 29(9): 249-255.
[347] Eissa A H A, Alghannam A R O, Azam M M. Mathematical evaluation changes in rheological and mechanical properties of pears during storage under variable conditions[J]. Journal of Food Science and Engineering, 2012, 2(10): 564.
[348] Steffe J F. Rheological Methods in Food Process Engineering[M]. Freeman Press, 1996.
[349] 李里特. 食品物性学 [M]. 北京: 中国农业出版社, 2001.
[350] Lópeg-Casado G, Heredia A. Biomechanics of isolated tomato -fruit cuticles: the role of the cutin matrix and polysaccharides[J]. Joumal of Experimental Botany, 2007, 58(14): 3875-3883.
[351] 李里特. 食品物性学 [M]. 北京: 中国农业出版社, 1998.
[352] 姜松, 冯峰, 赵杰文. 胡萝卜的蠕变特性及流变模型研究 [J]. 江苏农业科学, 2006, (5): 133-135.
[353] 李小昱, 朱俊平, 王为, 等. 苹果蠕变特性与静载损伤机理的研究 [J]. 西北农林科技大学学报: 自然科学版, 1997, (6): 64-68.
[354] 吴礼贤, 彭小芹. 修正的 Burgers 模型及其对于硬化混凝土的应用 [J]. 土木建筑与环境工程, 1990, (1): 41-46.
[355] Tia M, Liu Y, Haranki B, et al. Modulus of elaiticity, creep and shrinkage of concrete-phase II part1-creep study [R]. Gainesville: Llniversity of Florida, 2009.
[356] 王逢瑚. 木质材料流变学 [M]. 沈阳: 东北林业大学出版社, 2005.
[357] 李成波, 施行觉, 王行舟. 岩石蠕变模型的比较和修正 [J]. 实验力学, 2008, 23(1): 9-16.
[358] 张裕卿, 黄晓明. 重复荷载下沥青混合料永久变形的粘弹性力学模型 [J]. 公路交通科技, 2008, 25(4): 1-6.
[359] 张久鹏, 徐丽, 王秉纲, 等. 沥青混合料蠕变模型的改进及其参数确定 [J]. 武汉理工大学学报 (交通科学与工程版), 2010, 34(4): 699-702.
[360] 陈克复. 食品流变学及其测量 [M]. 北京: 轻工业出版社, 1989.
[361] 张洪信, 赵清海. ANSYS 有限元分析完全自学手册 [M]. 北京: 机械工业出版社, 2008.
[362] 孙一源, 余登苑. 农业生物力学与农业生物电磁学 [M]. 北京: 中国农业出版社, 1996.
[363] 冷寂桐, 赵军, 张娅. 有限元技术基础 [M]. 北京: 化学工业出版社, 2007.

[364] Li Z G, Liu J Z, Li P P, et al. Analysis of workspace and kinematics for a tomato harvesting robot[C]// Proceedings of the 2008 International Conference on Intelligent Computation Technology and Automation(ICICTA), 2008.

[365] Li Z G, Liu J Z, Li P P, et al. Study on the collision-mechanical properties of tomatoes gripped by harvesting robot fingers[J]. African Journal of Biotechnology, 2009, 8(24): 7000-7007.

[366] 林河通, 席玙芳, 陈绍军. 果实贮藏期间的酶促褐变 [J]. 福州大学学报, 2002, 30(Z): 696-703.

[367] 李增刚. ADAMS 入门详解与实例 [M]. 北京: 国防工业出版社, 2014.

[368] Reed J N, Miles S J, Butler J, et al. AE—automation and emerging technologies: automatic mushroom harvester development[J]. Journal of Agricultural Engineering Research, 2001, 78(1): 15-23.

[369] Noble R, Reed J N, Miles S, et al. Influence of mushroom strains and population density on the performance of a robotic harvester[J]. Journal of Agricultural Engineering Research, 1997, 68(3): 215-222.

[370] 近藤直, 門田充司, 野口伸. 機構と事例 [M]. コロナ社, 2006.

[371] Van Henten E J, Van't Slot D A, Hol C W J, et al. Optimal manipulator design for a cucumber harvesting robot[J]. Computers and Electronics in Agriculture, 2009, 65(2): 247-257.

[372] Hernandez-Castaneda J C, Sezer H K, Li L. Dual gas jet-assisted fibre laser blind cutting of dry pine wood by statistical modelling[J]. International Journal of Advanced Manufacturing Technology, 2010, 50(1-4): 195-206.

[373] Barcikowski S, Koch G, Odermatt J. Characterisation and modification of the heat affected zone during laser material processing of wood and wood composites[J]. Holz als Roh-und Werkstoff, 2006, 64(2): 94-103.

[374] Nukman Y, Ismail S R, Azuddin M, et al. Selected malaysian wood CO2-laser cutting parameters and cut quality[J]. American Journal of Applied Sciences, 2008, 5(8): 990-996. (作者为 Ahmad-Yazid A?)

[375] Liu J Z, Hu Y, Xu X, et al. Feasibility and influencing factors of laser cutting of tomato peduncles for robotic harvesting[J]. African Journal of Biotechnology, 2011, 10(69): 15552-15563.

[376] 徐秀琼. 采摘机器人果梗激光切割技术研究 [D]. 镇江: 江苏大学, 2012.

[377] Dua R, Chakraborty S. A novel modeling and simulation technique of photo–thermal interactions between lasers and living biological tissues undergoing multiple changes in phase[J]. Computers in Biology and Medicine, 2005, 35(5): 447-462.

[378] 刘国刚. 激光生物学作用机制 [M]. 北京: 科学出版社, 1989.

[379] Ferraz A C O, Mittal G S, Bilanski W K, et al. Mathematical modeling of laser based potato cutting and peeling[J]. BioSystems, 2007, 90(3): 602-613.

[380] 尼姆兹. 激光与生物组织的相互作用原理及应用 [M]. 北京: 科学出版社, 2005.
[381] 陆建. 激光与材料相互作用物理学 [M]. 北京: 机械工业出版社, 1996.
[382] 王康孙. 眼科激光新技术 [M]. 北京: 人民军医出版社, 2002
[383] 郑启光. 激光先进制造技术 [J]. 信息与开发, 1999, (4): 6-9.
[384] 陈庆华. 激光与材料相互作用及热场模拟 [M]. 昆明: 云南科技出版社, 2001.
[385] 王家金. 激光加工技术 [M]. 北京: 中国计量出版社, 1992.
[386] Subrata I D M, Fujiura T, Nakao S, et al. 3-D vision sensor for cherry tomato harvesting robot[J]. Japan Agricultural Research Quarterly, 1997,
[387] Basiev T T, Gavrilov A V, Osiko V V, et al. Laser drilling of superdeep micron holes in various materials with a programmable control of laser radiation parameters[J]. Quantum Electronics, 2007, 37(1): 99-102.
[388] 邵丹, 胡兵, 郑启光. 激光先进制造技术与设备集成 [M]. 北京: 科学出版社, 2009.
[389] Luo L, Zhou J, Liu C Y. Theoretic model of making vessels in myocardium by infrared laser and experiment validating[J]. Acta Photon Sin, 2005, 34(6): 817-819.
[390] Hermanns C. Laser cutting of glass[C]//Proceedings of the SPIE, 2000.
[391] Xie X Z, Wei X, Hu W. Theoretical model of CO_2 laser cutting non-metal material[J]. Tool Engineering, 2008, 42(5): 19-21.
[392] Olfert M R. Fundamental processes in laser drilling and welding[D]. Waterloo: University of Waterloo, 2000.
[393] Jin Y. High-efficiency laser drilling for metal and alloy materials[J]. Ome Inf, 2008, (2): 26-29.
[394] Shao D, Hu B, Zheng Q G. Advanced Laser Manufacturing Technology and Equipment Integration[M]. Beijing: Science Press, 2009.
[395] 左铁钏. 制造用激光光束质量、传输质量与聚焦质量 [M]. 北京: 科学出版社, 2008.
[396] 李智国. 番茄采摘机器人夹持系统的加减速过程研究 [D]. 镇江: 江苏大学, 2009.
[397] Tau D. PMAC2A-PC/104 hardward reference muanual[Z]. USA: DELTA TAU Data System Inc, 1999.
[398] 肖安崑, 刘玲腾. 自动控制系统及应用 [M]. 北京: 清华大学出版社, 2006.
[399] 罗抟翼. 信号、系统与自动控制原理 [M]. 北京: 机械工业出版社, 2000.
[400] MOTOR M. EPOS 24/1 - Positioning Controller[J]. 2007.
[401] 丛爽, 尚伟伟. 运动控制中点到点控制曲线的性能研究 [J]. 机械与电子, 2005, (7): 16-19.
[402] Lewin C. Motion Control gets gradual better [P]. Machine Design, 1994, 11(7): 90-94.

索　引